工程施工现场技术管理丛书

试验员

张建边　主编

中　国　铁　道　出　版　社
2014年·北京

内容提要

试验工作是整个工程施工质量保证体系的重要组成部分，是生产中对工程质量预控制及验明其结果的必要技术手段。

本书作为试验管理用书，主要介绍了工程所涉及的试验理论及项目。全书共分为十四章，分别为试验管理基本知识，建筑材料基本性质及其试验类型，建筑试验项目抽样检测基本要求，土工试验，混凝土拌和用水，外加剂及其试验，建筑用钢材及其试验，砌体材料及其试验，防水材料及其试验，石材道砟及其试验要求以及工程用其他材料及其试验要求。

本书内容条理分层，理论联系实际，既可作为试验员工具书用，也可作为试验管理技术人员培训教材使用。

图书在版编目(CIP)数据

试验员/张建边主编．—北京：中国铁道出版社，2010.12（2014.9 重印）
（工程施工现场技术管理丛书）

ISBN 978-7-113-11973-7

Ⅰ.①试…　Ⅱ.①张…　Ⅲ.①建筑材料－材料试验－基本知识　Ⅳ.①TU502

中国版本图书馆 CIP 数据核字(2010)第 186755 号

书　　名： 工程施工现场技术管理丛书
试　验　员

作　　者： 张建边

策划编辑： 江新锡　徐　艳
责任编辑： 徐　艳　　　　**电话：** 51873193
封面设计： 崔丽芳
责任校对： 张玉华
责任印制： 李　佳

出版发行： 中国铁道出版社（100054，北京市西城区右安门西街 8 号）
网　　址： http://www.tdpress.com
印　　刷： 三河市华业印务有限公司
版　　次： 2010 年 12 月第 1 版　2014 年 9 月第 2 次印刷
开　　本： 787mm×1092mm　1/16　印张：18.75　字数：472 千
书　　号： ISBN 978-7-113-11973-7
定　　价： 42.00 元

前　言

我国正处在经济和社会快速发展的历史时期，工程建设作为国家基本建设的重要部分正在蓬勃发展，铁路、公路、房屋建筑、机场、水利水电、工厂等建设项目在不断增长，国家对工程建设项目的投资巨大。随着建设规模的扩大、建设速度的加快，工程施工的质量和安全问题、工程建设效率问题、工程建设成本问题越来越为人们所重视和关注。

加强培训学习，提高工程建设队伍自身业务素质，是确保工程质量和安全的有效途径。特别是工程施工企业，一是工程建设任务重，建设速度在加快；二是新技术、新材料、新工艺、新设备、新标准不断涌现；三是建设队伍存在相当不稳定性。提高队伍整体素质不仅关系到工程项目建设，更关系到企业的生存和发展，加强职工岗位培训既存在困难，又十分迫切。工程施工领域关键岗位的管理人员，既是工程项目管理命令的执行者，又是广大建筑施工人员的领导者，他们管理能力、技术水平的高低，直接关系到建设项目能否有序、高效率、高质量地完成。

为便于学习和有效培训，我们在充分调查研究的基础上，针对目前工程施工企业的生产管理实际，就工程施工企业的关键岗位组织编写了一套《工程施工现场技术管理丛书》，以各岗位有关管理知识、专业技术知识、规章规范要求为基本内容，突出新材料、新技术、新方法、新设备、新工艺和新标准，兼顾铁路工程施工、房屋建筑工程的实际，围绕工程施工现场生产管理的需要，旨在为工程单位岗位培训和各岗位技术管理人员提供一套实用性强、较为系统且使用方便的学习材料。

丛书按施工员、监理员、机械员、造价员、测量员、试验员、资料员、材料员、合同员、质量员、安全员、领工员、项目经理十三个关键岗位，分册编写。管理知识以我国现行工程建设管理法规、规范性管理文件为主要依据，专业技术方面严格执行国家和有关行业的施工规范、技术标准和质量标准，将管理知识、工艺技术、规章规范的内容有机结合，突出实际操作，注重管理可控性。

由于时间仓促，加之缺乏经验，书中不足之处在所难免，欢迎使用单位和个人提出宝贵意见和建议。

编　者

2010 年 12 月

目　　录

第一章　试验管理基本知识

试验管理是对工程质量预控制及验明其结果的必要技术手段。

通过试验，可以用定量的方法，科学地鉴定建筑用的原材料、结构构件和加工半成品的质量情况；通过试验试配，可以合理使用和节约原材料，降低工程成本；通过试验研究，推广和发展新技术、新材料和新工艺，从而促进施工企业质量控制水平，加快工程进度，推进企业技术进步。

因此，试验管理工作是整个质量保证体系的重要组成部分，在工程施工中占有很重要的地位。

第一节　概　　述

一、试验员的岗位职责要求

(1)取得试验员上岗证书。

(2)熟悉混凝土试验规程及相关国家、建筑行业试验规范。

(3)熟悉工程(公路、隧道、桥梁、路基)施工试验工作，具备相关的理论知识和实际实施水平。

(4)根据本施工计划，按照规程、规范的要求，合理安排各项试验工作，保证用于工程施工的各种厚材料符合相关规范、标准要求。

(5)为工程质量评定提供可靠准确的原始依据。

(6)按照规程、规范的要求，定期定量对混凝土、砂浆拌和物等主要建筑材料进行取样试验，填写试验报告单，防止不合格产品用于工程施工。

(7)按照试验规范的要求，对水泥、钢筋、砂骨料等工程用材料进行定期、定量抽样试验，确保产品合格。

(8)能与企业领导、技术人员、工人很好地沟通。

二、试验工作的基本内容

(1)通过试验鉴定各种主要工程材料的质量是否符合现行国家标准和行业标准。

(2)认真贯彻执行《中华人民共和国计量法》，对职责范围内的所有计量器具、计量检定等工作实施有效管理。

(3)试验研究新材料和新的测试方法，推广应用有关新技术、新工艺和新材料，不断提高测试水平，促进施工技术发展。

(4)检验、测试工程的结构和构件成品、半成品的质量是否符合设计和施工的技术要求。

(5)通过现场测试及施工过程中的监督检查，控制工程施工过程质量，确保工程整体质量。

(6)监督检查主要工程材料的合理保管和正确使用。

(7)积极配合设计和施工,为其提供有关试验数据和技术参数,并做好收集、统计工作。

第二节　工程试验室管理

一、建设单位试验管理

(1)建设单位应配备专职管理人员,并按以下要求对铁路建设项目工程试验工作进行全面管理:

1)负责制定建设工程项目的试验检测管理和检查等制度。

2)检查施工和监量单位试验室工作。

3)负责对施工单位中心试验室、预制梁(板)场试验分室、监理单位试验室工作条件的确认,并应在收到书面申请10个工作日内完成。

4)贯彻执行国家或行业的现行标准,并负责宣贯、督促施工和监理单位试验室贯彻执行有关新标准。

5)负责对施工、监理单位委外检验的试验检测机构的资质审查。

6)对工程的原材料质量问题进行跟踪处理。

(2)建设单位应根据铁路建设项目指导性施工组织设计的安排,提前组织设计单位进行沿线料源调查,对填料、道砟、混凝土骨料等开展试验检测工作,并提出混凝土配合比。

(3)建设单位应根据工程规模、特点,对施工单位、监理单位试验室的设置进行指导和审核。

(4)建设单位对施、监理单位工程试验室进行监督、检查的主要内容应包括:母体试验室资质证书、程序文件、作业指导书,检查工程试验室的操作规程、管理制度、技术标准、人员配备及资格证书、仪器设备检定证书及校准报告、设施环境条件、安全环保措施、记录及报告格式等。

(5)建设单位应根据现场检查和工程质量控制状况,及时采取措施,改进和完善施工、监理单位工程试验室检测工作。

(6)有以下情况时,建设单位应组织施工或监理单位按确定的抽样数量将样品送至指定的试验室检测:

1)施工、监理单位的试验检测结果有争议。

2)建设单位对原材料试验结果及工程实体质量有疑义。

二、施工单位试室管理

1. 试验室设置

(1)施工单位试验室应按中心试验室和试验分室两级设置。对规模较小的项目也可只设中心试验室。中心试验室、试验分室应是有资质的母体试验室派出机构。预制梁(板)场应单独设置试验分室;混凝土拌和站应设专职试验人员,配备必要的设施和设备,开展检测工作。

(2)中心试验室宜设在管段的中部且交通便利;试验分室的管理跨度一般在25km以内。

(3)各级试验室应经工作条件确认合格后方可投入使用。

2. 工作联责及管理要求

(1)中心试验室工作职责及管理应符合下列要求:

1)按照建设、监理单位的要求,结合工程项目特点,制定详细的试验、检测、过程控制等计划。

2)按母体试验室程序文件的要求,制定试验室人员的岗位责任制度,建立健全仪器设备管理制度、样品管理制度、试验检测记录管理制度、报告审核签发管理制度、试验检测安全与环保管理制度、档案资料管理制度等。

3)制定试验室组织机构图、检测流程图以及质量保证体系图。

4)对试验分室进行管理、检查,提供业务指导。

5)建立试验检测用标准台账,实行动态管理。

6)制定仪器设备的检定和校准计划,做好仪器设备检定和校准工作,形成台账。

7)试验检测项目应符合《铁路建设项目工程试验室管理标准》(TB 10442－2009)附录 D 的规定。

8)参与管段内试桩、路基试验段等工程试验方案的编制,并实施过程监控和确认。做好地基原位测试工作。

9)确定委外试验项目,做好委外试验检测机构资质的选择工作。

10)对原材料、混凝土、路基压实质量等进行抽样检测,对混凝土拌和站施工配合比及称量记录等进行抽查,形成台账。

11)负责本室试验检测资料的归档管理。

12)组织本项目试验人员的业务培训工作。

13)按建设、监理单位的要求,及时上报和种资料。

14)建立不合格品台账,并记录不合格品的处置情况。

(2)试验分室工作职责及管理应符合下列要求:

1)接受中心试验室的管理和业务指导。

2)按检定和校准计划,做好仪器设备检定和校准工作。

3)建立试验检测用标准台账,实行动态管理。

4)试验检测项目应符合《铁路建设项目工程试验室管理标准》(TB 10442－2009)附录 E 的规定,水泥乳化沥青砂浆试验分室试验检测项目应符合《铁路建设项目工程试验室管理标准》(TB 10442－2009)附录 G 的规定。

5)按照铁路工程施工质量验收标准和相应规范的规定,对需要送检的项目进行取样和送检,并做好记录。

6)负责本管段范围内全部试验检测资料的归档管理。

7)建立不合格品台账,并记录不合格品的处置情况。

(3)预制梁(板)场试验分室工作职责及管理应符合下列要求:

1)接受中心试验室的管理和业务指导。

2)按照建设、监理单位的要求,结合工程项目特点,制定本试验室详细的试验、检测、过程控制等管理办法、岗位责任制、作业指导书等。

3)按检定和校准计划,做好仪器设备检定和校准工作。

4)建立设验检测用标准台账,实行动态管理。

5)试验检测项目应符合《铁路建设项目工程试验室管理标准》(TB10442－2009)附录 F 的规定。

6)负责本场全部试验检测资料的归档管理。

7)建立不合格品台账,并记录不合格品的处置情况。

(4)混凝土拌和站试验工作应满足下列要求:

1)接受中心试验室和试验分室的管理,按试验分室的要求开展工作。

2)根据混凝土拌和站在工作特点,制定原材料、混凝土拌和物等试验检测工作流程。

3)按检定和校准计划,做好仪器设备检定和校准工作。

4)拌和站现场试验检测项目主要包括细骨料的细度模数、含泥量、泥块含量、含水率,粗骨料的级配、含泥量、泥块含量、针片状含量、含水率及混凝土坍落度、扩展度、含气量、出机温度等。

5)做好拌和站计量系统的周期校准工作。

6)负责本站试验检测资料的归档管理。

3. 试验检测人员

(1)中心试验室人员资格和管理应符合下列规定:

1)中心试验室由主任、技术主管、试验人员等组成。经铁路工程试验检测专业培训合格的人员不宜少于8人,且具有工程师及以上技术职称的不应少于2人。

2)中心试验室技术主管应具备工程师及以上技术职称,从事本专业工作5年以上,并经铁路工程试验检测专业培训合格。

3)人员应保持稳定,不得随意更换。主要试验人员变更应向建设单位主管部门提出书面申请。

(2)试验分室人员资格和管理应符合下列规定:

1)试验分室由主任、技术主管、试验人员等组成。经铁路工程试验检测专业培训合格的人员不应少于5人。

2)试验分室技术主管应具有助理工程师以上技术职称,从事本专业工作3年以上,并经铁路工程试验检测专业培训合格。

3)人员应保持稳定,不得随意更换。技术主管变更应向监理单位主管部门提出书面申请。

(3)预制梁(板)场试验分室人员资格和管理应符合下列规定:

1)预制梁(板)场试验分室由主任、技术主管、试验人员等组成。预制箱梁场经铁路工程试验检测专业培训合格的人员不应少于8人,预制T梁场经铁路工程试验检测专业培训合格的人员不宜少于6人,预制板场经铁路工程试验检测专业培训合格的人员不应少于5人。预制梁(板)场试验分室具有工程师及以上技术职称的不应少于1人。

2)梁(板)场试验分室技术主管应具备工程师及以上技术职称,从事本专业工作5年以上,并经铁路工程试验检测专业培训合格。

3)人员应保持稳定,不得随意更换。主要试验人员变更应向建设单位主管部门提出书面申请。

(4)混凝土拌和站经铁路工程试验检测专业培训合格的人员不应少于2人。

4. 仪器设备配置及设施环境条件

(1)仪器设备配置应满足下列条件:

1)中心试验室应根据承担的工作内容、投标承诺配备仪器设备,且满足规定试验检测项目的要求;对部分频次低、设备价格昂贵的试验检测项目可进行委外检测。

2)试验分室根据管段内的工作内容以及分工要求配备仪器设备。

3)预制梁(板)场试验分室仪器设备应结合生产和产品认证需要配备。

4)混凝土拌和站的试验仪器设备配备应满足混凝土用原材料质量控制及拌和物性能检测

要求。

5)仪器设备的工作性能、状态、量程及精度(分辨率)应满足标准要求。仪器设备按附录H的要求进行选配。

6)试验室应配备办公、劳保、防护用品及安全设备(施),配备专用交通和通讯工具。

(2)设备环境条件应满足下列要求:

1)操作间分区明确、布局合理,环境、温湿度等应满足标准要求。

2)每个操作间的面积不宜小于 $12m^2$,标准养护室不宜小于 $30m^2$。混凝土室、胶凝材料室、化学分析室、力学室等应配备空调,标准养护室应配备自动养护系统。

3)各级试验室仪器设备应合理安置,相互有影响的仪器设备应采取有效的隔离措施。

4)仪器设备应制定操作规程,统一格式并贴于墙上醒目位置。

5. 管理制度

(1)各级试验室应建立以下主要管理制度:

仪器设备管理制度、样品管理制度、试验检测记录管理制度、报告审核签发管理制度、试验检测环境管理制度、安全与环保管理制度、档案资料管理制度、试验检测环境管理制度、安全与环保管理制度、档案资料管理制度、混凝土施工配合比审核及发放制度、试验检测事故分析制度、混凝土施工配合比审核及发放制度、试验检测事故分析制度、不合格品管理制度等。

(2)仪器设备管理制度应包含仪器设备购置(调拨)、验收、建档、安置、标识、溯源、日常使用、流转与维护保养、周期检定等主要内容。

(3)样品管理制度应包含样品的接受、标识、流转、储存、留样及处置等内容。样品应设专人管理。

(4)试验检测记录管理制度应包含记录格式、信息、数据及数据处理、记录的更改原则、复核以及标识、查阅、归档等内容。

(5)报告审核签发管理制度应包含报告格式、信息、审核签发程序及检测报告发放、标识、查阅、归档等内容。

(6)试验检测环境管理制度应包含试样制作、样品储存、各操作间在试验过程中的温湿度要求等内容。

(7)安全与环保管理制度应包含特殊设备的操作细则、安全措施及设施,做好防盗、防火以及废弃物处置等内容。

(8)档案资料管理制度应包含资料收发、标识、保管、查阅、修订和废止等内容,档案资料应设专人动态管理。

(9)混凝土施工配合比审核及发放制度应包含审核人员资格、审核内容以及各方签字等内容,并建立施工配合比发放台账。

(10)试验检测事故分析制度应包含试验检测事故发生时的处置及现场保护措施,检测事故责任界定、原因分析、事故处理及应急预案制定等内容。

(11)不合格品管理制度应包含不合格品的复检、留样、反馈、建立不合格品台账以及记录不合格品的处置情况等内容。

三、监理单位试验室

1. 试验室设置

(1)监理单位必须独立设置试验室。当监理标段不超过 60km 时,可只设中心试验室。当标段超过 80km 时，除应设中心试验室外，还应增设试验分室，每个试验分室管理跨度一般为 60km；中心试验室宜设在管段的中部且交通便利。

(2)监理单位试验室按铁路工程施工质量验收标准和合同要求开展试验检测工作。

(3)监理单位试验室应是有资质母体试验室的派出机构，其试验检测工作应在母体试验室资质认定的范围内进行。

(4)各级工程试验室应经工作条件确认合格后方可投入使用。

2. 工作职责及管理要求

(1)中心试验室工作职责及管理应符合下列要求：

1)按建设单位的要求，结合项目特点，制定详细的试验检测和过程控制等计划。

2)负责对施工单位试验分室工作条件的确认，并应在收到书面申请 10 个工作日内完成。

3)按母体试验室程序文件的要求，制定试验室人员的岗位责任制度，建立健全仪器设备管理制度、样品管理制度、试验检测记录管理制度、报告审核签发管理制度、试验检测安全与环保管理制度、档案资料管理制度等。

4)制定试验室组织机构图、检测流程图以及质量保证体系图。

5)对试验分室以及施工单位试验室进行监督、检查。

6)建立试验检测用标准台账，实行动态管理。

7)制定仪器设备的检定和校准计划，做好检定和校准工作。

8)按照标准的规定，结合工程项目的进展，对进场各种原材料、混凝土拌和物性能、实体质量等进行见证检验、平行检验等；审核配合比设计资料，及时作好记录。

9)定期对施工单位进场的原材料、施工过程中的工序质量等进行抽样检验，做好抽查记录。

10)组织管理段内监理试验人员的业务培训工作。

11)负责对管段内监理委外检验的试验检测机构资质选择，报建设单位确认；对施工单位委外试验检测机构的资质进行确认。

12)按建设单位的要求，及时上报各种资料。

13)建立不合格品台账，并记录不合格品的处置情况。

14)完成建设单位等的委托试验。

(2)试验分室工作职责及管理应符合下列要求：

1)接受中心试验室的管理和业务指导。

2)按照仪器设备的检定和校准计划，做好检定和校准工作。

3)监督本管段内施工单位试验室的试验检测工作。

4)按照标准的规定，结合工程项目的进展，对进场各种原材料，混凝土拌和物性能、实体质量等进行见证检验、平行检验等，作好记录。

5)建立不合格品台账，并记录不合格品的处置情况。

3. 试验检测人员

(1)中心试验人员资质和管理应符合下列规定：

1)中心试验室由主任、技术主管、试验人员等组成。经铁路工程试验检测专业培训合格的人员不宜少于 6 人，且具有工程师及以上技术职称的人员不应少于 2 人。

2)中心试验室技术主管应具备工程师及以上技术职称，从事本专业工作 5 年以上，并经铁路工程试验检测专业培训合格。

3)人员应保持稳定,不得随意更换。主要试验人员变更应向建设单位主管部门提出书面申请。

(2)试验分室人员资质和管理应符合下列规定:

1)试验分室由主任、技术主管、试验人员等组成。试验分室经铁路工程试验检测专业培训合格的人员不宜少于4人。

2)试验分室技术主管应具有助理工程师及以上技术职称,从事本专业工作3年以上,并经铁路工程试验检测专业培训合格。

3)人员应保持稳定,不得随意更换。试验分室主管变更应向建设单位主管部门提出书面申请。

4. 仪器设备配置及设施环境条件

(1)仪器设备配置应满足下列条件:

1)监理单位根据施工质量验收标准及合同规定配备仪器设备,且满足规定试验检测项目要求;对部分检测频次低的检测项目可进行委外检测。

2)仪器设备的工作性能、状态、量程及精度(分辨率)应满足标准要求。仪器设备按《铁路建设项目工程试验室管理标准》(TB 10442—2009)附录H的要求选配。

3)配备办公、劳保、防护用品及安全设备(施),配备专用交通和通讯工具。

(2)设施环境条件应满足下列要求:

1)操作间分区明确、布局合理,环境、温湿度等满足标准要求。

2)每个操作间的面积不宜少于12m²,标准养护室不宜小于20m²。混凝土室、胶凝材料室、化学分析室、力学室等应配置空调,标准养护室应配备自动养护系统。

3)各级试验室仪器设备应合理安置,相互有影响的仪器设备应采取有效的隔离措施。

4)仪器设备应制定操作规程,统一格式并贴于墙上醒目位置。

5. 管理制度

(1)各级试验室应建立以下主要管理制度:

仪器设备管理制度、样品管理制度、试验检测记录管理制度、报告审核签发管理制度、试验检测环境管理制度、安全与环保管理制度、档案资料管理制度、混凝土配合比审批制度、试验检测事故分析制度、不合格品管理制度等。

(2)仪器设备管理制度应包含仪器设备购置(调拨)、验收、建档、安置、标识、溯源、日常使用、流转与维护保养、周期检定等主要内容。

(3)样品管理制度应包含样品的接受、标识、流转、储存、留样及处置等内容。样品应设专人管理。

(4)试验检测记录管理制度应包含记录格式、信息、数据及数据处理、记录的更改原则、复核以及标识、查阅、归档等内容。

(5)报告审核签发管理制度应包含报告格式、信息、审核签发程序及检测报告发放、标识、查阅、归档等内容。

(6)试验检测环境管理制度应包含试样制作、样品储存、各操作间在试验过程中的温湿度要求等内容。

(7)安全与环保管理制度应包含特殊设备的操作细则、安全措施及设施,做好防盗、防火以及废弃物处置等内容。

(8)档案资料管理制度应包含资料收发、标识、保管、查阅、修订和废止等内容,档案资料应设专人动态管理。

(9)混凝土配合比审批制度应包含凝凝土配合比先审批后使用,混凝土拌和物工作性能、力学及耐久性能指标见证检验或平行检验,建立审批台账等内容。

(10)试验检测事故分析制度应包含试验检测事故发生时的处置及现场保护措施,检测事故责任界定、原因分析、事故处理及应急预案制定等内容。

(11)不合格品管理制度应包含不合格品的复检、留样、反馈、建立不合格品台账以及记录不合格品的处置情况等内容。

第二章　建筑材料的基本性质及试验类型

建筑物是由各种建筑材料建造而成的；这些材料用在建筑物的各个部位，起着各种不同的作用，在一定程度上它决定了建筑工程的性能。

建筑材料的性质多指其对环境作用的抵抗能力或在环境条件作用下的表现。材料在工程中所表现的性质有很多，根据不同的使用环境或要求，对其性质的要求会有所不同。因此，在材料选择与使用中应考虑的性质也不尽相同。建筑材料的基本性质是指在不同使用条件或使用环境的建筑工程中所表现出来的最基本的、共有的性质。

只有了解建筑材料的基本性质，才能做到合理保管和使用。同时，在试验检测工作中，还要具有足够的数据处理知识来进行试验数据计算、统计和分析，以保证试验检测结果的准确可靠性，并为施工质量控制提供依据。

建筑材料性能检测试验是评定建筑材料等级、了解材料性能的重要手段，建筑材料的基本性能试验包括密度试验、体积密度试验、堆积密度试验及吸水率试验等。

第一节　建筑材料的分类

一、建筑材料的种类

建筑材料的种类有很多，通常按材料的成分、来源和使用功能进行分类，如表 2－1 所示。

表 2－1　建筑材料的分类

按化学组成分类	无机材料	金属材料	黑色金属材料：钢、铁等
			有色金属材料：铝、铜、黄铜等
		非金属材料	水泥、石灰、石膏、水玻璃、混凝土、砂浆、玻璃及其制品、石材、烧土制品等
	有机材料	植物材料	木材、竹材、植物纤维及其制品等
		合成高分子材料	塑料、涂料、胶粘剂等
		沥青材料	石油沥青、煤沥青、沥青制品等
	复合材料	无机非金属材料与有机材料复合：聚合物混凝土、沥青混凝土、水泥刨花板等	
		金属材料与非金属材料复合：钢筋混凝土、钢丝网混凝土、塑铝复合板及铝箔面油毡等	
		其他复合材料：水泥石棉制品、不锈钢包覆钢板、人造花岗石、人造大理石等	
按材料来源分类	天然材料	石子、砂、木材、竹材等	
	人造材料	又可按冶金、窑业（水泥、玻璃、陶瓷）、石油化工等材料制造部门分类	
按施工阶段分类	根据钢筋混凝土工程、砌筑工程、涂装工程等不同施工阶段所使用的有关材料进行分类		
按使用部位分类	根据使用材料的建筑部位（如结构体、屋顶、墙壁、地面等）的条件和要求性能进行分类		
按功能要求分类	根据对结构材料、装饰材料、防水材料等各种材料所要求的功能来分类		

二、材料的元素及矿物组成

材料是由原子、分子或分子团以不同结合形式构成的物质。材料的组成或构成方式不同，其性质可能有很大的差别。组成或构成方式相近的材料，其性质多具有相近之处。有机材料、金属材料、无机非金属材料等，由于其组成的不同，使其具有不同的特性。此外，即使属于相同类别的材料，由于其中原子或分子之间的结合方式及缺陷状态不同，其性质也可能有显著的差别。

化学组成的不同是造成材料性能各异的主要原因。化学组成通常从材料的元素组成和矿物组成两方面分析研究。

1. 材料的元素组成

材料的元素组成主要是指其化学元素的组成特点，例如不同种类合金钢的性质不同，主要是其所含合金元素如 C、Si、Mn、V、Ti 的不同所致。硅酸盐水泥之所以不能用于海洋工程，主要是因为硅酸盐水泥石中所含的 $Ca(OH)_2$，与海水中的盐类（Na_2SO_4、$MgSO_4$ 等）会发生反应，生成体积膨胀或疏松无强度的产物。

2. 材料的矿物组成

材料的矿物组成主要是指元素组成相同，但分子团组成形式各异的现象。如黏土和由其烧结而成的陶瓷中都含 SiO_2 和 Al_2O_3 两种矿物，其所含化学元素相同，但黏土在烧结中 SiO_2 和 Al_2O_3 分子团结合生成 $3SiO_2 \cdot Al_2O_3$ 矿物，即莫来石晶体，使陶瓷具有高强度、高硬度等特性。

三、材料的结构

1. 材料的宏观结构

宏观结构是指用放大镜或直接用肉眼即可分辨的结构层次，其分类层次如图 2—1 所示。

材料的宏观结构层次

- 按构成形态分类
  - (1)颗粒状构造。颗粒状构造为固体颗粒的聚集体，如石子、砂和蛭石等。该种构造的材料性质除了与颗粒本身的性质有关外，还与颗粒间的接触程度、黏结性质等有关。建筑工程中常用的颗粒状构造材料有水泥混凝土、沥青混凝土、膨胀珍珠岩制品、炉渣砌块、陶粒砌块及其他颗粒黏结材料等。
  - (2)纤维状构造。纤维状构造材料某一断面方向上表现为平行纤维间的相互黏结所构成的结构，木材、玻璃纤维、矿棉都是纤维状构造材料的代表。该种构造通常呈力学各向异性，其性质与纤维走向有关，一般具有较好的保温和吸声性能。
  - (3)层状构造。层状构造材料是以不同薄层间的相互黏结而构成的结构：在层状结构材料中，同一层中的质点之间连接紧密，其连接强度及传导性较强；而相邻层间的连接疏松，其连接强度及传导性较弱，性能往往呈各向异性。该种构造形式最适合于制造复合材料，因为此构造可以综合各层材料的性能优势。如胶合板、铝塑复合板、复合木地板、纸面石膏板、夹层玻璃都是层状构造。
  - (4)聚积结构。如水泥混凝土、砂浆、沥青混凝土、塑料等这类材料是由填充性的集料被胶结材料胶结聚集在一起而形成。其性质主要取决于集料及胶结材料的性质以及结合程度。
- 按其孔隙尺寸进行分类
  - (1)致密状构造。致密状构造没有或基本没有孔隙。具有该种构造的材料一般密度较大，导热性较高。工程中常用的致密状构造材料主要有钢材、铝合金、玻璃、沥青、密实塑料、花岗岩和瓷器等。
  - (2)微孔状构造。微孔状构造具有众多直径微小的孔隙，通常密度和导热系数较小，隔声吸声性能和吸水性良好，抗渗性差。如石膏制品、烧结砖等。
  - (3)多孔状构造。多孔状构造具有较多的孔隙，孔隙直径较大。这种材料内孔隙的多少、孔尺寸大小及分布均匀程度等结构状态，对其性质具有重要的影响。具有该种构造的材料一般都为轻质材料，保温隔热性和隔声吸声性能较好，吸水性较高。如加气混凝土、泡沫塑料、刨花板、天然浮石，各种烧结膨胀材料等。

图 2—1　材料的宏观结构层次

2. 材料的微观结构

微观结构是指从原子、离子、分子层次上的结构，常用电子显微镜及 X 射线衍射分析手段来研究。根据质点在空间中分布状态不同,分为晶体和非晶体。

(1)晶体。晶体是指质点在空间中作周期性排列的固体。如纯铝为面心立方体晶格结构,而液态纯铁在温度降至1 535℃时,可形成体心立方体晶格。晶体具有固定的几何外形、各向异性及最小内能。然而,晶体材料是由众多晶粒不规则排列而成,因此晶体材料失去了一定几何外形和各向异性的特点,表现出各向同性。又由于晶体具有最小内能,使晶体材料表现出良好的化学稳定性。一般来说,晶体结构的物质具有强度高、硬度较大、有确定熔点的特征。有的材料因晶体结构形式不同,而形成了性质上的巨大反差。如强度极高的金刚石和强度极低的石墨。

(2)非晶体。非晶体是一种不具有明显晶体结构的结构状态。亦称为玻璃体。熔融状态的物质经急冷后即可得到质点无序排列的玻璃体。具有玻璃体结构的材料具有各向同性、无一定的熔点,加热时只能逐渐软化等特点。由于玻璃体物质的质点未能处于最小内能状态,因此它有向晶体转变的趋势,是一种化学不稳定结构,具有良好的化学活性。粉煤灰、普通玻璃那是典型的玻璃体结构。

亚微观结构是指用光学显微镜观察研究的结构层次,它包括晶体粒子的粗细、形态、分布状态;金属的晶体组织;玻璃体、胶体及材料内孔隙的形态、大小、分布等结构状态。由于所有晶体都是由众多不规则排列的晶粒组成,因此晶体材料的性质往往取决于晶粒的组成、形状、大小以及各种晶粒间的比例关系。

3. 材料的孔隙

材料的孔隙一般由自然形成或生产过程中各种内、外界因素所致。其中形成原因有水的占据作用(如混凝土、石膏制品等)、火山作用(如浮石、火山渣等)、外加剂作用(如加气混凝土、泡沫塑料等)和焙烧作用(如陶粒、烧结砖等)等。

孔隙状况对建筑材料的各种基本性质具有重要的影响。材料的孔隙状况可由孔隙率、孔隙连通性和孔隙直径三个指标来表达。

(1)孔隙率是指孔隙在材料体积中所占的比例。一般孔隙率越大,密度越小,强度越低,保温隔热性越好、吸声隔声能力越高。

(2)孔隙按其连通性可分为连通孔和封闭孔。连通孔是指孔隙之间、孔隙和外界之间都连通的孔隙(如木材、矿渣);封闭孔是指孔隙之间、孔隙和外界之间都不连通的孔隙(如发泡聚苯乙烯、陶粒);介于两者之间的称为半连通孔或半封闭孔。一般情况下,连通孔对材料的吸水性、吸声性影响较大,封闭孔对材料的保温隔热性能影响较大。

(3)孔隙按其直径的大小可分为粗大孔、毛细孔、极细微孔三类。粗大孔指直径大于mm级的孔隙,这类孔隙对材料的密度、强度等性能影响较大。毛细孔指直径在μm～mm级的孔隙,对水具有强烈的毛细作用,主要影响材料的吸水性、抗冻性等性能。极细微孔的直径在μm以下,其直径微小,对材料的性能反而影响不大。矿渣、石膏制品、陶瓷锦砖分别以粗大孔、毛细孔、极细微孔为主。

第二节 建筑材料的基本性质

各种建筑工程对材料的要求,实际上就是对其性质的要求。例如结构材料必须具有良好的力学性能;墙体材料应具有绝热、隔声性能;屋面材料应具有抗渗、防水性能;地面材料应具有耐磨损性能等。另外,由于建筑物长期暴露在大气中,经常要受到风吹、雨淋、日晒、冰冻等自然条件的影响,还要求建筑材料应具有良好的耐久性能。因此,在工程建设中选择、应用、分析和评价材料,通常以其性质为依据。

建筑材料的基本性质可归纳为以下几类:

(1)物理性质。包括材料的密度、孔隙状态、与水有关的性质、热工性能等。

(2)化学性质。包括材料的抗腐蚀性、化学稳定性等,因材料的化学性质差异较大该部分内容在以后各章中分别叙述。

(3)力学性质。材料的力学性质应包括在物理性质中,但因其对建筑物的安全使用有重要意义,故对其单独研究,包括材料的强度、变形、脆性、韧性、硬度和耐磨性等。

(4)耐久性。材料的耐久性是一项综合性质,虽很难对其量化描述。但对建筑物的使用至关重要。

一、密 度

广义密度是指材料在绝对密实状态下,单位体积的质量。用下式表达:

$$\rho=\frac{m}{V}$$

式中 ρ——材料的密度,g/cm^3 或 kg/m^3;

m——材料的质量,g 或 kg;

V——材料在绝对密实状态下的体积,cm^3 或 m^3。

材料在绝对密实状态下的体积是指不包括材料内部孔隙的固体物质本身的体积,亦称实体积。建筑材料中除钢材、玻璃、沥青等外,绝大多数材料均含有一定的孔隙。测定含孔材料的密度时,须将材料磨成细粉(粒径小于 0.2mm),经干燥后用密度瓶测得其实际体积,材料磨得越细,测得的密度值越准确。

在研究建筑材料的密度时,由于对体积的测试方法不同和实际应用的需要,根据不同的体积的内涵,密度有不同的概念。

1. 材料的表观密度

表观密度(原称容重)是指材料在自然状态下,单位体积的质量,用下式表达:

$$\rho'=\frac{m}{V'}$$

式中 ρ'——材料的表观密度,g/cm^3 或 kg/m^3;

m——材料的质量,g 或 kg;

V'——材料的表观体积,cm^3 或 m^3。

(1)材料在自然状态下的体积是指材料的实体积与材料内所含全部孔隙体积之和。对于外形规则的材料,其表观密度测定很简便,只要测得材料的质量和体积(用尺量测),即可算得。不规则材料的体积可采用排水法求得,但材料表面应预先涂上蜡,以防水分渗入材料内部而使测值不准。

(2)工程上常用的砂、石材料,其颗粒内部孔隙极少,用排水法测出颗粒体积与其实体积基本相同,所以,砂、石的表观密度可近似地视作其密度,常称视密度。

(3)材料表观密度的大小与其含水情况有关。当材料含水时,其质量增大,体积也会发生不同程度的变化。因此测定材料表观密度时,须同时测定其含水率,并予以注明。通常材料的表观密度是指气干状态下的表观密度。材料有烘干状态下的表观密度称干表观密度。

(4)表现密度是反映整体材料在自然状态下的物理参数，由于表现体积中包含了材料内部孔隙的体积，故一般材料的表观密度总是小于其密度。

2. 材料的体积密度

材料的体积密度是材料在自然状态下，单位体积的质量。用下式表达：

$$\rho_0=\frac{m}{V_0}$$

式中　ρ_0——体积密度，g/cm^3 或 kg/m^3；

m——材料的质量，g 或 kg；

V_0——材料的自然体积，cm^3 或 m^3。

材料自然体积的测量，对于外形规则的材料，如烧结砖、砌块，可采用测量计算方法求得。对于外形不规则的散粒材料，亦可采用排水法，但材料需经涂蜡处理。根据材料在自然状态下含水情况的不同，体积密度又可分为干燥体积密度、气干体积密度(在空气中自然干燥)等几种。

3. 材料的堆积密度

材料的堆积密度(或称容装密度)是指粉状、颗粒状或纤维状材料在堆积状态下单位体积的质量，用下式表达：

$$\rho'_0=\frac{m}{V'_0}$$

式中　ρ'_0——堆积密度，g/cm^3 或 kg/m^3；

m——材料的质量，g 或 kg；

V'_0——材料的堆积体积，m^3。

散粒材料在自然堆积状态下的体积，是指其既含颗粒内部的孔隙，又含颗粒之间空隙在内的总体积。材料的堆积体积可采用容积筒来量测，若以捣实体积计算时，则称紧密堆积密度。

4. 常用建筑材料的密度指标

常用建筑材料的密度、体积密度、堆积密度和孔隙率见表 2—2。

5. 材料密度相关概念及计算的计算

(1)密实度

1)材料体积内固体物质所占的比例(即材料的密实体积与总体积之比)称为密实度，用 D 表示，即

$$D=\frac{V}{V_0}\times100\%=\frac{\rho_0}{\rho}\times100\%$$

2)含孔隙的固体材料的密实度均小于 1。材料的 ρ_0 与 ρ 愈接近，即 ρ_0/ρ 愈接近于 1，材料就愈密实。材料的很多性质，如强度、吸水性、耐久性、导热性等均与其密实度有关。

(2)孔隙率

1)材料体积内孔隙体积在总体积中所占的比例称为孔隙率，用 P 表示，即

$$P=\frac{V_0-V}{V_0}=1-\frac{V}{V_0}=1-\frac{\rho'}{\rho}=(1-\frac{\rho_0}{\rho})\times100\%$$

2)材料的孔隙率与密实度是从两个不同方面反映材料的同一性质。通常采用孔隙率表示不材料内部孔隙的多少或材料疏松程度，同时也从另一方面说明了材料的密实程度。

3)材料的许多性质，如强度、导热性、透水性、抗渗性、抗冻性、耐蚀性等，除与孔隙率大小

有关外，还与孔隙构造特征有关。孔隙构造特征主要是指孔隙的形状和大小。根据孔隙形状分连通与封闭孔隙两类。连通孔隙与外界相连通，封闭孔隙与外界相隔绝。根据孔隙的大小，分为粗孔和微孔两类。从对材料性质的影响来说，一般均匀分布的封闭小孔，要比开口或互相连通的孔隙好。不均匀分布的孔隙，对材料性质的影响较大。

建筑常用材料的孔隙率指标参见表2—2。

表2—2　常用建筑材料的密度、体积密度、堆积密度和孔隙率

材料	密度 ρ(g/cm³)	体积密度 ρ_0(kg/m³)	堆积密度 ρ'_0(kg/m³)	孔隙率 P(%)
石灰岩	2.60	1 800～2 600		0.2～4
花岗岩	2.60～2.80	2 500～2 800		<1
普通混凝土	2.60	2 200～2 500		5～20
碎石	2.60～2.70		1 400～1 700	
砂	2.60～2.70		1 350～1 650	
黏上空心砖	2.50	1 000～1 400		20～40
水泥	3.10		1 000～1 100(疏松)	
木材	1.55	400～800		55～75
钢材	7.85	7 850		0
铝合金	2.7	2 750		0
泡沫塑料	1.04～1.07	20～50		

注：习惯上 ρ 的单位采用 g/cm³，ρ_0 和 ρ' 的单位采用 kg/m³。

二、材料的填充及空隙度

1. 填充率

填充率是指散粒状材料在其堆积体积中，被颗粒实体体积填充的程度，用 D' 表示：

$$D'=\frac{V}{V'_0}=\frac{\rho'_0}{\rho}\times100\%$$

2. 空隙率

空隙率是指散粒材料（如砂、石子）堆积体积内，颗粒间空隙体积所占的百分率，用 P'，表示：

$$P'=1=\frac{V}{V'_0}=(\frac{1-\rho'_0}{\rho})\times100\%$$

由填充率及空隙率的计算公式可直接导出：

$$P'+D'=1$$

空隙率反映了散粒材料的颗粒之间的相互填充的致密程度，对于混凝土的粗、细骨料，空隙率越小，说明其颗粒大小搭配得越合理，用其配制的混凝土越密实，水泥也越节约。在配制混凝土时，砂、石子的空隙率是作为控制混凝土中骨料级配与计算混凝土含砂率时的重要依据。

三、材料的亲水性和憎水性

1. 亲水性

材料与水接触时能被水润湿的性质称为亲水性，具备这种性质的材料称为亲水性材料，如砖、混凝土、木材等。

2. 憎水性

(1)材料与水接触时不能被水润湿的性质称为憎水性,具备这种性质的材料称为憎水性材料,如石蜡、沥青等。

(2)材料的亲水性和憎水性可用润湿角 θ 来说明。润湿角是在材料、水和空气三相的交点处,沿水滴表面切线与水和固体接触面之间的夹角。θ 愈小,表明材料愈易被水润湿。润湿角 $\theta \leqslant 90°$ 的材料为亲水性材料,如图 2－2(a)所示;润湿角 $\theta \geqslant 90°$ 的材料为憎水性材料,如图 2－2(b)所示。

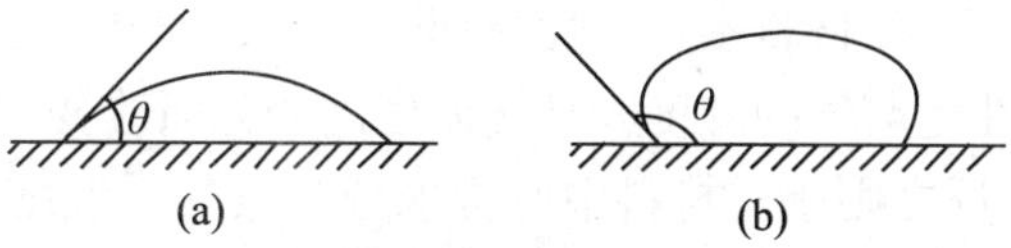

图 2－2 材料的润湿角

(a)亲水性材料;(b)憎水性材料

(3)其他液体对固体材料的浸润情况,相应地称为亲液性材料。

(4)大多数建筑工程材料,如砖、瓦、砂、石、木材、钢材、玻璃等都属亲水性材料。沥青、石蜡某些油漆等都属憎水性材料。

3. 吸水性

材料的吸水性是指材料在水中吸收水分达饱和的能力,吸水性有质量吸水率和体积吸水率两种表达方式,分别以 W_w 和 W_v 表示:

$$W_w=\frac{m_2-m_1}{m_1}\times 100\%$$

$$W_v=\frac{V_w}{V_0}=\frac{m_2-m_1}{V_0}=\frac{1}{\rho_w}\times 100\%$$

式中 W_w——质量吸水率,%;

W_v——体积吸水率,%;

m_2——材料在吸水饱和状态下的质量,g;

m_1——材料在绝对于燥状态下的质量,g;

V_w——材料所吸收水分的体积,cm^3;

ρ_w——水的密度,常温下可取 lg/cm^3。

(1)质量吸水率是指材料在吸水饱和时,内部所吸水分的质量占材料干质量的百分率;体积吸水率是指材料在吸水饱和时,内都所吸水分的体积占干燥材料自然体积的百分率。对于质量吸水率大于 100%的材料,如木材等通常采用体积吸水率,而对大多数材料,经常采用质量吸水率。两种吸水率存在着以下关系:

$$W_v=W_w\cdot\rho_w$$

(2)上式中的 ρ_0 应是材料的干燥体积密度,单位采用 g/cm^3。影响材料的吸水性的主要因素有材料本身的化学组成、结构和构造状况,尤其是孔隙状况。一般来说,材料的亲水性越强,孔隙率越大,连通的毛细孔隙越多,其吸水率越大。不同的材料吸水率变化范围很大,花岗岩为 0.5%～0.7%,外墙面砖为 6%～10%,内墙釉面砖为 12%～20%,普通混凝土为 2%～4%。材料的吸水率越大,其吸水后强度下降越大,导热性增大,抗冻性随之下降。

四、材料的吸湿性

材料的吸湿性是指材料在潮湿空气中吸收水分的能力。潮湿材料在干燥的空气中也会放出水分，称为还湿性。材料的吸湿性用含水率表示，含水率系指材料内部所含水的质量占材料干质量的百分率，用 W 表示：

$$W=\frac{m_k-m_1}{m_1}$$

式中 W——材料的含水率，%；

m_k——材料吸湿后的质量，g；

m_1——材料在绝对干燥状态下的质量，g。

影响材料吸湿性的因素，除材料本身的性质（化学组成、结构、构造、孔隙）外，还有环境的温度、湿度。材料的吸湿性随空气的湿度和环境温度的变化而改变，当空气湿度较大且温度较低时，材料的含水率就大，反之则小。材料中所含水分与空气的湿度相平衡时的含水率，称为平衡含水率。具有微小开口孔隙的材料，吸湿性特别强。如木材及某些绝热材料，在潮湿空气中能吸收很多水分，这是由于这类材料的内表面积大，吸附水的能力强所致。

材料的吸水性和吸湿性均会对材料的性能产生不利影响。材料吸水后会导致其自重增大、绝热性降低、强度和耐久性将产生不同程度的下降。材料吸湿和还湿还会引起其体积变化，影响使用。在混凝土的施工配合比设计中要考虑砂、石料含水率的影响。

五、材料的的耐水性

耐水性是指材料在水作用下不破坏、强度也不显著降低的性质。耐水性用软化系数 K_p 表示：

$$K_\mathrm{p}=\frac{f_\mathrm{w}}{f}$$

式中 K_p——软化系数，其取值在 0～1 之间；

f_w——材料在吸水饱和状态下的抗压强度，MPa；

f——材料在绝对干燥状态下的抗压强度，MPa。

K_p 的大小表明材料在浸水饱和后强度降低的程度。一般来说，材料被水浸湿后，强度均会有所降低。这是因为材料浸水后，水分被组成材料的微粒表面吸附，形成水膜，降低了微粒间的结合力，引起强度的下降。K_P 值越小，表示材料吸水饱和后强度下降越大，即耐水性越差。

材料的软化系数 K_P 在 0～1 之间。不同材料的 K_P 值相差颇大，如黏土 $K_\mathrm{P}=0$，而金属 $K_\mathrm{P}=1$。通常 K_P 大于 0.85 的材料可认为是耐水材料。长期受水浸泡或处于潮湿环境的重要结构物 K_P 应大于 0.85，次要建筑物或受潮较轻的情况下，K_P 也不宜小于 0.75。

六、材料的抗冻性

抗冻性是指材料在吸水饱和状态下，抵抗多次冻融循环作用而不破坏，也不严重降低强度的性质。

建筑物或构筑物在自然环境中，温暖季节被水浸湿，寒冷季节又受冰冻，如此多次反复交替作用，会在材料孔隙内壁因水的结冰体积膨胀（约 9%）产生高达 100MPa 的应力，而使材料产生严重破坏。同时冰冻也会使墙体材料由于内外温度不均匀而产生温度应力，进一步加剧破坏作用。

抗冻性用抗冻等级 F 表示。抗冻等级是以规定的试件、在规定试验条件下，测得其强度降低不超过规定值，并无明显损坏和剥落时所能经受的冻融循环次数来确定，用符号“F*n*”表示，其中 n 即为最大冻融循环次数。例如，抗冻等级 F10 表示在标准试验条件下，材料强度下降不大于 25%，质量损失不大于 5%，所能经受的冻融循环的次数最多为 10 次。

材料抗冻等级的选择，是根据建筑物的种类、材料的使用条件和部位、当地的气候条件等因素决定的。例如烧结普通砖、陶瓷面砖、轻混凝土等墙体材料，一般要求抗冻等级为 F15 或 F25，用于桥梁和道路的混凝土应为 F50、F100 或 F200，而水工混凝土的抗冻等级要求可高达 F500。

从外界条件来看，材料受冻融破坏的程度，与冻融温度、结冰速度、冻融频繁程度等因素有关。环境温度越低、降温越快、冻融越频繁，则材料受冻融破坏越严重。材料受冻融破坏作用后，将由表及里产生剥落现象。

抗冻性良好的材料，对于抵抗大气温度变化、干湿交替等风化作用的能力较强，所以抗冻性常作为评定材料耐久性的一项重要指标，在设计寒冷地区及寒冷环境(如冷库)的建筑物时，必须要考虑材料的抗冻性。处于温暖地区的建筑物，虽无冻融作用，但为抵抗大气的风化作用，确保建筑物的耐久性，也常对材料提出一定的抗冻性要求。

七、材料的抗渗性

抗渗性是指材料抵抗压力水或其他液体渗透的性质。地下建筑物、水工建筑物、屋面材料都需要具有足够的抗渗性，以防止渗水、漏水现象。

抗渗性可用渗透系数表示。根据水力学的渗透定律，在一定的时间 t 内，通过材料的水量 Q 与试件截面面积 A 及材料两侧的水头差 H 成正比。与试件厚度 d 成反比，其比例数 k 即定义为渗透系数，可表示为下式：

$$Q=k\frac{HAt}{d}$$

$$k=\frac{Qd}{HAt}$$

式中　Q——透过材料试件的水量，cm^3；

H——水头差，cm；

A——渗水面积，cm^2；

D——试件厚度，cm；

t——渗水时间，h；

k——渗透系数，cm/h。

材料的抗渗性也可用抗渗等级表示。抗渗等级是以规定的试件在标准试验条件下所承受的最大渗水压力(MPa)来确定，以符号“Pn”表示，其中 n 为该材料所能承受的最大水压力数的 10 倍值，如 P4、P6、P8 等分别表示材料最大能承受 0.4MPa、0.6MPa、0.8MPa 的水压而不渗水。

材料的抗渗性与其孔隙率和孔隙特征有关。材料的孔隙率越大，连通孔隙越多，其抗渗性越差。细微连通的孔隙水易渗入，故这种孔隙越多，材料的抗渗性越差。闭口孔水不能渗入，因此闭口孔隙率大的材料，其抗渗性仍然良好。开口大孔水最易渗入，故其抗渗性最差。

八、材料的软火点、闪光点及着火点

(1)软火点。沥青等类材料加热时，会由固态逐渐软化而趋于液态，这一变态过程中从塑性态转到塑流态的起点温度称为软化点，它是反映材料温度敏感性的重要指标。

(2)闪火点。沥青等类材料到达软化点后再继续加热则会由于热分解而产生挥发性的气体与空气混合，在一定条件下与火焰接触，初次发出蓝色闪光时的温度称为闪火点，也称闪点、闪燃点。

(3)着火点。在材料达到闪火点后温度如果再上升与火接触而产生的火焰能持续燃烧 5s 以上时的这个开始燃烧的温度称为着火点，又称燃点。

闪火点、着火点是安全运输、贮存和使用沥青等材料的温度控制指标。材料的温度达到或超过闪火点和着火点，表明有发生爆炸和火灾的可能性。

九、材料的耐燃性与耐火性

(1)耐燃性。耐燃性是指材料在火焰或高温作用下可否燃烧的性质。我国相关规范把材料按耐燃性分为非燃烧材料（如钢铁、砖、石等）、难燃材料（如纸面石膏板、水泥刨花板等）和可燃材料（如木材、竹材等）。在建筑物的不同部位，根据其使用特点和重要性可选择不同耐燃性的材料。

(2)耐火性。耐火性是材料在火焰或高温作用下，保持其不被破坏、性能不明显下降的能力。用其耐受时间(h)来表示，称为耐火极限。要注意耐燃性和耐火性概念的区别，耐燃的材料不一定耐火，耐火的一般都耐燃。如钢材是非燃烧材料，但其耐火极限仅有 0.25h，故钢材虽为重要的建筑结构材料，但其耐火性却较差，使用时须进行特殊的耐火处理。

十、材料的导热性

1.影响材料导热系数的因素

导热性是指材料传导热量的能力，可用导热系数表示。根据热工实验可知，材料传导的热量 Q 与材料的厚度成反比，与导热面积 A、材料两侧的温度差（$T_1>T_2$）、导热时间 t 成正比。导热系数的物理意义是：厚度为 1m 的材料。当温度改变 1K 时，在 1s 时间内通过 $1m^2$ 面积的热量，可表达为下式：

$$\lambda=\frac{Qd}{(T_1-T_2)At}$$

式中 λ——导热系数，W/(m·K)；

T_1-T_2——材料两侧温差，K；

d——材料厚度，m；

A——材料导热面积，m^2；

t——导热时间，s。

建筑材料导热系数的范围在 0.023～400W/(m·K)之间，数值变化幅度很大，见表 2—3。导热系数越小，材料的保温隔热性越强，一般将 λ 小于 0.25W/(m·K)的材料称为绝热材料。

表 2—3 常用建筑材料的热工性能指标

材料	λ(W/m·K)	比热容 C(J/g·K)
钢	55	0.48
铝合金	370	
烧结砖	0.55	0.84
混凝土	1.8	0.86
泡沫塑料	0.03	1.30

续上表

材料	λ(W/m·K)	比热容 C(J/g·K)
松木	0.15	1.63
空气	0.024	1.00
水	0.60	4.18
冰	2.20	2.093

影响材料导热系数的因素主要有。

(1)环境的温湿度:因空气、水、冰的导热系数依次加大(见表2—3),故保温材料在受潮、受凉后,导热系数可加大近100倍。因此,保温材料使用过程中一定要注意防潮防冻。

(2)材料的化学组成和物理结构:一般金属材料的导热系数要大于非金属材料,无机材料的导热系数大于有机材料,晶体结构材料的导热系数大于玻璃体或胶体结构的材料。

(3)孔隙状况:因空气的λ仅为0.024W/(m·K),且材料的热传导方式主要是对流,故材料的孔隙率越高、闭口孔隙越多、孔隙直径越小,则导热系数越小。

2.比热容的计算公式

比热容是指单位质量的材料温度升高1K(或降低1K)时所吸收(或放出)的热量,表达式为:

$$C=\frac{Q}{m(T_2-T_1)}$$

式中 Q——材料吸收(或放出)的热量,J;

m——材料的质量,g;

T_2-T_1——材料受热(或冷却)前后的温度差,K;

C——材料的比热容,J/g·K。

不同材料的比热容不同,即使是同一种材料,由于所处物态不同,比热容也不同(见表2—3)。例如,从表2—3可以看出,水的比热容为4.18J/(g·K),而结冰后比热容则是2.09J/(g·K)。

材料加热时吸收热量,冷却时放出热量的能力,称为热容量(Q)。

材料的比热容与材料的质量之积称为材料的热容量值。材料的热容量值对于稳定建筑物内部温度的恒定和冬季施工有很重要的意义。热容量大的材料可缓和室内温度的波动,使其保持恒定。

材料的导热系数和热容量是设计建筑物围护结构(墙体、屋盖)进行热工计算时的重要参数,设计时应采用导热系数较小、热容量较大的建筑材料,使建筑物保持室内温度的稳定性。同时,导热系数也是工业窑炉热工计算和确定冷藏库绝热层厚度时的重要数据。

十一、材料的强度

1.材料强度的种类

材料在外力作用下抵抗破坏的能力称为材料的强度:当材料受外力作用时,其内部就产生应力,外力增加,应力相应增大,直至材料内部质点间结合力不足以抵抗作用的外力时,材料即发生破坏。材料破坏时应力达到极限值,这个极限应力值就是材料的强度,也称极限强度,常用“f”表示。材料强度的单位为兆帕(MPa)。

根据材料所受外力的不同,材料的常用强度有抗压强度、抗拉强度、抗剪强度和抗弯(或抗折)强度等,如图 2—3 所示。

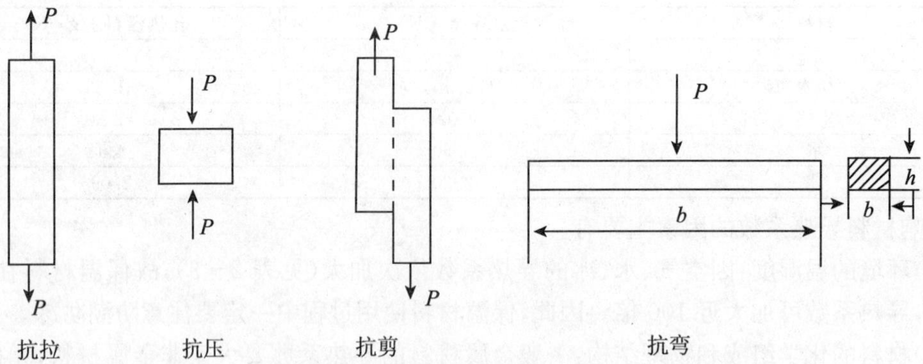

图 2—3 材料受外力作用示意图

材料的强度是通过静力试验来测定的,故称为静力强度。材料的静力强度是通过标准试件的破坏试验而测得。材料的抗压、抗拉和抗剪强度均按下式计算:

$$f=\frac{P_{max}}{A}$$

式中 f——材料抗压、抗拉、抗剪强度,MPa;

P_{max}——材料受压、受拉、受剪破坏时的极限荷载值,N;

A——材料受力的截面面积,mm^2。

材料的抗弯强度与试件的几何外形及荷载施加情况有关,对于矩形截面的条形试件,当其两支点间的跨中作用一集中荷载时,其抗弯(抗折)强度可按下式计算:

$$f_t=\frac{3P_{max}L}{2bh^2}$$

式中 f_t——材料的抗弯(抗折)强度,MPa;

P_{max}——试件破坏时的极限荷载值,N;

L——试件两支点的间距,mm;

b、h——试件矩形截面的宽和高,mm。

常见建筑材料的各种强度见表 2—4。由表可见,不同材料的各种强度间相差是不同的。花岗岩、普通混凝土等的抗拉强度比抗压强度小几十至几百倍,因此,这类材料只适于做受压构件(基础、墙体、桩等)。钢材的抗压强度和抗拉强度相等,所以作为结构材料性能最为优良。

表 2—4 常用建筑材料的强度值(MPa)

材料	抗压	抗压	抗断
花岗岩	100～250	5～8	10～14
普通混凝土	5～60	1～9	—
轻骨料混凝土	5～50	0.4～2	—
松木(顺纹)	30～50	80～120	60～100
钢材	240～1 500	240～1 500	—

2. 材料的比强度

比强度是按单位体积质量计算的材料强度指标,其值等于材料强度与其表观密度之比。比强度是衡量材料轻质高强性能的重要指标,优质结构材料的比强度应高。几种主要材料的比强度见表 2—5。

由表 2—5 可知,玻璃钢和木材是轻质高强的高效能材料,而普通混凝土为质量大而强度较低的材料。所以努力促进结构材料向轻质、高强方向发展,是一项十分重要的工作。

表 2—5　几种主要材料的比强度

材料	表观密度($kg \cdot m^{-3}$)	强度(MPa)	比强度
低碳钢	7 850	420	0.054
普通混凝土(抗压)	1 400	40	0.017
松木(顺纹抗拉)	500	100	0.200
玻璃钢	2 000	450	0.225
烧结普通砖(抗压)	1 700	10	0.005

强度等级是材料按强度的分级，建筑材料常按其强度值的大小划分为若干个等级或牌号，如烧结普通砖按抗压强度分为 5 个强度等级；硅酸盐水泥按抗压和抗折强度分为 6 个强度等级；普通混凝土按其抗压强度分为 12 个强度等级；碳素结构钢按其抗拉强度分为 5 个牌号等。根据强度划分强度等级时，规定的各项指标都合格才能定为某强度等级，否则就要降低级别。

建筑材料按强度划分等级或牌号，对生产者和使用者均有重要的意义，它可使生产者在生产中控制质量时有据可依，从而达到保证产品质量的目的。对使用者则有利于掌握材料的性能指标，以便于合理选用材料、正确进行设计和控制工程施工质量。

材料在外力作用下会产生变形，但当外力除去后，仍能完全恢复原来的形状，这种性质称为材料的弹性，这种可以完全恢复的变形称为弹性变形(瞬时变形成)。

当外力除去后，不能完全恢复原来的形状而仍保持变形后的形状和尺寸，但并不产生裂缝的性质称为材料的塑性，这种不能恢复的变形称为塑性变形(永久变形)。

实际上，单纯的弹性变形是没有的。有的材料在受力不大的情况下表现为弹性变形，但受力超过一定限度后则表现为塑性变形，如建筑钢材。有的材料在受力后，弹性变形及塑性变形同时产生，如图 2—4 所示如果取消外力，则弹性变形 *ba* 段可以恢复，而其他塑性变形 *ob* 段则不能恢复，如混凝土受力后的变形就属于这种性质。

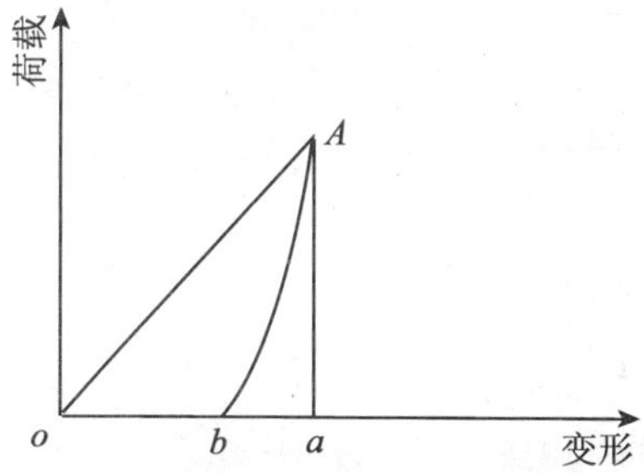

图 2—4　弹—塑性材料变形曲线

十二、材料的韧性与脆性

材料在冲击或振动荷载作用下，能吸收较大的能量，同时产生较大的变形而不破坏的性质称为韧性或冲击韧性。建筑钢材、木材、塑料等是较典型的韧性材料。

脆性是指当外力达到一定限度时，材料发生无先兆的突然破坏，且破坏时无明显塑性变形的性质。具有这种性质的变形曲线的材料称为脆性材料。脆性材料的力学性能特点是抗压强度远大于抗拉强度，可高达数倍甚至数十倍，破坏时的极限应变值极小。与韧性材料相比，脆性材料不能承受振动和冲击荷载，也不宜用于受拉构件，只适用于作承压构材料中大部分无机非金属材料均为脆性材料，如砖、石材、陶瓷、玻璃、混凝土、铸铁等都是脆性材料。

材料的韧性用冲击韧性指标 α_k 表示。冲击韧性指标指用带缺口的试件作冲击破坏试验时，断口处单位面积所吸收的功，可按下式计算：

$$\alpha_k=\frac{A_k}{A}$$

式中 α_k——材料的冲击韧性指标，J/mm²；

A_k——试件破坏时所消耗的功，J；

A——试件受力净截面积，mm²。

在建筑工程中，对于要求承受冲击荷载和有抗震要求的结构，如吊车梁、桥梁、路面等所用的材料，均应具有较高的韧性。

硬度是指材料表面抵抗硬物体刻划或压入而产生塑性变形的能力。材料的硬度越大，则其强度越高，耐磨性越好。测定材料硬度的方法有多种，通常采用的有刻划法、压入法和回弹法，不同材料其硬度的测定方法不同。刻划法常用于测定天然矿物的硬度，按硬度递增顺序分为10级，即滑石、石膏、方解石、萤石、磷灰石、正长石、石英、黄玉、刚玉、金刚石。钢材、木材及混凝土等韧性材料的硬度常用压入法测定，压入法硬度的指标有布氏硬度和洛氏硬度，它等于压入荷载值除以压痕的面积或密度。回弹法常用于测定混凝土构件表面的硬度，并以此估算混凝土的抗压强度。

耐磨性是指材料表面抵抗磨损的能力，用磨损率表示，它等于试件在标准试验条件下磨损前后的质量差与试件受磨表面积之商。磨损率越大，材料的耐磨性越差。

建筑工程中采用的无机非金属材料及其制品的耐磨性可用滚珠轴承法进行测定。滚珠轴承式耐磨试验机示意图如图2—5所示。其原理是：以滚珠轴承为磨头，通过滚珠在预定负荷下回转滚动时，摩擦湿试件表面，在受磨面上磨成环形磨槽。通过测量磨槽的深度和磨头的研磨转数，计算耐磨度。此法操作简便，数据可靠，适用面广。材料耐磨性用磨损率表示，即，

$$N=\frac{G_1-G_2}{F}$$

式中 N——材料的磨损率，g/cm²；

G_1——试件磨损前的质量，g；

G_2——试件磨损后的质量，g；

F——试件磨损面积，cm²。

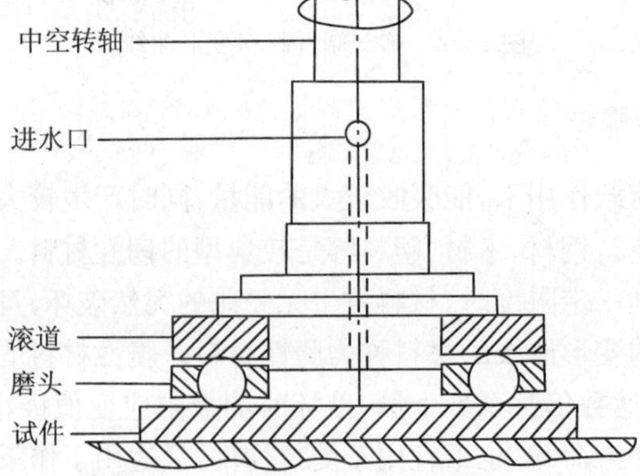

图2—5 滚珠轴承式耐磨试验机示意

材料的耐磨性与硬度、强度及内部构造等均有关系。建筑工程中用于地面、楼梯踏步、人行道路等处的材料，必须考虑其硬度与耐磨性。

十三、材料的耐久性

耐久性是指用于建筑物的材料，在内部和外部多种因素作用下，经久不破坏、不变质，长久保持其使用性能的性质。

影响材料耐久性的因素是多种多样的，除材料内在原因使其组成、构造、性能发生变化以外，还要长期受到使用条件及各种自然因素的作用，这些作用可概括为以下几方面。

(1)物理作用：包括环境温度、湿度的交替变化，即冷热，干湿、冻融等循环作用。材料在经受这些作用后，将发生膨胀、收缩、或产生内应力，长期的反复作用，将使材料变形、开裂甚至破坏。

(2)化学作用：包括大气和环境水中的酸、碱、盐或其他有害物质对材料的侵蚀作用，以及日光、紫外线等对材料的作用，使材料发生腐蚀、碳化、老化等而逐渐丧失使用功能。

(3)机械作用：包括荷载的持续作用，交变荷载对材料引起的疲劳、冲击、磨损等。

(4)生物作用：包括菌类、昆虫等的侵害作用，导致材料发生腐朽、虫蛀等而破坏。

影响材料耐久性的外部因素，往往又是通过其内部因素而发生作用的。与材料耐久性有关的内部因素，主要是材料的化学组成、结构和构造的特点。当材料含有易与其他外部介质发生化学反应的成分时，就会造成因其抗渗性和耐腐蚀能力差而引起的破坏。如玻璃因其玻璃体结构所呈现出的导热性较小，而弹性模又很大的原因，使其极不耐温度剧变作用。材料含有较多的开口孔隙，会加快外部侵蚀性介质对材料的有害作用，而使其耐久性急剧下降。

选用建筑材料时，必须考虑材料的耐久性问题，因为只有采用了耐久性良好的建筑材料，才能保证建筑物的耐久性。提高材料的耐久性，对节约建筑材料、保证建筑物长期正常使用、减少维修费用、延长建筑物使用寿命等，均具有十分重要的意义。

十四、材料的装饰功能

(1)表面质感。表面质感是指材料本身具有的材质特性，或材料表面由人为加工至一定程度而造成的表面视感和触感，如表面粗细、软硬程度、手感冷暖、纹理构造、凹凸不平、图案花纹、明暗色差等，这些表面质感均会对人们的心理产生影响。设计时根据建筑功能要求，恰当地选用不同质感的材料，充分发挥材料本身的质感特性。

(2)形状尺寸。材料的形状与尺寸是建筑构造的细部之一，将建筑材料加工成各种形状和不同尺寸的型材，以配合建筑形体和线条，可构筑成风格各异的建筑造型，既满足使用功能要求，又创造出建筑的艺术美。测定材料的密度，了解密度的测定方法，进一步加深对密度概念的理解。

(3)光泽。光泽是材料的表面特性之一，也是材料的重要装饰性能。高光泽的材料具有很高的观赏性，同时在灯光的配合下，能对空间环境的装饰效果起到强化、点缀和烘托的作用。

光泽是光线在材料表面有方向性的反射，若反射光线分散在各个方向，称为漫反射，如与入射光线成对称的集中反射，则称镜面反射。镜面反射是材料产生光泽的主要原因；材料表面的米洁度越高，光线的反射越强，则光泽度越高。所以许多装饰材料的面层均加工成光滑的表面，如天然大理石和花岗石板材、釉面砖、镜面玻璃、不锈钢钢板等，光泽度可采用光电光泽度计进行测定。

(4)透明性。材料的透明性是由于光线透射材料的结果，能透光又能透视的材料称为透明体(如普通平板玻璃)，只能透光而不能透视者称半透明体(如压花玻璃)。由于透明材料具有良好的透光性，故被广泛用作建筑采光和装饰。采用大量透明材料建造的玻璃幕墙建筑，给人以通透明亮、具有强烈的时代气息之感。

(5)色彩。色彩最能突出表现建筑物的美，古今中外的建筑物，无一不是利用材料的色彩来塑造其美，同时，不同色彩能使人产生不同感觉。如建筑外部的浅色块给人以庞大、肥胖感，深色块使人感觉瘦小和苗条。在室内看到红、橙、黄等色使人联想到太阳、火焰而感到温暖，故称暖色。见到绿、蓝、紫罗兰等色会让大联想到大海、蓝天、森林而感到凉爽，故称冷色。暖色调使人感到热烈、兴奋、温暖，冷色调使人感到宁静、幽雅、清凉。因此，建筑装饰材料均布成具有各种不同色彩的制品，且要求其颜色能经久不褪，耐久性高。

颜色是材料对光的反射效果，构成材料颜色的本质比较复杂，它受其微量组成物质(如金属氧化物)的影响很大，同时它与光线的光谱组成和人眼对光谱的敏感性有关，不同的人对同一种颜色可能产生不同的色彩效果。因此，生产中装饰材料的颜色，通常采用标准色板进行比较，或者用光谱分光色度仪进行测定。

十五、材料的密度试验

1. 材料的密度试验

(1)试验目的

测定材料的密度，了解密度的测定方法，进一步加深对密度概念的理解。

(2)密度试验所用仪器

密度瓶(如图 2－6 所示，又名李氏瓶)、量筒、烘箱、干燥器、天平(500g，感量 0.01g)、温度计、漏斗和小勺等。

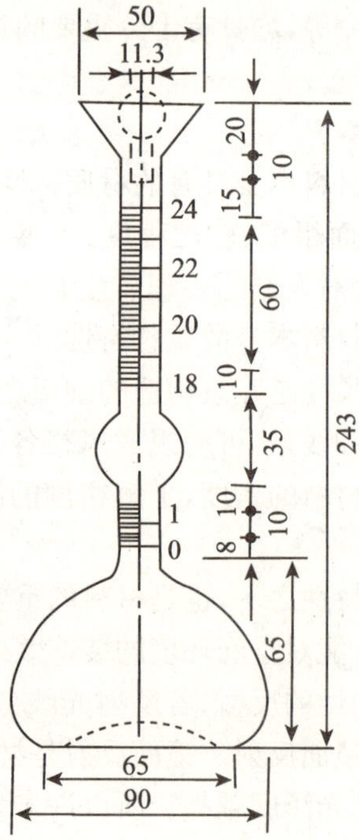

图 2－6　密度瓶(mm)

(3)试料准备

将试样研碎，通过 900 孔/cm^2 筛，除去筛余物，放在 105～110℃烘箱中，烘至恒重，再放入干燥器中冷却至室温。

(4)操作步骤

1)在密度瓶中注入与试样不起反应的液体至凸颈下部刻度线零处，记下刻度数，将李氏瓶放在盛水的容器中，在试验过程中保持水温为20℃。

2)用天平称取60～90g试样，用小勺和漏斗小心地将试样徐徐送入密度瓶中，要防止在密度瓶后部发生堵塞，直至液面上升到20mL刻度左右为止，再称剩余的试样质量，计算出装入瓶内的试样质量m(g)。

3)轻轻振动密度瓶，使液体中的气泡排出，记下液面刻度，根据前后两次液面读数，算出液面上升的体积，记为瓶内试样所占的绝对体积V(cm^3)。

(5)试验结果计算

按下式计算出密度ρ精确至0.01g/cm^3。

$$\rho=\frac{m}{V}$$

式中 n——装入瓶中试样的质量，g；

V——装入瓶中试样的绝对体积，cm^3；

ρ——材料的密度，g/cm^3。

密度试验用两个试样平行进行，以其结果的算术平均值作为最后结果，但两结果之差应不超过0.02g/cm^3。

2. 材料的体积密度试验

(1)试验目的

测定材料的体积密度，了解体积密度的测定方法。

(2)体积试验所用仪器

游标卡尺(精度0.1mm)、天平(感量0.1g)、烘箱、干燥器、漏斗、直尺和搪瓷盘等。

(3)操作步骤

1)将欲测材料形状规则的试件放入105～110℃烘箱中烘至恒重，取出置入干燥器中，冷却至室温。

2)用卡尺量出试件尺寸(每边测3次，取平均值)，并计算出体积V_0(cm^3)，称试样质量为m(g)，则表观密度ρ_0(kg/m^3)为：

$$\rho_0=\frac{1\,000m}{V_0}$$

以5次试验结果的平均值为最后结果，精确至10kg/m^3。

3. 材料堆积密度试验

(1)试验目的

测定材料的堆积密度，了解堆积密度的测定方法。

(2)堆积密度试验所用仪器

标准容器、天平(感量0.1g)、烘箱、干燥器、漏斗和钢尺等。

(3)试料准备

将试样放在105～110℃烘箱中烘至恒重，再放入干燥器中冷却至室温。

(4)操作步骤

1)材料松散堆积密度的测定。称标准容器的质量(m_1)，将散粒材料(试样)经过漏斗(或标准斜面)，徐徐地装入容器内，漏斗口(或斜面底)距容器口为5cm，待容器顶上形成锥形，将多余的材料用钢尺沿容器口中心线向两个相反方向刮平，称容器和材料总量(m_2)。

2)紧堆积密度的测定。称标准容器的质量(m_1)。取另一份试样，分两层装入标准容器内。装完一层后，在筒底垫放一根 ϕ10mm 钢筋，将筒按住，左右交替颠击地面各 25 下，再装第二层，把垫放的钢筋转 90°，再按同法颠击。加料至试样超出容器口，用钢尺沿容器中心线向两个相反方向刮平，称其质量(m_2)。

3)结果计算。堆积密度(kg/m^3)按下式计算：

$$\rho' = \frac{m_2 - m_1}{V'_0}$$

式中 m_2——容器和试样总质量，kg；

m_1——容器质量，kg；

V——容器的容积，m^3。

以两次试验结果的算术平均值作为堆积密度测定的结果。

4)容器容积的校正。以(20±5)℃的饮用水装满容器，用玻璃板沿容器口滑移，使其紧贴容器。擦干容器外壁上的水分，称其质量(m'_1)。事先称得玻璃板与容器的总质量(m'_2)，单位以 kg 计。容器的容积(m^3)按下式计算：

$$V = \frac{m'_1 - m'_2}{1\,000}$$

4. 材料的吸水率试验

(1)试验目的

测定材料的吸水率，了解材料吸水率的测定方法。

(2)吸水率试验所用仪器

天平(称量 1 000g，感量 0.1g)、水槽和烘箱等。

(3)操作步骤

1)将试件置于烘箱中，以不超过 110℃的温度烘至恒重，称其质量 m(g)。

2)将试件放入水槽中，试件之间应留 1～2cm 的间隔，试件底部应用玻璃棒垫起，避免与槽底直接接触。

3)将水注入水槽中，使水面至试件高度的 1/4 处，2h 后加水至试件高度的 1/2，隔 2h 再加入水至试件高度的 3/4 处，又隔 2h 加水至高出试件 1～2cm，再经一天后取出试件。这样逐次加水能使试件中的空气逐渐逸出。

4)取出试件后，用拧干的湿毛巾轻轻抹去试件表面的水分(不得来回擦拭)。称其质量，称量后仍放回槽中浸水。

以后每隔一昼夜用同样方法称取试样质量，直至试件浸水至恒定质量为止(质量相差不超过 0.05g 时)，此时称得的试件质量为 m_1(g)。

(4)试验结果计算

按下式计算质量吸水率 $W_{质}$ 及体积吸水率 $W_{体}$：

$$W_{质} = \frac{m_1 - m}{m} \times 100\%$$

$$W_{体} = \frac{V_1}{V_0} \times 100\% = \frac{m_1 - m}{m} \cdot \frac{\rho_0}{\rho_{H_2O}} \times 100\% = W_{质}\ \rho_0$$

式中 V_1——材料吸水饱和时水的体积，cm^3；

V_0——干燥材料自然状态下时的体积，cm^3；

ρ_0——试样的表观密度，g/cm³；

ρ_{H_2O}——水的密度，常温时 $\rho_{H_2O}=1g/cm^3$。

最后取三个试件的吸水率计算其平均值。

第三节　试验数据处理

一、平均值的计算方法及计算公式

1. 算术平均值

算术平均值是常用的一种用来了解一批数据的平均水平，度量这些数据的中间位置的方法。

$$x=\frac{x_1+x_2+\cdots\cdots+x_n}{n}=\frac{\sum x}{n}$$

式中　x——算术平均值；

$x_1,x_2,\cdots,x_n$——各个试验数据值；

$\sum x$——各试验数据值的总和；

n——试验数据个数。

2. 均方根平均值

均方根平均值是反映数据灵敏度的计算方法。

$$S=\sqrt{\frac{x_1^2+x_2^2+\cdots\cdots+x_n^2}{n}}=\sqrt{\frac{\sum x^2}{n}}$$

式中　S——各试验数据的均方根平均值；

$x_1,x_2,\cdots,x_n$——各个试验数据值；

$\sum x^2$——各试验数据值平方的总和；

n——试验数据个数。

3. 加权平均值

加权平均值是在计算若干个数据的平均值时，考虑到每个数据在总量中所具有的重要性不同，可以对各个数值分别给以不同权数，按不同权数计算所得的各个数据的平均值的计算方法。

$$m=\frac{x_1f_1+x_2f_2+\cdots+x_nf_n}{f_1+f_2+\cdots+f_n}=\frac{\sum_{i=1}^{n}x_if_i}{\sum_{i=1}^{n}f_i}$$

式中　m——加权平均值；

$x_1,x_2,\cdots,x_n$——各试验数据值；

$f_1,f_2,\cdots,f_n$——各数据的权数。

二、试验数据误差的处理方法

(1)算术平均值误差计算法，其计算公式为：

$$S=\frac{|x_1-\overline{x}|+|x_2-\overline{x}|+\cdots+|x_n-\overline{x}|}{n}=\frac{\sum_{i=1}^{n}(x_i-\overline{x})}{n}$$

式中 S——算术平均误差值；

$x_1, x_2, \cdots\cdots, x_n$——各试验数据值；

$\bar{x}$——试验数据值的算术平均数。

(2)均方根误差(标准离差、均方差)计算法。只知试件的平均水平是不够的。要了解数据的波动情况及其带来的危险性，均方根误差是衡量波动性(离散性大小)的指标，计算公式为：

$$S=\sqrt{\frac{(x_1-\bar{x})+(x_2-\bar{x})+\cdots+(x_n-\bar{x})}{n}}=\sqrt{\frac{\sum_{i=1}^{n}(x_i-\bar{x})}{n-1}}$$

式中 S——均方根误差；

$x_1, x_2, \cdots, x_n$——各试验数据值；

$\bar{x}$——试验数据的算术平均值；

n——试验数据个数。

(3)极差估计法

极差是表示数据离散的范围，也可用来度量数据的离散性。极差是数据中最大值与最小值之差，即，

$$W=x_{\max}-x_{\min}$$

当一批数据不多时($n\leqslant 10$)，可用极差法估计总体标准离差，计算公式为：

$$\delta=\frac{1}{d_n}W$$

当一批数据很多时($n>10$)，要将数据随机分成若干个数量相等的组，对每组求极差，并计算平均值，计算公式为：

$$\overline{W}=\frac{1}{m}\sum_{i=1}^{m}W_i$$

则标准极差的估计值近似地用下式计算：

$$\delta=\frac{1}{d_n}W$$

式中 d_n——与 n 有关的系数(见表 2-6)；

m——数据分组的组数；

n——每一组内数据拥有的个数；

δ——标准极差的估计值；

$W, \overline{W}$——极差、各组极差的平均值。

表 2-6 极差估计法系数表

n	2	3	4	5	6	7	8	9	10
d_n	1.128	1.693	2.059	2.326	2.534	2.704	2.847	2.970	3.078

极差估计法计算方便，但反映实际情况的精确度较差。

三、变异系数的计算

变异系数是表示数据相对波动大小的值，可反映标准偏差所不能反映的数据波动情况，计算公式如下：

$$C_v=\frac{S}{\overline{x}}\times 100\%$$

式中　C_v——变异系数(%)；

S——标准差；

$\overline{x}$——试验数据的算术平均值。

四、连续型随机变量的正态分布

如果随机变量 x 的概率密度为

$$f(x)=\frac{1}{\sqrt{2\pi}\sigma}e^{-\frac{(x-\mu)^2}{2\sigma^2}}\quad(-\infty<x<+\infty)$$

则称 x 为服从参数为 μ、σ^2 $(\sigma>0,-\infty<\mu<+\infty)$ 的正态分布，记为 $x\sim N(\mu,\sigma^2)$。

$f(x)$的图形如图 2－7 所示。

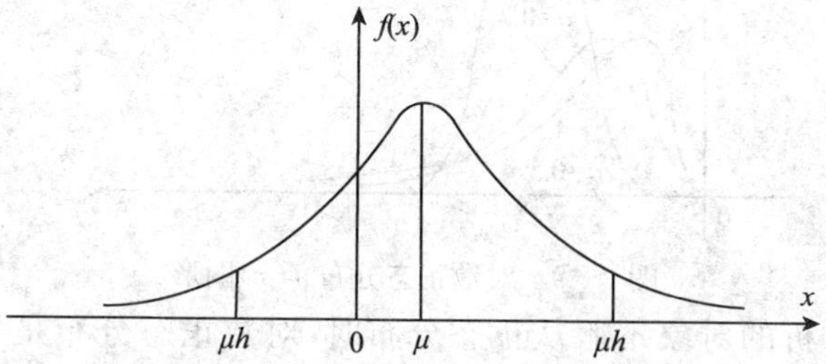

图 2－7　正态分布 $f(x)$图形

正态分布是概率与数理统计中最重要的分布，也是质量管理与材料试验研究中经常遇到的最重要的分布。实践证明，材料的强度值、混凝土预制件的自重及几何尺寸、楼板所承受的活荷载等都服从正态分布。

五、连续型随机变量的负指数分布

如果随机变量 x 的概率密度为

$$f(x)=\begin{cases}\lambda\cdot e^{-\lambda x} & (x\geqslant 0)\\ 0 & (x<0)\end{cases}$$

其中 $\lambda>0$，则称 x 服从参数为 λ 的负指数分布。

$f(x)$的分布图形如图 2－8 所示。

负指数分布在设备安全质量管理中有重要的应用，常用它作为设备使用寿命的近似分布。

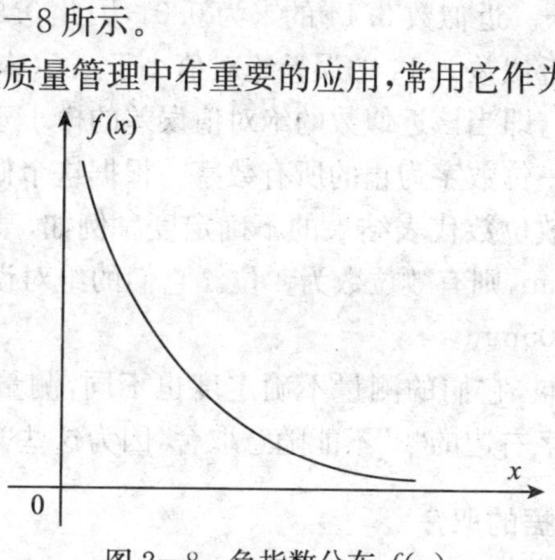

图 2－8　负指数分布 $f(x)$

六、连续型随机变量的对数正态分布

设随机变量的对数服从正态分布，则称这个随机变量J服从对数正态分布，其概率密度为：

$$f(x)=\begin{cases}\dfrac{1}{\sqrt{2\pi}\sigma x}e^{-\frac{(\lg x-\mu)^2}{2\sigma^2}} & (x>0)\\ 0 & (x\leqslant 0)\end{cases}$$

其中 μ、σ 为参数。

$f(x)$的分布图形如图 2－9 所示。

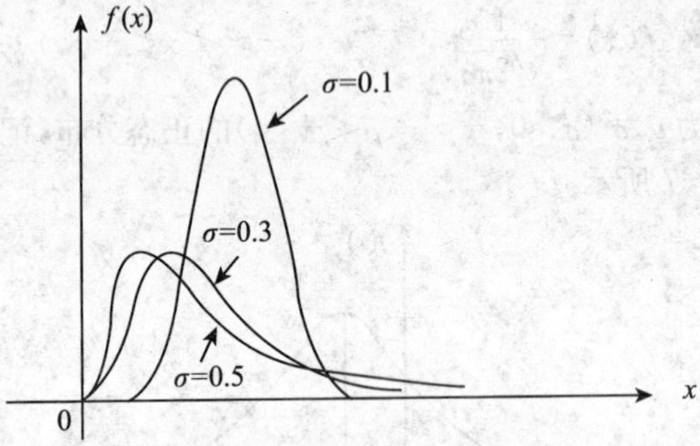

图 2－9 对数正态分布 $f(x)$图形

一般情况下，当分析的对象不服从正态分布时，对数正态分布是一种可供选择的近似分布。

七、数据中的有效数学

有效数字指的是任何一个数最末一位数字所对应的单位量值。例如，用分度值为 1mm 的钢卷尺测量某物体的长度，测量结果为 19.8mm，最末一位的量值为 0.8mm，即为最末一位数字 8 与其所对应的单位量值 0.1mm 的乘积，故 19.8m 的末为 0.1mm。

人们在日常生活中接触到的数，有准确数和近似数。对于任何数，包括无限不循环小数和循环小数，截取一定位数后所得的既是近似数。同样，根据误差公理，测量总是存在误差，测量结果只能是一个接近于真值的估计值，其数字也是近似数。例如，将无限不循环小数 π＝3.141 59……截取到百分位，可得到近似数 3.14，则此时引起的误差绝对值为 3.14－3.141 59……＝0.00159……。近似数 3.14 的末为 0.01，因此 0.5(末)＝0.5×0.01＝0.005，而0.00159……＜0.005，故近似数 3.14 的误差绝对值小于 0.5(末)。

近似数有效数字的概念，即当该近似数的绝对值误差的模小于 0.5(末)时，从左边的第一个非零数字算起，直到最末一位数字为止的所有数字。根据这个概念，3.14 有 3 位有效数字。

测量结果的数字，其有效位数代表结果的不确定度。例如，某长度测量值为 19.8mm，有效位数为 3 位；若是 19.80mm，则有效位数为 4 位。它们的绝对误差的末分别小于 0.5(末)，即分别小于 0.05mm 和 0.005mm。

显而易见，有效位数不同，它们的测量不确定度也不同，测量结果 19.80mm 比 19.8mm 的不确定度要小。同时，数字右边的"0"不能随意取舍，因为这些"0"都是有效数字。

八、试验结果的可疑数据的取舍

在一组条件完全相同的重复试验中，当发现有某个过大或过小的单数据时，应按数理统计方法加以鉴别并决定取舍。常用方法有以下 3 种。

1. 三倍标准离差法

这是美国混凝土协会 ACI 有关标准中的方法。它的准则是 $|x_i-\overline{x}|>3\delta$。另外还规定 $|x_i-\overline{x}|>2\delta$时则应保留，但需存疑，如发现制作、养护、试验过程中有可疑的变异时，该试件强度值应予舍弃。

2. 格拉布斯方法

(1)把试验所得数据从小到大排列：$x_1,x_2,x_3,\cdots,x_n$

(2)定显著性水平 α(一般 $\alpha=0.05$)，根据 n 及 α 从 $T(n,\alpha)$表中求得 T 值。

(3)计算统计量 T 值

$$T=\frac{\overline{x}-x_1}{S}$$

设 x_1 为可疑时，则当最大值 x_n 为可疑时，则，

$$T=\frac{x_n-\overline{x}}{S}$$

式中　x——试件平均值，$\overline{x}=\frac{1}{n}\sqrt{\frac{\sum\limits_{i=1}^{n}(x_i-x)^2}{n-1}}$；

x_i——测定值；

n——试件个数；

S——试件方差，$S=\sqrt{\frac{\sum\limits_{i=1}^{n}(x_i-x)^2}{n-1}}$。

(4)查表 2－7 相应于 n 与 a 的 $T(n,\alpha)$值。

(5)当计算统计量 $T\geqslant T(n,\alpha)$时，则假设的可疑数据是对的，应予舍弃。当 $T<T(n,\alpha)$时，则不能舍弃。

这样判决犯的错误概率为 $\alpha=0.05$。

表 2－7　α 和 T 值关系表

α	当 n 为下列数值时的 T 值							
	3	4	5	6	7	8	9	10
5.0%	1.15	1.46	1.67	1.82	1.94	2.03	2.11	2.18
2.5%	1.15	1.48	1.71	1.89	2.02	2.13	2.21	2.29
1.0%	1.15	1.49	1.75	1.94	2.10	2.22	2.32	2.41

3. 肖维纳法

肖维纳法是：若干个试验值，规定其离差(任意试验值与平均值之差)不可能出现的概率为 $1/n$，即出现的概率小于 $1/n$，意味着出现了可疑数据。按正态分布：

$$\frac{1}{2n}=1-\int_{n-W_n}^{W}\frac{1}{\sqrt{2\pi}}\cdot e-\frac{t^2}{2}\mathrm{d}t$$

W_n 由标准正态数查出。

当$|x_i—x|>W_n\delta$ 时，则认为是可疑数值，应当舍弃。

九、数字修约

1.数字修约的概念

对某一拟修约数,根据保留位数的要求,将其多余位数的数字进行取舍,按照一定的规则,选取一个其值为修约间隔整数倍的数(称为修约数)来代替拟修约数,这一过程称为数据修约,也称为数的化整或数的凑整。为了简化计算;准确表达测量结果,必须对有关数据进行修约。

修约间隔又称为修约区间或化整间隔,它是确定修约保留位数的一种方式。修约间隔一般以 $k\times10^n$($k=1,2,5$;n 为正、负整数)的形式表示。人们经常将同一 k 值的修约间隔简称为"k"间隔。

修约间隔一经确定,修约数只能是修约间隔的整数倍。例如,指定修约间隔为 0.1,修约数应在 0.1 的整数倍中选取;若修约间隔为 2×10″,修约数的末位只能是 0,2,4,6,8 等数字;若修约间隔为 5×10n,则修约数的末位数字必然不是"0"就是"5"。

当对某一拟修约数进行修约时,需确定修约位数,其表达形式有以下几种:

(1)指明具体的修约间隔。

(2)将拟修约数修约至某数位的 0.1 或 0.2 或 0.5 个单位。

(3)指明按"k"间隔将拟修约数为几位有效数字,或者修约至某数位,有时"1"间隔不必指明,但"2"间隔或"5"间隔必须指明。

2.数字修约有哪些规则

(1)如果为修约间隔整数倍的一系列数中只有一个数最接近拟修约数,则该数就是修约数。例如,将 1.150001 按 0.1 修约间隔进行修约。此时,与拟修约数 1.150001 邻近的为修约间隔整数倍的数有 1.1 和 1.2(分别为修约间隔 0.1 的 11 倍和 12 倍),然而只有 1.2 最接近拟修约数,因此 1.2 就是修约数。

(2)如果为修约间隔整数的一系列数中有连续的两个数同等地接近拟修约数,则这两个数中只有为修约间隔偶数倍的那个数才是修约数。例如,要求将 1150 按 100 修约间隔修约。此时,有两个连续的为修约间隔整数倍的数 1.1×103 和 1.2×103 同等地接近 1150,因为 1.1×103 是修约间隔 100 的奇数倍(11 倍),只有 1.2×103 是修约间隔 100 的偶数倍(12 倍),因而 1.2×103 是修约数。

十、试验数据处理时关系的建立

在处理数据时,经常遇到两个变量因素的试验值,如抗压强度和抗折强度、快速试验和标准试验强度、混凝土强度与水泥强度等,可利用试验数据,找出它们之间的关系,建立两个变量因果经验相关公式。

通常见到的两个变量间的经验相关公式,大多数是简单的直线关系公式。建立直线关系式的方法有作图法、选点法、平均法、最小二乘法等。直线关系的普遍式为:

$$y=b+ax$$

式中　y——因变量;

x——自变量;

a——系数或斜率;

b——常数或截距。

第三章　建筑试验项目抽样检测基本要求

本章重点介绍了建筑主要项目试验批次抽样要求以及所检验的项目内容，也是建筑材料试验的基本要求。

第一节　混凝土结构材料抽样检测

一、水泥抽样检验

1. 检验批次

(1)散装水泥

对同一水泥厂生产的同期出厂的同品种、同强度等级、同一出厂编号的水泥为一验收批，但一验收批的总量不得超过500t。

随机地从不少于3个车罐中各采取等量水泥，经混拌均匀后，再从中称取不少于12kg的水泥作为试样。

(2)袋装水泥

对同一水泥厂生产的同期出厂的同品种、同强度等级、同一出厂编号的水泥为一验收批，但一验收批的总量不得超过200t。

随机地从不少于20袋中各采取等量水泥，经混拌均匀后，再从中称取不少于12kg的水泥作为试样。

2. 检验项目

(1)若受检单位能够提供法定检测单位出具的、能够证明该批水泥合格的检测报告原件，则只做以下必检项目：细度；标准稠度；凝结时间；安定性；胶砂强度。

(2)若无证明材料，或法定单位检测报告与产品不符(有较大差异)时，则应对该批材料进行以下检验。必检：安定性；凝结时间；强度。其他：细度；烧失量；三氧化硫；碱含量。

二、建筑砂浆抽样检验

1. 检验批次

每二楼层或每250m^{3}砌体中各种强度等级的砂浆，取样不少于一次；每台搅拌机搅拌的砂浆取样不少于一次；每一工作班取样不少于一次。

当砂浆强度等级或配合比有变更时，还应另做试块。每次取样标养试块至少留置一组，同条件养护试块由施工情况确定。

2. 检验项目

立方体拉压强度。

三、混凝土用砂抽样检验

1. 混凝土用卵石抽样检验

(1)检验批次

1)以同一产地、同一规格每 400m³ 或 600t 为一验收批，不足 400m³ 或 600t 也按一批计。每一验收批取样一组。

2)当质量比较稳定、进料量较大时，可定期检验。

3)一组试样 40kg(最大粒径 10mm、16mm、20mm)或 80kg(最大粒径 31.5mm、40mm)，取样部位应均匀分布，在料堆上从 5 个不同的部位抽取大致相等的试样 15 份(料堆的顶部、中部、底部)，每份 5～40kg，然后缩分到 40kg 或 60kg 送检。

(2)检验项目

1)若受检单位能够提供法定检测单位出具的、能够证明该批卵石(碴石)合格的检测报告原件，则只做以下必检项目：颗粒级配；含泥量；泥块含量；压碎指标；针片状含量。

2)若无证明材料，或法定单位检测报告与产品不符(有较大差异)时，则应对该批材料进行以下检验：颗粒级配；表观密度；紧密和堆积密度；含泥量；泥块含量；有机物；针片状含量；坚固性；压碎指标；硫化物及硫酸盐含量；碱活性(根据双方商定)。

2.混凝土轻骨料抽样检验

(1)检验批次

1)以同一品种、同一密度等级每 200m³ 为一验收批，不足 200m³ 也按一批计。

2)试样可以从料堆自上到下不同部位、不同方向任选 10 点(袋装料应从 10 袋中抽取)，应避免取离析的及面层的材料。

3)初次抽取的试样量应不少于 10 份，其总料应多于试验用料量的 1 倍。拌和均匀后，按四分法缩分到试验所需的用料量，轻粗集料为 50L(以必检项目计)，轻细集料为 10L(以必检项目计)。

对于一次进场数量较少，且随进随用者，当质量比较稳定时，可以一个月为周期以 200m³ 为一检验批，不足者亦为一个批次进行抽检。每次从 10 个不同位置和高度，取样 40L。

(2)检验项目

1)若受检单位能够提供法定检测单位出具的、能够证明该批轻集料合格的检测报告原件，则只做以下必检项目；颗粒级配；堆积密度；表观密度；筒压强度；吸水率。

2)若无证明材料，或法定单位检测报告与产品不符(有较大差异)时，则应对该批材料进行以下检验：颗粒级配；堆积密度；筒压强度与强度等级；吸水率与软化系数；粒型系数；煮沸质量损失；烧失量；硫化物及硫酸盐含量(按 SO_2 计)；含泥量及黏土块含量；有机物含量；表观密度。

3.混凝土试块抽样检验

(1)检验批次

混凝土试样应在混凝土浇筑地点随机取样要求：

每拌制 100 盘且不超过 100m³ 的同配合比，其取样不少于一次；

每工作班拌制的同配合比不足 100 盘时，取样不少于一次。

(2)对于现浇混凝土检验批次要求：

每一现浇楼层同配合比混凝土，其取样不少于一次；

同一单位工程每一验收项目中同配合比混凝土，其取样不少于一次，每组为 3 块。

4.混凝土外加剂抽样检验

(1)检验批次

以同一品种、同一批出厂，单位工程项目为一批，取样 5kg。

(2)检验项目

若受检单位能够提供法定检测单位出具的、能够证明该批混凝土外加剂合格的全项检测报告原件,则只须检验下列几项必检项目便可以使用:钢筋锈蚀;凝结时间差;28d 抗压强度比;减水经率。若不能提供,或所检项目的检测指标与提供的报告差别较大,应进行下列指标的检测:减水率;抗压强度;凝结时间;含气量;泌水率比;收缩率比;相对耐久性指标;钢筋锈蚀;塌落度增加值;压力泌水率比;塌落度保留值;透水压比;净浆安定性;凝结时间;渗透高度比;固体含量;48h 吸水率;冻融强度损失率比;细度;抗压(折)强度;限制膨胀率;化学成分;含水率;pH 值。

5.混凝土拌和用水抽样检验

(1)检验批次

1)取样数量为 2～3L。

2)取样方法。井水、钻孔水和自来水应放水冲洗管道后采集;江湖水应在中心位或水面下500mm 处采集。

(2)检验项目

1)若受检单位能够提供法定机构出具的、能证明该水符合混凝土拌和用水质量要求,或由当地法定机构提供的统一供应的生活用水的检测报告原件,则不经检测便可使用。

2)若受检单位不能提供,则根据本地目前水质情况,进行下列指标的检测:pH 值;不溶物;可溶物;氯化物;硫酸盐;硫化物。

6.钢筋混凝土用热轧光圆钢筋的抽样检验

(1)检验批次

1)同一厂别、同一炉罐号、同一规格、同一交货状态,每 60t 为一验收批,不足 60t 也按一批计。

2)每一验收批取拉伸试件 2 个、弯曲试件 2 个(在任选的两根钢筋切取)。

(2)检验项目

1)受检单位能够提供法定检测单位出具的、能够证明该批钢筋混凝土用热轧光圆钢筋质量的全项检测报告原件,则只需检验下列必检项目:拉伸(屈服点、抗拉强度、延伸率);弯曲。

2)若不能提供或必检项目的检测指标与所提供的报告有较大差异的,应进行全项检测,全项包括:拉伸(屈服点、抗拉强度、延伸率);弯曲;化学分析(碳、硅、锰、硫、磷);尺寸;外观;重量偏差。

7.钢筋混凝土用热轧带肋钢筋的抽样检验

(1)检验批次

1)同一厂别、同一炉罐号、同一规格、同一交货状态,每 60t 为一验收批,不是 60t 也按一批计。

2)每一验收批取拉伸试件 2 个、弯曲试件 2 个(在任选的两根钢筋切取)。

(2)检验项目

1)受检单位能够提供法定检测单位出具的、能够证明该批钢筋混凝土用热轧带肋钢筋质量的全项检测报告原件,则只需检验下列必检项目:拉伸(屈服点、抗拉强度、延伸率):弯曲。

2)若不能提供或必检项目的检测指标与所提供的报告有较大差异的,应进行全项检测,全项包括:拉伸(屈服点、抗拉强度、延伸率);弯曲;化学分析(碳、硅、锰、硫、磷);尺寸;外观;反向弯曲;重量偏差。

四、混凝土抽样检验批次要求

1. 检验批次

(1)以同一产地、同一规格每 $400m^3$ 或 600t 为一验收批，不足 $400m^3$ 或 600t 也按一批计，每一验收批取样一组(20kg)。

(2)当质量比较稳定、进料量较大时，可定期检验。

(3)取样部位应均匀分布，在料堆上从 8 个不同部位抽取等量试样(每份 11kg)。然后用四分法缩至 20kg，取样前先将取样部位表面铲除。

2. 检验项目

(1)若受检单位能够提供法定检测单位出具的、能够证明该批砂子合格的检测报告原件，则只做以下必检项目：颗粒级配；含泥量；泥块含量；氯离子含量。

(2)若无证明材料，或法定单位检测报告与产品不符(有较大差异)时，则应对该批材料进行以下检验：颗粒级配；表观密度；紧密和堆积密度；含水率；含泥量；泥块含量；有机物含量；云母含量；轻物质含量；坚固性；硫化物及硫酸盐含量：氯离子含量；碱活性(根据双方商定)。

第二节　建筑钢材抽样检测

一、低碳钢热轧圆盘条抽样检验

1. 检验批次

(1)同一厂别、同一炉罐号、同一规格，同一交货状态，每 60t 为一验收批，不足 60t 也按一批计。

(2)每一验收批取一组试件. 其中拉伸 1 个、弯曲 2 个(取自不同盘)。

2. 检验项目

(1)受检单位能够提供法定检测单位出具的、能够证明该批低碳钢热轧圆盘条质量的全项检测报告原件，则只需检验下列必检项目：拉伸(屈服点、抗拉强度、延伸率)；弯曲。

(2)若不能提供或必检项目的检测指标与所提供的报告有较大差异的，应进行全项检测，全项包括：拉伸(屈服点，抗拉强度、延伸率)；弯曲；化学分析(碳、硅，；锰、硫、磷)；尺寸；外观。

二、冷轧扭钢筋抽样检验

1. 检验批次

(1)同一牌号、同一规格尺寸、同一台轧机、同一台班，每 10t 为一验收批，不足 10t 也按一批汁。

(2)每批取弯曲试件 1 个，拉伸试件 2 个，重量、节距、厚度各 3 个。

2. 检验项目

受检单位能够提供法定检测单位出具的，能够证明该批冷轧扭钢筋质量的全项检测报告原件，则只需检验下列几项必检项目：拉伸(抗拉强度、延伸率)；弯曲；节距；轧扁厚度。

若不能提供或必检项目的检测指标与所提供的报告有较大差晃的，应进行全项检测，全项包括：①拉伸(抗拉强度、延伸率)；②弯曲；③节距；④轧扁厚度；⑤外观；⑥定尺长度；⑦重量偏差；⑧化学成分(碳、硅、锰、硫、磷)。

三、冷拔低碳钢丝抽样检验

1. 检验批次

甲级钢丝的力学性能每盘为一批，每批取样数量为 2 根。乙级钢丝以同一直径的钢丝 5t

为一批，每批取样数量为 6 根(分别从任意 3 盘上截取)。

2. 检验项目

(1)抗拉强度。

(2)延伸率。

(3)反复弯曲。

四、预应力混凝土用钢丝检验

1. 检验批次

(1)同一牌号、同一规格、同一生产工艺制度的钢丝组成，每批质量不大于 60t。

(2)钢丝的检验应按《钢丝验收、包装、标志及质量证明书的一般规定》(GB/T 2103)的规定执行。在每盘钢丝的两端进行抗拉强度、弯曲和伸长率的试验。屈服强度和松弛率试验每季度抽验一次，每次至少 3 根。

2. 检验项目

(1)拉伸(抗拉强度、伸长率)。

(2)反复弯曲。

五、冷轧带肋钢筋抽样检验

1. 检验批次

(1)同一牌号、同一外形、同一生产工艺、同一交货状态，每 60t 为气验收批，不足 60t 也按一批计。

(2)每一验收批取拉伸试件 1 个(逐盘)、弯曲试件 2 个(每批)、松弛试件 1 个(定期)。

(3)在每(任)盘中的任意一端截去 500mm 后切取。

2. 检验项目

受检单位能够提供法定检测单位出具的，能够证明该批冷轧带肋钢筋质量的全项检测报告原件，则只须检验下列必检项目：拉伸(抗拉强度、延伸率)；弯曲(冷弯)。

若不能提供或必检项目的检测指标与所提供的报告有较大差异的，应进行如下全项检测：拉伸(抗拉强度、延伸率)；弯曲(冷弯)；化学分析(碳、硅、锰、硫、磷)；松弛试验；外观；尺寸；重量偏差。

六、低合金高强度结构钢抽样检验

1. 检验批次

每批质量不大于 60t，每批应由同厂、同一牌号、同一质量等级、同一品种、同炉号、同级别、同规格、同一热处理制度、进入同一施工现场、同一进场时间的钢材组成。

每批取样数量为 2 件。

2. 捡验项目

受检单位能够提供法定检测单位出具的、能够证明该批低合金高强度结构钢质量的全项检测报告原件，则只须检验下列必检项目：拉伸(屈服点、抗拉强度、延伸率)；弯曲(冷弯)。

若不能提供或必检项目的检测指标与所提供的报告有较大差异的，应进行全项检测，全项包括：拉伸(屈服点、抗拉强度、延伸率)；弯曲(冷弯)；化学分析(碳、硅、锰、硫、磷)；低温冲击，常温冲击。

七、钢筋焊接抽样检验

1.钢筋闪光对焊抽样检验

(1)检验批次

1)在同一台班内,由同一焊工完成的300个同牌号、同直径钢筋焊接接头应作为一批。当同一台班内焊接的接头数量较少,可在一周之内累计计算;累计仍不足300个接头时,应按一批计算。

2)力学性能检验时,应从每批接头中随机切取6个接头,其中3个做拉伸试验,3个做弯曲试验。

3)焊接等长的预应力钢筋(包括螺丝端杆与钢筋)时,可按生产时同等条件制作模拟试件。

4)螺丝端杆接头可只做拉伸试验。

5)封闭环式箍筋闪光对焊接头,以600个同牌号、同规格的接头作为一批,只做拉伸试验。

(2)检验项目

1)连接方式检查和接头的力学性能检验规定为主控项目。

接头连接方式应符合设计要求,并应全数检查,检验方法为观察。

接头试件进行力学性能检验时,其质量和检查数量应符合有关规定;检验方法包括检查钢筋出厂质量证明书、钢筋进场复验报告、各项焊接材料产品合格证、接头试件力学性能试验报告等。

2)焊接接头的外观质量检查规定为一般项目。

焊接接头外观检查时,首先应由焊工对所焊接头或制品进行自检;然后由施工单位专业质量检查员检验;监理(建设)单位进行验收记录。

纵向受力钢筋焊接接头外观检查时,每一检验批中应随机抽取10%的焊接接头。检查结果,当外观质量各小项不合格数均小于或等于抽检数的10%时,则该批焊接接头外观质量评为合格。

3)当某一小项不合格数超过抽检数的10%时,应对该批焊接接头该小项逐个进行复检,并剔出不合格接头;对外观检查不合格接头采取修整或焊补措施后,可提交二次验收。

4)接头进行弯曲试验时,应将受压面的全面毛刺和镦粗凸起部分消除,且应与钢筋的外表齐平。

弯曲试验可在万能试验机、手动或电动液压弯曲试验器上进行,焊缝应处于弯曲中心点,弯心直径和弯曲角应符合表3—1的规定。

表3—1 接头弯曲试验指标

钢筋牌号	弯心直径	弯曲角(°)	钢筋牌号	弯心直径	弯曲角(°)
HPB235	$2d$	90	HRB400、RRB400	$5d$	90
HRB335	$4d$	90	HRB500	$7d$	90

注:1. d 为钢筋直径(mm)。

2.直径大于25mm的钢筋焊接接头,弯心直径应增加1倍钢筋直径。

当弯至90°,有2个或3个试件外侧(含焊缝和热影响区)未发生破裂时,应评定该批接头弯曲试验合格。当3个试件均发生破裂时,则一次判定该批接头为不合格品。当有2个试件试样发生破裂时,应进行复验。复验时,应再切取6个试件。复验结果仍有3个试件发生破裂时,应判定该接头为不合格品。

注：当试件外侧横向裂纹宽度达到 0.5mm 时，应认定已经破裂。

2. 钢筋电弧焊抽样检验

(1)检验批次

1)在现浇混凝土结构中，应以 300 个同牌号钢筋；同形式接头作为一批；在房屋结构中，应在不超过两楼层中 300 个同牌号钢筋、同形式接头作为一批。每批随机切取 3 个接头，做拉伸试验。

2)在装配式结构中，可按生产条件制作模拟试件，每批 3 个，做拉伸试验。

3)钢筋与钢板电弧搭接焊接头可只进行外观检查。

注：在同一批中若有几种不同直径的钢筋焊接接头，应在最大直径钢筋接头中切取 3 个试件。以下电渣压力焊接头、气压焊接头取样均同。

(2)检验项目

同“钢筋闪光对焊”。

3. 钢筋气压焊抽样检验

(1)检验批次

1)在现浇钢筋混凝土结构中，应以 300 个同牌号钢筋接头作为一批；在房屋结构中，应在不超过两楼层中 300 个同牌号钢筋接头作为一批；当不足 300 个接头时，仍应作为一批。

2)在柱、墙的竖向钢筋连接中，应从每批接头中随机切取 3 个接头做拉伸试验；在梁、板的水平钢筋连接中，应另切取 3 个接头做弯曲试验。

(2)检验项目

同“钢筋闪光对焊”。

4. 预埋件钢筋 T 形接头埋弧压力焊抽样检验

(1)检验批次

1)预埋件钢筋 T 形接头的外观检查，应从同一台班内完成的同一类型预埋件中抽查 5%，且不得少于 10 件。

2)当进行力学性能检验时，应以 300 件同类型预埋件作为一批。一周内连续焊接时，可累计计算。当不足 300 件时，亦应按一批计算。

应从每批预埋件中随机切取 3 个接头做拉伸试验，试件的钢筋长度应大于或等于 200mm，钢板的长度和宽度均应大于或等于 60mm，如图 3－1 所示。

(2)检验项目

同“钢筋闪光对焊”。

5. 钢筋机械连接抽样检验

钢筋机械连接接头包括锥螺纹接头、套筒挤压接头、镦粗直螺纹钢筋接头三种。

(1)检验批次

1)工艺检验。在正式施工前，按同批钢筋、同种机械连接形式的接头试件不少于 3 根，同时对应截取接头试件的母材，进行抗拉强度试验。

2)现场检验。接头的现场检验按验收批进行。同一施工条件下采用同一批材料的同等级、同形式、同规格的接头每 500 个为一验收批。不足 500 个接头也按一批计。每一验收批必须在工程结构中随机截取 3 个试件做单向拉伸试验。在现场连续检验 10 个验收批，其全部单向拉伸试件一次抽样均合格时，验收批接头数量可扩大一倍。

取样数量：拉伸试验 3 件/批。

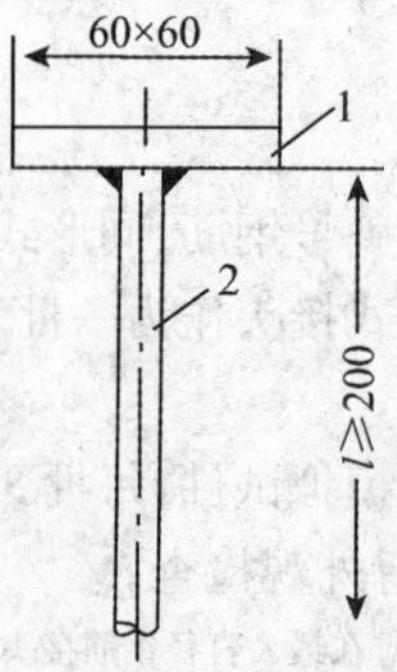

图 3－1 预埋件钢筋 T 形接头拉伸试件(mm)

1—钢板;2—钢筋

(2)检验项目

抗拉强度:如在加工过程中发现脆断,或在试验过程中发现力学性能显著不正常等现象时,应对该批所使用钢筋原材进行化学成分分析及力学性能检验。

6.钢筋焊接网抽样检验

(1)检验批次

1)凡钢筋牌号、直径及尺寸相同的焊接骨架和焊接网应视为同一类型制品,且每 300 件作为一批,一周内不足 300 件的亦应按一批计算。

2)外观检查应按同一类型制品分批检查,每批抽查 5%,且不得少于 5 件。

3)力学性能检验的试件,应从每批成品中切取;切取过试件的制品,应补焊同牌号、同直径的钢筋,其每边的搭接长度不应小于 2 个孔格的长度。

当焊接骨架所切取试件的尺寸小于规定的试件尺寸,或受力钢筋直径大于 8mm 时,可在生产过程中制作模拟焊接试验网片。如图 3－2(a)所示,从中切取试件。

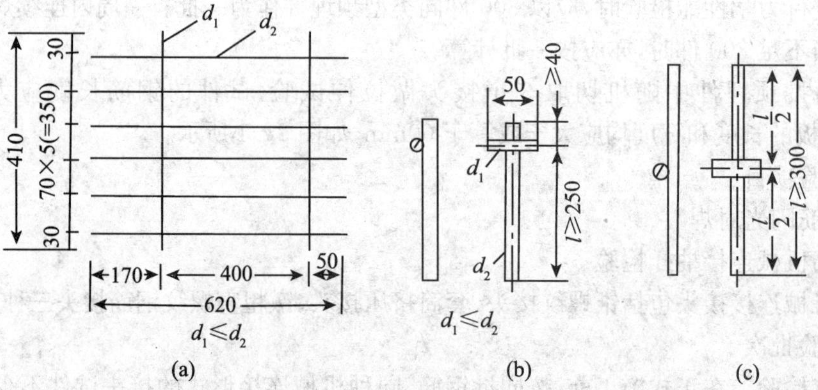

图 3－2 钢筋模拟焊接试验网片与试件(mm)

(a)模拟焊接试验网片简图;(b)钢筋焊接剪切试件;(c)钢筋焊点拉伸试件

4)焊接网剪切试件应沿同一横向钢筋随机切取。

5)由几种直径钢筋组合的焊接骨架或焊接网,应对每种组合的焊点做力学性能检验。

6)热轧钢筋的焊点应做剪切试验,试件应为 3 件;冷轧带肋钢筋焊点除做剪切试验外,尚应对纵向和横向冷轧带肋钢筋做拉伸试验,试件应各为 1 件。剪切试件纵筋长度应大于或等于 290mm,横筋长度应大于或等于 50mm,如图 3－2(b)所示;拉伸试件纵筋长度应大于或等于 300mm,如图 3－2(c)所示。

7)切取剪切试件时,应使制品中的纵向钢筋成为试件的受拉钢筋。

(2)检验项目

1)抗拉强度;弯曲;剪切力。

2)如在加工过程中发现脆断、焊接性能不良或在试验过程中发现力学性能显著不正常等现象时,应对该批所使用钢筋原材进行化学成分分析及力学性能检验。

第三节 砖、砌块、石材抽样检测

一、烧结普通砖抽样检验

1.检验批次

每 3.5 万～15 万块同一强度等级、同一生产工艺烧结普通砖为一验收批,不足 3.5 万块亦按一批计。

进入现场的同一生产工艺、同一强度等级、同规格烧结普通砖,不超过 15 万块为一批次进行检验。

在施工现场采用随机抽样,抽烧结普通砖样 50 块。

2.检验项目

若受检单位能够提供法定检测单位出具的,能够证明该批烧结普通砖合格的检测报告原件,则只做以下必检项目:外观质量;尺寸偏差;抗压强度。

若无证明材料,或法定单位检测报告与产品不符(有较大差异)时,则应对该批材料进行以下检验:尺寸偏差;外观质量;抗压强度;冻融;泛霜;石灰爆裂。

二、烧结空心砖抽样检验

1.检验批次

(1)每 3 万块为一验收批,不足 3 万块亦按一批计。

(2)进入现场同一生产工艺、同一强度等级、同规格烧结空心砖,不超过 3 万块为一批次进行检验。

(3)在施工现场采用随机抽样,抽烧结空心砖样 50 块。

2.检验项目

(1)若受检单位能够提供法定检测单位出具的、能够证明该批烧结空心砖合格的检测报告原件.则只做以下必检项目:外观质量:尺寸偏差;抗压强度。

(2)若无证明材料,或法定单位检测报告与产品不符(有较大差异)时,则应对该批烧结空心砖进行以下检验:抗压强度;外观质量;尺寸偏差;冻融;吸水率;泛霜;密度;孔洞及排数;石灰爆裂。

三、蒸压加气混凝土砌块抽样检验

1.检验批次

(1)同品种、同规格、同等级的砌块,以 1 000 块为一批,不足 1 000 块也为一批。随机抽取

50 块砌块。

(2)从尺寸偏差与外观检验合格的砌块中，随机抽取砌块，制作 3 组试件进行立方体抗压强度试验，制作 3 组试件做干体积密度检验。

2. 检验项目

(1)若受检单位能够提供法定检测单位出具的，能够证明该批蒸压加气混凝土砌块质量的检测报告原件，则只做以下必检项目：立方体抗压强度(含水率)；干体积密度。

(2)若无证明材料，或法定单位检验报告与产品不符(有较大差异时)应对该批蒸压加气混凝土砌块进行以下检验；尺寸偏差和外观质量；立方体抗压强度(含水率)；干体积密度；干燥收缩值；抗冻性；热导率。

四、轻集料混凝土小型空心砌块抽样检验

1. 检验批次

(1)砌块按密度等级和强度等级分批验收。以用同一品种轻集料配制成的相同密度等级、相同强度等级、质量等级和同一生产工艺制成的 1 万块轻集料混凝土小型砌块为一批，每月生产的砌块数不足 1 万块者亦为一批。

(2)抗压强度 5 块；表观密度、吸水率和相对含水率 3 块。

2. 检验项目

(1)若受检单位能够提供法定检测单位出具的、能够证明该批轻集料混凝土小型空心砌块质量的检测报告原件，则只做以下必检项目：强度等级；密度等级。

(2)若无证明材料，或法定单位检验报告与产品不符(有较大差异时)，应对该批轻集料混凝土小型空心砌块进行以下检验：尺寸偏差；外观质量；密度等级；强度等级；吸水率和相对含水率；抗冻性；软化系数。

五、天然石材抽样检验

1. 检验批次

(1)同一品种、等级、规格的板材，大理石≤$100m^2$，花岗岩石≤$200m^2$ 为一批次。

(2)同批次抽大理石 5%，花岗岩石 2%，共 10 块。

2. 检验项目

(1)若受检单位能够提供法定检测单位出具的、能够证明该批石材质量的检测报告原件，则只做以下必检项目：尺寸；平面度；角度；外观质量；镜面光泽度。

(2)对于进入施工现场的石材，若不能够提供法定报告(原件)并且不能代表该石材质量，或法定单位检验报告与产品不符(有较大差异时)，应进行以下项目检验：规格尺寸；平面度；角度；外观质量；镜面光泽度；体积密度；吸水率；干燥压缩强度；弯曲强度。

第四节　防水材料抽样检测

一、石油沥青纸胎油毡、油纸抽样检验

1. 检验批次

以同一品种,标号、等级的产品,每1500卷为一批,不足1500卷按一批处理、验收,取样数量为10卷。

2. 检验项目

(1)若受检单位能够提供法定检测单位出具的,能够证明该批次油毡质量合格的全项检测报告原件,则只需检验下列几项必检项目便可使用:卷重,外观;不透水性;耐热度;拉力;面积;单位面积浸涂材料总量。

(2)若不能提供或必检项目的检测指标与所提供的报告有较大差异的,应进行以下全项检测:不透水性;耐热度;单位面积浸涂材料总量;拉力;柔度;吸水率;容重;外观;面积。

二、弹性体SBS、塑性体APP改性沥青防水卷材试验抽样检验

1. 检验批次

以同一品种、同一标号、同一等级的产品每10 000m² 为一批,不足10 000m² 亦为一批验收,每批送样5卷。

2. 检验项目

(1)若受检单位能够提供法定检测单位出具的,能够证明该批防水卷材产品合格的全项检测报告原件,则只需检验下列几项必检项目便可以使用:面积;最低卷重;厚度;可溶物含量;拉力,耐热度;低温柔度;最大拉力时延伸率(聚酪胎);外观;不透水性。

(2)若不能提供,或必检项目的检测指标,与提供的报告有较大差异,则应进行下列指标的检验:可溶物含量;不透水性;拉力;耐热度;低温柔度;最大拉力时延伸率(聚酯胎);外观;撕裂强度;面积;最低卷重;厚度。

三、建筑石油沥青抽样检验

1. 检验批次

(1)建筑石油沥青。同一批出厂、同一规格、同一标号,20t为一批,不足20t按一批验收。

(2)道路石油沥青。同一批出厂、同一规格、同一标号,100t为一批,不足100t按一批验收。

取样从5个不同部位取洁净试样共5kg。

2. 检验项目

(1)若受检单位能够提供法定检测单位出具的,能够证明该批沥青合格的全项检测报告原件,则只需检验必检项目便可使用:针入度;延度;软化点。

(2)若不能提供,或所检项目的检测指标与提供的报告有较大差异,应进行下列指标的检测:针入度;延度;软化点;溶解度;脆点;蒸发损失(含质量损失和针入度比)。

第五节 建筑涂料抽样检验

一、水性沥青基防水涂料

1. 检验批次

以一个单位工程为一批，每批取样5kg。

2. 检验项目

(1)若受检单位能够提供法定检测单位出具的，能够证明该批水性沥青基防水涂料合格的全项检测报告原件，则只需检验下列几项必检项目便可以使用：固含量；柔韧性；耐热性；不透水性。

(2)若不能提供，或所检项目的检测指标与提供的报告差别较大，应进行下列指标的检测：固含量；延伸性；耐热性；不透水性；外观；黏结性；抗冻性；柔韧性。

二、合成树脂乳液外墙涂料

1. 检验批次

以单位工程为一批，每批取样1桶。

2. 检验项目

(1)若受检单位能够提供法定检测单位出具的、能够证明该批涂料产品合格的全项检测原件，则只需检验下列几项必检项目便可以使用：涂膜外观；耐水性；容器中状态；施工性；耐碱性；耐洗刷性。

(2)若不能提供，或所检项目的检测指标与提供的报告差别较大，应进行下列指标的检测：涂膜外观；容器中状态；施工性；干燥时间；对比率；耐碱性；耐洗刷性；耐人工老化性；耐冻融性；涂层耐温变性。

三、合成树脂乳液内墙涂料

1. 检验批次

以单位工程为一批，每批取样1桶。

2. 检验项目

(1)若受检单位能够提供法定检测单位出具的，能够证明该批涂料产品合格的全项检测原件，则只需检验下列几项必检项目便可以使用：容器中状态；施工性；涂膜外观；耐碱性；耐洗刷性。

(2)若不能提供，或所检项目的检测指标与提供的报告差别较大，应进行下列指标的检测：涂膜外观；容器中状态；施工性；干燥时间；对比率；耐碱性；耐洗刷性；涂料耐冻融性。

四、水溶性内墙涂料

1. 检验批次

以单位工程为一批，每批取样1桶。

2. 检验项目

(1)若受检单位能够提供法定检测单位出具的，能够证明该批涂料产品合格的检测报告原件，则只需检验下列几项必检项目便可以使用：黏度；细度；遮盖力；容器中状态；耐水性；耐干燥性；耐洗刷性。

(2)若不能提供，或所检项目的检测指标与提供的报告差别较大，应进行下列指标的检测：容器中状态；黏度；细度；遮盖力；白度；涂膜外观；附着为；耐水性；耐干擦性；耐洗刷性。

五、聚氨酯防涂料

1. 检验批次

以单位工程为一批，每批取样 5kg。

2. 检验项目

(1)若受检单位能够提供法定检测单位出具的、能够证明该批涂料产品合格的检测报告原件，则只需检验下列几项必检项目便可以使用：拉伸强度；断裂时的延伸率；低温柔度；不透水性；固体含量。

(2)若不能提供，或所检项目的检测指标与提供的报告差别较大，应进行下列指标的检测：拉伸强度；断裂时的延伸率，加热时伸缩率；拉伸时的老化；低温柔性；不透水性；固体含量；适用时间；涂膜表干时间；涂膜实干时间。

第六节　石灰抽样检测

一、建筑生石灰

1. 检验批次

(1)以同一厂家、同一类别、同一等级不超过 100t 为一验收批。

(2)从不同部位选取，取样点不少于 12 个，每个点不少于 2kg，缩分至 9kg。

(3)连续大批量进入施工现场 200t 为一批，不足 200t 亦按一批验收，对于连续小批量进入施工现场的，3 个月检验一次定为一批，每次从 25 个不同部位取样共 5kg。

2. 检验项目

(1)若受检单位能够提供法定检测单位出具的，能够证明该批生石灰合格检测报告原件，则只做以下几项必检项目便可使用：CaO+MgO 含量；未消化残渣含量。

(2)若不能提供，或检测结果与提供的报告有较大差别，则应进行以下项目的检测；CaO+MgO 含量；未消化残渣含量；产浆量；二氧化碳含量。

二、建筑消石灰粉

1. 检验批次

(1)以同一厂家、同一类别、同一等级不超过 100t 为一验收批。

(2)从不同部位选取，取样点不少于 12 个，每个点不少于 2kg，缩分至 9kg。

(3)连续大批量进入施工现场 200t 为一批，不足 200t 亦按一批验收，对于连续小批量进入施工现场的，3 个月检验一次定为一批，每次从 25 个不同部位取样共 5kg。

2. 检验项目

(1)若受检单位能够提供法定检测单位出具的，能够证明所检建筑生石灰粉合格检测报告原件，则只做以下几项必检项目便可使用：细度；CaO+MgO 含量。

(2)若不能提供,或检测结果与提供的报告有较大差别,则应进行以下项目的检测:细度;CaO+MgO 含量;二氧化碳含量。

第七节 陶瓷及水磨石制品、塑料抽样检测

一、建筑消石灰粉试验时,怎样抽样,有哪些检验项目

1. 检验批次

(1)以同一厂家、同一类别、同一等级不超过 100t 为一验收批。

(2)从不同部位选取,取样点不少于 12 个,每个点不少于 2kg,缩分至 9kg。

(3)连续大批量进入施工现场 200t 为一批,不足 200t 亦按一批验收,对于连续小批量进入施工现场的,3 个月检验一次定为一批,每次从 25 个不同部位取样共 5kg。

2. 检验项目

(1)若受检单位能够提供法定检测单位出具的、能够证明该批建筑消石灰粉合格检测报告原件,则只做以下几项必检项目便可使用:细度;CaO+MgO 含量;体积安定性。

(2)若不能提供,或检测结果与提供的报告差距较大,则应进行以下项目的检测:细度;CaO+MgO 含量;二氧化碳含量;游离水;体积安定性。

二、陶瓷砖抽样检验

1. 检验批次

一个单位工程或不大于 5 000m^2 为一批,不足 5 000m^2 亦为一批,取样数量为陶瓷砖 120 片。

2. 检验项目

(1)若受检单位能够提供法定检测单位出具的、能够证明该批陶瓷砖质量的检测报告原件,则只做以下必检项目:吸水率;断裂模数;破坏强度;抗热震性。

(2)若不能提供,则根据本地目前检测能力,应进行下列指标的检测:尺寸;表面质量;吸水率;断裂模数;破坏强度;抗热震;耐化学腐蚀性。

三、建筑水磨石制品抽样检验

1. 执行标准

《建筑水磨石制品》(JC/T 507—1993)。

2. 检验批次

同一品种、规格的产品,1 万块为一检验批次。

3. 检验项目

(1)若受检单位能够提供法定检测单位出具的,能够证明该批石材质量的检测报告原件,则只做以下必检项目:规格尺寸;平面度;角度;外观质量;镜面光泽度。

(2)对于进入施工现场的石材,若不能够提供法定报告(原件),并且不能代表该石材质量,或法定单位检验报告与产品不符(有较大差异时),应进行以下项目检验:规格尺寸;平面度;角度;外观质量;镜面光泽度;体积密度;吸水率;干燥压缩强度;弯曲强度。

四、PVC 塑料窗

1. 检验批次

一个单位工程为一批，取样数量为 3 樘。

2. 检验项目

(1)若受检单位能够提供法定检测单位出具的，能够证明该批 PVC 塑料门质量的检测报告原件，则只做以下必检项目：抗风压；空气渗透；雨水渗漏；角强度；外形高、宽尺寸；对角线尺寸；窗框、窗扇搭接量；密封条安装质量；压条安装质量；外观。

(2)若不能提供，则根据本地目前检测能力，应进行下列指标的检测：抗风压；空气渗透；雨水渗透；角强度；增强型钢；五金件安装；锁紧器的开关力；窗扇开关力；悬端吊重；翘曲：开关疲劳；大力关闭；窗撑试验；弯曲；扭曲；对角线变形；外形高、宽尺寸；对角线尺寸；窗框、窗扇框相邻构件装配间隙；相邻构件同一平面度；窗框、窗扇配合间隙；窗框、窗扇搭接量；密封条安装质量；压条安装质量；外观。

五、PVC 塑料抽样检验要求

1. 检验批次

一个单位工程为一批，取样数量为 3 樘。

2. 检验项目

(1)若受检单位能够提供法定检测单位出具的，能够证明该批 PVC 塑料窗质量的检测报告原件，则只做以下必检项目：抗风压；空气渗透；雨水渗漏；角强度；外形高、宽尺寸；对角线尺寸；窗框、窗扇框相邻构件装配间隙；相邻构件同一平面度；窗框、窗扇配合间隙；窗框、窗扇搭接量；密封条安装质量；压条安装质量；外观。

(2)若不能提供，则根据本地目前检测能力，应进行下列指标的检测：抗风压；空气渗透；雨水渗透；角强度；增强型钢；五金件安装；锁紧器的开关力；窗扇开关力；悬端吊重；翘曲；开关疲劳；大力关闭；窗撑试验；弯曲；扭曲；对角线变形；外形高、宽尺寸；对角线尺寸；窗框、窗扇框相邻构件装配间隙；相邻构件同一平面度；窗框、窗扇配合间隙；窗框、窗扇搭接量；密封条安装质量；压条安装质量；外观。

第八节　建筑试件抽样检验要求检测

一、混凝土试件尺寸数量要求

试件的尺寸随试验目与骨料的最大粒径而定，具体要求见表 3—2。

表 3—2　试件尺寸与数量

试验项目	骨料最大粒径(mm)	试件边长(mm)	换算系数	每组数量(块)	备注
立方体抗压强度	31.5	100×100×100	0.95	3	
	40	150×150×150	1.00	3	
	60	200×200×200	1.05	3	

续上表

试验项目	骨料最大粒径(mm)	试件边长(mm)	换算系数	每组数量(块)	备注
棱柱体轴心抗压强度	31.5	100×100×200(300)	0.95	3	
	40	15×150×300	1.00	3	
	60	200×200×400	1.05	3	
棱柱体静力受压弹性模量	31.5	100×100×200(300)	1.00	6	
	40	150×150×300	1.00	6	
	60	200×200×400	1.00	6	
劈裂抗拉强度	20	100×100×100	0.85	3	
	40		1.00	3	
抗折强度	31.5	100×100×100	0.85	3	
	40	150×150×150(550)	1.00	3	
抗冻性能(抗冻性等级测定)	31.5	100×100×100	1.00	3	每次5组
	40	150×150×150	1.00	3	每次5组
	60	200×200×200	1.00	3	每次5组
抗冻性能(耐久性系数测定)	31.5	100×100×400		3	
抗渗性能		直径175～185,高150		6	
收缩		100×100×515		3	
碳化	31.5	100×100×300		3	
	40	150×150×450		3	
	60	200×200×600		3	

二、混凝土试件的成型与养护要求

1.试件成型

(1)试件成型方法应与实际施工采用的方法相同。

(2)用振动台成型时,应将拌和物一次装入试模,装料时应用抹刀沿试模内壁略加插捣并使拌和物高出试模上口。振动时应防止试模在振动台上自由跳动,振动应持续到混凝土表面出浆为止,刮除多余的混凝土,并用抹刀抹平。

(3)用人工插捣时,拌和物应分两层装入试模,每层的装料厚度大致相等。插捣用的钢制捣棒长为600mm,直径为16mm,端部应磨圆。每层插捣次数应根据试件的截面而定,一般每100cm^2 截面积不应少于12次,插捣完后,刮除多余的混凝土,并用抹刀抹平。

2.试件的养护

采用标准养护的试件成型后应覆盖表面,以防止水分蒸发,在温度为(20±5)℃条件下静置1～2d然后拆模,拆模后的试件应立即放入温度为(20±3)℃、相对湿度为90%以上的标准养护室中养护,当无标准养护室时,可在温度为(20±3)℃的不流动水中养护,水的pH值不应小于7。为了确定混凝土施工过程中的实际强度,也可将试件与结构物在同条件下养护,至预定龄期时试压。

三、建筑砂浆试件制作与养护要求

(1)建筑砂浆抗压强度试件为边长70.7mm的立方体,每6个试件为一组。

(2)将无底的试模放在预先铺有吸水性较好的纸的普通黏土砖上(砖的吸水率不小于10%,含水率不大于2%),试模内一次注满砂浆,用捣棒插捣25次,使砂浆高出试模6～8mm,

当砂浆表面开始出现麻斑状态时(约 15～30min),将高出部分的砂浆削去抹平。

(3)试件制作后应在(20±5)℃温度环境下静置(24±2)h,然后拆模。拆模后的试件应在标准条件下养护至 28d 时试压。

(4)标准养护的条件是:①水泥混合砂浆温度为(20±3)℃,相对湿度 60%～80%;②水泥砂浆和微沫砂浆温度为(20±3)℃,相对湿度 90%以上。

四、建筑用型钢试件取样位置要求

(1)如图 3－3 所示,在型钢腿部切取拉伸、弯曲和冲击样坯。如型钢尺寸不能满足要求,可将取样位置向中部位移;对于腿部有斜度的型钢,可在腰部 1/4 处取样[图 3－3(b)和图 3－3(d)],经协商也可以从腿部取样进行机加工。对于腿部长度不相等的角钢,可从任一腿部取样。

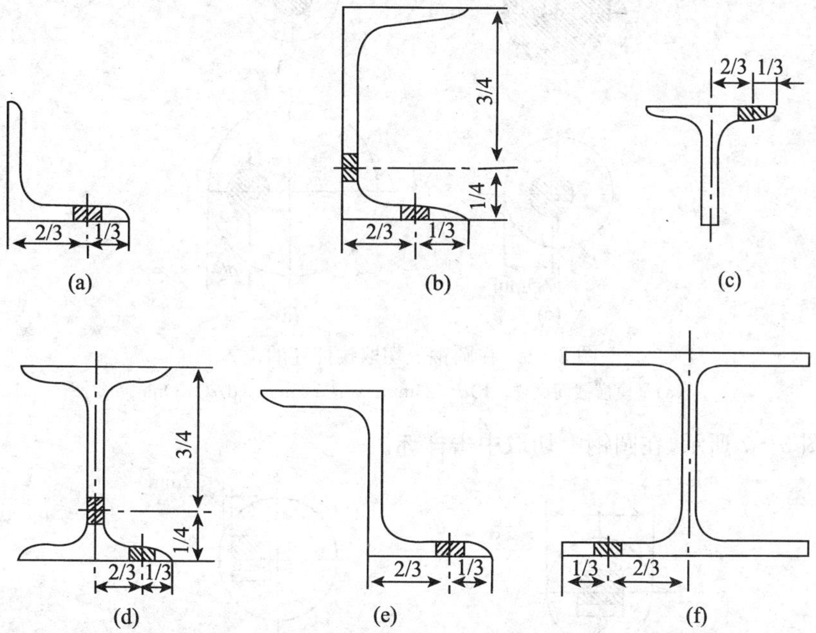

图 3－3　在型钢腿部宽度方向切取样坯的位置

(2)对于腿部厚度不大于 50mm 的型钢,当机加工和试验机能力允许时,应按图 3－4(a)切取拉伸样坯;当切取圆形横截面拉伸样坯时,按图 3－4(b)规定。对于腿部厚度大于 50mm 的型钢,当切取圆形横截面样坯时,按图 3－4(c)规定。

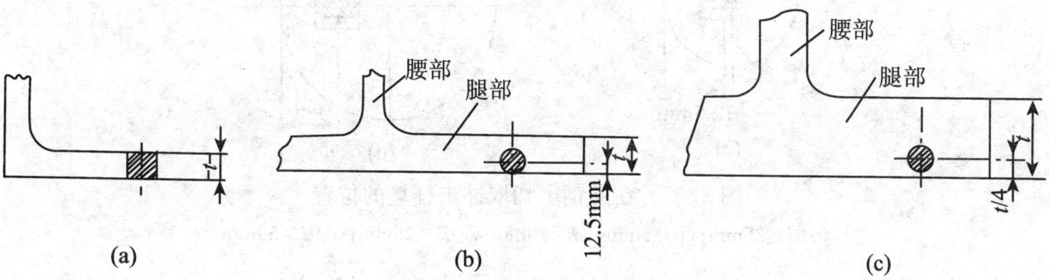

图 3－4　在型钢腿部厚度方向切取拉伸样坏的位置

(a)$t \leqslant 500$mm;(b)$t \leqslant 500$mm;(c)$t > 500$mm

(3)按图 3－5 在型钢腿部厚度方向切取冲击样坯。

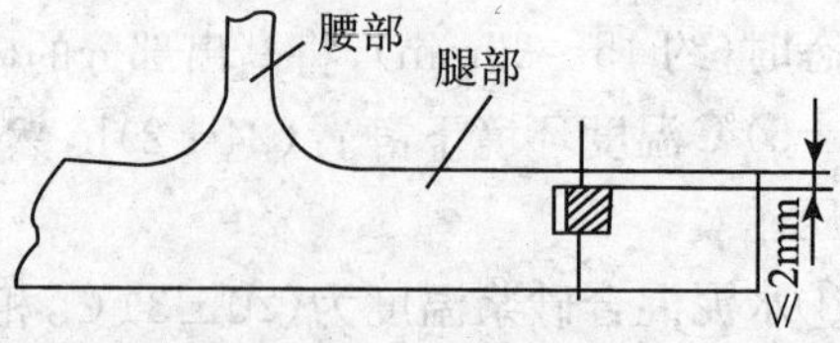

图 3－5 在型钢腿部厚度方向切取冲击样坏的位置

五、建筑用条钢试件取样位置要求

(1)如图 3－6 所示:在圆钢外切取拉伸样坯,当机加工和试验机能力允许时,按图 3－6(a)取样。

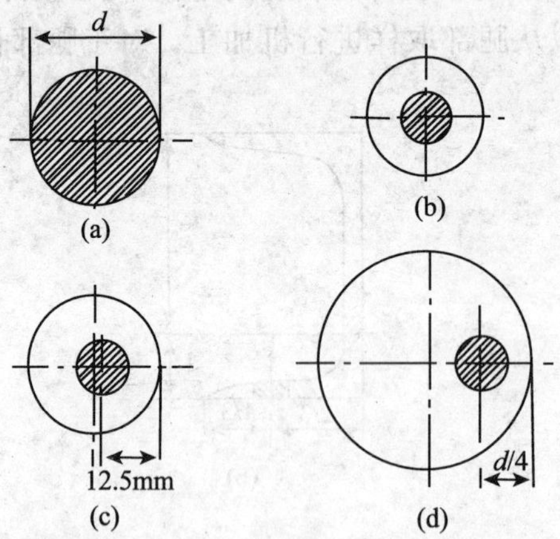

图 3－6 在圆钢上切取拉伸坯的位置

(a)全模横截面试样;(b)$d \leqslant 25$mm;(c)$d > 25$mm;(d)$d > 50$mm

(2)如图 3－7 所示,在圆钢上切取中击样坯。

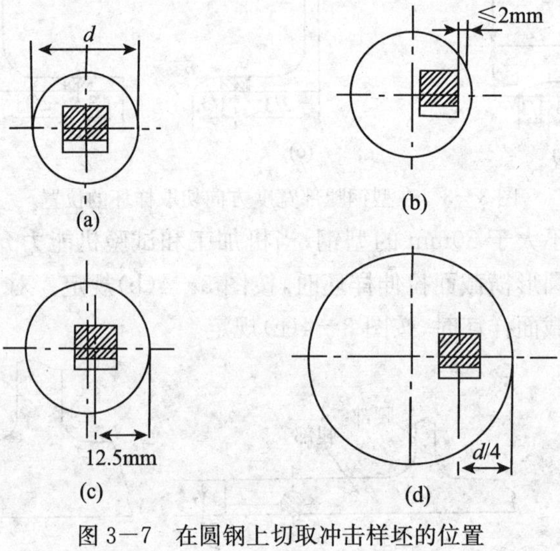

图 3－7 在圆钢上切取冲击样坯的位置

(a)$d \leqslant 25$mm;(b)25mm$< d \leqslant 50$mm;(c)$d > 25$mm;(d)$d > 50$mm

(3)如图 3－8 所示,在六角钢上切取拉伸样坯,当机加工和试验机能力允许时,按图 3－8(a)取样。

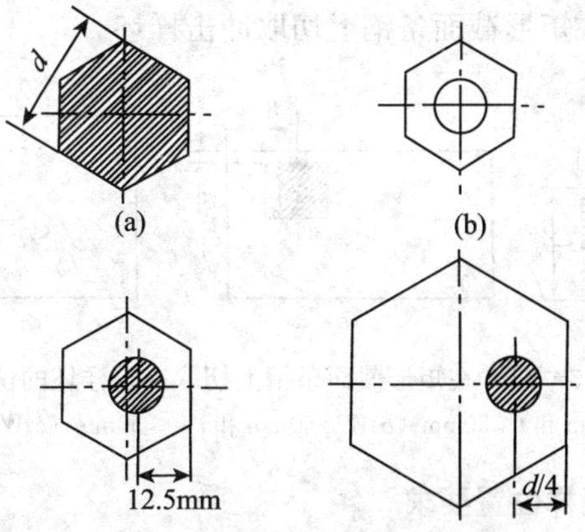

图 3－8　在六角钢上切取拉伸样坯的位置

(a)全横截面试样；(b)$d\leqslant25$mm；(c)$d>25$mm；(d)$d>50$mm

(4)如图 3－9 所示，在六角钢上切取中击样坯。

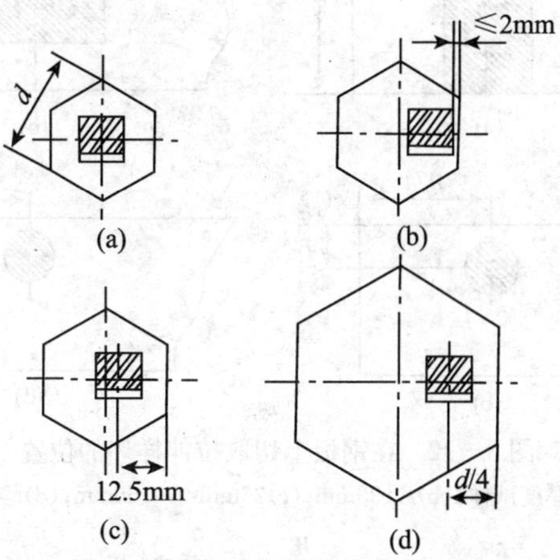

图 3－9　在六角钢上切取冲击样坯的位置

(a)$d\leqslant25$mm；(b)25mm$<d\leqslant50$mm；(c)$d>25$mm；(d)$d>50$mm

(5)如图 3－10 所示，在矩形截面条钢上切取拉伸样坯，当机加工和试验机能力允许时，按图 3－10(a)取样。

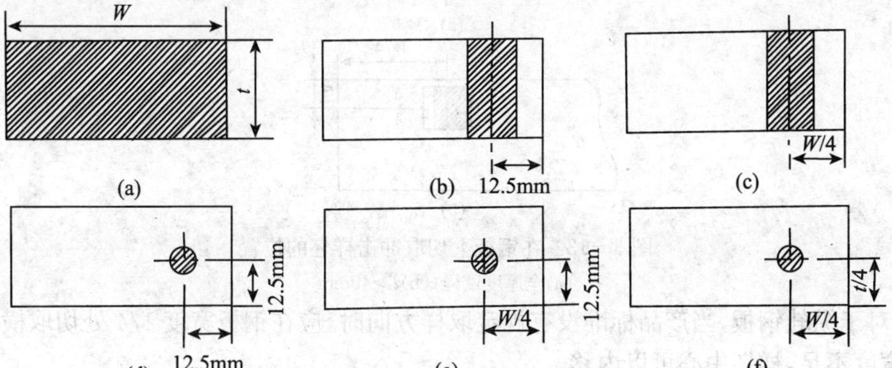

图 3－10　在矩形截面条钢上切取拉伸坯的位置

(a)全面截面试样；(b)$W\leqslant50$mm；(c)$W>50$mm；(d)$W\leqslant50$mm 和 $t\leqslant500$mm；

(e)$W>50$mm 和 $t\leqslant50$mm；(f)$W>50$mm 和 $t>50$mm

(6)如图 3—11 所示，在矩形截面条钢上切取冲击样坯。

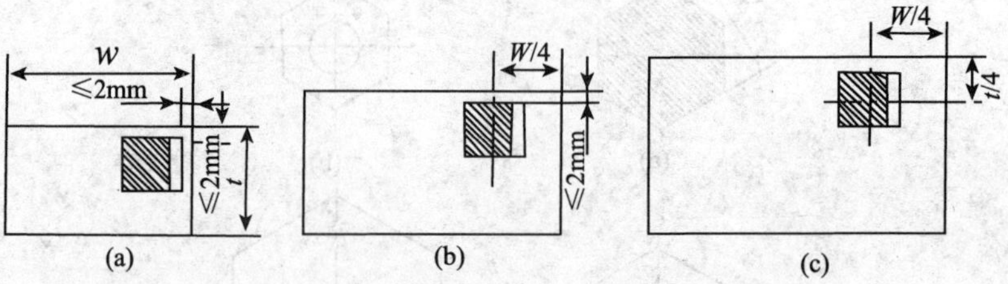

图 3—11　在矩形截面条钢上切取冲击样坯的位置

(a)12mm≤W≤50mm 和 t≤50mm；(b)W>50mm 和 t=≤50mm；(c)W>50mm 和 t>50mm

六、建筑用钢板试件取样位置要求

(1)应在钢板宽度 1/4 处切取拉伸、弯曲或冲击样坯，如图 3—12 和图 3—13 所示。

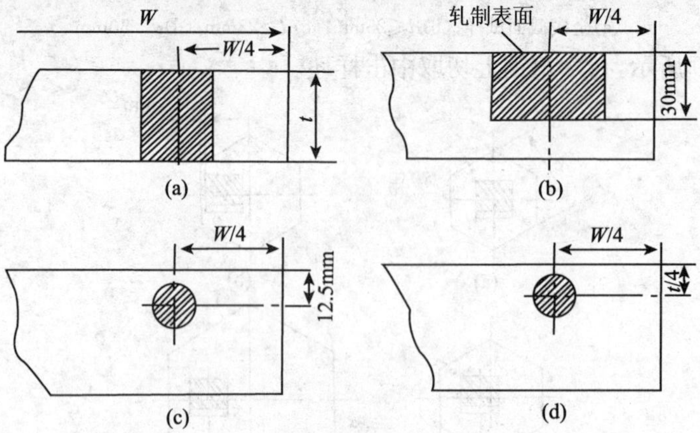

图 3—12　在钢板上切取拉伸样坯的位置

(a)全厚度试样；(b)t>30mm；(c)25mm<t<50mm；(d)t≥50mm

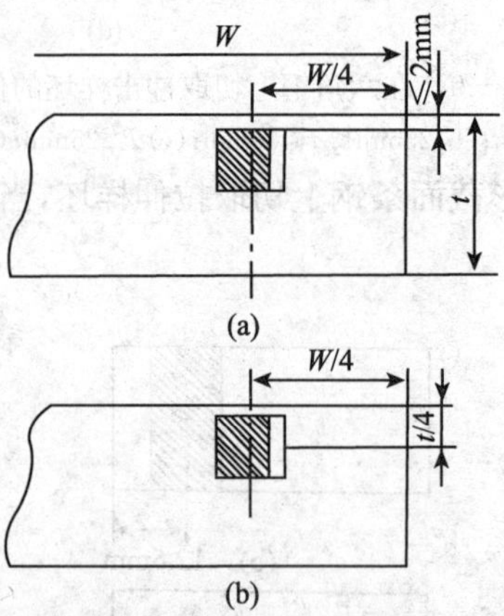

图 3—13　在钢板上切取冲击样坯的位置

(a)全厚度试样；(b)t>40mm

(2)对于纵轧钢板，当产品标准没有规定取样方向时，应在钢板宽度 1/4 处切取横向样坯，如钢板宽度不足，样坯中心可以内移。

(3)应按图 3—12 所示，在钢板厚度方向切取拉伸样坯。当机加工和试验机能力允许时，应按图 3—12(a)取样。

(4)在钢板厚度方向切取冲击样坯时，根据产品标准或供需双方协议选择图 3—13 所示规定的取样位置。

七、建筑用钢管试件取样要求

(1)如图 3－14 所示，切取拉伸及弯曲样坯，当机加工和试验机能力允许时，应按图 3－14 取样。对于图 3－14(c)，如钢管尺寸不能满足要求，可将取样位置向中部位移。

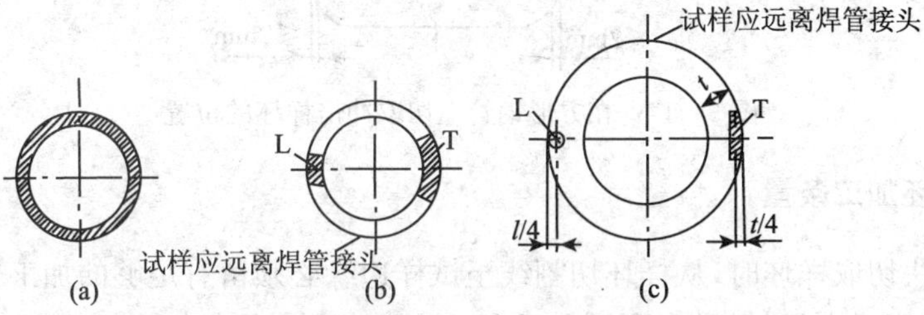

图 3－14 在钢管上切取拉伸及弯曲样坯的位置

(a)全横截面试样；(b)矩形横截面试样；(c)圆形横截面试样 L—纵向试样；T—横向试样；t—钢管管壁厚度

(2)对于焊管，当取横向试样检验焊接性能时，焊缝应在试样中部。

(3)如图 3－15 所示，切取冲击样坯。

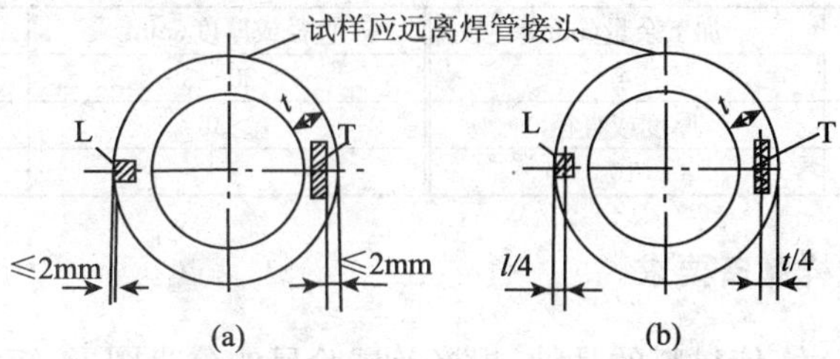

图 3－15 在钢管上切取冲击样坯的位置

(a)冲击试样；(b)$t>40$mm 冲击试样

如果产品标准规定取样位置，应由生产厂提供。

如果钢管尺寸允许，应切取 10～5mm 最大厚度的横向试样。切取横向试样的钢管最小外径 $D_{\min}$(mm)按下式计算：

$$D_{\min}=(t-5)+756.25/(t-5)$$

如果钢管不能取横向冲击试样。则应切取 10～5mm 最大厚度的纵向试样。

(4)用全截面圆形钢管可作为如下试验的试样：压扁试验；扩口试验；卷边试验；环扩试验；管环拉伸试验；弯曲试验。

(5)如图 3－16 所示，在方形钢管上切取拉伸或弯曲样坯；当机加工和试验机能力允许时，按图 3－16(a)取样。

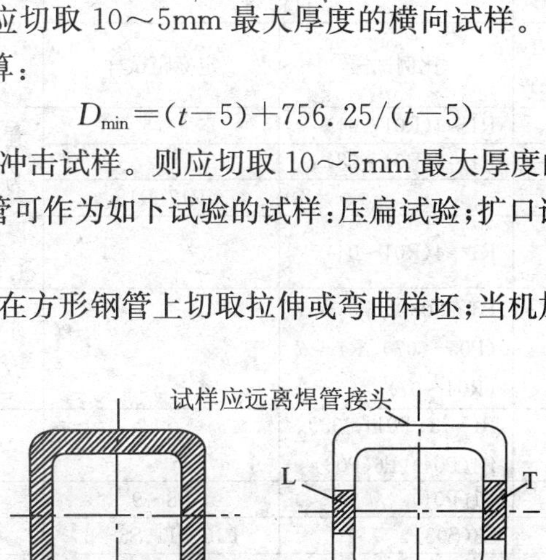

图 3－16 在方形钢管上切取拉伸及弯曲样坯的位置

(a)全截面试样；(b)矩形横截面试样

(6)如图 3－17 所示，在方形钢管上切取冲击样坯。

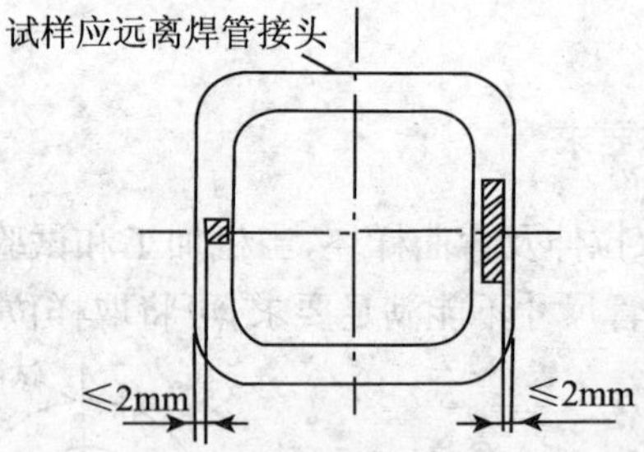

图 3－17 在方形钢管上切取冲击样坯的位置

八、选择样坯加工条量

(1)用烧割法切取样坯时，从样坯切割线至试样边缘必须留有足够的加工余量。一般应不小于钢产品的厚度或直径，但最小不得少于 20mm。对于厚度或直径大于 60mm 的钢产品，其加工余量可根据供需双方协议适当减少。

(2)冷剪样坯所留的加工余量按表 3－3 选取。

表 3－3 冷剪样坯所留的加工余量

直径或厚度(mm)	加工余量(mm)	直径或厚度(mm)	加工余量(mm)
≤4	4	＞20～35	15
＞4～10	厚度或直径	＞35	20
＞10～20	10		

九、结构钢拉伸试样制备要求

拉伸试样的形状尺寸，依材料的品种、规格及试验目的分为圆形、矩形及异型三类，可按表 3－4 选字试样号。

表 3－4 试样号

金属材料		试样号		备注
材种	直径 d_0 外径或对边距 D_0、厚度 a_0(mm)	比例试样	定标距试样	
棒	＞25	R1～4(R01～04)		其他包括：比例试样优先采用 l_0 为 $4d_0$ 或 $8d_0$
	25～3	R1～8(R01～08)		
	＜3		R17、R18	
板(扁带)	＞25	R1～4(R01～04)		厚板 Z 向试样，一般采用 $l_0 \geq 1.5d_0$ 或 R4、R6 的比例试样
	25～4.5	P3(P03)、P5～7(P05～07)、R4～7(R04～07)		亦可采用 l_0 为 $4.52\sqrt{F_0}$ 或 $9.0\sqrt{F_0}$ 的样式
	＜4.5～0.5	P1～3(P01～03)、P4(P04)、P6(P06)	P8～9	
	＜0.5～0.1	P1(P01)	P8～9	
管	≥168	S3(S03)	P10～11、S5～6	
	168～50	S2～3(S02～03)	S4～5	亦可取横向圆形或矩形试样
	≤50	S1(01)、S7	S4、S8	亦可采用全截面试样或纵、横向试样(弧形、矩形)
	厚壁	R4、5、7(R4、05、07)		圆形截面试样 d_0 按 a 值确定

注：1. R 为圆形，P 为矩形，S 为异型。

2. F_0 为试样横截面积。

十、结构钢圆形试样制备要求

图形试样头部分为单、双肩和螺纹形态，可以根据试验机夹具、试样材质自行设计选用。单肩试样头部直径一般为(1.5～2.0)d_0。

R1～8 及 R01～08 圆形比例试样的形状如图 3－18 所示，尺寸见表 3－5。

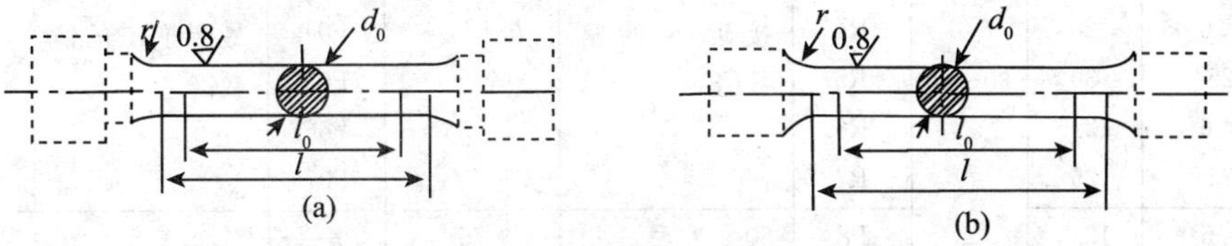

图 3－18　圆形比例试样

表 3－5　圆形比例试样尺寸(mm)

一般尺寸			短试样			长试样		
d_0	r(最小)		试样号	l_0	l	试样号	l_0	l
	单、双肩	螺纹						
25	5	12.5	R1			R01		
20	5	10	R2			R02		
15	4	7.5	R3			R03		
10	4	5	R4	$5d_0$	l_0+d_0	R04	$10d_0$	l_0+d_0
8	3	4	R5			R05		
6	3	4	R6			R06		
5	3	3.5	R7			R07		
3	2	2	R8			R08		

R17～18 线材定标距试样形状如图 3－19 所示，尺寸见表 3－6。

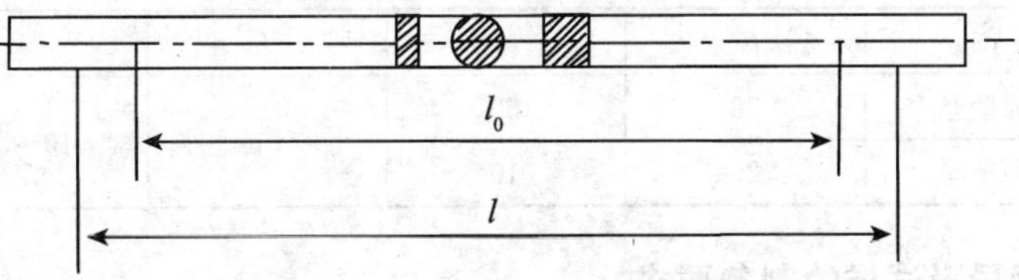

图 3－19　线材定标距试样

表 3－6　线材定标距试样尺寸(mm)

试样号	l_0	l
R17	100	>150
R18	200	>250

十一、结构钢矩形试样制备要求

矩形试样可分为带头和不带头的比例或定标距两种。

P1～7 和 P01～07 矩形比例试样及 P8～9 定标距试样形状如图 3－20 所示，尺寸见表3－7。

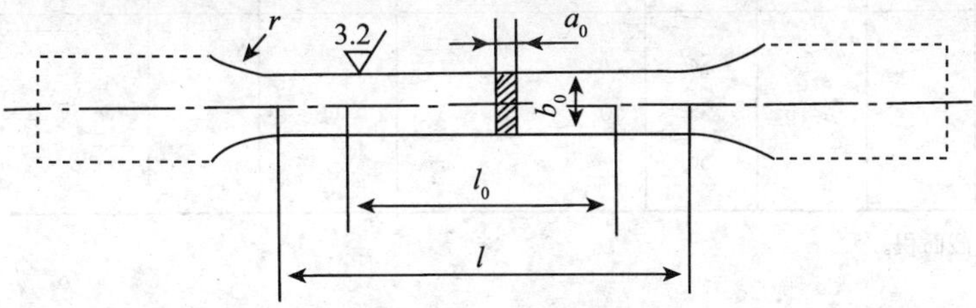

图 3－20　矩形试样(一)

表 3—7 矩形试样尺寸(一)(mm)

一般尺寸			短试样			长试样		
a_0	b_0	r	试样号	l_0	l_0	试样号	l_0	c
0.1～<1.0	10	20～40	R1	$5.65\sqrt{F_0}$,取最接近5的整数倍	$l_0+b_0/2$	P01	$11.3\sqrt{F_0}$,取最接近10的整数倍	$l_0+b_0/2$
1.0～4.0	15		R2			P02		
>4.0～12	20		R3			P03		
0.5～<6	20		R4			P04		
4.5～25	30		R5			P05		
0.1～<6	12.5		R6			P06		
4.5～25	25		R7			P07		
0.1～0.5	12.5		P8	50	75	—		
—	20		P9	80	120	—		

注:F_0 为试样横截面积。

P10～11 大口径螺旋焊管用材和焊缝接头定标距矩形试样形状如图 3—21 所示,尺寸见表 3—8。

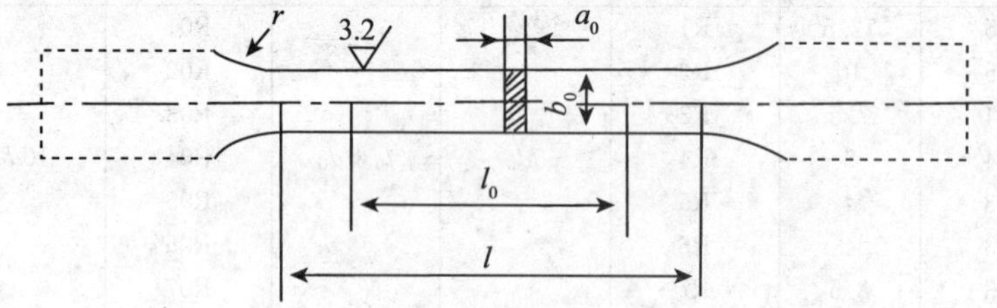

图 3—21 矩形试样(二)

表 3—8 矩形试样尺寸(二)(mm)

试样号	a_0	b_0	l_0	l	r	D_0
P10	原壁厚	38	50	57	10～30	≥219
P11	原壁厚	25	10			≥168

十二、结构钢异形试样的制备要求

S1～S6 管材纵向弧形比例试样以及定标距试样形状如图 3—22 所示,尺寸见表 3—9。

表 3—9 异型试样尺寸(一)(mm)

管径 D_0	b_0	a_0	r	短试样			长试样		
				试样号	l_0	l	试样号	l_0	l
30～50	10	原厚度	25～40	S1	$5.65\sqrt{F_0}$,取最接近5的整数倍	$l_0+2\sqrt{F_0}$	S01	$11.3\sqrt{F_0}$,取最接近10的整数倍	$l_0+2\sqrt{F_0}$
50～70	50	原厚度		S2			S02		
>70	20	原厚度		S3			S03		
≤100	19		≥15	S4	50	60			
100～200	25			S5					
>200	38			S6					

注:F_0 为试样横截面积。

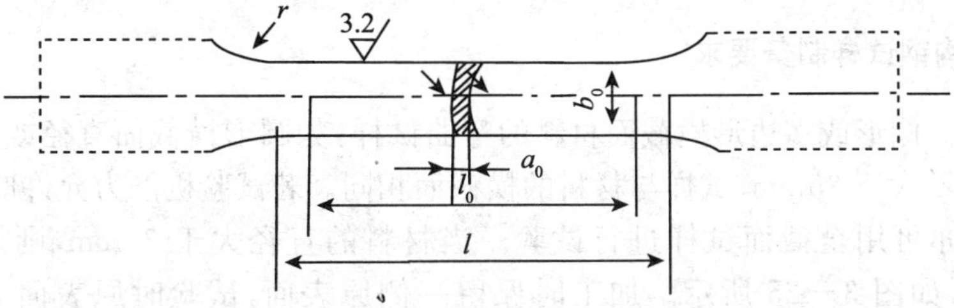

图 3—22　异型试样(一)

S7～S8 管材全面截比例及定标距试样形状 3—23 所示，尺寸见表 3—10。

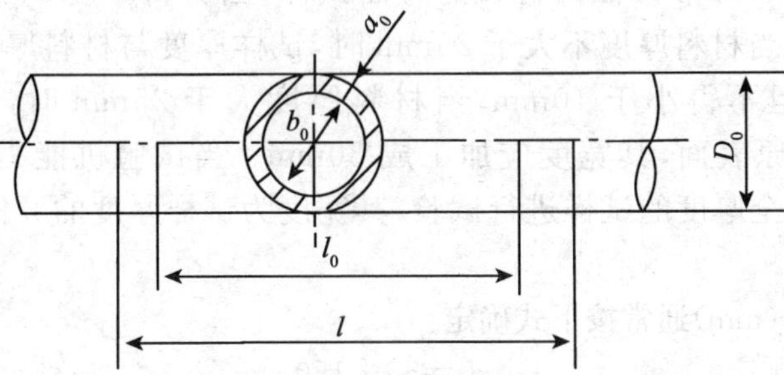

图 3—23　异型试样(二)

表 3—10　异型试样(二)(mm)

试样号	l_0	l
S7	$5.65\sqrt{F_0}$	$l_0+D_0/2$
S8	50	≥100

管材以全面截面进行试验时，可按管材尺寸及材质制作塞头，加塞于试样两端或将其夹持部分压扁，内塞扁块金属以利夹持。塞头的形状尺寸压扁的具体要求如图 3—24 所示。

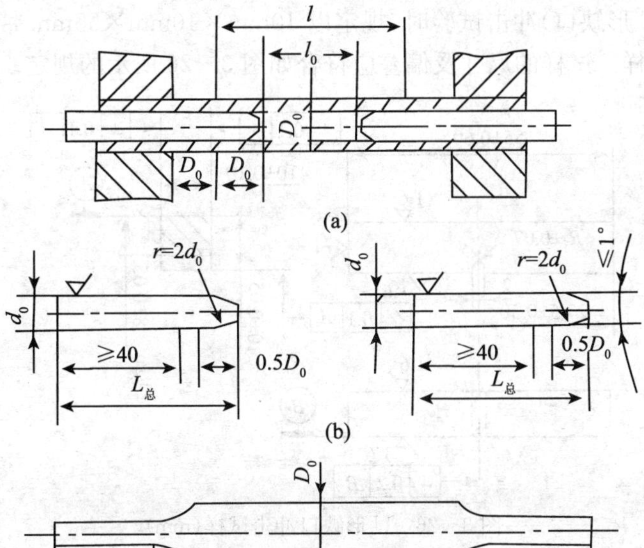

图 3—24　管材全截面试样的夹持部分(mm)

十三、结构钢试样制备要求

弯曲试样。圆形或多边形横截面材料的弯曲试样，如圆形横截面直径或多边形横截面内切圆直径 a 不大于 35mm，试样与材料的横截面相同。若试验机能力允许时，直径不大于 50mm 的材料亦可用全截面试样进行试验。当材料的直径大于 35mm，则加工成直径为 25mm 的试样，如图 3－25 所示。加工时保留一侧原表面，试验时原表面应位于弯曲的外侧。

板（带）材、型材和方形横截面材料的弯曲试样，当材料厚度 a 不大于 3mm 时，试样宽度为（20±5）mm 当材料厚度不大于 25mm 时，试样厚度与材料厚度相同，试样宽度为试样厚度的 2 倍，但不得小于 10mm；当材料厚度大于 25mm 时，试样厚度应加工成 25mm，并保留一个原表面，其宽度应加工成 30mm。当试验机能力、允许时，厚度大于 25mm 的材料，可以全厚度的试样进行试验，其宽度为试样厚度的 2 倍。试验时原表面应位于弯曲的外侧。

弯曲试样长度 L(mm)通常按下式确定：

$$L=5a+150$$

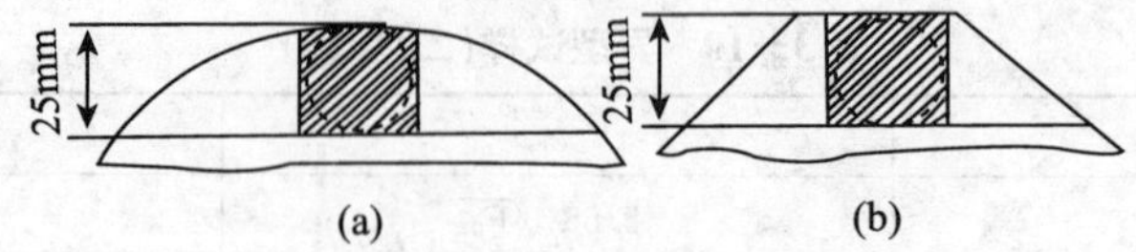

图 3－25 弯曲试样

十四、结构钢冲击试样制备要求

当采用夏比（U 形缺口）冲击试验时，规定以 10mm×10mm×55mm 带有 2mm 深的 U 形缺口试样为标准试样。试样的尺寸及偏差应符合如图 3－26 所示的规定。

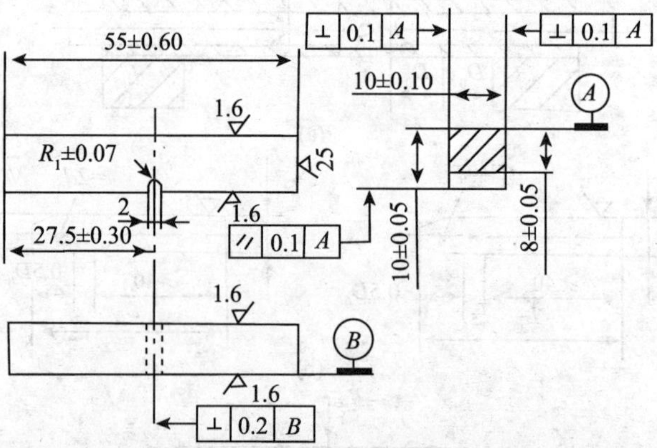

图 3－26 U 形缺口冲击试样（mm）

当采用夏比（V 形缺口）冲击试验时，规定以 10mm×10mm×55mm 带有 V 形缺口的试样为标准试样。试样的尺寸及偏差应符合如图 3－27 所示的规定。试样缺口底部应光滑，无与缺口轴线平行的明显划痕。

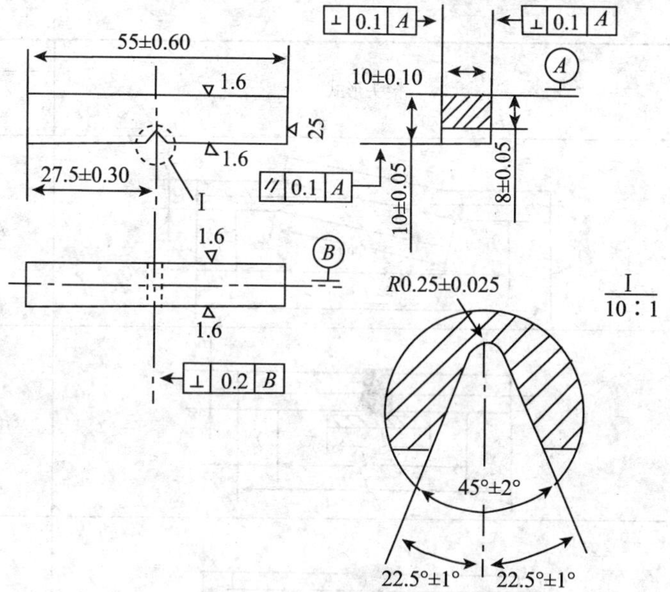

图 3－27　V 形缺口冲击试样(mm)

十五、钢筋焊接件接头试样制备要求

钢筋电阻点焊、闪光对焊、电弧焊、电渣压力焊、气压焊、预埋件钢筋 T 形接头的拉伸试件尺寸见表 3－11。

表 3－11　钢筋焊接接头拉伸试件尺寸

焊接方法		接头形式	试样尺寸(mm)	
			l_s	l ≥
电阻点焊		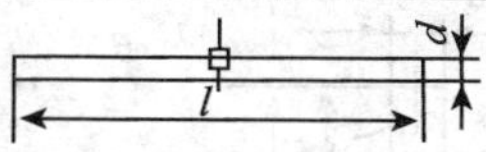	—	300 l_2+2l_j
闪光对焊		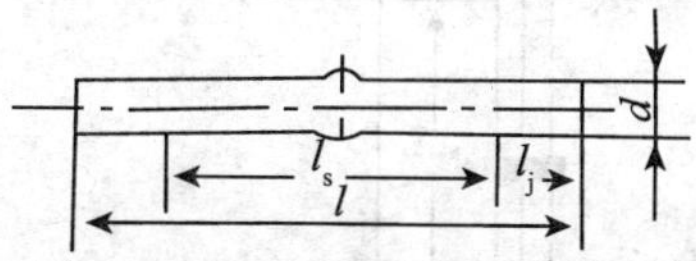	$8d$	l_2+2l_1
电弧焊	双面帮条焊	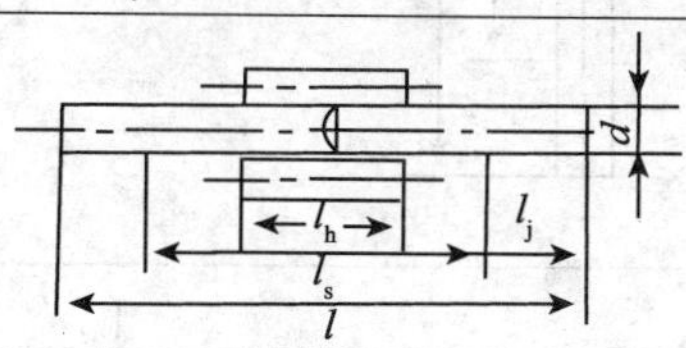 $8d+l_h$	l_s+2l_j	
	单面帮条焊	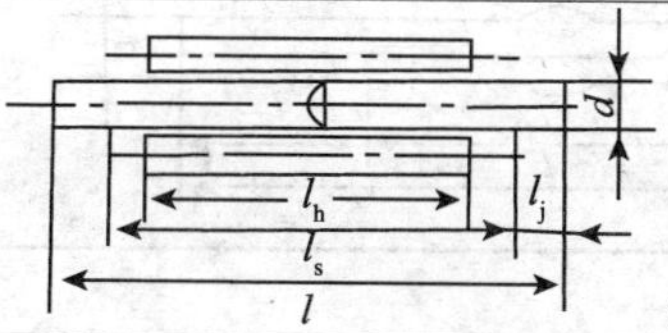 $8d+l_h$	l_s+2l_j	
	双面搭接焊	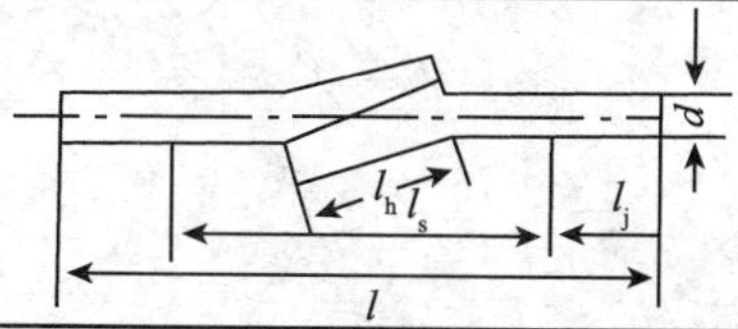	$8d+l_h$	l_s+2l_j

续上表

焊接方法	接头形式	试样尺寸(mm)	
		l_s	l ≥
单面搭接焊	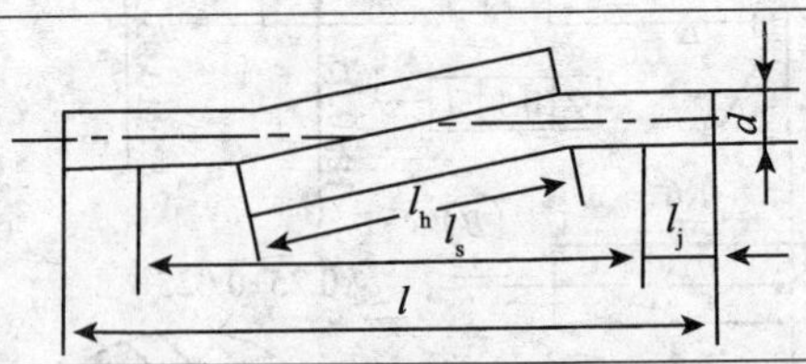	$5d+l_h$	l_s+2l_j
熔槽帮条焊	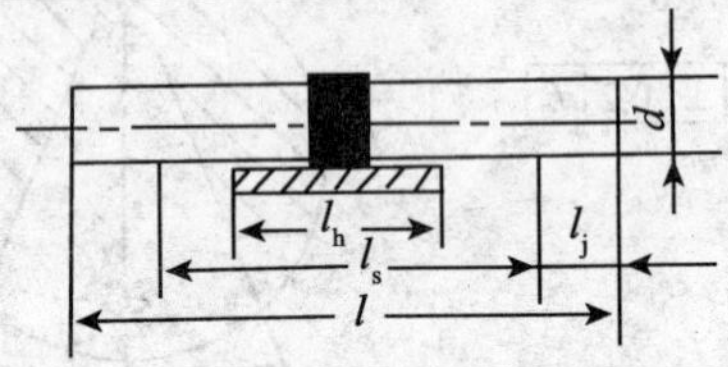	$8d+l_h$	l_s+2l_j
坡口焊	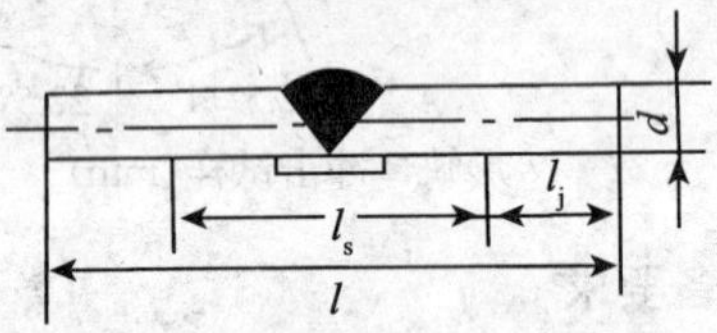	$8d$	l_s+2l_j
窄间隙焊	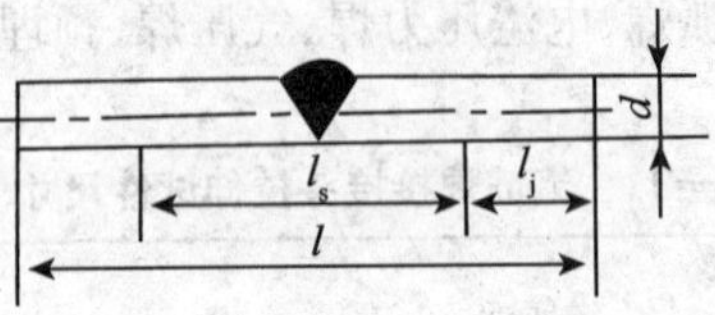	$8d$	l_s+2l_j
电渣压力焊	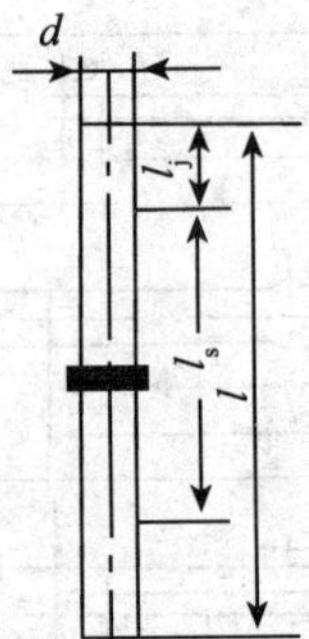	$8d$	l_s+2l_j
气压焊	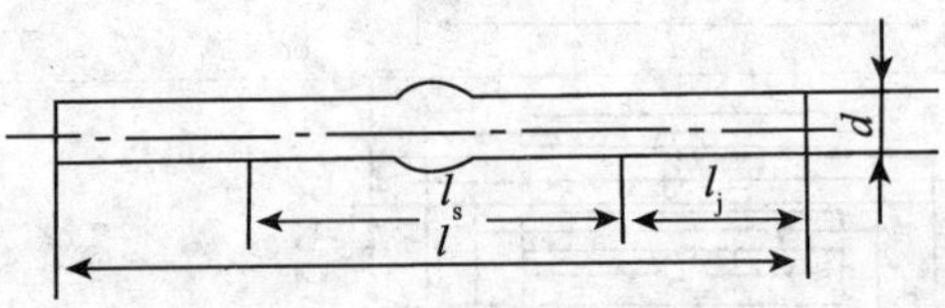	$8d$	l_s+2l_j

第四章　土工试验

本章主要阐述了土的种类、土的性能指标，以及土的主要性能试验类型、操作内容等，学习本章时应重点掌握土的各种性能试验的操作步骤与方法。

第一节　土的形成

一、土的成因

岩石经过风化、剥蚀、搬运、沉积等过程后所形成的各种疏松沉积物为土。

(1)物理风化——只改变颗粒大小和形状，不改变原有的矿物成分，形成原生矿物。

(2)化学风化——产生更细的颗粒，并与原来的岩石成分不同的颗粒，形成次生矿物。

二、土的三相组成

(1)固体颗粒。

1)矿物成分：

原生矿物——经物理风化后产生的粗颗粒矿物成分，也就是原岩石的矿物成分。

次生矿物——经化学风化后产生的新的矿物。

2)粒度：

土的粒径大小称为粒度。粒度成分的测定称为粒度(颗粒)分析，也就是测定各粒组的百分含量。

3)粒组：

按土粒的直径划分的土粒类别，即把粒度相近的颗粒算为一组，叫做粒组。每个粒组都是两个数值作为土粒直径的上、下限来规定，是以粒径区间表示。

4)土的粒径级配：

土中所含各个粒组的相对含量百分数表示，或者说土是由不同的粒组以不同数量的配合。

(2)土中的水。

吸着水——吸附在土粒周围，温度在 105～500℃时才会全部蒸发掉。其密度一般在 1.2～2.0之间。

薄膜水——在吸着水外面一定范围内不能流动，使土具有黏滞性和可塑性，温度在 105～500℃时才会全部蒸发掉。

自由水——不爱电分子引力影响，在孔隙中流动，在 80～105℃时即可从土中蒸发掉。

(3)土中的气体。土中的气体包括自由气体和封闭气体。

三、土的鉴别

土的名称和一般鉴别方法见表 4－1。

表 4—1　土的名称和一般鉴别方法

名称		鉴别方法
岩石		呈整体或具有节理裂隙的岩体
碎石土	卵(碎)石	粒径大于 20mm 颗粒的质量超过总质量的 50%
	圆(角)砾	粒径大于 2mm 颗粒的质量超过总质量的 50%
砂土	砾砂	粒径大于 2mm 颗粒的质量占总质量 25%~50%
	粗砂	粒径大于 0.5mm 颗粒的质量超过总质量的 50%
	中砂	粒径大于 0.25mm 颗粒的质量超过总质量的 50%
	细砂	粒径大于 0.075mm 的颗粒超过总质量的 85%
	粉砂	粒径大于 0.075mm 颗粒的质量超过总质量的 50%
黏性土	黏土	湿土易黏着物体，干燥后不易剔去，$I_p>17$
	粉质黏土	湿土易黏着物体，干燥后较易剥掉，能搓成 0.5~2.0mm 土条，$10<I_p<17$
粉土	黏质粉土	颗粒小于 0.005 的超过 10%，$7<I_p<10$
	砂质粉土	颗粒小于 0.005mm 的不超过 10%，$I_p<7$
淤泥及淤泥质土		灰黑色有臭味，夹杂着腐朽物，接近轻亚黏土，能搓成 3.0mm 土条
人工填土	素填土	由黏性土、粉土、砂土、碎石土等组成的填土
	杂填土	含有建筑垃圾、工业废料、生活垃圾等杂物的填土
	冲填土	由水力冲填泥砂或煤灰形成的填土
腐蚀土		深灰或黑色，有腐朽动植物的遗体
黄土		黄褐二色的混合体

注：(1)天然孔隙比大于 1.5 时为淤泥，小于 1.5 而大于 1.0 时为淤泥质土。

(2)I_p 为塑性指数。

第二节　土的分类

一、按工民建地基基础设计的分类

(1)老黏性土。指第四纪晚更新世 Q_3 及其以前年代(距今约 50 万年)沉积的黏性土。

(2)一般黏性土。指距今 50 万年以内所沉积的黏性土(地质年代称为第四纪全新世，符号为 Q_4)。

(3)淤泥。指天然含水量 $\omega>\omega_L$，一般 $e>1.5$ 的土。

(4)淤泥质土。指天然含水量 $\omega>\omega_L$，一般 e 在 1.0~1.5 之间的土。

二、按公路工程土的种类

1. 粗粒土

(1)粗粒土。试样中粗粒组质量多于总质量 50%的土。

(2)砂类土。粗粒土中砾粒组质量少于或等于总质量 50%的土，应按图 4—1 所示分类。

砂类土应根据其中细粒含量和类别以及粗粒组的级配分类，分类体系见图 4—1 根据粒径分组由大到小，以首先符合者命名。

2. 细粒土

(1)细粒土。试样中细粒组质量总质量 50%的土。

(2)细粒土应按图 4—2 规定分类。

(3)细粒土应按塑性图分类，如图 4—3 所示。

当粗粒组中砾粒组占优势时，称含砾细粒土，应在细粒土代号后缀以代号“G”。

当粗粒组中砂粒组占优势时，称含砂细粒土，应在细粒土代号后缀以代号“S”。

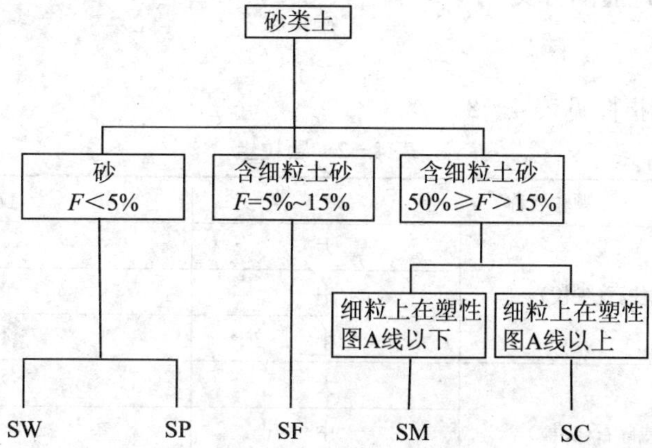

图 4—1　砂类土分类

SW—级配良好砂；SP—级配良砂；SF—含细粒砂—粉土质砂；SC—黏土质砂

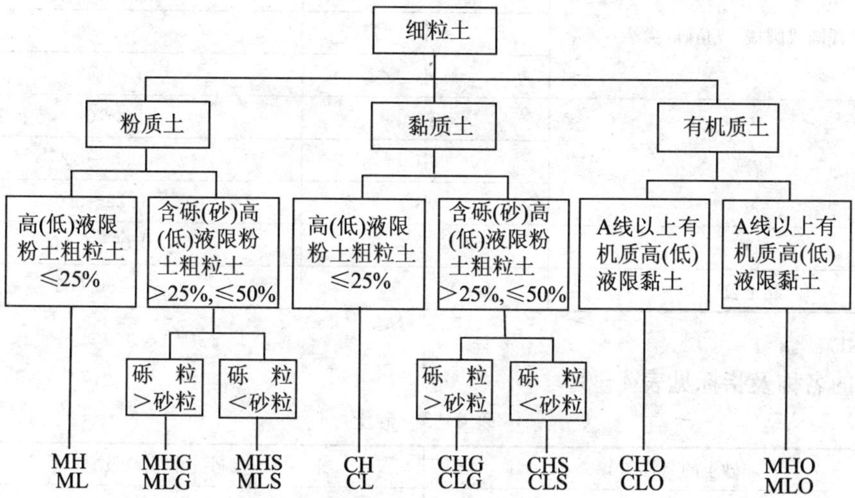

图 4—2　细粒土的分类

CHO—高液限黏土；CLO—低液限黏土；MHO—高液限粉土；ML—低液限粉土；

CHO—有机质高液限黏土；CLO—有机质低液限黏土；MHO—有机质高液限粉土；MLO—机质低液限粉土

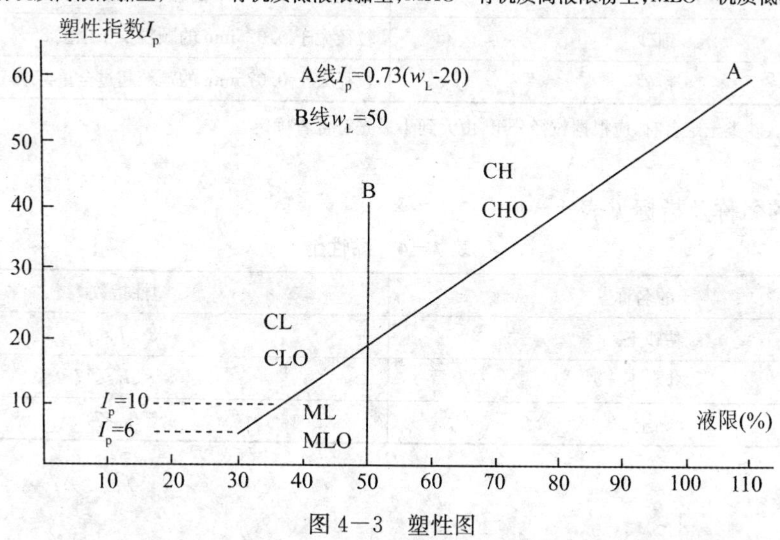

图 4—3　塑性图

三、按铁路工程地质的分类

1. 颗粒土

颗粒土的名称及指标见表4－2。

表4－2　颗粒土

颗粒名称		粒径(mm)
漂石(浑或圆棱)或块石(尖棱)	大	＞800
	中	800～40
	小	400～200
卵石(浑圆或圆棱)或碎石(尖棱)	大	200～600
	中	60～40
	小	40～20
圆砾(浑圆或圆棱)或角砾(尖棱)	大	20～10
	中	10～5
	小	5～2
砂粒	粗	2～0.5
	中	0.5～0.25
	小	0.25～0.05
粉粒		0.05～0.005
黏土粒		＜50.005

2. 砂土

砂土的名称及指标见表4－3。

表4－3　砂土

砂土的名称	砂土的颗粒级配
砾砂	粒径大于2mm的颗粒为全重25%～50%
粗砂	粒径大于0.5mm的颗粒超过全重50%
中砂	粒径大于0.25mm的颗粒超过全重50%
细砂	粒径大于0.075mm的颗粒少于全重85%
粉砂	粒径大于0.075mm的颗粒超过全重75%

注：碎石类土、砂类土定名时，应根据粒径分组，由大到小最先符合者确定。

3. 黏性土

黏性土的名称及指标见表4－4。

表4－4　黏性土

土的名称	塑性指数 I_p
黏砂土	$3<I_p\leqslant7$
砂黏土	$7<I_p\leqslant17$
黏土	$I_p>7$

四、按铁路路基填料的分类

基床填料使用范围如表 4—5,基床以下部位填料使用范围见表 4—6。

表 4—5 基床使用填料

<table>
<tr><th colspan="2" rowspan="2">填料类别名称</th><th colspan="2" rowspan="2">条件说明</th><th colspan="2">地区年平均降水量(mm)</th></tr>
<tr><th>不大于 500</th><th>大于 500</th></tr>
<tr><td rowspan="7">岩石</td><td>硬块石</td><td colspan="2">—</td><td>宜</td><td>宜</td></tr>
<tr><td rowspan="3">软块石</td><td colspan="2">微风化(非泥质岩石)</td><td>宜</td><td>宜</td></tr>
<tr><td colspan="2">弱风化</td><td>不得</td><td>不得</td></tr>
<tr><td colspan="2">强风化</td><td>严禁</td><td>严禁</td></tr>
<tr><td>漂石土</td><td colspan="2">细粒土含量≤30%</td><td>宜</td><td>宜</td></tr>
<tr><td rowspan="2">卵石土、碎石土、圆砾土、角砾土</td><td colspan="2">细粒土含量≤15%</td><td>宜</td><td>宜</td></tr>
<tr><td colspan="2">细粒土含量在 15%~30%</td><td>宜</td><td>宜</td></tr>
<tr><td rowspan="7">粗粒土</td><td rowspan="2">卵石土、碎石土、圆砾土、角砾土</td><td rowspan="2">细粒上含量>30%</td><td>$I_p \leqslant 12, \omega_L \leqslant 32$</td><td>不宜</td><td>不宜</td></tr>
<tr><td>$I_p \leqslant 12, \omega_L > 32$</td><td>不宜</td><td>不得</td></tr>
<tr><td rowspan="2">砾砂、粗砂、中砂</td><td colspan="2">级配良好</td><td>宜</td><td>宜</td></tr>
<tr><td colspan="2">级配不良</td><td>宜</td><td>宜</td></tr>
<tr><td>细砂</td><td colspan="2">—</td><td>不宜</td><td>不宜</td></tr>
<tr><td>粉砂</td><td colspan="2">—</td><td>不宜</td><td>不得</td></tr>
<tr><td>黏砂</td><td colspan="2">—</td><td>宜</td><td>宜</td></tr>
<tr><td rowspan="7">细粒土</td><td>砂粉土</td><td colspan="2">—</td><td>宜</td><td>宜</td></tr>
<tr><td rowspan="2">砂黏土</td><td colspan="2">$I_p \leqslant 12, \omega_L \leqslant 32$</td><td>宜</td><td>宜</td></tr>
<tr><td colspan="2">$I_p \leqslant 12, \omega_L > 32$</td><td>宜</td><td>宜</td></tr>
<tr><td rowspan="2">粉土、粉黏土</td><td colspan="2">$I_p \leqslant 12, \omega_L \leqslant 32$</td><td>不宜</td><td>不宜</td></tr>
<tr><td colspan="2">$I_p > 12, \omega_L > 32$</td><td>不宜</td><td>不宜</td></tr>
<tr><td>黏粉土、黏土</td><td colspan="2">—</td><td>严禁</td><td>严禁</td></tr>
<tr><td>有机土</td><td colspan="2">—</td><td>严禁</td><td>严禁</td></tr>
</table>

注:I_p——塑性指数;ω_L——液限。

表 4—6 基床以下部分使用范围填料

<table>
<tr><th colspan="2">填料类别名称</th><th colspan="2">条件说明</th><th>不浸水部分</th><th>浸水部分</th></tr>
<tr><td rowspan="8">岩块</td><td>硬块石</td><td colspan="2">—</td><td>宜</td><td>宜</td></tr>
<tr><td rowspan="4">软块石</td><td colspan="2">微风化</td><td>宜</td><td>宜</td></tr>
<tr><td rowspan="2">弱风化</td><td>非泥质岩石</td><td>宜</td><td>可</td></tr>
<tr><td>泥质岩石</td><td>可</td><td>不宜</td></tr>
<tr><td colspan="2">强风化</td><td>不得</td><td>不得</td></tr>
<tr><td rowspan="3">漂石土、卵石土、碎石土、圆砾土、角确土</td><td colspan="2">细粒土含量≤15%,级配良好</td><td>宜</td><td>宜</td></tr>
<tr><td colspan="2">细粒土含量在 15%~30%,级配不良</td><td>宜</td><td>不宜</td></tr>
<tr><td colspan="2">细粒土含量>30%</td><td>可</td><td>不宜</td></tr>
<tr><td rowspan="6">粗粒土</td><td>砾砂、粗砂、中砂</td><td colspan="2">—</td><td>宜</td><td>宜</td></tr>
<tr><td rowspan="2">细砂</td><td colspan="2">有防止振动液化和增强水稳性等措施</td><td>宜</td><td>可</td></tr>
<tr><td colspan="2">无防止振动液化和增强水稳性等措施</td><td>宜</td><td>不得</td></tr>
<tr><td rowspan="2">粉砂</td><td colspan="2">有防止振动液化和增强水稳性等措施</td><td>可</td><td>不宜</td></tr>
<tr><td colspan="2">无防止振动掖化和增强水稳性等措施</td><td>可</td><td>不得</td></tr>
<tr><td>黏砂</td><td colspan="2">—</td><td>宜</td><td>不宜</td></tr>
<tr><td rowspan="4">细粒土</td><td>砂粉土、砂黏土</td><td colspan="2">—</td><td>宜</td><td>不宜</td></tr>
<tr><td>粉土、粉黏土</td><td colspan="2">—</td><td>可</td><td>不宜</td></tr>
<tr><td>黏粉土、黏土</td><td colspan="2">—</td><td>不得</td><td>不得</td></tr>
<tr><td>有机土</td><td colspan="2">—</td><td>严禁</td><td>严禁</td></tr>
</table>

第三节　土样试验

一、土的物理状态指标

(1)无黏性土的紧密度标准,相对密度的计算公式如下:

$$相对密度\ D_r=\frac{e_{max}-e}{e_{max}-e_{min}}=\frac{\rho_d-\rho_{dmin}}{(\rho_{dmax}-\rho_{dmin})\cdot\rho_d}$$

式中　e_{max}——最大孔隙比;

e_{min}——最小孔隙比;

ρ_d——干密度,g/cm^3;

ρ_{dmin}——最小干密度,g/cm^3。

(2)黏性土稠度(软硬程度)标准。稠度是指土因含水量不同而表现出的稀稠程度。它表示土中含水量不同时,固体颗粒的活动程度和抵抗外力的能力。

(3)界限含水量。将相邻两种稠度界限状态间的转变界限加以规定,故称之为稠度界限。稠度界限用含水量表示,故称为界限含水量。

液限——土由塑态变到流态(液态)的分界含水量,用 ω_L 符号表示。

塑限——土由固态或半固态到塑态的分界含水界,用 ω_p 符号表示。塑性指数—表示黏性:(在达到塑性状态时含水量的变化范围,用 I_P 符号表示。

$$I_p=\omega_L-\omega_p$$

液性参数——表示黏性土的软硬程度,用 l_L 符号表示。

$$l_L=\frac{\omega-\omega_p}{\omega_L-\omega_p}$$

式中　ω——天然含水量,%。

二、土的试验室基本指标

(1)土的天然密度。土的天然密度是指土的单位体积质量,计算公式为:

$$\rho=\frac{m}{V}$$

式中　ρ——密度,g/cm^3,计算至 $0.01g/cm^3$;

m——土的总质量,g;

V——土的总体积,cm^3。

(2)颗粒比重。颗粒比重是指固体颗粒的单位体积质量(在 105～110℃温度下烘到恒量)与它的同体积 4℃时纯水质量的比值,计算公式为:

$$G_s=\frac{m_1}{V_1}$$

(3)含水量。含水量是黏土在 105～110℃温度下烘至恒量时可失去的水分质量与干土质量的比值。含水量以百分数表示,主要反映土中含水程度的指标,计算公式为:

$$W=\left(\frac{m}{m_s}-1\right)\times 100$$

式中　W——含水量,%,计算至 0.1%;

m ——湿土质量,g;

m_s——干土质量,g。

(4)换算指标

1)湿密度。计算公式为:

$$\rho=\frac{m}{V}$$

2)干密度。计算公式为:

$$\rho_d=\frac{\rho}{1+0.1W}$$

3)孔隙比。计算公式为:

$$e=\frac{孔隙体积}{固体体积}=\frac{V_2}{V_1}$$

孔隙比是反映土的松密程度的指标。

4)孔隙率。计算公式为:

$$n=\frac{孔隙体积}{土总体积}=\frac{V_2}{V}\times100\%$$

5)孔隙比与孔隙度的关系为:

$$e=\frac{V_2}{V-V_1}=\frac{n}{1-n}$$

6)饱和度(饱和系数)。饱和度表示土孔隙中水的相对含量。当孔隙完全充满水时($V_W=V_2$),则 $S_r=100\%$。S_r 愈大,则土含水愈多。计算公式为:

$$S_r=\frac{土中水占的体积}{孔隙体积}=\frac{V_w}{V_2}\times100\%$$

三、土工试验取土对象与取样数量要求

1.取土对象

(1)原状土。保持土样原有状态,保持天然含水量。

(2)扰动土。散装土(混合)。

2.取样数量

铁路各项试验对土样的要求见表 4—7。

表 4—7　铁路各项试验对土样的要求

试验项目	土样类别	土样状态	土样数量	备注
含水量	砂土	扰动	80～100g	
	黏性土	扰动	80～100g	
密度	砂土	原状	1 筒	ϕ10×20cm 或 ϕ8×20cm
	黏性土	原状	1 筒	
比重	砂、砾	扰动	2～10kg	取土量视最大颗粒直径而定
	砂土	扰动	50g	
	黏性土	扰动	50g	
颗粒分析	砂、砾	扰动	7kg	取土量视最大颗粒直径而定
	砂土	扰动	200～500g	
	黏性土	扰动	100～400g	
相对密度	砂土	扰动	2kg	

续上表

试验项目	土样类别	土样状态	土样数量	备注
液限、塑限	黏性土	扰动	500g	
收缩	黏性土	原状	1 筒	ϕ10×20cm
		扰动	1kg	
膨胀	黏土	原状	2 筒	ϕ20cm 或 ϕ8×20m
		扰动	2kg	
湿化	黏性土	原状	1 筒	ϕ10×20cm 或 ϕ8×20cm
		扰动	1kg	
毛管水上升高度	砂土 黏性土	扰动	1.5kg	ϕ10×20cm 或 ϕ8×20cm
		原状	1 筒	
		扰动	1.5kg	
击实	黏性土	扰动	10～30kg	
渗透	砂土 黏性土	扰动	3kg	ϕ10×20cm
		扰动	2kg	
		原状	1 筒	
固结	黏性土	原状	1 筒	ϕ10×20cm 或 ϕ8×20cm
		扰动	1kg	
黄土湿陷	黏性土	原状	2 筒	ϕ10×20cm
三轴压缩	黏性土 砂类土	原状	4 筒	ϕ10×20cm 或 ϕ8×20cm
		扰动	10kg	
		扰动	15kg	
直接剪切	黏性土	原状	2 筒	ϕ10×20cm 或 ϕ8×20cm
		扰动	5kg	
残余强度	黏性土	原状	2 筒	ϕ10×20cm 或 ϕ8×20cm
		扰动	5kg	
无侧限抗压强度	黏性土	原状	1 筒	ϕ×20cm 或 ϕ8×20cm
天然坡角	砂土	扰动	5kg	

四、土样接收要求

(1)土样送达试验单位,必须附试验委托书及其他必要的工程资料,土样标签必须齐全。

(2)试验室接到土样后应及时验收,验收时需核对编号是否相符,判定土样数量和质量能否满足试验项目和试验方法的要求。

(3)验收后进行室内编号登记,主要内容有委托单位、送样单位编号、室内编号、工程名称、取土地点、取土深度、试验项目及试验方法、送样日期、送样人等。

五、土样的保管

(1)接收单位(试验部门)根据送样单位进行登记,编号后按顺序堆放。

(2)试验后多余土样要保管好,保留至试验报告提交一个月后方可处理。

六、试样制备方法

1. 扰动土试样制备

(1)风干(或烘干)。

(2)碾碎(散)。

(3)过筛(液塑限试验过 0.5mm 筛,击实试验过 5mm 筛)。

(4)用四分对角取样法,取出规定数量。

2.原状土试样制备

(1)一般用环刀取样,一组要取4个。

(2)同一组试样的密度差值不得大于0.03g/cm^3,同一组试样的含水量差值不得大于2%。

七、土样常规试验项目

(1)含水量、密度及比重试验。

(2)颗粒大小分析试验。

(3)液、塑限试验。

(4)击实试验。

(5)砂的最大密度及最小密度试验。

(6)无侧限抗压强度试验。

(7)自由膨胀率试验。

(8)核子湿度、密度仪检测。

(9)K_{30}检测。

(10)泥浆试验。

八、灌水法测定粗粒土的密度

1.仪器设备

(1)储水筒。直径应均匀,并附有刻度及出水管。

(2)台秤。称量50kg,最小分度值10g。

2.灌水法试验步骤

(1)根据试样最大粒径,确定试坑尺寸,见表4—8。

表4—8　试坑尺寸(mm)

试样最大粒径	试坑尺寸	
	直径	深度
5(20)	150	200
40	200	250
60	250	300

(2)将选定试验处的试坑地面整平,除去表面松散的土层。

(3)按确定的试坑直径划出坑口轮廓线,在轮廓线内下挖至要求深度,边挖边将坑内的试样装入盛土容器内,称试样质量,准确到10g,并应测定试样的含水率。

(4)试坑挖好后,放上相应尺寸的套环,用水准尺找平,将大于试坑容积的塑料薄膜袋平铺于坑内,翻过套环压住薄膜四周。

(5)记录贮水筒内初始水位高度,拧开贮水筒出水管开关,将水缓慢注入塑料薄膜袋中。当袋内水面接近套环边缘时,将水流调小,直至袋内水面与套环边缘齐平时关闭出水管,持续3～5min,记录储水筒内水位高度。当袋内出现水面下降时,应另取塑料薄膜袋重做试验。

3.试坑的体积计算

$$V_p=(H_1-H_2)A_w-V_0$$

式中　V_p——试坑体积,cm^3;

H_1——贮水筒内初始水位高度，cm；

H_2——贮水筒内注水终了时水位高度，cm；

A_w——贮水筒断面积，cm^2；

V_0——套环体积，cm^3。

4. 试样的密度计算

试样的密度应按下式计算：

$$\rho_0 = m_p / V_p$$

式中　mp——取自试坑内的试样质量，g。

5. 灌水法试验的记录格式

灌水法试验的记录格式见表 4—9。

表 4—9　密度试验记录(灌水法)

工程名称＿＿＿＿＿＿＿　　　　试验者＿＿＿＿＿＿＿

工程编号＿＿＿＿＿＿＿　　　　计算者＿＿＿＿＿＿＿

试验日期＿＿＿＿＿＿＿　　　　校核者＿＿＿＿＿＿＿

试坑编号	储水筒水位(cm)		储水筒圆面积(cm^2)	试坑体积(cm^3)	试样质量(g)	湿密度(g/cm^3)	含水率(%)	干密度(g/cm^3)	试样重度
	初始	终了							
	(1)	(2)	(3)	(4)=[(2)−(1)]×(3)	(5)	$(6)=\frac{(5)}{(6)}$	(7)	$(8)=\frac{(6)}{1+0.01\times(7)}$	(9)=9.81×(8)

九、灌砂法测定粗粒土的密度

1. 仪器设备

(1)密度测定器。由容砂瓶、灌砂漏斗和底盘组成，如图 4—4 所示。灌砂漏斗高 135mm、直径 165mm，尾部有孔径为 13mm 的圆柱形阀门；容砂瓶容积为 4L，容砂瓶和灌砂漏斗之间用螺纹接头连接。底盘承托灌砂漏斗和容砂瓶。

(2)天平。称量 10kg，最小分度埴 5g；称量 500g，最小分度值 0.1g。

2. 标准砂密度的测定步骤

(1)标准砂应清洗洁净，粒径宜选用 0.25～0.50mm，密度宜选用 1.47～1.61g/cm^3。

(2)组装容砂瓶与灌砂漏斗，螺纹连接处应旋紧，称其质量。

(3)将密度测定器竖立，灌砂漏斗口向上，关阀门，向灌砂漏斗中注满标准砂，打开阀门使灌砂漏斗内的标准砂漏入容砂瓶内，继续向漏斗内注砂漏入瓶内，当砂停止流动时迅速关闭阀门，倒掉漏斗内多余的砂，称容砂瓶、灌砂漏斗和标准砂的总质量，准确至 5g。试验中应避免振动。

(4)倒出容砂瓶内的标准砂，通过漏斗向容砂瓶内注水至水面高出阀门，关阀门，倒掉漏斗中多余的水，称容砂瓶、漏斗和水的总质量，准确到 5g，并测定水温，准确到 0.5℃。重复 3 次，3 次测值之间的差值不得大于 3mL，取 3 次测值的平均值。

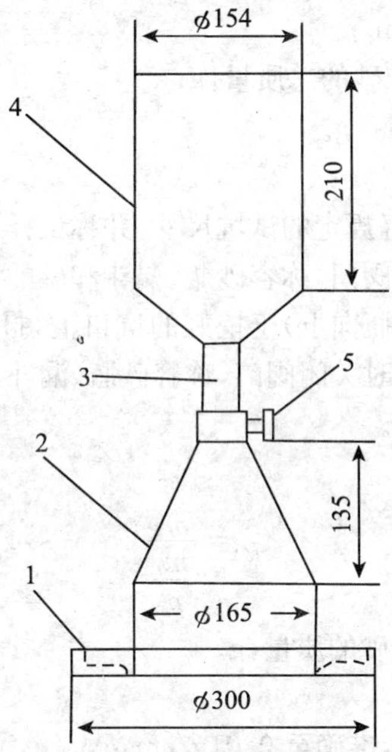

图 4－4　密度测定器(mm)

1—底盘;2—灌砂漏斗;3—螺纹接头;4—容砂瓶;5—阀门

3. 容砂瓶的容积计算

$$V_r=\frac{m_{r2}+m_{r1}}{\rho_{wr}}$$

式中　V_r——容砂瓶容积,mL;

m_{r2}——容砂瓶、漏斗和水的总质量,g;

m_{r1}——容瓶和漏斗的质量,g;

ρ_{wr}——不同水温时水的密度,g/cm³,查表 4－10。

表 4－10　水的密度

温度(℃)	水的密度(g/cm³)	温度(℃)	水的密度(g/cm³)	温度(℃)	水的密度(g/cm³)
4.0	1.0000	15.0	0.9991	26.0	0.9968
5.0	1.0000	16.0	0.9989	27.0	0.9965
6.0	0.9999	17.0	0.9988	28.0	0.9962
7.0	0.9999	18.0	0.9986	29.0	0.9959
8.0	0.9999	19.0	0.9984	30.0	0.9957
9.0	0.9998	20.0	0.9982	31.0	0.9953
10.0	0.9997	21.0	0.9980	32.0	0.9950
11.0	0.9996	22.0	0.9978	33.0	0.9947
12.0	0.9995	23.0	0.9975	34.0	0.9944
13.0	0.9994	24.0	0.9973	35.0	0.9940
11.0	0.9992	25.0	0.9970	36.0	0.9937

4. 标准砂的密度计算

标准砂的密度应按下式计算:

$$\rho_s=\frac{m_{rs}-m_{r1}}{V_s}$$

式中　ρ_s——标准砂的密度，g/cm_3；

m_{rs}——容砂瓶、漏斗和标准砂的总质量，g；

m_{r1}——容砂瓶和漏斗的质量，g。

5.灌砂法试验步骤

(1)按灌水法的试验步骤挖好规定的试坑尺寸，并称试样质量。

(2)向容砂瓶内注满砂，关闭阀门，称容砂瓶、漏斗和砂的总质量，准确至10g。

(3)将密度测定器倒置(容砂瓶向上)于挖好的坑口上，打开阀门，使砂注入试坑。在生砂过程中不应振动。当砂注满试坑时关闭阀门，称容砂瓶、漏斗和余砂的总质量，准确至10g，并计算注满试坑所用的标准砂质量。

6.试样的密度计算

$$\rho_0=\frac{m_p}{\dfrac{m_s}{\rho_s}}$$

式中　m_s——注满试坑所用标准砂的质量，g。

7.试样的干密度计算

试样的干密度应按下式计算，准确至0.01g/cm^3：

$$\rho_d=\frac{\dfrac{m_p}{1+0.01\omega_1}}{\dfrac{m_s}{\rho_s}}$$

8.灌砂法试验的记录格式

灌砂法试验的记录格式见表4－11。

表4－11　密度试验记录(灌砂法)

工程名称＿＿＿＿＿＿　　试验者＿＿＿＿＿＿

工程编号＿＿＿＿＿＿　　计算者＿＿＿＿＿＿

试验日期＿＿＿＿＿＿　　校核者＿＿＿＿＿＿

试坑编号	量砂容器质量加原有量砂质量(g)	量砂容器质量加剩余量砂质量(g)	试坑用砂质量(g)	量砂密度(g/cm^3)	试坑体积(cm^3)	试样加容器质量(g)	容量质量(g)	试样质量(g)	试样密度(g/cm^3)	试样含水率/%	试样干密度(g/cm^3)	试样重度(kN/cm^3)
	(1)	(2)	(3)＝(1)－(2)	(4)	(5)＝$\frac{(3)}{(4)}$	(6)	(7)	(8)＝$\frac{6}{7}$	(9)＝$\frac{(8)}{(5)}$	(10)	(11)＝$\frac{(9)}{1+0.01\times(10)}$	(12)＝9.81×(9)

十、环刀法测定细粒土的密度

1.仪器

(1)环刀。内径61.8mm和79.8mm，高度20mm。

(2)天平。称量500g，最小分度值0.1g；称量200g，最小分度值为0.01g。

2.环刀法测定密度

应在环刀内壁涂一薄层凡士林，刀口向下放在土样上，将环刀垂直下压，并用切土刀沿环刀外侧切削土样，边压边削至土样高出环刀。根据试样的软硬采用钢丝锯或切土刀整平环两端土样，擦净环刀外壁，称环刀和土的总质量。

3.湿密度计算

试样的湿密度应按下式计算：

$$\rho_0 = m_0 / V$$

式中　ρ_0——试样的湿密度，g/cm^3，准确到 $0.01g/cm^3$；

m_0——湿土质量，g；

V——试样体积，cm^3。

4.干密度计算

试样的干密度应按下式计算：

$$\rho_d = \frac{\rho_0}{1 + 0.01\omega_0}$$

5.结果处理

本试验应进行两次测定，两次测定的差值不得大于 $0.03g/cm^3$，取两次测值的平均值。

6.环刀法试验的记录格式

环刀法试验的记录格式见表4－12。

表4－12　密度试验记录(环刀法)

工程名称＿＿＿＿＿＿＿　　试验者＿＿＿＿＿＿＿

工程编号＿＿＿＿＿＿＿　　计算者＿＿＿＿＿＿＿

试验日期＿＿＿＿＿＿＿　　校核者＿＿＿＿＿＿＿

试样编号	环刀号	湿土质量(g)	试样体积(cm^3)	湿密度(g/cm^3)	试样含水率(%)	干密度(g/cm^3)	平均干密度(g/cm^3)

十一、土的酸碱度试验

(1)仪器。酸度计；电动振荡器。

(2)试剂。pH4.01标准缓冲溶液；pH6.87标准缓冲溶液；pH9.18标准缓冲溶液；饱和氯化钾(KCl)溶液。

(3)试验步骤。酸度计的校正。在测定土样前应按照所有仪器的使用说明书校正酸度计。

土悬液的制备。称取通过1mm筛的土样10g，放入具塞的广口瓶中，加水50mL(水土比例为1∶5)。在振荡器上3min，静置30min。

土悬液pH值的测定。将25～30mL的土悬液盛于50mL的烧杯中，将该烧杯移至电磁搅拌器上。再向该烧杯中加一只搅拌子。然后将已校正完毕的玻璃电极、甘汞电极(或复合电极)插入杯中，开动电磁搅拌器搅拌2min，从酸度计的表盘(或数字显示器)上直接测定出pH值，准确至0.01pH。测记土悬液温度，进行温度补偿操作。

测定完毕，应关闭酸度计和电磁搅拌器的电源，用水冲洗电极，并用滤纸吸干电极上沾附的水。若一批试验测定完毕后，第二天仍继续测定的话；可将玻璃电极部分浸泡在纯水中。

(4)精密度和允许差。酸碱度试验结果精度应符合规定。

十二、测定土的含水率的试验

1.主要仪器

(1)烘箱。可采用电热烘箱或温度能保持 105～110℃的其他能源烘箱，也可用红外线烘箱。

(2)天平。感量 0.01g。

(3)其他仪器。如干燥器、称量盒(定期调整为恒重)等。

2.试验步骤

(1)具有代表性试样，细粒土 15～30g，砂性土、有机土约 50g，放入称量盒内，立即盖好盒盖，称量。称量时，可在天平一端放上与该称量盒等质量的砝码，游动天平游码，平衡后称量结果即为湿土质量。

(2)开盒盖，将试样和称量盒放入烘箱内，在 105～110℃恒温下烘干。烘干时间对细粒土不得少于 8h，对砂类土不得少于 6h。对含有机质超过 5%的土，应将温度控制在 65～70℃的恒温下烘干。

(3)烘干后的试样和称量盒取出，放入干燥器内冷却(一般只需要 0.5～1h 即可)。冷却后盖好盒盖，称量，准确至 0.01g。

(4)对层状和网状构造的冻土含水率试验应按下列步骤进行。用四分法切取 200～500g试样。视冻土结构均匀程度而定。结构均匀少取，反之多取。放入搪瓷盘中称盘和试样质量，准确至 0.1g。

待冻土试样融化后调成均匀糊状土，太湿时多余的水分让其自然蒸发或用吸球吸出，但不得将土粒带出，土太干时可适当加水。称土糊和盘质量，准确至 0.1g，从糊状土中取样测定含水率。其试验步骤和计算同上。

3.结果整理

(1)含水率(ω_0)计算公式为：

$$\omega_0=\left(\frac{m_0}{m_d}-1\right)\times 100\%$$

式中 m_d——干土质量，g；

m_0——湿土质量，g。

注：计算准确至 0.1%。

(2)层状和网状冻土的含水率(ω)计算(准确至 0.1%)

$$\omega\left[\frac{m_1}{m_2}(1+0.1\omega_h)-1\right]\times 100\%$$

式中 m_1——冻土试样质量，g；

m_2——糊状试样质量，g；

ω_h——糊状试样的含水率，%。

本试验记录格式见表 4－13。

表 4—13　含水率试验记录

工程名称________　　　　试验者________
工程编号________　　　　计算者________
试验日期________　　　　校核者________

试样编号	盒号	盒质量(g)	盒加湿土质量(g)	盒加干土质量(g)	湿土质量(g)	干土质量(g)	含水率(%)	平均含水率(%)

4.精密度和允许差值

本试验须进行两次平行测定，取两个测值的平均值，以百分数表示，允许平行差值应符合表 4—14 的规定。

表 4—14　允许差值

含水率(%)	允许平行差值(%)
层状和网状冻土	≤3
40 以下	≤1
40 以上	≤2

5.试验报告内容

(1)土的鉴别分类与代号。

(2)土的含水量。

十三、土的界限水率的试验

1.仪器

液、塑限联合测定仪；圆锥仪，读数显示；试样杯：直径 40～50mm，高 30～40mm；天平：称量 200g，分度值 0.01g；其他：烘箱、干燥器，铝盒，调土刀，孔径 0.5mm 的筛，凡士林等。

2.操作步骤

液、塑限联合试验，原则上采用天然含水率的土样制备试样，也允许采用风干土制备试样。

(1)当采用天然含水率的土样时，应剔除大于 0.5mm 的颗粒，然后分别按接近液、塑限和二者中间状态制备不同稠度的土膏，静置湿润。静置时间可视原含水率的大小而定。当采用风干土样时，取过 0.5mm 筛的代表性土样约 200g，分成 3 份，分别放入 3 个盛土皿中，加入不同数量的纯水，使分别接近液、塑限和二者中间状态的含水率，调成均匀土膏，然后放入密封的保湿缸中，静置 24h。

(2)将制备好的土膏用调土刀调拌均匀，密实地填入试样杯中，应使空气逸出。高出试样杯的余土用刮土刀刮平，随即将试样杯放在仪器底座上。

(3)取圆锥仪，在锥体上涂以薄层凡士林，接通电源，使电磁铁吸稳圆锥仪。

(4)调节屏幕准线，使初读数为零。调节升降座，使圆锥仪锥角接触试样面，指示灯亮时圆锥在自重下沉入试样内，经 5s 后立即测读圆锥下沉深度。

(5)取下试样杯，然后从杯中取 10g 以上的试样两个，测定含水率。

(6)按以上(2)～(5)的步骤，测试其余两个试样的圆锥下沉深度和含水率。

3.本试验验记录格式

液、塑限联合试验记录见表 4—15。

表 4—15　液、塑限联合试验记录

试样编号						
圆锥下沉深度						
盒号						
盒质量(g)						
盒＋湿土质量(g)						
盒＋干土质量(g)						
温土质量(g)						
干土质量(g)						
水的质量(g)						
含水率(%)						
平均含水率(%)						
液限(%)						
塑限(%)						
塑性指数						
液性指数						
土的名称						

十四、土的团结试验

1. 仪器设备

固结容器;加压设备;变形测量设备;其他:刮土刀、天平、秒表等。

2. 试验步骤

(1)根据工程需要,切取原状土试样或制备给定密度与含水率的扰动土样。

(2)测定试样的密度及含水率。对于试样需要饱和时,按规范规定的方法将试样进行抽气饱和。

(3)在固结容器内放置护环、透水板和薄滤纸,将带有环刀的试样,小心装入护环内,然后在试样上放薄滤纸、透水板和加压盖板,置于加压框架下,对准加压框架的正中,安装量表。

(4)施加 1kPa 的预压压力,使试样与仪器上下各部分之间接触良好,然后调整量表,使指针读数为零。

(5)确定需要施加的各级压力。加压等级一般为 12. 5kPa、25. 0kPa、50. 0kPa、100kPa、200kPa、800kPa、1 600kPa、3 200kPa。最后一级压力应大于上覆土层的计算压力 100～200kPa。

(6)如系饱和试样,则在施加第 1 级压力后,立即向水槽中注水至满。如系非饱和试样,需用湿棉围住加压盖板四周,避免水分蒸发。

(7)测记稳定读数。当不需要测定沉降速率时,稳定标准规定为每级压力下固结 24h。测记稳定读数后,再施加第 2 级压力。依次逐级加压至试验结束。

(8)试验结束后,迅速拆除仪器部件,取出带环刀的试样(如系饱和试样,则用于滤纸吸去试样两端表面上的水,取出试样),测定试验后的含水率。

十五、土的固结快剪试验

1. 仪器

应变控制式直剪仪，剪切盒，垂直加压框架，测力计，推动机构等；位移计（百分表）：量程5～10mm，分度值0.01mm；天平，环刀，削土刀，饱和器，秒表，滤纸，直尺等。

2. 操作步骤

(1)试样制备。从原状土样中切取原状土试样或制备给定干密度和含冰率的扰动土试样。按规范规定，测定试样的密度及含水率。对于扰动土样需要饱和时，按规范规定的方法，进行抽气饱和。

(2)试样安装。对准上下盒插入固定销。在下盒内放湿滤纸和透水板。将装有试样的环刀平口向下，对准剪切盒口，在试样顶面放湿滤纸和透水板，然后将试样徐徐推入剪切盒内，移去环刀。转动手轮，使上盒前端钢珠刚好与测力计接触。调整测力计读数为零，依次加上加压盖板、钢珠、加压框架，安装垂直位移计，测记起始读数。

(3)施加垂直压力。一个垂直压力相当于现场预期的最大压力 p，一个垂直压力要大于 p，其他垂直压力均小于 p，但垂直压力的各级差值要大致相等。也可以取垂直压力分别为100kPa、200kPa、300kPa、400kPa，各级垂直压力可一次轻轻施加，若土质软弱，也可以分级施加以防试样挤出。

(4)如系饱和试样，则在施加垂直压力5min后，往剪切盒水槽内注满水；如系非饱和试样，仅在活塞周围包以湿棉花，以防止水分蒸发。

在试样上施加规定的垂直压力后，测记垂直变形读数。当每小时垂直变形读数变化不超过0.005mm时，认为已达到固结稳定。

(5)试样达到固结稳定后，拔去固定销，开动秒表，以0.8～1.2mm/min的速率剪切(4～6r/min的均匀速度旋转手轮)，使试样在3～5min剪损。

剪损的标准：①当测力计的读数达到稳定，或有明显后退表示试样剪损；②一般宜剪切至剪切变形达到4mm；③若测力计的读数继续增加，则剪切变形达到6mm为止。

(6)剪切结束后，吸去剪切盒中积水，倒转手轮，尽快移去垂直压力、框架、钢珠、加压盖板等。取出试样，测定剪切面附近的含水率。

十六、土的击实试验

1. 仪器

标准击实仪：分轻、重型两种。天平：感量，0.01g。台秤：称量10kg，感量5g。圆孔筛：孔径38mm、25mm、19mm、5mm各1个。拌和工具：400mm×600mm、深70mm的金属盘，土铲。

2. 试验步骤

(1)根据工程要求，选择轻型或重型试验方法。根据土的性质(含易击碎风化石数量多少，含水率高低)选用干土法(土重复或不重复使用)或湿土法。

(2)将击实筒放在坚硬的地面上，取制备好的土样分3～5次倒入筒内；小筒按三层法时，每次约800～900g(其量应使击实后的土样等于或略高于筒高的1/3)；按五层法时，每次约400～500g(其量应使击实后的土样等于或略高于筒高的1/5)。对于大试筒，先将垫块放入筒内底板上，按五层法时，每层需试样约900(细粒土)～1100(粗粒土)g；按三层法时，每层需试样约1 700g左右。整平表面，并稍加压紧，然后按规定的击数进行第一层土的击实，击实时击锤应自由垂直落下，锤迹必须均匀分布于土样面，第一层击实完后，将试样层面“拉毛”然后再装入套筒，重复上述方法进行其余各层土的击实。小试筒击实后，试样不应高出筒顶面 5mm；大试筒击实后，试样不应高出筒顶面 6mm。

(3)用修土刀沿套筒内壁削刮，使试样与套筒脱离后，扭动并取下套筒，齐筒顶细心削平试样，拆除底板，擦净筒外壁，称量，准确至 1g。

(4)同推土器推出筒内试样，从试样中心处取样测其含水率，计算至 0.1%。测定含水率用试样的数量按表 4－16 的规定取样(取出有代表性的土样)。两个试样含水率的精度应符合规定。

表 4－16 测定含水率用试样的数量

最大粒径(mm)	试样质量(g)	个数
<5	15～20	2
约 5	约 50	1
约 19	约 250	1
约 38	约 500	1

(5)对于干土法(土重复使用)，将试样搓散，然后进行洒水、拌和，但不需闷料，每次约增加 2%～3%的含水率，其中有两个大于和两个小于最佳含水率。

3. 计算公式

$$\rho_d=\frac{\rho}{1+0.01\omega}$$

式中 ρ_d——干密度，g/cm^3；

ρ——温密度，g/cm^3；

ω——含水率，%。

十七、土的烧失量试验

1. 仪器

高温炉：自动控制温度达 1 300℃。分析天平：称量 100g。瓷坩埚、干燥器、坩埚钳等。

2. 操作步骤

(1)先将空坩埚放入已升温至 950℃的高温炉中灼烧 0.5h，取出稍冷(0.5～1min)，放入干燥器中冷却 0.5h，称量。

(2)称取通过 1mm 筛孔的烘干土 1～2g(称准到 0.000 1g)，放入已灼烧至恒量的坩埚中，把坩埚放入未升温的高温炉内，斜盖上坩埚盖。徐徐升温至 950℃，并保持恒温 0.5h，取出稍冷，盖上坩埚盖。放入干燥器内，冷却 0.5h 后称量，前后两次质量相差小于 0.5mg，即为恒量。至少做一次平行试验。

3. 结果整理

$$烧失量(\%)=\frac{m-(m_2-m_1)}{m}\times 100$$

式中 m——烘干土样质量，g；

m_1——空坩埚质量，g；

m_2——灼烧后土样＋坩锅质量，g。

烧失量试验记录见表 4－17。

表 4—17　烧失量试验记录

工程编号________　　试验计算者________

土样编号________　　校　核　者________

土样说明________　　试 验 日 期________

灼烧温度(℃)	
试验次数	
土样质量 m	
灼烧残渣＋坩埚质量 m_1	
空坩埚质量 m_2	
烧失量(%)	
平均烧失量(%)	

十八、建筑工程中回填土的取样试验

回填土一般包括柱基、基槽管沟、基坑、填方、场地平整、排水沟、地(路)面基层和地基局部处理的回填的素土、灰土、砂和砂石等。

回填土必须分层夯实,并分层、分段取样做干密度试验。施工试验资料主要是取样平面位置图和回填土干密度试验报告。

1. 取样数量

(1)柱基:抽查柱基的 10%,但不少于 5 点;

(2)基槽管沟:每层按长度 20～50m 取 1 点,但不少于 1 点;

(3)基坑:每层 100～500m^2 取 1 点,但不少于 1 点;

(4)挖方及填方:每 100～500m^2 取 1 点,但不少于 1 点;

(5)场地平整:每 400～900m^2 取 1 点,但不少于 1 点;

(6)排水沟:每层长度 20～50m 取 1 点,但不少于 1 点;

(7)地(路)面基层:每层按 100～500m^2 取 1 点,但不少于 1 点。

各层取样点应错开,并应绘制取样平面位置图,标清各层取样点位。

2. 取样方法

(1)环刀法。每段分层进行检验,应在夯实下半层下半部(至每层表面以下 2/3 处)用环刀取样。

(2)灌砂法。用于级配砂石回填或不宜用环刀法取样的土质。

1)采用灌砂法取样时,取样数量可较环刀法适当减少。取样部位应为每层压实后的全部深度。

2)取样应由施工单位按规定现场取样;将样品包好、编号(标号要与取样平面图上各点位标一一对应)送试验室试验。如取样器具或标准砂不具备,应请试验室来人现场取样进行试验。

十九、铁路路基基床以上压实度指标要求

对细粒土和黏砂、粉砂应采用压实系数或地基系数作为控制指标;对粗粒土(黏砂、粉砂除

外)应采用相对密度或地基系数作为控制指标；对碎石类土和块石类混合料应采用地基系数作为控制指标。各类基床土的压实度值不应小于表 4－18 的规定。

表 4－18 铁路基床土压实度

填筑部位	填料种类 / 铁路等级 / 压实系数		细粒土和黏砂、粉砂		细砂、中砂、粗砂、砾砂	砾石土类	碎石土类	块石类混合料
			Ⅰ、Ⅱ级	Ⅲ级	Ⅰ、Ⅱ、Ⅲ级	Ⅰ、Ⅱ、Ⅲ级		Ⅰ、Ⅱ、Ⅲ级
表层	压实系数	K_L	0.97	0.97	—	—		—
		K_h	0.91	0.91	—	—		—
	地基系数 K_{30}(MPa/cm)		0.9	0.9	1.0	1.2		—
	相对密度 D_r		—	—	0.75	0.75		
底层	压实系数	K_L	0.5	0.92	—	—		—
		K_h	0.89	0.86	—	—		—
	地基系数 K_{30}(MPa/cm)		0.8	0.7	0.8	1.0		1.2
	相对密度 D_r		—	—	0.7	0.70	—	—

注：(1)K_L 为轻型击实试验对应的压实系数。K_h 为重型击实试验对应的压实系数，其值与标准击实试验对应的压实系数 K_s(原条文称 K)的对照值见 TB 10102－2004 附录九。对Ⅰ、Ⅱ级铁路应采用与重型击实试验对应的压实系数。

(2)K_{30}为用 30cm 直径荷载板试验得出的地基系数。

(3)在年平均降水量小于 400mm 的地区，压实系数可按表列数值减小 0.05。

二十、铁路路基基床以下部位填料的压实度指标要求

对细粒土和黏砂、粉砂应采用压实系数或地基系数作为控制指标；对粗粒土(黏砂、粉砂除外)应采用相对密度或地基系数作为控制指标；对碎石类土和块石类混合料应采用相对密度或地基系数作为控制指标。基床以下部位填料的压实度值不应小于表 4－19 规定。

表 4－19 铁路基床以下部位填料的压实度

填筑部位	填料种类 / 铁路等级 / 压实系数		细粒土和黏砂、粉砂		细砂、中砂、粗砂、砾砂	砾石土类	碎石土类	块石类混合料
			Ⅰ、Ⅱ级	Ⅲ级	Ⅰ、Ⅱ、Ⅲ级	Ⅰ、Ⅱ、Ⅲ级		Ⅰ、Ⅱ、Ⅲ级
表层	压实系数	K_L	0.92	0.57	—	—		—
		K_h	0.86	0.81	—	—		—
	地基系数 K_{30}(MPa/cm)		0.7	0.6	0.7	0.8		1.0
	相对密度 D_r		—	—	0.65	0.65		

续上表

<table>
<tr><th rowspan="2">填筑部位</th><th colspan="2" rowspan="2">填料种类
铁路等级
压实系数</th><th colspan="2">细粒土和黏砂、粉砂</th><th>细砂、中砂、粗砂、砾砂</th><th>砾石土类</th><th>碎石土类</th><th>块石类混合料</th></tr>
<tr><th>Ⅰ、Ⅱ级</th><th>Ⅲ级</th><th>Ⅰ、Ⅱ、Ⅲ级</th><th colspan="2">Ⅰ、Ⅱ、Ⅲ级</th><th>Ⅰ、Ⅱ、Ⅲ级</th></tr>
<tr><td rowspan="4">底层</td><td rowspan="2">压实系数</td><td>K_L</td><td>0.92</td><td>0.92</td><td>—</td><td colspan="2">—</td><td>—</td></tr>
<tr><td>K_h</td><td>0.86</td><td>0.86</td><td>—</td><td colspan="2">—</td><td>—</td></tr>
<tr><td colspan="2">地基系数 K_{30}(2MPa/cm)</td><td>0.7</td><td>0.7</td><td>0.8</td><td colspan="2">1.0</td><td>1.2</td></tr>
<tr><td colspan="2">相对密度 D_r</td><td>—</td><td>—</td><td>0.7</td><td>0.70</td><td>—</td><td>—</td></tr>
</table>

注:(1)在年平均降水量小于400mm的地区,压实系数可按表列数值减小0.05。

(2)桥梁缺口指桥台背后上方长度不小于桥台高度加2倍的范围,涵洞缺口指涵洞两侧每边不小于涵洞孔径2倍的范围。

(3)对Ⅰ、Ⅱ级铁路应采用与重型击实试验对应的压实系数。

第五章 水泥试验

水泥是重要的建筑材料之一，它广泛用于工业与民用建筑、交通、水利电力、海港和国防工程。水泥与集料及增强材料制成混凝土、钢筋混凝土、预应力混凝土构件，也可配制砌筑砂浆、装饰砂浆、抹面砂浆、防水砂浆，用于建筑物砌筑、抹面和装饰等。

水泥的品种繁多。按其性能和用途的不同分为：通用水泥，如硅酸盐水泥、普通硅酸盐水泥等；专用水泥，如中、低热水泥、砌筑水泥等；特种水泥，如快硬硅酸盐水泥、铁铝酸盐水泥、氟铝酸盐水泥等。

第一节 水泥试验一般规定

一、水泥试验的一般要求

(1)试验室温度应为17～25℃，相对湿度应大于50%，养护室温度应为(20±3)℃，相对湿度应大于90%。

(2)试样要充分拌匀，通过0.9mm方孔筛，并记录筛余物的百分数。

(3)试验室用水必须是洁净的淡水。

(4)水泥试样、标准砂、拌和水及试模等温度均与实验室温度相同。

二、水泥的主要性质

水泥的主要性质见表5—1。

表5—1 水泥的主要性质

类别	内容
细度	细度是指水泥颗粒的粗细程度。水泥与水反应，首先是从水泥颗粒表面开始，以后逐渐深入到颗粒内部。水泥颗粒越细，则颗粒总表面积越大，水化反应也越快和越充分。一般认为，粒径小于40μm水泥颗粒才具有较高的活性，大于90μm的，几乎接近惰性物质。因此，水泥细度对水泥的性质有很大影响；通常水泥越细，凝结硬化越快，强度(特别是早期强度)越高，收缩也增大。但水泥越细，越易吸收空气中的水分而受潮，使其在储存时活性下降过快。此外，提高水泥的细度也将增加粉磨时的能量消耗，使粉磨设备的生产率下降，从而提高水泥的生产成本
密度	(1)水泥的密度与其矿物组成、储存时间和条件以及熟料的燃烧程度有关，一般为3.05～3.20g/cm^3。在进行混凝土配合比计算时，通常采用3.10g/cm^3。 (2)水泥表观密度除与矿物组成及细度有关外，主要取于水泥的紧密程度，松散时约为1 000～1 100kg/m^3。紧密时可达1 600kg/m^3。在混凝土配合比计算中，通常采用1 300kg/m^3
水化热	水泥与水作用时会释放热，这种由于水化而放出的热称之为水化热。水泥的放热过程可以延续很长时间，但大部分热量是在早期，特别是在最初3d内放出的。当使用硅酸盐水泥建造大型基础、桥墩、水坝等大体积混凝土工程时，由于水化热积聚在内部不易发散，常使内部温度上升到50～60℃，内外温差所引起的应力足以便混凝土产生温度裂缝，以致影响工程质量，故应慎重选用水泥品种

续上表

类别	内容
标准稠度用水量	标准稠度用水量是指水泥净浆达到标准稠度时所需的拌和水量，以占水泥质量的百分率表示。水泥的许多特性都与新拌制水泥浆稀稠程度有关。国家标准中明确规定，水泥的凝结时间与体积安定性，均采用标准稠度的水泥净浆来检验
凝结时间	水泥的凝结时间有初凝与终凝之分。初凝为从水泥加水拌和时起，至水泥浆开始失去可塑性的时间；终凝为从水泥加水拌和时起，至水泥浆完全失去可塑性，随后开始具有强度的时间。为使混凝土与砂浆有充足时间进行搅拌、运输、浇灌或砌筑，水泥初凝不能过早；当施工结束后，则要求混凝土或砂浆结硬并具有强度，故水泥终凝时间不能太迟
体积安定性	(1)水泥在硬化过程中体积变化是否均匀的性质称为体积安定性。体积安定性不良的水泥，在硬化过程中会自行破裂，降低混凝土工程的质量，甚至引起严重事故，因此禁止使用。 (2)安定性不良的原因是因为熟料中所含游离 CaO 与 MgO 以及掺入水泥的石膏过量所致。熟料中所含的游离 CaO 与 MgO 熟化很慢，在水泥浆硬化后，才进行如下熟化反应： $CaO+H_2O=Ca(OH)_2$ $MgO+H_2O=Mg(OH)_2$ 所得反应物体积较原来体积增大 2 倍以上，破坏已硬化的水泥石结构，出现龟裂、松脆崩溃现象。若水泥中的石膏过多，则在水泥硬化后，它还能与水化铝酸钙反应，生成水化铝酸钙，体积增大约 1.5 倍，也会引起水泥石的开裂
强度	强度是水泥的重要技术性质之一。水泥的强度等级就是根据强度进行划分的，按国家标准对水泥强度检验方法所测得 28d 龄期的抗压强度而定，同时该水泥试样的 3d、7d 抗压强度和 3d、7d、28d 抗折强度也需达到标准中相对应的规定植

三、常用水泥的强度指标

常用水泥的定义与强度等级如表 5—2 所示。

表 5—2 常用水泥的强度等级

名称	定义	强度等级
硅酸盐水泥	硅酸盐水泥熟料、0～5%石灰石或粒化高炉矿渣、适量石膏磨细制成的水硬性胶凝材料，称为硅酸盐水泥(即国外通称的波特兰水泥)。 不掺加混合材料的称Ⅰ型硅酸盐水泥，代号 P·Ⅰ；在硅酸盐水泥熟料粉磨时掺加不超过水泥质量 5%石灰石或粒化高炉矿渣混合材料的称Ⅱ型硅酸盐水泥，代号 P·Ⅱ	42.5 42.5R 52.5 52.5R 62.5 62.5R
普通硅酸盐水泥	凡由硅酸盐水泥熟料、6%～15%混合材料、适量石膏磨细制成的水硬性胶凝材料，称为普通硅酸盐水泥，简称普通水泥，代号 P·Ⅰ。 混合材料掺加量按质量百分计：当掺加活性混合材时，掺加量≤15%；当掺加非活性混合材时，掺加量≤10%	32.5 32.5R 42.5 42.5R 52.5 52.5R
矿渣硅酸盐水泥	凡由硅酸盐水泥熟料和粒化高炉矿渣，适量石膏磨细制成的水硬性胶凝材料，称为矿渣硅酸盐水泥(简称矿渣水泥)，代号 P·S。 水泥中粒化高炉矿渣掺加量按质量百分比计为 20%～70%。 允许用石灰石、窑灰、粉煤灰和火山灰质混合材料中的一种来代替部分粒化高炉矿渣，但代替数量不得超过水泥质量的 8%	32.5 32.5R 42.5 42.5R 52.5 52.5R

续上表

名称	定　义	强度等级
火山灰质硅酸盐水泥	凡由硅酸盐水泥熟料和火山灰质混合材料、适量石膏磨细制成的水硬性胶凝材料，称为火山灰质硅酸盐水泥，简称火山灰水泥，代号 P·P； 水泥中火山灰质混合材料掺加量按质量百分比计为 20%～50%	32.5 32.5R 42.5 42.5R 52.5 52.5R
粉煤灰硅酸盐水泥	凡由硅酸盐水泥熟料和粉煤灰、适量石膏磨细制成的水硬性胶凝材料，称为粉煤灰硅酸盐水泥，简称粉煤灰水泥，代号 P·F； 水泥中粉煤灰掺加量按质量百分比计为 20%～40%	32.5 32.5R 42.5R 52.5 52.5R
复合硅酸盐水泥	凡由硅酸盐水泥熟料、两种或两种以上规定的混合材料；适量石膏磨细制成的水硬性胶凝材料。称为复合硅酸盐水泥，简称复合水泥，代号 P·C； 水泥中混合料掺加总量按质量百分比计为 15%～50%	32.5 42.5 42.5R 52.5 52.5R

注：表中"R"为早强型水泥。

四、常用水泥的质量指标

(1)氧化镁：熟料中氧化镁的含量不得超过 5.0%，如果水泥经压蒸性试验合格，则水泥中氧化镁含量允许放宽到 6.0%。

(2)三氧化硫：水泥中二氧化硫的含量不得超过 3.5%(矿渣水泥不得超过 4.0%)。

(3)烧失量：Ⅰ型硅酸盐水泥不得大于 3.0%，Ⅱ型硅酸盐水泥不得大于 3.5%，普通水泥不得大于 5.0%。

(4)细度：硅酸盐水泥比表面积大于 300m^2/kg，普通矿渣、火山灰、粉煤在水泥 80/μm 方孔筛筛余不得超过 10.0%。

(5)凝结时间：初凝不得早于 45min，终凝不得迟于 10h(硅酸盐水泥终凝不得迟于 390min)。

(6)安定性：用沸煮法检验必须合格。

(7)强度：水泥强度等级按规定龄期的抗压强度和抗折强度来划分，各强度等级水泥的各龄期不得低于表 5－3 数值。

表 5－3　水泥各龄期强度指标

品　种	强度等级	抗压强度(MPa)		抗折强度(MPa)	
		3d	28d	3d	28d
硅酸盐水泥	42.5	17.0	42.5	3.5	6.5
	42.5R	22.0	42.5	4.0	6.5
	52.5	23.0	52.5	4.0	7.0
	52.5R	27.0	52.5	5.0	7.0
	62.5	28.0	62.5	5.0	7.0
	62.5R	32.0	62.5	5.5	8.0

续上表

品　种	强度等级	抗压强度(MPa)		抗折强度(MPa)	
		3d	28d	3d	28d
普通水泥	32.5	11.0	32.5	2.5	5.5
	32.5R	16.0	32.5	3.5	5.5
	42.5	21.0	42.5	4.0	6.5
	42.5R	21.0	42.5	4.0	6.5
	52.5	22.0	52.5	4.0	7.0
	52.5R	26.0	52.5	5.0	7.0
矿渣水泥、火山灰水泥、粉煤灰水泥、复合水泥	32.5	10.0	32.5	2.5	5.5
	32.5R	15.0	32.5	3.5	5.5
	42.5	15.0	42.5	3.5	6.5
	42.5R	19.0	42.5	4.0	6.5
	52.5	21.0	52.5	4.0	7.0
	52.5R	23.0	52.5	4.5	7.0

五、判定水泥的质量标准

1.通用水泥质量等级(建材行业)

水泥产品质量划分为优等品、一等品和合格品三个等级。

(1)优等品:水泥产品标准必须达到国际先进水平,且水泥实物质量水平与国外同类产品相比达到近5年内的先进水平。

(2)一等品:水泥产品标准必须达到国际一般水平,且水泥实物质量水平达到国际同类产品的一般水平。

(3)合格品:按我国现行水泥产品标准组织生产,水泥实物质量水平必须达到产品标准的要求。

2.废品水泥

氧化镁、三氧化硫、初凝时间、安定性中的任一项不符合标准规定的水泥均为废品水泥。

3.不合格水泥

细度、终凝时间中的任一项不符合标准规定或混合材料掺加量超过最大限量,强度低于商品强度等级规定指标的水泥称为不合格水泥。水泥包装中水泥品种、强度等级、工厂名称和出厂编号不全的也属于不合格水泥。

六、水泥常规试验项目

一般情况下,水泥的常规试验项目有:水泥胶砂强度(抗压强度、抗折强度)、水泥标准稠度用水量、细度、安定性(试饼法或雷氏法)和凝结时间。当对所检验水泥有疑问或有特殊要求时,应进行其他项目试验。

七、水泥的取样规定

(1)散装水泥:对同一水泥厂生产的同期出厂的同品种、同强度等级的水泥,以一次进库的同一出厂编号的水泥为一批,且一批的总量得超过500t,随机地从不少于3个车罐中采取等量水泥,经混拌均匀后,以四分法(缩分法)称取不少于12kg水泥作为一检验试样。

(2)袋装水泥:对同一水泥厂生产的同期出厂的同品种、同强度等级的水泥,以一次进库的同一出厂编号为一批,且一批的总量不得超过100t,随机地从不少于20,袋中各取等量水泥,经混拌均匀后，再从中称取不少于 12kg 水泥作为检验试样。

(3)当水泥来源固定、水泥质量稳定、使用单位又基本掌握其性能时，视进库水泥情况，可不定期地采取试样进行强度检验。如有异常情况，应做有关项目的检验。

(4)对已进库的每批水泥，视库存情况应定期重新采取试样检验。一般对于用在重要结构的水泥，或对水泥质量有怀疑，以及水泥出厂日期为三个月(快硬硅酸盐水泥超过一个月)时，使用单位应进行取样复查试验。

(5)按标准规定进行检验时，将水泥试样等分为两份，一份用于检验，一份密封保存三个月，以备有疑问时用于复验。

(6)以上所述，根据下列的情况即需分别作一取样单位：水泥出厂日期不同者、水泥运到批次不同者、水泥牌号不同者、水泥品种不同者、水泥强度等级不同者、水泥编号不同者。

(7)样品包装方法：装于密不透气的容器中(如带盖铁罐或专用样品筒)或用水泥纸装包好，装于木箱内，并将样品编号注明，另将申请单详加填写送试验部门。

(8)袋装水泥取样时可不必每袋拆开取样，即在每袋一个角上有预留的活口处，用专用的牛角形取样勺，插入该口取出所需样品数量即可。

第二节 水泥细度的测定

一、水泥细度检测的目的、原理及仪器

(1)试验目的。通过控制细度来保证水泥的活性，以控制水泥的质量。水泥检验方法有负压筛法、水筛法和手工干筛法三种。三种检验方法发生争议时，以负压筛法为准。

(2)试验原理。将试样通过 0.080mm 的方孔筛，并记录筛余量：

$$细度=\frac{筛余量}{试样质量}\times 100\%$$

(3)用负压筛法检测水泥细度的仪器有：

1)主要仪器设备。负压筛析仪，如图 5－1 所示，负压可调范围为 4 000～6 000Pa；天平：最大称量为 100g，分度值不大于 0.05g。

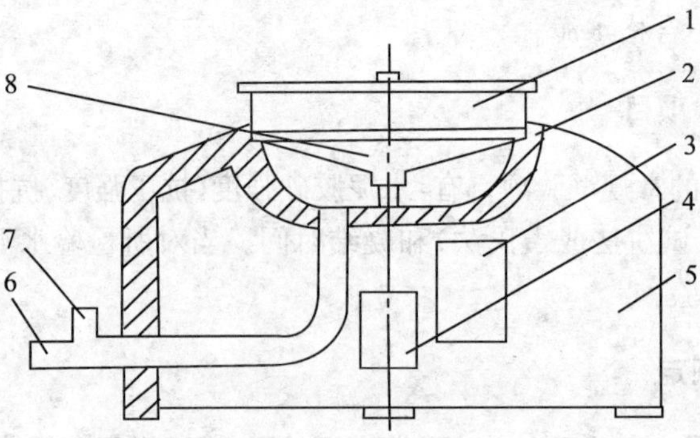

图 5－1 负压筛析仪示意图

1—0.045mm 方孔筛；2—橡胶电权；3—控制度；4—微电机；5—壳体；6—抽气口(接收尘器)；7—风门(调节负压)；8—喷起嘴

2)筛析前将负压筛放在筛座上，盖上筛盖，接通电源，检查控制系统，调节负压在 4 000～6 000Pa 范围内。

3)称取试样 25g,放入洁净的负压筛内,盖上筛盖,放在筛座上,开动筛析仪,连续筛洗 2min,筛析过程中若有试样附着在筛盖上,可轻轻敲击,使试样落下。筛完用天平称量筛余物,精确到 0.05g。

当工作负压小于 4 000Pa 时,应清理吸尘器内的残留物,使负压恢复正常。

二、水筛法检测水泥细度

(1)主要仪器。标准筛、筛座和喷头,其构造如图 5－2 所示。

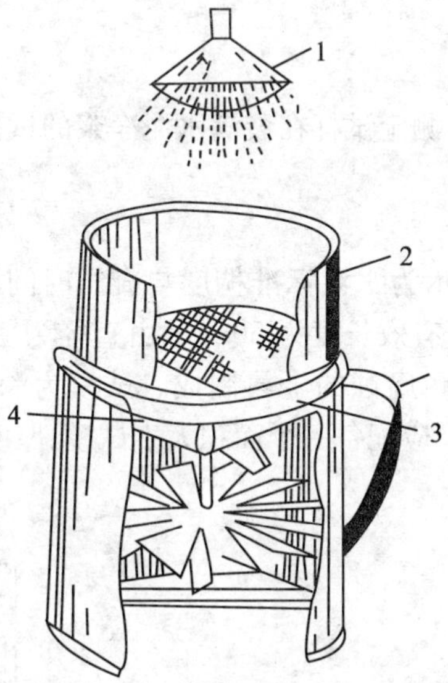

图 5－2　水筛法装置系统图

1—喷头;2—标准筛;3—旋转托架;4—集水斗

(2)检验步骤。

筛析检验前,应检查水中有无泥、砂,调整好水压及水压架的位置,确保能够正常运转。喷头底面和筛网之间的距离为 35～75mm。

称取试样 50g,置于洁净的水筛内,立即用洁净水冲洗至大部分细粉通过,连续冲洗时间为 3min。筛毕,用少量水将筛余物冲至蒸发皿中,待水泥颗粒全部沉淀后,将清水倾出,烘干后用天平称量筛余物,精确至 0.05g。

三、手工筛法检测水泥细度

(1)主要仪器设备。筛子(筛框有效直径为 150mm,方孔边长 0.08mm 的铜布筛)、烘干箱和天平。

(2)检验步骤。称取 50g 试样倒入洁净的干筛中。用一只手执筛往复摇动,另一只手轻轻拍打,拍打速度每分钟约 120 次,拍打每 40 次向同一方向转动 60°使试样均匀地分布在筛网上,直至每分钟通过的试样量不超过 0.05g 为止。称量剩余物,精确至 0.05g。

第三节　水泥标准稠度用水量的测定

一、标准法测定水泥标准稠度用水量

1. 试验目的

测定水泥浆具有标准稠度时需要的加水量，作为水泥凝结时间、体积安定性试验时，拌和水泥净浆加水量的根据。

2. 试验原理

利用标准稠度仪（维卡仪），测定试杆在装满水泥净浆的试模中自由下落运动距底板 6mm ±1mm 时的稠度为标准稠度。

3. 试验所用主要仪器设备

(1)维卡仪。如图 5－3 所示为水泥标准稠度与凝结时间测定仪。其滑动部分总质量为 300g±1g，标准稠度测定用试杆有效长度为 50mm，由直径为 ϕ10mm 的圆柱形耐腐蚀金属制成。盛装水泥净浆的试模应由耐腐蚀的金属制成。试模为深 40mm、顶内径 65mm、顶外径 75mm 的截顶圆锥体。每只试模应配备一个面积大于试模、厚度≥2.5mm 的平板玻璃。

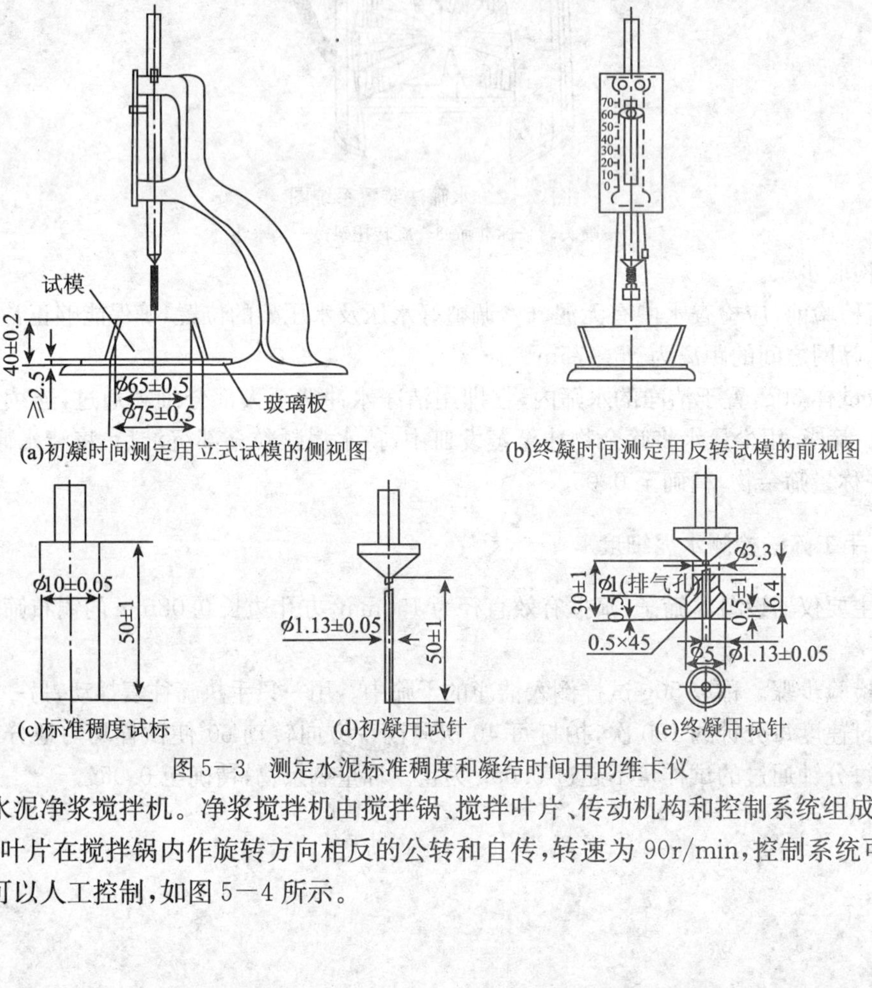

图 5－3　测定水泥标准稠度和凝结时间用的维卡仪

(2)水泥净浆搅拌机。净浆搅拌机由搅拌锅、搅拌叶片、传动机构和控制系统组成。

搅拌叶片在搅拌锅内作旋转方向相反的公转和自传，转速为 90r/min，控制系统可以自动控制，也可以人工控制，如图 5－4 所示。

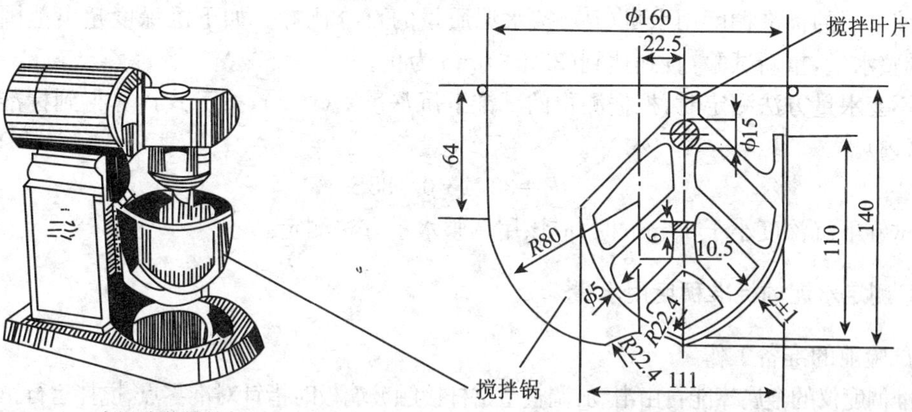

(a)水泥净浆搅拌机　(b)搅拌锅与搅拌叶片

图 5—4　水泥净浆搅拌机

(3)天平(感量 1g)及人工拌和工具等。

4. 试验步骤

(1)试验前必须做到:维卡仪的金属棒能自由滑动;调整试杆接触玻璃板使指针对准标尺零点;搅拌机运行正常。

(2)将拌和水倒入搅拌锅内,然后在 5～10s 内将称好的 500g 水泥加入水中,慢速搅拌 120s,停拌 15s,接着再快速搅拌 120s 后停机。

(3)拌和完毕。立即将水泥净浆一次装入试模。用小刀插捣并振实,刮去多余净浆抹平后迅速放置在维卡仪底座上,于试杆对中。将试杆降至净浆表面,拧紧螺钉,然后突然放松,让试杆自由沉入净浆中。在试杆停止沉入或释放试杆 30s 时记录试杆距底板之间的距离,升起试杆后,立即擦净;整个操作应在搅拌后 1.5min 内完成。

5. 试验结果

以试杆沉入净浆并距底板 6mm±1mm 的水泥净浆为标准稠度净浆。其拌和水量为该水泥的标准稠度用水量(P)。按水泥质量的百分比计,即

$$P=\frac{\text{拌和水用量}}{\text{水泥用量}}\times 100\%$$

二、代定法制定标准稠度用水量

试验前必须做到以下事项:

(1)维卡仪的金属棒能自由滑动;调整至试锥接触锥模顶面时指针对准零点,搅拌机运行正常。

(2)水泥净浆的拌制按相关标准规定执行。

(3)标准稠度的测定

采用代用法测定水泥标准稠度用水量,可用调整水量和不变水量两种方法的任一种测定。采用调整水量用 142.5mL。

拌和结束,立即将拌制好的水泥净浆装入锥模中,用小刀插捣,轻轻振动数次,刮去多余的净浆;抹平后迅速放到试锥下面固定的位置上,将试锥降至净浆表面,拧紧螺丝 1～2s 后,突然放松,让试锥自由地沉入水泥净浆中。到试锥停止下沉或释放锥 30s 时记录试锥下沉深度。整个操作应在拌和后 1.5min 内完成。

用调整水量方法测定时,以试锥下沉深度(28±2)mm 时的净浆为标准稠度净浆。其拌和

水量为该水泥的标准稠度用水量(P)，按水泥质量的百分比计。如下沉深度超出范围需另称试样，调整水量，重新试验，直到达到(28±2)mm为止。

用不变水量方法测定时，根据测得的试锥下沉深度S(mm)，按下式计算得到标准稠度用水量P(%)。

$$P=33.4-0.185S$$

当试锥下沉深度小于13mm时，应该用调整水量方法测定。

三、测定水泥的标准稠度用水量

1. 试验前的准备工作

标准稠度仪的金属棒能自由滑动，调整至试杆接触玻璃板时指针对准零点，搅拌运行正常。

2. 水泥净浆的拌制

用水泥净浆搅拌机搅拌，搅拌锅和搅拌叶片先用湿布擦过，将拌和水倒入搅拌锅内，然后在5～10s内小心将称好的500g水泥加入水中，防止水和水泥溅出。拌和时，先将锅放在搅拌机的锅座上，升至搅拌位置，启动搅拌机低速搅拌120s，停止15s，同时将叶片和锅壁上的水泥浆刮入锅中间，接着高速搅拌120s停机。

3. 标准稠度用水量的测定步骤

拌和结束后，立即将拌制好的水泥浆装入已置于玻璃底板上的试模中，用小刀插捣，轻轻振动数次，刮去多余的净浆。抹平后迅速将试模和底板移到标准稠度仪上，并将其中心定在试杆下，降低试杆直到与水泥净浆表面接触，拧紧螺丝1～2s后，突然放松，使试杆垂直自由地沉入水泥净浆中。在试杆停止沉入或释放试杆30s时记录试杆之间的距离，升起试杆后，立即擦净，整个操作应在搅拌后1.5min内完成。以试杆沉入净浆并距离底板(6±1)mm的水泥净浆为标准稠度净浆，其拌和水量为该水泥的标准稠度用水量(P)按水泥质量的百分比计。

第四节　水泥净浆凝结时间的测定

一、试验目的及原理

1. 试验目的

测定水泥的初凝和终凝所需的时间，以评定水泥是否符合国家标准的规定。

2. 试验原理

水泥净浆从加水开始到失去流动性，即从可塑状态发展到开始形成固体状态所需的时间，分为初凝和终凝。当试针沉至距底板4mm±1mm时，水泥达到初凝状态。将试模翻转180°当试针(终凝针)沉入试体0.5mm时，即环形附件开始不能在试体上留下痕迹时，水泥达到终凝状态。

二、测定仪器

(1)维卡仪：将原来测定标准稠度的试杆换成试针。试针是由钢制成的直径为1.13mm的圆柱体，初凝针有效长度为50mm，如图5－3(d)所示，终凝针为30mm，安装环形附件。

(2)水泥净浆搅拌机。

(3)标准养护箱。

三、试验步骤

(1)将试模内表面涂油放在玻璃板上。调整维卡仪的试针,使试针接触玻璃板时指针对准标尺零点。

(2)以标准稠度用水量制成标准稠度净浆一次装满试模,振动数次刮平,立即放入养护箱内。记录水泥全部加入水中的时间作为凝结时间的起始时间。

(3)初凝时间的测定。养护至加水后 30min 时将试件去除,放置在维卡仪的试针下面进行第一次测定。测定时让试针与水泥净浆表面接触,拧紧螺钉 1～2s 后突然放松,试针自由扎入净浆内,读出试针停止下沉或释放试针 30s 时指针所指的数值。当试针沉至距底板 4mm±1mm 时,水泥达到初凝状态。

(4)终凝时间的测定。在完成初凝时间测定后,立即将试模从玻璃板取下,翻转 180°,直径大端向上,小端向下放在玻璃板上,再放入养护箱中继续养护,当试针(终凝针)沉入试体 0.5mm时,即环形附件开始不能在试体上留下痕迹时,水泥达到终凝状态。

测定时应注意,在最初测定的操作时应轻扶金属柱,使其慢慢下降,以防试针撞弯,但结果以自由下落为准,在整个测试过程中试针沉入的位置至少要距试模内壁 10mm。临近初凝时,每隔 5min 测定一次,临近终凝时每隔 15min 测定一次,到达初凝或终凝时应立即重复测一次,当两次结论相同时,才能定为到达初凝或终凝状态。每次测定不能让试针落入原孔,每次测试完必须将试针擦净并将试模放回养护箱内,整个测试过程要防止试模受振。

测定水泥浆凝结时间时应注意:试验在最初测定的操作时应轻轻扶持金属柱,使其徐徐下降,以防止试针碰弯,结果以自由下落为准。在整个测试过程中试针沉入的位置至少要距试模内壁 10mm。临近初凝时每隔 5min 测定一次,直到初凝或终凝状态。每次测定不能在湿气养护箱内,整个测试过程要防止试模受振。

第五节　水泥安定性检验

一、水泥安定性检验的目的及试验原理

1. 检验目的

检验水泥浆在硬化时体积变化的均匀性,以决定水泥是否可以使用。

2. 试验原理

水泥净浆在养护 24h 后进行沸煮,试件将发生膨胀,而雷氏夹可以准确测出试件沸煮前后的膨胀值。

二、水泥安定性检检方法

(1)如果主要用以检验游离氧化钙所产生的体积安定性不良,可用“雷氏法(标准法)”和“试饼法(代用法)”两种方法进行,两者有争议时以雷氏法为准。

(2)雷氏法是通过测定水泥浆在雷氏夹中沸煮后的膨胀值来判断水泥安定性是否合格。

(3)试饼法则是通过观察水泥净浆试饼沸煮后的外形变化来检验水泥的安定性。

三、检验仪器

(1)沸煮箱。有效容积为 410mm×240mm×310mm，内设箅板和加热器，能在 30min±5min 内将箱内水由室温升至沸腾，并可保持沸腾状态 3h 而不需加水。

(2)雷氏夹。由铜质材料制成(图 5－5)，当一根指针的根部先悬挂在一根金属丝或尼龙丝上，另一根指针的根部再挂上 300g 的砝码时，两只针尖距离增加应在 17.5mm±2.5mm范围内，去掉砝码，针尖应回到初始状态(图 5－6)。

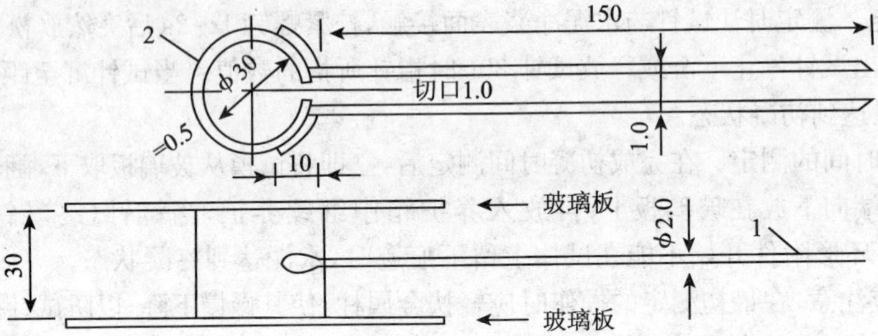

图 5－5 雷氏夹

1—指针；2—环模

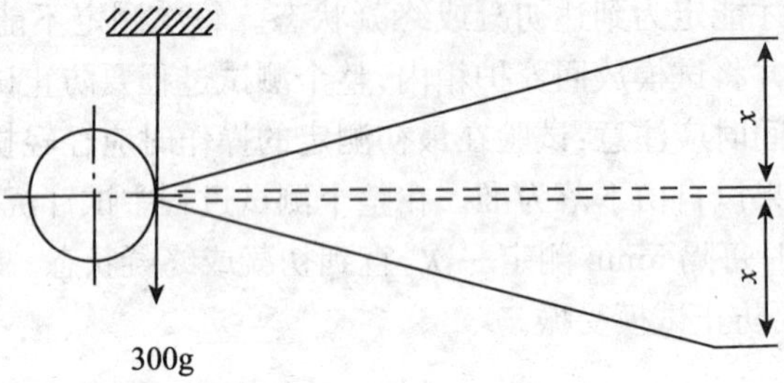

图 5－6 雷氏夹受力示意图

(3)雷氏夹膨胀测定仪。标尺最小可读为 0.5mm(图 5－7)。

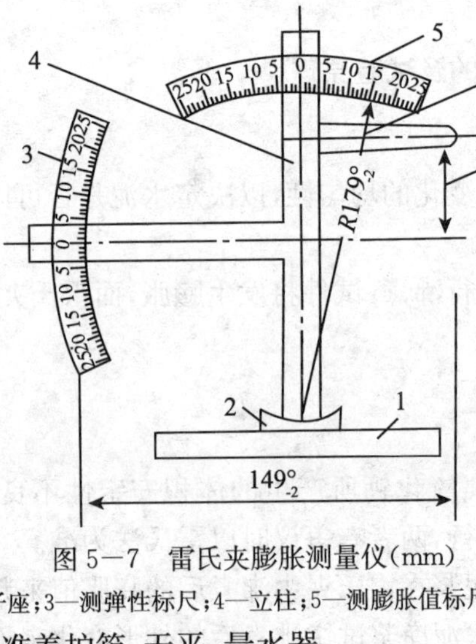

图 5－7 雷氏夹膨胀测量仪(mm)

1—底座；2—模子座；3—测弹性标尺；4—立柱；5—测膨胀值标尺；6—悬臂；7—悬丝

(4)水泥净浆搅拌机、标准养护箱、天平、量水器。

四、水泥安定性试验步骤

(1)水泥标准稠度净浆的制备。称取500g水泥,加以标准稠度用水量,用水泥净浆搅拌机搅拌成水泥净浆。

(2)试件制作。采用试饼法时,将拌制好的水泥净浆取出一部分(约150g),分成两等份使之成球形。将其放在预先准备好的玻璃板上(玻璃板约100mm×100mm,并稍涂机油)。轻轻振动玻璃板,并用湿布擦过的小刀由边缘至中央抹动,做成直径为70～80mm,中心厚约10mm,边缘渐薄、表面光滑的试饼。将做好的试饼放入养护箱内养护24h±2h。

采用雷氏夹法时,将内壁涂有机油的雷氏夹放在稍涂有机油的玻璃板(75～80g)上,并立刻将已制好的标准稠度净浆装满试模,装模时用一只手轻扶雷氏夹,另一只手用宽约10mm的小刀插捣数次,然后抹平并盖上稍涂有机油的玻璃板(约75～80g),接着立刻将试件移至养护箱内养护24h±2h。

(3)沸煮。养护结束后将试件从玻璃板上脱去。

调整沸煮箱的水位,使试件在整个沸煮过程中都被水没过,且中途不需加水;同时又能保证在30min±5min内加热至沸腾。

采用试饼法时,先检查试饼是否完整(如易开裂桥区要检查原因,确无外因时,该试件已属不合格,不必沸煮)。在试饼无缺陷的情况下,将试饼放在沸煮箱的水箅板上,然后在30min±5min内加热至沸腾,并恒沸3h±5min。

采用雷氏法时,先测量雷氏夹指针端间的距离A,精确到0.5mm,之后将雷氏夹指针放入水中箅板上,指针朝上,试件之间互不交叉,然后在30min±5min内加热至沸腾,并恒沸3h±5min。

沸煮结束,即放掉箱中热水,打开箱盖,待箱休冷却至室温时,取出试件进行观察或测定。

五、水泥安定性试验结果评定

(1)若为试饼,目测试件未发现裂缝,用直尺检查也没有弯曲的试饼为体积安定性合格,反之为不合格。当两个试饼的判别结果有矛盾时,该水泥也判别为不合格。

(2)若为雷氏夹,测量试件指针尖端距离(C),计算沸煮后指针间距增加值($C—A$),取两个试件的平均值为试验结果,当($C—A$)不大于5.0mm时,即认为该水泥体积安定性合格,反之为不合格。当两个试样的($C—A$)值相差超过4mm时,应用同一样品立即重做一次试验。再如此,则认为该水泥为安定性不合格。

第六节　水泥胶砂强度的测定

一、ISO法检验水泥胶砂强度的试验目的及原理

(1)试验目的。检验水泥3d、28d的抗压强度和抗折强度,以确定水泥的强度等级;或已知水泥的强度等级,检验是否达到国家标准规定的3d、28d龄期强度。

(2)试验原理。水泥胶砂试件在凝结硬化过程中将形成一定的强度,利用其在不同龄期的抗压、抗折强度来确定水泥的强度等级。

(3)ISO法检验水泥胶砂强度试验用的仪器及其要求：

1)搅拌机：行星式水泥胶砂搅拌机属国际标准通用型，工作时搅拌机叶片既绕自身轴线启转又沿搅拌机锅周边公转，运动轨迹似行星式的水泥胶砂搅拌机。

2)水泥胶砂试体成型振实台：由可以跳动的台盘和使其跳动的凸轮等组成，如图5—8所示。

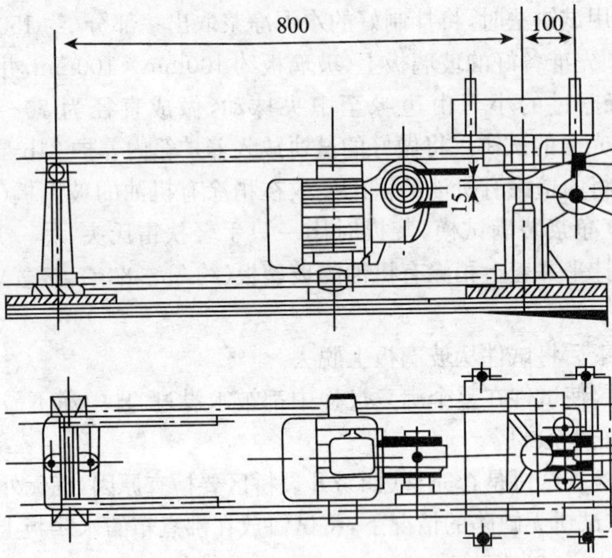

图5—8 水泥水泥胶砂试体成型振实台

1—突头；2—凸轮；3—止动器；4—随动轮

振实台的振动频率为60次/(60s±2s)，振幅为0.75mm。

3)试模：为可拆卸的三联试模，由隔板、端板、底座等组成。模槽内腔尺寸为40mm×40mm×160mm，三边应互相垂直，如图5—9所示。

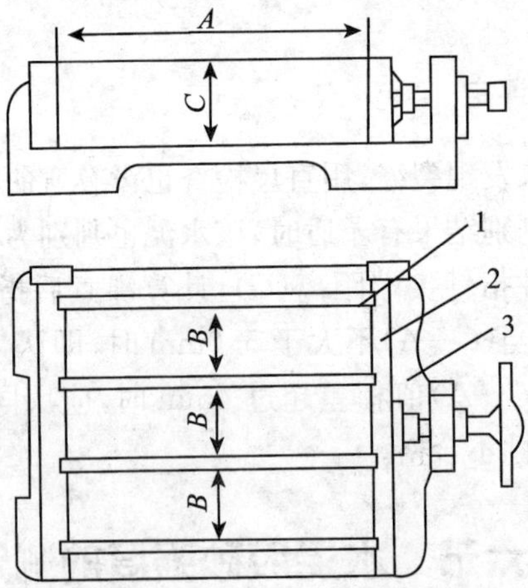

图5—9 水泥标准试模

1—隔板；2—端板；3—底板

A:160mm；B:40mm；C:40mm

4)播料器：将搅拌好的胶砂方便地装入试模之用，有大播料器和小播料器两种，如图5—10所示。

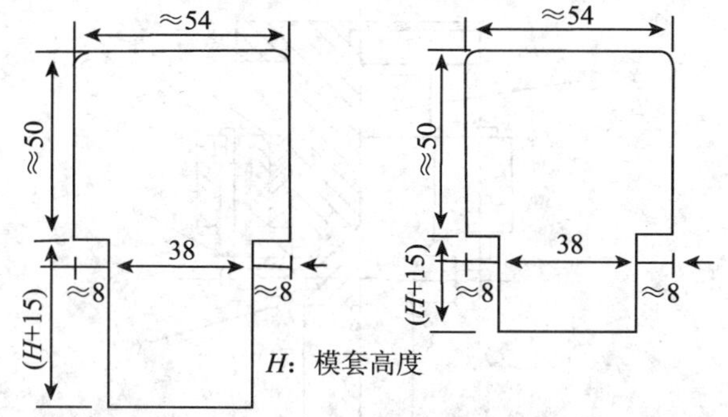

(a)大播料器　(b)小播料器

图 5－10　播料器

5)金属刮平尺:用于刮平试模里的砂浆表面外形和尺寸如图 5－11 所示。

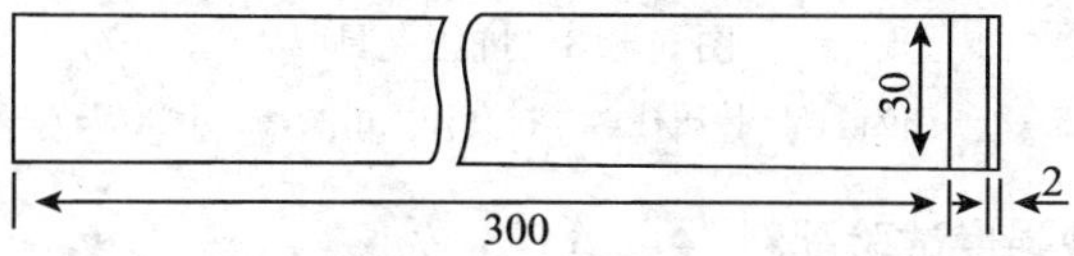

图 5－11　金属刮平尺

6)抗折强度试验机:一般构造为电动双杠杆式,抗折机上支挥胶砂试件的两支撑圆柱的中心距为 100mm(图 5－12 为水泥抗折强度试验机)。

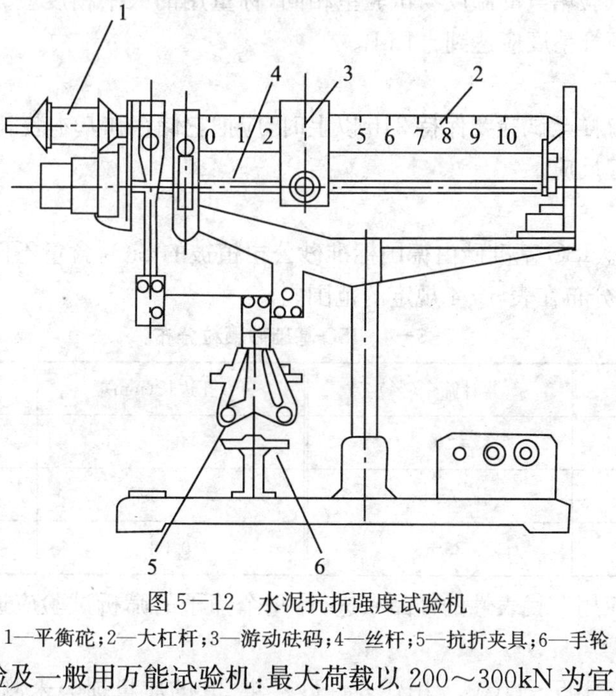

图 5－12　水泥抗折强度试验机

1—平衡砣;2—大杠杆;3—游动砝码;4—丝杆;5—抗折夹具;6—手轮

7)抗压强度试验及一般用万能试验机:最大荷载以 200～300kN 为宜,压力机应具有加荷速自动调节和记录结果的装置,同时配有抗压试验用的专用夹具,夹具由优质碳钢制成,受压面积为 40mm×40mm(图 5－13 为抗压夹具)。

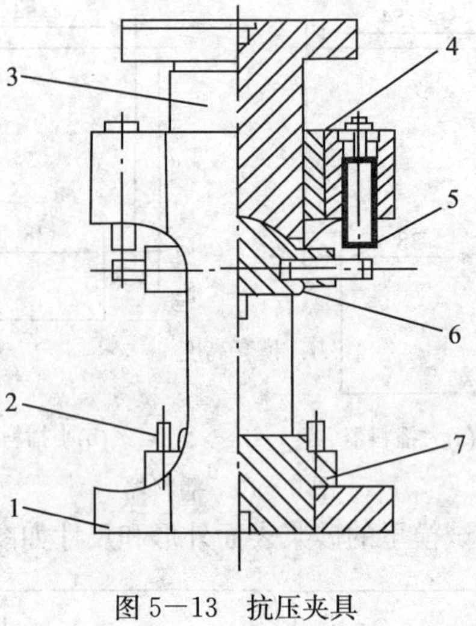

图 5－13 抗压夹具

1—框架；2—定位销；3—传压柱；4—衬套；5—吊簧；6—上压板；7—下压板

二、ISO 法水泥胶砂强度试验配料

取被检测水泥 450g±2g，标准砂 1 350g±5g，拌和水 225g±1g，配制 1∶3 水泥胶砂，水灰比为 0.5。

水泥、砂、水和试验用具的温度与试验室相同，称量用的天平精度应为±1g。当用自动滴管加 225mL 水时，滴管精度应达到±1mL。

1.水泥

当试验水泥从取样至试验要保持 24h 以上时，应把它储存在基本装满和气密的容器里，这个容器应不与水泥起反应。

2.砂

(1)ISO 基准砂。ISO 基准砂由德国标准砂公司植被的 SiO_2 含量不低于 98%的天然圆形硅质砂组成，其颗粒分布在表 5－4 规定的范围内。

表 5－4 ISO 基础砂颗粒分布

方孔边长(mm)	累计筛余(%)	方孔边长(mm)	累计筛余(%)
2.0	0	0.5	67±5
1.6	7±5	0.16	87±5
1.0	33±5	0.08	99±1

砂的筛析试验应用有代表性的样品来进行，每个筛子的筛析试验应进行至每分钟通过量小于 0.5g 为止。

砂的湿含量是在 105～110℃下用代表性砂样烘 2h 的质量损失来测定，以干基的质量百分数表示，应小于 0.2%。

(2)中国 ISO 标准砂。中国 ISO 标准砂应完全符合上述颗粒分布和湿含量的规定。生产期间这种测定每天应至少进行一次。中国 ISO 标准砂可一袋几份包装，也可以各级预配合以 1 350g±5g 量的塑料袋混合包装，但所用塑料袋材料不得影响强度试验结果。

(3)水。仲裁试验或其他重要试验用蒸馏水，其他试验可用饮用水。

三、ISO 法测定水泥胶砂强度时搅拌与成型要求

1. 搅拌

(1)把水加入锅里，再加入水泥，把锅放在固定架上，上升至固定位置。然后立即开动机器，低速搅拌 30s 后，在第二个 30s 开始的同时均匀将砂子加入。当各级砂是分装时，从最粗粒级开始，将每级砂量加完，把机器转至高速再拌 30s。

(2)停拌 90s，在第 1 个 15s 内用一胶皮刮具将叶片和锅壁上的胶砂刮入锅中间。在高速下继续搅拌 60s。各个搅拌阶段，时间误差应在±1s 以内。

2. 成型

胶砂制备后立即用振实台进行成型。将空试模和模套固定在振实台上，用勺子从搅拌锅里将胶砂分两层装入试模。装第一层时，每个槽里约放 300g 胶砂，用大播料器垂直将每个模槽的料层播平，接着振实 60 次。再装入第二层胶砂，用小播料器播平，再振实 60 次，移走模套，取下试模，用一金属直尺垂直沿试模长度方向，以横向锯割动作慢慢向一端移动，一次将超过试模部分的胶砂刮去，并用同一直尺将试体表面抹平。接着在试模上作出标记或用字条标明试体编号。

四、ISO 法测定水泥胶砂强度时试件的养护

(1)去掉留在模子四周的胶砂。立即将做好标记的试模放入雾室或湿箱的水平架子上养护(温度为 20℃±1℃、相对湿度＞90％)，湿空气应能与试模各边接触，养护时不应将试模放在其他试模上。20～24h 后取出脱模。硬化速度较慢的水泥，可延长脱模时间，但要做好记录。

(2)脱模：对于 24h 龄期的，应在破性试验前 20min 内脱模；对于 24h 以上龄期的应在成型后 20～24h 之间脱模。

(3)水中养护：将做好标记的试件立即水平或竖直放在 20℃±1℃的水中养护，水平放置时刮平面应朝上。试件在水中六个面都要与水接触，试件之间的间隔或试件上表面的水深不得小于 5mm。

每个养护水池只养护同类型的水泥试件。最初用自来水装满养护池(或容器)，随后随时加水保持适当的恒定水位，不允许在养护期间全部换水。

除 24h 龄期或延迟至 48h 脱模的试体外，任何到龄期的试体应在试验(破型)前 15min 从水中取出。去除体表面沉积物，并用湿布覆盖至试验为止。

五、ISO 法检测水泥的胶砂强度

强度检验试体的龄期是从水泥加水搅拌开始试验时算起的。不同龄期强度试验在下列时间里进行：24h±15min、48h＋30min、72h±45min、7d±2h、28d±8h。

1. 抗折强度检验

将试体一个侧面放在抗折机的支撑圆柱上，试体长轴垂直于支撑圆柱，通过加荷圆柱以 50N/S±10N/S 的速率将荷载垂直地加在棱柱体相对侧面上直至折断试体。

保持两个半截棱柱体处于潮湿状态直至抗压强度检验。抗折强度用下式计算：

$$R_f=\frac{1.5F_fL}{b^3}$$

式中　F_f——折断时施加在棱柱体中部的荷载，N；

L——两支撑圆柱之间的距离，为 100mm；

b——棱住体正方形截面的边长，为 40mm。

2. 抗压强度检验

将半截棱柱体装在抗压夹具内，棱柱体中心与夹具压板受中心差应在±0.5mm 以内。棱柱体露出在压板外的部分约为 10mm。开动压力机，以 2 400N/s±200N/s 的速率，均匀地向试体加荷直至破坏。抗压强度 R_C 以 MPa 为单位，按下式进行计算：

$$R_C = \frac{F_C}{A}$$

式中 R——试体破坏的最大荷载，N；

A——试体受压部分的面积，400mm×40mm＝1 600mm^2。

六、水泥的胶砂强度的评定

抗折强度以一组三个棱柱体抗折强度的平均值作为试验结果。当三个强度值中有超出平均值±10%的值时，应将该值剔除后再取平均值作为抗折强度的检验结果。抗压强度是以一组三个棱柱体上得到的六个抗压强度测定值的算术平均值作为抗折强度的检验结果。如果六个测定之中有一个超出平均值的±10%，应剔除这个数值，以余下五个值的平均值作为检测结果。如果五个测定值之中，再出现超过它们平均值的±10%时，则此组试体作废。各试体的抗折强度记录至 0.1MPa，平均值计算精确至 0.1MPa；各个半棱柱体得到的单个抗压强度结果计算至 0.1MPa，平均值计算精确至 0.1MPa。

第六章　混凝土用骨料试验

混凝土的基本组成材料是水泥、粗细骨料和水。在混凝土中，一般以砂子为细骨料，石子为粗骨料。粗细骨料的总含量约占混凝土总体积的70%～80%，其余为水泥浆和少量的空隙，根据骨料在混凝土中的作用，对用于混凝土的骨料要求具有良好的颗粒级配，以尽量减少空隙率，要求表面干净，以保证与水泥浆更好的黏结；含有害杂质少，以保证混凝土的耐久性；要求具有足够的强度和坚固性，以保证起到充分的骨架和传力作用。

第一节　混凝土骨料试验方法

一、分料器法

分料器法是将样品在潮湿状态下拌和均匀，然后通过分料器，取接料斗中的其中一份再次通过分料器。重复上述过程，直至把样品缩分到试验所需数量为止。

二、人工四分法

人工四分法是将所取样品置于平板上，在潮湿状态下拌和均匀，并堆成厚度约为20mm的圆饼，然后沿互相垂直的两条直径把圆饼分成大致相等的四分，取其中对角线的两份重新拌匀，再堆成圆饼重复上述过程，直至把样品缩分到试验所需数量为止。

第二节　细骨料试验

一、砂的颗粒级配

1.砂的种类

(1)按产源分为天然砂(河砂、湖砂、山砂、淡化海砂)、人工砂(机制砂、混合砂)。

(2)按矿物成分分为石英砂、长石砂和石灰石砂。

(3)按细度模数 M_x 分为粗、中、细砂。粗砂细度模数为3.7～3.1，中砂为3.0～2.3，细砂为2.2～1.6。

2.砂的颗粒级配指标

砂按技术要求分为Ⅰ类、Ⅱ类、Ⅲ类。其中Ⅰ类宜用于强度等级大于C60的混凝土；Ⅱ类宜用于强度等级C30～C60及抗冻、抗渗或其他要求的混凝土；Ⅲ类宜用于强度等级小于C30的混凝土和建筑砂浆。

砂的颗粒级配应符合表6－1的要求。

表 6－1 砂的颗粒级配

方孔边长	1 区级配	2 区级配	3 区级配
	累计筛余(%)		
9.50mm	0	0	0
4.75mm	10～0	10～0	10～0
2.36mm	35～5	25～0	15～0
1.18mm	65～35	50～10	25～0
600μm	85～71	70～41	40～16
300μm	95～80	92～70	85～55
150μm	100～95	100～90	100～90

注:(1)实际颗粒级配与表中所列数值相比,除 4.75mm 和 600μm 筛档外,其余可以略有超出,但超出总量应小于 5%。

(2)1 区人工砂中 150μm 筛孔的累计筛余可以放到 100%～85%;3 区人工砂中 150μm 筛孔的累计筛余可以放宽到 100%～80%;2 区人工砂中 15μm 筛孔的累计筛余可以放宽到 100%～75%。

3.砂的表现密度、堆积密度、空隙率指标要求

砂的表现密度大于 2 500kg/m³,堆积密度应大于 1 350kg/³,空隙率小于 47%。

4.砂中的有害物质

砂中不宜混有草根、树叶、树枝、塑料品、煤块、炉渣等杂物。砂中云母、轻物质、硫化物与硫酸盐、氯盐和有机物等,其含量应符合表 6－2 的规定。

表 6－2 有害物质含量

项目	Ⅰ类	Ⅱ类	Ⅲ类
云母(按质量计)(%)	＜1.0	＜2.0	＜2.0
轻物质(按质量计)(%)	＜1.0	＜1.0	＜1.0
有机物(比色法)	合格	合格	合格
硫化物及硫酸盐(按 SO_3^- 质量计)(%)	＜0.5	＜0.5	＜0.5
氯化物(按 Cl^- 质量计)(%)	＜0.01	＜0.02	＜0.06

5.砂中含泥量和泥块含量要求

砂中含泥量和泥块含量应符合表 6－3 的规定

表 6－3 含泥量和泥块含量

项目	Ⅰ类	Ⅱ类	Ⅲ类
含泥量(按质量计)(%)	＜1.0	＜3.0	＜5.0
泥块含量(按质量计)(%)	0	＜1.0	＜2.0

人工砂石粉含量和泥块含量应符合表 6－4。

表 6－4 石粉含量和泥块含量

	项目			Ⅰ类	Ⅱ类	Ⅲ类
1	亚甲蓝试验	MB 值＜1.40 或合格	石粉含量(按质量计)(%)	＜3.0	＜5.0	＜7.0
2			泥块含量(按质量计)(%)	0	＜1.0	＜2.0
3		MB 值≥1.40 或合格	石粉含量(按质量计)(%)	＜1.0	＜3.0	＜5.0
4			泥块含量(按质量计)(%)	0	＜1.0	＜2.0

注:(1)根据使用地区及用途,在试验验证的基础上,可由供需双方协商确定。

(2)MB 值是用于判定人工砂中粒径小于 75μm 颗粒含量主要是泥土还是与被加工母岩化学成分相同石粉指标。

6.砂的坚固性指标

质量损失。天然砂采用硫酸钠溶液法进行试验,砂样经 5 次循环后,其质量损失应符合表 6－5 的规定。

表6—5　质量损失

项目	Ⅰ类	Ⅱ类	Ⅲ类
质量损失(%)	<8	<8	<10

7. 砂的试验准备工作内容

(1)各项试验均在室温15～25℃进行。

(2)检查来样与委托单是否一致。

(3)将来样用四分法缩取约5kg,装入瓷盘中,放到烘箱中烘干至恒重(大约24h),烘箱温度控制在(105±5)℃范围内。

8. 砂的试验取样一般规定

(1)取样规定。

1)验收批划分。以同一产地、同一规格、同一进厂时间,每400m^3或600t为一验收批,不足400m^3或600t时亦按一验收批计算。用小型工具运输的以200m^3或300t为一验收批,不足上述数量者亦按一批计算。每一验收批取样一组。

2)取样方法和取样数量。在堆料场取样时,取样部位应均匀分布,取样前应将取样部位表层铲除,然后从不同的部位抽取大致等量的砂8份,组成一组样品。

单项试验的最小取样数量应符合表6—6的规定。

表6—6　单项试验的最小取样数量

试验项目		最小取样数量(kg)
颗粒级配		4.4
含泥量		4.4
石粉含量		6.0
泥块含量		20.0
云母含量		0.6
轻物质含量		3.2
有机物含量		2.0
硫化物与硫酸盐含量		0.6
氯化物含量		4.4
坚固性	天然砂	8.0
	人工砂	20.0
表观密度		2.6
堆积密度与空隙率		5.0
碱集料反应		20.0

(2)常规试验项目。

砂的常规试验目有:颗粒级配、表观密度、堆积密度、含泥量、含水率、坚固体、泥块含量。

9. 砂的筛分析试验仪器

(1)方孔筛:孔径为150μm、300μm、600μm、1.18mm、2.36mm、4.75mm、9.50mm的筛各一只,并附有筛底和筛盖。

(2)鼓风烘箱:能使温度控制在105℃±5℃。

(3)天平:称量1 000g,感量1g。

(4)摇筛机、搪瓷盆、毛刷等。

10. 砂的筛分析试验操作步骤

按规定取样,用四分法缩分至约1 100g,放在烘箱中于(105±5)℃下烘至恒重,待冷却至室温后,筛出大于9.50mm的颗粒(并算出其筛余百分率),分为大致相等的两份备用。

(1)称烘干试样 500g,精确至 1g,倒入按孔径从大到小组和的套筛(附筛底)上,在摇筛机上筛 10min,取下后逐个用手筛,直至每分钟通过量小于试样总量 0.1%时为止。通过的试样并入下一号筛中,并和下一号筛中的试样一起过筛,这样依次进行,直至各号筛全部筛完为止。如无摇筛机,直接用手筛。

(2)筛分时,试样在各号筛上的筛余量如超过按下式计算出的量,应按下列方法之一处理:

$$G=\frac{A\times d^{1/2}}{200}$$

式中　G——在一个筛上的筛余量,g;

A——筛面面积,mm^2;

d——筛孔尺寸,mm。

将该粒级试样分成少于按上式计算出的量,分别筛分,并以筛余量之和作为该号筛的筛余量。

将该粒级及以下各粒级的筛余混合均匀,称出其质量,精确至 1g。再用四分法缩分为大致相等的两份,取其中一份,称出其质量,精确至 1g,继续筛分,计算出该粒级及以下各粒级的分计筛余量时应根据所分比例进行修正。

(3)分别称出各号筛的筛余量,精确至 1g,所有各筛的分计筛余量和筛底的剩余量总和与原试样 500g 相比,相差不得超过 1%。否则,须重新试验。

11.砂的筛分析试验结果的计算与评定

(1)计算分计筛余百分率:各号筛的筛余量与试样总量之比,精确至 0.1%。

(2)计算累计筛余百分率:该号筛的筛余百分率加上该号筛以上各筛余百分率之和,精确至 0.1%。

(3)砂的细度模数(M_x)筛的累计筛余百分率。

$$M_x=\frac{A_2+A_3+A_5+A_6-5A_1}{100-A_1}$$

式中　M_x——细度模数;

A_1、A_2、A_3、A_4、A_5、A_6——4.75mm、2.36mm、1.18mm、600μm、300μm、150μm 筛的累计筛余百分率。

(4)累计筛余百分率取两次试验结果的算术平均值,精确至 1%。细度模数取两次试验结果的算术平均值,精确至 0.1,如两次试验的细度模数之差超过 0.20 时,须重新试验。

(5)以试验结果并依据相应标准,判断砂的粗细。

1)试验目的。测定砂的表观密度,作为砂的质量评定和混凝土配合比设计的依据。

2)试验原理。利用直接排水法原理求出砂的近似绝对体积,利用下式进而求出砂的表观密度:

$$\rho_0=\left(\frac{G_0}{G_0+G_2-G_1}\right)\rho_{水}$$

二、砂的表观密度测定试验

1.砂的表观密度试验仪器

(1)鼓风烘箱:使温度控制在 105℃±5℃。

(2)天平:称量 10kg 或 1000g,感量 1g。

(3)容量瓶:500mL。

(4)干燥器、搪瓷盘、滴管、毛刷等。

2.砂的表现密度检验的实验操作步骤

(1)按规定取样,并将试样缩分至 660g,放在烘箱中于(105±5)℃下烘至恒重,待冷却至室温后,分为大致相等的两份备用。

(2)称取试样 300g(G_0),精确至 1g。将试样装入盛有半瓶冷水的容量瓶中,用手旋转摇动容量瓶,使砂样充分摇动,排除气泡,塞紧瓶盖,静置 24h。然后用滴管小心加水至容量瓶的 500mL 刻度处,塞进瓶塞,擦干瓶外水分,称出其质量(G_1),精确至 1g。

(3)倒出瓶内水和试样,洗净容量瓶,再向容量瓶内注水(应与上项水温相差不超过 2℃)至 500mL 止刻度处,塞进瓶塞,擦干瓶外水分、称出其质量(G_2),精确至 1g。

3.砂的表观密度试验结果的评定

(1)砂的表观密度 ρ_0 按下时计算,精确至 10kg/m^3:

$$\rho_0=\left(\frac{G_0}{G_0+G_2-G_1}\right)\rho_{水}$$

式中　ρ_0——砂的表观密度,kg/m^3;

$\rho_{水}$——水的密度,$1\ 000\text{kg/m}^3$;

G_0——烘干试样的质量,g;

G_2——试样、水及容量瓶的总质量,g;

G_1——水及容量瓶的总质量,g。

(2)表观密度取两次试验结果的算术平均值,精确至 10kg/m^3;如两组试验结果之差大于 20kg/m^3,须重新试验。

三、砂的堆积密度测定试验

1.砂的堆积密度试验原理

(1)试验目的。测定砂的松散堆积密度、紧密堆积密度和空隙率,作为混凝土配合比设计或一般使用的依据。

(2)试验原理。让试样以自由落体下落,装满容量筒刮平,求出的体积即为松散体积;将试样装入容量筒内颠实,即可求出紧堆密度。

2.砂的堆积密度试验仪器

(1)鼓风烘箱:使温度控制在 105℃±5℃。

(2)天平:称量 10kg,感量 1g。

(3)容量筒:圆柱形金属筒,内径 108mm,净高 109mm,壁厚 2mm,筒底厚约 5mm,容积为 1L。

(4)方孔筛:孔径为 4.75mm 的筛子一只。

(5)垫棒:直径 10mm、长 500mm 的圆钢。

(6)直尺、漏斗或料勺、搪瓷盘、毛刷等。漏斗如图 6-1 所示。

3.砂的堆积密度试验的操作步骤

(1)按规定方法取样,用搪瓷盘装取约 3L,放在烘箱中(105±5)℃下烘干至恒重,待冷却至室温后,筛除大于 4.75mm 的颗粒,分为大致相等的两份备用。

(2)松散堆积密度。取试样一份,用漏斗或料勺将试样从容量筒中心上方 50mm 处徐徐倒入,让试样以自由落体下落,当容量筒上部试样呈堆体,且容量筒四周溢满时,即停止加料。然后用直尺沿通口中心线向两边刮平(试验过程应防止触动容量筒),称出试样和容量筒总质量，G_1，精确至 1g，最后称空容量筒质量 G_2。

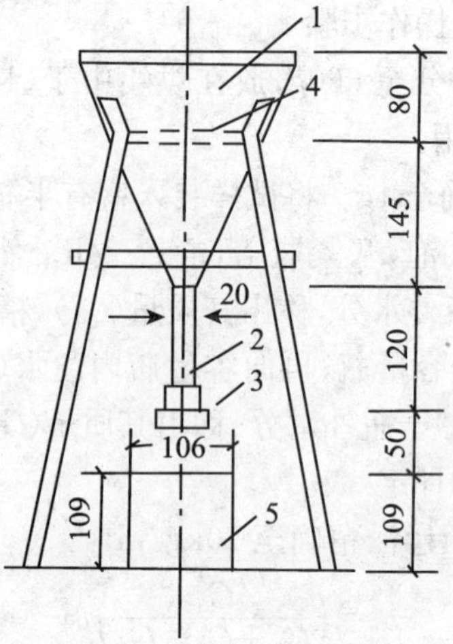

图 6－1 砂堆积密度漏斗

1—漏斗；2—ϕ20 管子；3—活动门；4—筛子；5—容量筒

(3)紧密堆积密度。取试样一份分两次装入容量筒。装完第一层后，在筒底垫放一根直径为 10mm 的圆钢，将筒按住，左右交替击地各 25 次。然后装入第二层，第二层装满后用同样方法颠实(但筒底所垫钢筋的方向与第一层时的方向垂直)后，再加试样直至超过筒口，然后用直尺沿筒口中心向两边刮平，称出试样和容量筒总质量 G_1，精确至 1g。

4. 砂的堆积密度试验结果的评定

(1)松散或紧密堆积密度(ρ_1)按下式计算，精确至 10kg/m^3：

$$\rho_1=\frac{G_1-G_2}{V}$$

式中 ρ_1——松散堆积密度或紧密堆积密度，kg/m^3；

G_1——容量筒和试样总质量，g；

G_2——容量筒质量，g；

V——容量筒的容积，L。

(2)空隙率(V_0)按下式计算，精确至 1%：

$$V_0=(1-\frac{\rho_1}{\rho_0})\times 100\%$$

式中 V_0——空隙率，%；

ρ_1——试样的松散(或紧密)堆积密度，kg/m^3；

ρ_2——试样的表观密度，kg/m^3。

(3)堆积密度取两次试验结果的算术平均值，精确至 10kg/m^3；空隙率取两次试验结果的算术平均值，精确至 1%。

四、砂的含水率测定试验

1. 试验仪器

(1)烘箱。能使温度控制在(105±5)℃。

(2)天平。称量 2 000g，感量 2g。

(3)浅盘。

2. 试验步骤

(1)在样品中取各重 500g 的试样两份,分别放入已知质量的干燥器(m_1)中称量。

(2)记下每盘试样与容器的总重(m_2)。

(3)将容器连同试样放入温度为(105±5)℃的烘箱中烘干至恒重。

(4)称量烘干后的试样与容器的总重(m_3)。

3. 砂的含水率 W_{wc} 计算(精确至 0.1%)

砂的含水率计算公式为:

$$W_{wc}=\frac{m_2-m_3}{m_3-m_1}\times100\%$$

式中　m_1——容器质量,g;

m_2——未烘干的试样与容器的总重,g

m_3——烘干后的试样与容器的总重,g。

以两次试验结果的算术平均值作为测定值。

五、砂中含泥量测定试验

1. 仪器

(1)天平。称量 1 000g,感量 1g。

(2)烘箱。温度控制在(105±5)℃。

(3)筛。孔径 0.080mm、1.25mm 各一个。

(4)洗砂的容器及烘干用的浅盘等。

2. 试验步骤

(1)称取烘干试样一份 400g 置于容器中,注入饮用水,使水面高出砂面约 150mm,充分搅拌均匀后,浸泡 2h。

(2)用手在水中淘洗试样,使尘屑、淤泥和黏土与砂粒分离,并使之悬浮或溶于水中。

(3)将筛子的两面先用水润湿。

(4)缓缓地将浑浊液倒入 1.25mm 及 0.080mm 的套筛(1.25mm 筛放在上面),滤去小于 0.080mm 的颗粒。在整个试验过程中应注意避免砂粒丢失。

(5)再次加水于筒中。重复上述过程,直到筒内洗出的水清澈为止。

(6)用水冲洗剩留在筛上的细粒,并将 0.080mm 筛放在水中(使水面略高出筛中砂粒的表面)来回摇动,充分洗除小于 0.080mm 的颗粒。

(7)将两只筛上剩留的颗粒和筒中已经洗净的试样一并装入浅盘,置于温度(105±5)℃的的烘箱烘干至恒重。取出冷却至室温后,称试样的质量(m_1)。

3. 砂的含泥量 W_c(%)计算(精确至 0.1%)

$$W_c=\frac{m_0-m_1}{m_0}\times100\%$$

式中　m_0——试验前烘干样质量,g;

m_1——试验后烘干试样质量,g。

以两个试样试验结果的算术平均值作为测定值。两次结果的差值超过 0.5%时,应重新取样进行试验。

六、砂的含泥块测定试验

1. 仪器设备

(1)天平。称量 2 000g,感量 2g。

(2)烘箱。温度控制在(105±5)℃。

(3)试验筛。孔径为 0.63mm、1.25mm 各一个。

(4)洗砂用的容器及烘干用的浅盘等。

2. 试验步骤

(1)将烘干试样用 1.25mm 筛筛分,取筛上的砂 400g 分成两份备用。

(2)称取 200g(m_1)置于容器中,并注入饮用水,使水面高出砂面约 150mm。充分搅拌均匀后,浸泡 24h。

(3)用手在水中碾碎泥块,再把试样放在 0.630mm 筛上,用水淘洗直至水清澈为止。

(4)保留下来的试样应小心从筛里取出,装入浅盘后置于温度(105±5)℃烘箱烘至恒重,冷却后称量(m_2)。

3. 砂中泥块含量 $W_{c,1}$ 计算(精确至 0.1%)

砂中泥块含量计算公式为：　$W_{c,1}=\dfrac{m_1-m_2}{m_1}\times100\%$

式中　$W_{c,1}$——泥块含量,%;

m_1——试验前干燥试样质量,g;

m_2——为试验后干燥试样质量,g。

取两次试样结果的算术平均值作为测定值。两次结果的差值超过 0.4%时,应重新取样进行试验。

4. 异常情况处理

试验中如遇有停水停电,试验样品做好标记,若出现异常数据,则重做试验。

第三节　粗骨料试验

一、粗骨料颗粒级配

1. 粗骨料的种类

(1)按品种分为卵石和碎石。

1)卵石:由自然分化、水流搬运和分选堆积形成的粒径大于 4.75mm 的岩石颗粒;

2)碎石:天然岩石、卵石经机械破碎筛分制成的粒径大于 4.75mm 的岩石颗粒。

(2)按石子粒径尺寸分为单粒级和连续粒级。

(3)按石子技术要求分为优等品、一等品和合格品。

2. 粗骨料取样一般规定

(1)验收批划分

1)以同一产地、同一规格、同一进厂时间,每 400m^3 或 600t 为一验收批,不足 400m^3 或 600t 时亦按一验收批计算。用小型工具运输的以 200m^3 或 300t 为一验收批,不足上述数量者亦按一批计算。

2)每一验收批取样一组。

(2)取样方法和取样数量

1)在堆料场取样时,取样部位应均匀分布,取样前应将取样部位表层铲除,然后从不同的部位抽取大致等量的石子 15 份,组成一组样品。

2)单项试验的最小取样数量应符合表 6—7 的规定。

表 6—7　单项试验的最少取样数量

试验项目	不同最大粒径(mm)下的最少取样数量(kg)							
	9.5	16.0	19.0	26.5	31.5	37.5	63.0	75.0
颗粒分析	9.5	16.0	19.0	26.5	31.5	37.5	63.0	75.0
含泥量	8.0	8.0	24.0	24.0	40.0	40.0	80.0	80.0
泥块含量	8.0	8.0	24.0	24.0	40.0	40.0	80.0	80.0
针片状颗粒含量	1.2	4.0	8.0	12.0	20.0	40.0	40.0	40.0
有机物	按试验要水的颗粒和数							
量取样								
坚固性								
岩石抗压强度	随机选取完整石块锯切或钻取成试验用样品							
压碎指标值	按试验要求的粒级和数量取样							
表观密度	8.0	8.0	8.0	8.0	12.0	16.0	24.0	24.0
堆积密度与空隙率 40.0	40.0	40.0	40.0	80.0	80.0	120.0	120.0	
碱骨料反应	20.0	20.0	20.0	20.0	20.0	20.0	20.0	20.0

(3)常规试验项目

碎(卵)石的常规试验项目有:颗粒分析、堆积密度和紧密密度、表观密度、含泥量、含水率、针(片)状颗粒总含量、岩石抗压强度、压碎指标、泥块含量。

粗骨料公称粒径的上限称为粗骨料的最大粒径。粗骨料的最大粒径增大时,当质量相同时,其总表面积较小。

如果级配良好,大小颗粒搭配适当,则空隙率较小,水泥浆用量也会减少,从而可以制成比较经济的混凝土。

如果保持水泥用量不变,则达到特定的和易性时,石子的最大粒径较大的混凝土所需的用水量较少,因而可降低水灰比,混凝土的强度可随之增高。

试验证明,在级配良好的前提下,粗骨料的最大粒径在 53.0mm 以下时,随着最大粒径的增加,节约水泥的效果越趋显著。当粗骨料的最大粒径增大至 53.0～75.0mm 以上时,节约水泥的效果已经不很明显。当最大粒径不超过 37.5mm 时,随着最大粒径的增加,混凝土的强度也增加。但是,当最大粒径大于 37.5mm 时,由于用水量的减少而引起的强度增加,将被粒径太大引起的混凝土不均匀性以及由于粗料与水泥砂浆黏结面减小造成混凝土不连续性等不利因素所抵消,在富灰拌和物中更是如此。从有效节约水泥和提高混凝土强度的观点看,粗骨料的最大粒径以不超过 37.5mm 为宜。再从施工方面来看,最大粒径如果很大,混凝土的搅拌和其他操作都将发生困难,而且容易产生离析。

因此选择粗骨料最大粒径时,除必须考虑当地骨料来源外,还要考虑它的经济性以及结构物的构件断面、钢筋净距和施工机械对它所施加的限制。

3.粗骨料颗粒级配试验仪器

(1)鼓风烘箱:使温度控制在(105±5)℃。

(2)台秤:称量 10kg,感量 1g。

(3)方孔筛:孔径为 2.36mm、4.75mm、9.5mm、16.0mm、19.0mm、26.5mm、31.5mm、37.5mm、

53.0mm、63.0mm、75.0mm 及 90mm 的筛各一只，并附有筛底和筛盖(筛框内径为 300mm)。

(4)摇筛机、搪瓷盘、毛刷等。

4.粗骨料颗粒级配的试验步骤

(1)按规定取样，用四分法缩分至大于表 6－8 规定的数值，烘干或风干后备用。

表 6－8　碎石或卵石颗粒级配试验所需试样数量

最大粒径(mm)	9.5	16.0	19.0	26.5	31.5	63.0	75.0	
最小试样质量(kg)	1.9	3.2	3.8	5.0	6.3	7.5	12.6	16.0

(2)称取按表 6－8 规定数值的试样一份，精确至 1g。将试样按筛孔大小依次过筛，筛至每分钟通过量小于试样总量 0.1%时为止。通过的颗粒并入下一号筛中，并和下一号筛中的试样一起过筛，这样顺序进行，直至各号筛全部筛完为止。对大于 19.0mm 的颗粒，允许用手指拨动。

(3)称出各号筛的筛余量，精确至 1g，所有各筛的分计筛余量和筛底的剩余量总和同原试样质量之差超过 1%时，须重新试验。

5.粗骨料颗粒级配试验结果的处理

(1)计算分计筛余百分率：各号筛的筛余量与试样总质量之比，计算精确至 0.%。

(2)计算累计筛余百分率：该号筛的筛余百分率加上该号筛以上各分计筛余百分率之和，精确至 1%。

(3)根据各号筛的累积筛余百分率并依据相应标准，判断该试样的颗粒级配及粒级规格。

6.粗骨料颗粒级配要求

碎石、卵石的颗粒级配应符合表 6－9 的规定。

粗骨料和细骨料一样，也是要求具有良好的颗粒级配，使骨料颗粒之间的空隙尽可能地小，以节省水泥。石子的颗粒级配也是通过筛分试验作出鉴定的。石子级配有连续级配和间断级配两种。连续级配要求颗粒尺寸由大到小连续分级，每一级骨料都占有适当的比例，例如天然卵石就属于连续级配。由于连续级配含有各种大小颗粒，互相搭配一般比较合适，制成的拌和物和易性较好，不易发生分层和离析现，间断级配是人为地剔除集料中的某些粒级，造成颗粒粒径的间断。大粒径骨料间的空隙由小粒级颗粒来填充，从而降低空隙率。用间断级配的石子拌制混凝土，可以节约水泥但由于颗粒粒径相差较大，容易使混凝土拌和物产生分离现象，使施工发生困难。对于低流动度和干硬性混凝土来说，如果采用强力振动来施工，则采用间断的级配是较为适宜的。

表 6－9　颗粒级配范围

级配情况	公称直称(mm)	累计筛余(按质量百分比计)(%) 方孔筛筛孔边长(mm)											
		2.36	4.75	9.50	16.0	19.0	26.5	31.5	37.5	53.0	63.0	75.0	90
连续级配	5～10	95～100	80～100	0～15	0								
	5～16	95～100	85～100	30～60	0～10	0							
	5～20	95～100	90～100	40～80		0～10	0						
	5～25	95～100	90～100		30～70		0～5	0					
	5～31.5	95～100	90～100	70～90		15～45	0～5	0					
	4～40		95～100	70～90		30～65			0～5	0			
单粒级	10～20		95～100	85～100	0～10	0							
	16～31.5		95～100		85～100			0～10	0				
	20～40			95～100		80～100			0～10	0			
	31.5～63				95～100			75～100	45～75		0～10	0	
	40～80								70～100		30～60	0～10	0

7. 粗骨料中含泥量和泥块含量要求

(1)含泥量:碎石、卵石中粒径小于 75μm 的颗粒含量。

(2)泥块含量:碎石、卵石中原粒径大于 4.75mm,经水浸洗手捏后小于 2.36mm 的颗含量。

(3)碎石、卵石含泥量和泥块含量应符合表 6—10 的规定。

表 6—10 含泥量和泥块含量

项目	Ⅰ类	Ⅱ类	Ⅲ类
含泥量(按质量计)(%)	<0.5	<1.0	<1.5
泥块含量(按质量计)(%)	0	<0.5	<0.7

8. 粗骨料中针、片状颗粒含量要求

(1)卵石、碎石的颗粒长度大于该颗粒所属粒级的平均粒径 2.4 倍者为针状颗粒,厚度小于平均粒径 0.4 倍者为片状颗粒(平均粒径指该粒级上、下限粒径的平均值)。

(2)针、片状颗粒引起应力集中程度较高,而且会影响混凝土拌和物的和易性,因此,对其含量一般均有限制。

(3)卵石、碎石的针、片头颗粒含量应符合表 6—11 的规定。

表 6—11 针片状颗粒含量

项目	Ⅰ类	Ⅱ类	Ⅲ类
针、片状颗粒(按质量计)(%)	<5	<15	<25

9. 粗骨料的坚固性指标要求

碎石和卵石的坚固性用硫酸钠溶液检验,试样经 5 次循环后,其质量损失应符合表 6—12 的规定。

表 6—12 碎石或卵石的坚固性指标

混凝土所处的环境条件	循环后的质量损失 1%
在严寒及寒冷地区室外使用,并经常处于潮湿或干湿交替状态下的混凝土	≤8
在其他条件下使用的混凝土	≤12

有腐蚀性介质作用或经常处于水位变化区的地下结构或有抗疲劳、耐磨、抗冲击等要求的混凝土用碎石或卵石,其质量损失应不大于 8%。

10. 粗骨料中的有害物质控制指标

(7)碎石或卵石中的硫化物和硫酸盐含量,以及卵石中有机杂质等有害物质含量应符合表 6—13 的规定。

表 6—13 碎石或卵石中的有害物质含量

项目	质量要求
硫化物及硫酸盐含量(折算成 SO_3,按质量计)(%)	≤1.0
卵石中有机质含量(用比色法试验)	颜色应不深于标准色。如深于标准色,则应配制成混凝土进行强度对比试验,抗压强度比应不低于 0.95

如发现有颗粒状硫酸盐或硫化物杂质的碎石或卵石,则要求进行专门检验,确认能满足混凝土耐久性要求时方可采用。

11. 粗骨料碱骨料反应

(1)经碱骨料反应试验后,由砂制备的试件无裂缝、酥裂、胶体外溢等现象,在规定的试验龄期的膨胀率应小于 0.1%。

(2)碱骨料反应主要分为碱—碳酸盐、碱—硅酸盐反应两种。其原因为骨料中含有活性二氧化硅时,它能与水泥中的碱性氧化物水解后生成的氢氧化钠和氢氧化钾起化学反应,在骨料表面上生成一种复杂的碱—硅酸凝胶体。这种凝胶体吸水时,其体积将会膨胀。如果水泥中含碱量较高时,生成的凝胶体吸水膨胀后,可能使硬化水泥浆产生裂缝,这种现象叫做碱骨料反应。目前已经确定具有活性二氧化硅的岩石有蛋白石、玉髓、鳞石英、方石英、硬绿泥岩、硅镁石灰岩、玻璃质或隐晶质的流纹岩、英安岩、安山岩及凝灰岩等。

二、粗骨料表观密度测定试验

1. 用标准方法测定粗骨料表观密度的试验仪器

(1)天平。称量5kg,感量1g,其型号及尺寸应能允许在臂上悬挂盛试样的吊篮,并在水中称量(图6-2)。

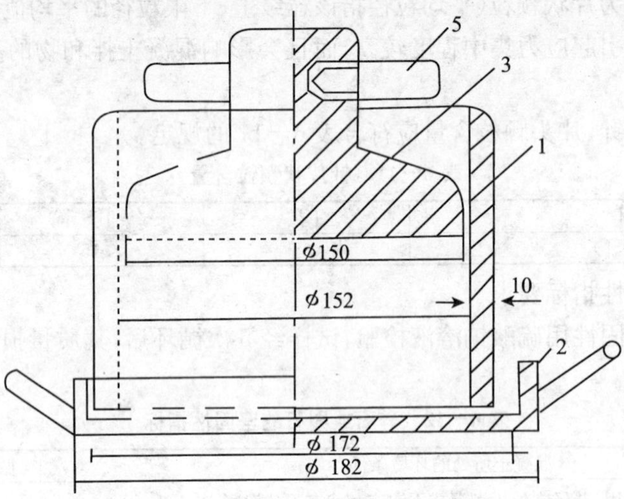

图6-2　液体天平

1—5kg天平;2—吊篮;3—带有溢流孔的金属容器;4—砝码;5—容器

(2)吊篮。直径和高度均为150mm,由孔径为1～2mm的筛网或钻有2～3mm孔洞的耐锈蚀金属板制成。

(3)盛水容器。有溢流孔。

(4)烘箱。能使温度控制在(105±5)℃。

(5)试验筛。孔径为5mm。

(6)温度计。测量范围为0～100℃。

(7)带盖容器、浅盘、刷子和毛巾等。

2. 用标准方法测定粗骨料表观密度的试验步骤

(1)试验前,将样品筛去5mm以下的颗粒,并缩分至略重于表6-14规定的数量,刷洗干净后分成两份备用。

表6-14　表观密度试验所需的试样最小质量

最大粒径(mm)	10.0	16.0	20.0	31.5	40.0	63.0	80.0
试样最小质量(kg)	2	2	2	3	4	6	6

(2)按表4-11的规定值称取试样(m_0)。

(3)取试样一份装入吊篮。并浸入盛水的容器中,水面至少高出试样50mm。

(4)浸水 24h 后，移放到称量用的盛水容器中，并用上下升降吊篮的方法排除气泡(试样不得露出水面)。吊篮每升降一次约为 1s，升降高度为 30～50mm。

(5)测定水温后(此时吊篮应全浸在水中)，用天平称取吊篮及试样在水中的质量(m_2)。称量时盛水容器中水面的高度由容器的溢流孔控制。

(6)提起吊篮，将试样置于浅盘中，放入(105±5)℃的烘箱中烘于至恒重。取出来放在带盖的容器中冷却至室温后，称量(m_0)。

注：恒重系指相邻两次称量间隔时间大于 3h 的情况下，其前后两次称量之差小于该项试验所要求的称量精度，下同。

(7)称取吊篮在同样温度的水中质量(m_1)，称量时盛水容器的水面高度仍应由溢流口控制。

注：试验的各项称量可以在 15～25℃的温度范围内进行，但从试样加水静置的最后 2h 起直至试验结束，其温度相差不应超过 2℃。

3.用标准方法测定粗骨料表观密度

粗骨料表观密度 ρ(kg/m^3)应按下式计算(精确至 10kg/m^3)：

$$\rho=\frac{m_0}{m_0+m_1-m_2}\alpha_t\times1000$$

式中　m_0——试样的烘干质量，g；

m_1——吊篮在水中的质量，g；

m_2——吊篮及试样在水中的质量，g；

α_t——考虑称量时的水温对表观密度影响的修正系数，见表 6－15。

表 6－15　不同水温下碎石或卵石的表观密度温度修正系数

水温/℃	15	16	17	18	19	20	21	22	23	24	25
α	0.002	0.003	0.003	0.004	0.004	0.005	0.005	0.006	0.006	0.007	0.008

以两次试验结果的算术平均值作为测定值。如两次结果之差值大于 20kg/m^3 时，应重新取样进行试验。对颗粒材质不均匀的试样，如两次试验结果之差超过规定时，可取 4 次测定结果的算术平均值作为测定值。

4.用广口瓶法测定粗骨料的表观密度

(1)仪器

1)鼓风烘箱：使温度控制在(105±5)℃。

2)天平：称量 2kg，感量 1g。

3)广口瓶：1 000mL，磨口、带玻璃片。

4)方孔筛：孔径为 4.75mm 的筛一只。

5)温度计、搪瓷盘、毛巾等。

(2)试验步骤

1)按规定取样，用四分法缩分至略大于表 6－14 规定的数量，风干后筛出小于 4.75mm 的颗粒，然后洗刷干净，分为大致相等的两份备用。

2)将试样浸水(诸如饮用水)饱和，然后装入广口瓶中，以上下左右摇晃的方法排除气泡。

3)气泡排尽后，向瓶中加水至凸出平口，用玻璃片烟瓶口迅速滑行，使其紧贴瓶口水面。擦干瓶外水分，称出试样、水、瓶和玻璃片的总质量(G_1)，精确至 1g。

4)将瓶中试样倒入浅盘，放在烘箱中于(105±5)℃下烘干至恒重，冷却至室温后，称其质量(G_0),精确至 1g。

5)将瓶洗净,重新注入水,用玻璃片紧贴瓶口水面,擦干瓶外水分后,称出水、瓶和玻璃片总质量(G_2),精确至 1g。

(3)结果计算与评定

1)表观密度(ρ_0)按下式计算,精确至 10kg/m³。

$$\rho_0=\frac{G_0}{G_0+G_2-G_1}\rho_{水}$$

式中 ρ_0——表观密度,kg/m³;

$\rho_{水}$——水的密度,1 000kg/m³;

G_0——试样、水、瓶和玻璃片的总质量,g;

G_2——水、瓶和玻璃片的总质量,g。

三、粗骨料堆积密度测定试验

1.粗骨料堆积密度试验的目的及所用仪器

(1)试验目的

测定石子的松散堆积密度、紧密堆积密度和空隙率,作为混凝土配合比设计和一般使用的依据。

(2)仪器设备

1)台秤:称量 10kg,感量 10g。

2)容量筒,根据粗骨料最大粒按表 6—16 选用。

3)磅秤:称量 50kg 或 100kg,感量 50g。

4)垫棒:直径 16mm、长 600mm 的圆钢。

5)直尺、小铲等。

表 6—16 石子容量筒的选用

最大粒径(mm)	容量筒容积(L)	最大粒径(mm)	容量筒容积(L)
9.5、16.0、19.0、26.5	10	53.0、63.0、30	
31.5、37.5	20		

2.粗骨料堆积密度试验的操作步骤

按规定取样,烘干或风干后拌匀,并把试样分为两份备用。

(1)松散堆积密度

取试样一份,用小铲将试样从容量筒口中心上方 50mm 处徐徐倒入,让试样以自由落体落下,当容量筒溢满时,除去凸出容量口表面的颗粒,并以合适的颗粒填入凹陷部分,使表面上凸起部分和凹陷部分的体积大致相等(试验过程应防止触动容量筒),称出试样和容量筒的总质量(G_1),最后称空筒的质量(G_2)。

(2)紧密堆积密度

取试样一份,分三次装入容量筒。装完第一层后,在筒底垫放一根直径为 16mm 的圆钢,将筒按住,左右交替颠击地面各 25 次,再装入第二层,第二层装满后用同样方法颠实(但筒底所垫钢筋的方向与第一层时的方向垂直),然后装入第三层,如法颠实。试样装填完毕,再加试样直至超过筒口,用钢尺沿筒口边缘刮去高出的试样,并用适合的颗粒填平,称取试样和容量筒的总质量(G_2),精确至 10g。

(3)结果计算与评定

1)松散或紧密堆积密度(ρ_1)：

$$\rho_1=\frac{G_1-G_2}{V}$$

式中　ρ_1——松散堆积密度或紧密堆积密度,kg/m³；

G_1——容量筒和试样的总质量,g；

G_2——容量筒质量,g；

V——容量筒的容积,L。

2)空隙率(V_0)按下式计算,精确至1%：

$$V_0=(1-\frac{\rho_1}{\rho_2})\times 100\%$$

式中　V_0——空隙率,%；

ρ_1——松散堆积密度或紧密堆积密度,kg/m³；

ρ_1——表观密度,kg/m³。

3)堆积密度取两次试验结果的算术平均值,精确至10kg/m³。空隙率取两次试验结果的算术平均值,精确至1%。

4)容量筒的校准方法

将温度为20℃±2℃的饮用水装满容量筒,用一玻璃板沿筒口推移,使其紧贴水面。擦干筒外壁水分,然后称出其质量,精确至10g。容量筒容积按下式计算(精确至1mL)：

$$V=G_1-G_2$$

式中　G_1——容量筒、玻璃板和水的总质量,g；

G_2——容量筒和玻璃板的质量,g；

V——容量筒的容积,mL。

四、粗骨料含水率的测定试验

1.测定粗骨料中的含水率

(1)仪器设备

1)烘箱。能使温度控制在(105±5)℃。

2)天平。称量5kg,感量5g。

3)容器。如浅盘等。

(2)试验步骤

1)取质量约等于表6－17所要求的试样,分成两份备用。

表6－17　吸水率试验所需的拭样最小质量

最大粒径(mm)	10	16	20	25	31.5	40	63	80
试样最小质量(kg)	2	2	4	4	4	6	6	6

2)将试样置于干净的容器中,称取试样和容器的共重(m_1),并在(105±5)℃的烘箱中烘干至恒重。

3)取出试样,冷却后称取试样与容器的共重(m_2)。

(3)含水率W_{wc}计算

含水率W_{wc}(%)应按下式计算(精确至0.1%)：

$$W_{wc}=\frac{m_1-m_2}{m_2-m_3}\times100\%$$

式中　m_1——烘干前试样与容器共重，g；

m_2——烘干后试样与容器共重，g；

m_3——容器质量，g。

以两次试验结果的算术平均值作为测定值。

注：碎石或卵石含水率简易测定法可采用炒干法。

2.测定粗骨料的吸水率

(1)仪器设备

1)烘箱。能使温度控制在(105±5)℃。

2)天平。称量 5kg，感量 5g。

3)试验筛。孔径为 5mm。

4)容器、浅盘、金属丝刷和毛巾等。

(2)试验操作步骤

1)试验前，将样品筛去 5mm 以下的颗粒，然后用四分法缩分至表 6－17 所规定的质量，分成两份，用金属丝刷刷净后备用。

2)取试样一份置于盛水的容器中，使水面高出试样表面 5mm 左右，24h 后从水中取出试样，并用拧干的湿毛巾将颗粒表面的水分拭干。即成为饱和面干试样。然后立即将试样放在浅盘中称量(m_2)，在整个试验过程中，水温需保持在(20±5)℃。

将饱和面干试样连同浅盘置于(105±5)℃的烘箱中烘干至恒重，然后取出，放入带盖的容器中冷却 0.5～1h，称取烘干试样与浅盘总重(m_1)。称取浅盘的质量(m_3)。

(3)吸水率计算

吸水率 W_{wa}(%)应按下式计算(精确至 0.01%)：

应按下式计算(精确至 0.01%)：

$$W_{wa}=\frac{m_2-m_1}{m_1-m_3}\times100\%$$

式中　m_1——烘干试样与浅盘共重，g；

m_2——烘干前饱和面干试样与浅盘共重，g；

m_3——浅盘质量，g。

以两次试验结果的算术平均值作为测定值。

3.测定粗骨料中泥的含量

(1)仪器设备

1)案秤。称量 10kg，感量 10g。对最大粒径小于 15mm 的碎石或卵石应用称量为 5kg，感量为 5g 的天平。

2)烘箱。能使温度控制在(105±5)℃。

3)试验筛。孔径为 1.25mm 及 0.080mm 筛各一个。

4)容器。容积约 10L 的瓷盘或金属盒。

5)浅盘。

(2)试验操作步骤

1)试验前；将来样用四分法缩分至表 6－18 所规定的量(注意防止细粉丢失)，并置于温度

(105±5)℃的烘箱内烘干至恒重，冷印至室温后分成两份备用。

表 6—18　含泥量试验所需要的试样取小质量

最大粒径(mm)	10.0	16.0	20.0	25.0	31.5	40.0	63.0	80.0
试样量(kg)　≥	2	2	6	6	10	10	20	20

2)称取试样一份(m_0)装入容器中摊平，并注入饮用水，使水面高出石子表面 150mm；用手在水中淘洗颗粒，使尘屑、淤泥和黏土与较粗颗粒分离，并使之悬浮或溶解于水，缓缓地将浑浊液倒入 1.25mm 及 0.080mm 的套筛(1.25mm 筛放置上面)上，滤去小于 0.080mm 的颗粒。试验前筛子的两面应先用水润湿。在整个试验过程中应注意避免大于 0.080mm 的颗粒丢失。

3)再次加水于容器中，重复上述过程，直至洗出的水清澈为止。

4)用水冲洗剩留在筛上的细粒，并将 0.080mm 筛放在水中(使水面略高出筛内颗粒)来回摇动，以充分洗除小于 0.080mm 的颗粒。然后将两只筛上剩留的颗粒和筒中已洗净的试样一并装入浅盘，置于温度为(105±5)℃的烘箱中烘干至恒重。取出冷却至室温后，称取试样的质量(m_1)。

(3)含泥量的计算

碎石或卵石的含泥量 ω_c(%)应按下式计算(精确至 0.1%)：

$$\omega_c=\frac{m_0-m_1}{m_0}\times 100\%$$

式中　m_0——试验前烘干试样的质量，g；

　　　m_1——试验后烘干试样的质量，g。

以两个试样试验结果的算术平均值作为测定值。如两次结果的差值超过 0.2%，应重新取样进行试验。

4. 粗骨料中的泥块测定

(1)仪器设备

1)案秤。称量 20kg，感量 20g；称量 10kg，感量 10g。

2)天平。称量 5kg，感量 5g。

3)试验筛。孔径 2.50mm 及 5.00mm 筛各一个。

4)洗石用水筒及烘干用的浅盘等。

(2)试验操作步骤

1)试验前，将样品用四分法缩分至略大于表 6—18 所示的量，缩分应注意防止所含黏土块被压碎。缩分后的试样在(105±5)℃烘箱内烘至恒重，冷却至室温后分成两份备用。

2)筛去 5mm 以下颗粒，称量(m_1)。

3)将试样在容器中摊平，加入饮用水使水面高出试样表面，24h 后把水放出，用手碾压泥块，然后把试样放在 2.5mm 筛上摇动淘洗，直至洗出的水清澈为止。

4)将筛上的试样小心地从筛里取出，置于温度为(105±5)℃烘箱中烘干至恒重。取出冷却至室温后称量(m_2)。

(3)试验结果计算处理

泥块含量 $\omega_{c,1}$(%)应按下式计算(精确至 0.1%)

$$\omega_{c,1}=\frac{m_1-m_2}{m_2}\times 100\%$$

式中　m_1——5.00 筛筛余量，g；

　　　m_2——试验烘干试样的量，g。

以两个试样结果的算术平均值作为测定值。如两次结果的差值超过 0.2%，应重新取样进行试验。

五、粗骨料中针状和片状颗粒总含量的测定

1. 仪器

针状规准仪和片状规准仪如图 6－3 所示，或游标卡尺。

(1)天平。称量 2kg，感量 2g。

(2)案秤。称量 10kg，感量 10kg。

(3)试验筛。孔径分别为 5.00mm，10.0mm，20.0mm，25.0mm，31.5mm，40.0mm，63.0mm，80.0mm，根据需要选用。

(4)卡尺

2. 试验操作步骤

试验前，将来样在室内风干表面干燥，并用四分法缩分至表 6－19 规定的数量，称量(m_0)，然后筛分成表 6－20 所规定的粒级备用。

表 6－19　针、片状试验所需要的试样最小质量

最大粒径(mm)	10.0	16.0	20.0	25.0	31.5	40.0 以上
试样最小质量(kg)	0.3	1	2	3	5	10

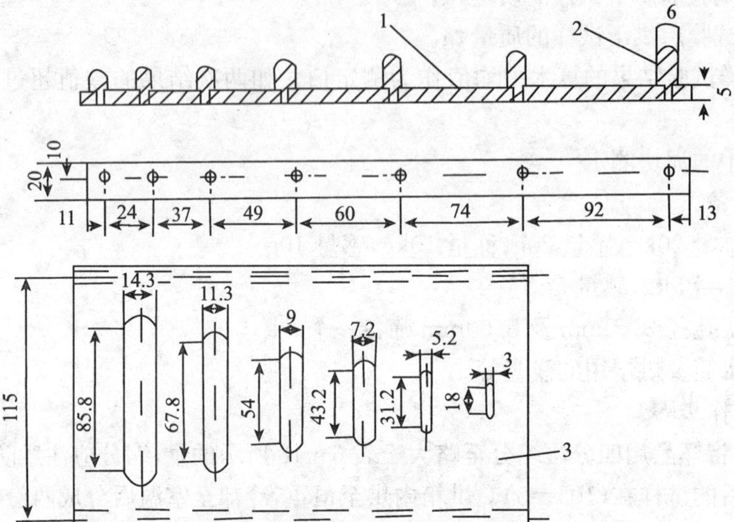

图 6－3　针、片状规准仪(mm)

1—针状规准挡柱；2—针状规仪底板；3—片状规准仪

表 6－20　针、片状试验的粒级划分及其相应的规准仪孔宽或间距

粒级(mm)	5～10	10～16	20～25	25～31.5	31.5～40	
片状规准仪上相对应的孔宽(mm)	3	5.2	7.2	9	11.3	14.3
针状规准仪上相对应的间距(mm)	18	31.2	43.2	54	67.8	85.8

(1)按表 6－20 所规定的粒级用规准仪逐粒对试样进行鉴定，凡颗粒长度大于针状规准仪上相对应间距者，为针状颗粒。厚度小于片状规准仪上相应孔宽者，为片状颗粒。

(2)粒径大于 40mm 的碎石或卵石可用卡尺鉴定其针、片状颗粒，卡尺卡口的设定宽度应符合表 6－21 的规定。

表 6－21　大于 40mm 粒级颗粒卡尺卡口的设定宽度

粒级(mm)	40～63	63～80
鉴定片状颗粒的卡口宽度(mm)	20.6	28.6
鉴定针状颗粒的卡口宽度(mm)	123.6	171.6

(3)称量由各粒级挑出的针状和片状颗粒的总质量(m_1)。

3.碎石或卵石中针、片状颗粒含量的计算

碎石或卵石中针、片状颗粒含量 ω_p(%)应按下式计算(精确至 0.1%)：

$$\omega_p=\frac{m_1}{m_0}\times 100\%$$

式中　m_1——试样中所含针、片状颗粒的总质量,g;

m_0——试样总质量,g。

六、测定粗骨料的坚固性试验

1. 测定粗骨料的坚固性试验仪器

(1)烘箱。能使温度控制在(105±5)℃。

(2)天平。称量 5kg,感量 1g。

(3)试验筛。根据试样粒级,按表 6－22 选用。

(4)容器。搪瓷盆或瓷盆,容积不小于 50L。

(5)三脚网篮。网篮的外径为 100mm,高为 150mm,采用孔径不大于 2.5mm 的网和铜丝制成。检验 40～80mm 的颗粒时,应采用外径和高均为 150mm 的网篮。

(6)试剂。无水硫酸钠或十水硫酸钠(工业用)。

2. 测定粗骨料的坚固性试验的操作步骤

(1)硫酸钠溶液的配制。取一定数量的蒸馏水(多少取决于试样及容器的大小),加热至 30～50℃,每 1 000mL 蒸馏水加入无水硫酸钠(Na_2SO_4)300～350g 或十水硫酸钠($Na_2SO_4\cdot 10H_2O$)700～1 000g,用玻璃棒搅拌,使其溶解并饱和,然后冷却至 20～25℃。在此温度下静置两昼夜。其相对密度应保持在 1 151～1 174kg/m^3 范围内。

(2)试样的制备。将试样按表 6－22 的规定分级,并分别擦洗干净,放入 105～110℃烘箱内烘 24h,取出并冷却至室温,然后按表 6－22 对各粒级规定的量称取试样(m_1)。

表 6－22　坚固性试验所需的各粒级试样量

粒级(mm)	5～10	10～20	20～40	40～63	63～80
试样质量(g)	500	1000	1500	3000	3000

注:(1)粒级为 10～20mm 的试样中,应含有 10～16mm 粒级颗粒 40%,16～20mm 粒级颗粒 60%。

(2)粒级为 20～40mm 的试样中,应含有 20～31.5mm 粒级颗粒 40%,31.5～40mm 粒级颗粒 60%。

(3)将所称取的不同粒级的试样分别装入三脚网篮并浸入盛有硫酸钠溶液的容器中。溶液体积应不小于试样总体积的 5 倍,其温度保持在 20～25℃的范围内。三脚网篮浸入溶液时应先上下升降 25 次以排除试样中的气泡,然后静置于该容器中。此时,网篮底面应距容器底面约 30mm(由网篮脚高控制),网篮之间的间距应不小于 30mm,试样表面至少应在溶液以下 30mm。

(4)浸泡 20h 后,从溶液中提出网篮放在(105±5)℃的烘箱中烘 4h。至此。完成了第一个试验循环。待试样冷却至20～25℃后，即开始第二次循环。从第二次循环开始，浸泡及烘烤时间均可为4h。

(5)第五次循环完后，将试样置于25～30℃的清水中洗净硫酸钠，再在(105±5)℃的烘箱中烘至恒重。取出冷却至室温后。用筛孔径为试样粒级下限的筛过筛，并称取各粒级试样试验后的筛余量(m_1)。

注：试样中硫酸钠是否洗净，可按下法检验，取洗试样的水数毫升，滴入少量氯化钡($BaCl_2$)溶液，如无白色沉淀，即说明硫酸钠已被洗净。

(6)对粒径大于20mm的试样部分，应在试验前后记录其颗粒数量。并做外观检查，描述颗粒的裂缝、开裂、剥落，掉边和掉角等情况所占颗粒数量，以作为分析其坚固性时的补充依据。

3. 测定粗骨料坚固性试验结果数据的计算处理

(1)试样中各粒级颗粒的分计质量δ_{ji}的计算

$$\delta_{ji}=\frac{m_i-m'_i}{m_i}\times 100\%$$

式中 m_i——各粒级试验前的烘干质量，g；

m'_i——经硫酸钠溶液法试验后各粒级筛余颗粒的烘干质量，g。

(2)试样的总质量损失δ_{ji}的计算(精确至1%)

$$\delta_{ji}=\frac{\alpha_1\delta_{j1}+\alpha_2\delta_{j2}+\alpha_3\delta_{j3}+\alpha_4\delta_{j4}+\alpha_5\delta_{j5}}{\alpha_1+\alpha_2+\alpha_3+\alpha_4+\alpha_5}\times 100\%$$

式中 α_1、α_2、α_3、α_4、α_5——试样中5.00～10.0mm、10.0～20.0mm、20.0～40.0mm、40.0～64.0mm、63.0～80.0mm各粒的分计质量损失；

δ_{j1}、δ_{j2}、δ_{j3}、δ_{j4}、δ_{j5}——各粒级的分计质量损失。

七、粗骨料的压碎指标值的测定

1. 仪器

(1)压力试验机，荷载300kN。

(2)压碎指标测定仪，如图6－4所示。

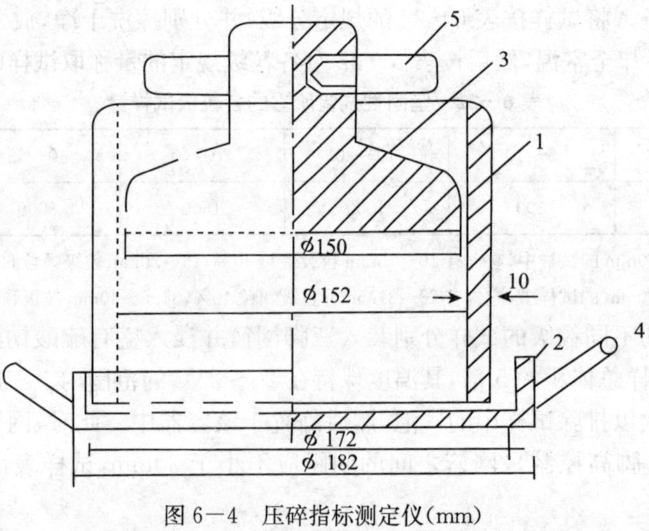

图6－4 压碎指标测定仪(mm)

1—圆筒；2—底盘；3—加压头；4—承压手把；5—加压把手

2. 试验操作步骤

试样制备应符合下列规定：标准试样一律应采用 10～20mm 的颗粒，并在气干状态下进行试验。

(1)试验前，先将试样筛去 10mm 以下及 20mm 以上的颗粒，再用针状和片状规准仪剔除其针状和片状颗粒，然后称取每份 3kg 的试样 3 份备用。

(2)置圆筒于底盘上，取试样一份，分两层装入筒内。每装完一层试样后；在底盘下面垫放一直径为 10mm 的圆钢筋，将筒按住，左右交替颠击地面各 25 下。第二层颠实后，试样表面距盘底的高度应控制为 100mm 左右。

(3)整平筒内试样表面，把加压头装好(注意应使加压头保持平正)，放到试验机上在 160～300s内均匀地加荷到 200kN，稳定 5s，然后卸荷，取出测定筒。倒出筒中的试样并称其质量(m_0)；用孔径为 2.50mm 的筛筛除被压碎的细粒，称量剩留在筛上的试样质量(m_1)。

3. 压碎指标值的计算

(1)碎石或卵石的压碎指标值 δ_a(%)应按下式计算(精确至 0.1%)：

$$\delta_a=\frac{m_0-m_1}{m_0}\times 100\%$$

式中　m_0——试样的质量，g；

m_1——压碎试验后筛余的试样质量，g。

(2)对多种岩石组成的卵石，如对 20mm 以下和 20mm 以上的标准粒级(10～20mm)分别边行检验，则其总的压碎指标值 δ_a 应按下式计算：

$$\delta_a=\frac{a_1\delta_{a1}+a_2\delta_{a2}}{a_1+a_2}\times 100\%$$

式中　a_1、a_2——试样中 20mm 以下和 20mm 以上两粒级的颗粒含量；

δ_{a1}、δ_{a2}——两粒级以标准粒级试验的分计压碎指标值，%。

(3)以三次试验结果的算术平均值作为压碎指标测定值。

八、粗骨料卵石中的有机物含量的测定

1. 仪器

(1)天秤。称量 2kg，感量 2g；称量 100g，感量 0.1g 各一台。

(2)量筒。100mL、250mL、1 000mL。

(3)烧杯、玻璃棒和孔径为 20mm 的试验筛。

(4)氢氧化钠溶液。氢氧化钠与蒸馏水的质量比为 3∶97。

(5)鞣酸、酒精等。

2. 试验操作步骤。

(1)试验前，筛去试样中 20mm 以上的颗粒，用四分法缩分至约 1kg，风干后备用。

(2)向 1 000mL 量筒中倒入干试样至 600mL 刻度处，再注入 3%的氢氧化钠溶液至 800mL 刻度处，剧烈搅动后静置 24h。

(3)比较试样上部溶液和新配制标准溶液的颜色，盛装标准溶液与盛装试样的量筒容积应一致。

注：标准溶液的配制方法，取 2g 鞣酸粉溶解于 98mL10%的酒精溶液中，即得所需的鞣酸溶液，然后取该溶液 2.5mL 注入 97.5mL3%的氢氧化钠溶液中，加塞后剧烈摇动，静置 24h 即得标准溶液。

3. 结果评定

(1)结果评定应符合下列规定:若试样上部的溶液颜色浅于标准溶液的颜色,则试样的有机质量鉴定合格;如两种溶液的颜色接近,则应将该试样(包括上部溶液)倒入烧杯中,放在温度为 60～70℃的水浴锅中加热 2～3h,然后再与标准溶液比色。

(2)如溶液的颜色深于标准色,则应配制成混凝土作进一步检验。

(3)其方法为:取试样一份,用 3%氢氧化钠溶液洗除有机杂质,再用清水淘洗干净,至试样用比色法试验时,溶液的颜色浅于标准色。然后用洗除有机质的和未经清洗的试样用相同的水泥、砂配成配合比相同,坍落度基本相同的两种混凝土,测其 28d 抗压强度。如未经洗除有机质的卵石混凝土强度与经洗除有机质的混凝土强度的比不低于 0.95 时,则此卵石可以使用。

九、粗骨料中硫化物和硫酸盐的含量的测定

1. 仪器

(1)天平。称量 2kg,感量 2g;称量 1 000g,感量 0.1g 各一台。

(2)高温炉。最高温度 1 000℃。

(3)试验筛。孔径 0.080mm。

(4)烧瓶、烧杯等。

(5)10%氯化钡溶液。10g 氯化钡溶于 100mL 蒸馏水中。

(6)盐酸(1+1)。浓盐酸溶于同体积的蒸馏水中。

(7)1%硝酸银溶液。1g 硝酸银溶于 100mL 蒸馏水中,并加入 5～10mL 硝酸,存于棕色瓶中。

2. 试验操作步骤

(1)试验前,取粒径 40mm 以下的风干碎石或卵石约 1 000g,按四分法缩分至约 200g,磨细使全部通过 0.080mm 筛,仔细拌匀,烘干备用。

(2)精确称取石粉试样约 1g(m),放入 300mL 的烧杯中,加入 30～40mL 蒸馏水及 10mL 的盐酸(1+1),加热至微沸,并保持微沸 5min,使试样充分分解后取下,以中速滤纸过滤,用温水洗涤 10～12 次。

(3)调整滤液体积至 200mL,煮沸,边搅拌边滴加 10mL 氯化钡溶液(10%),并将溶液煮沸数分钟,然后移至温热处至少静置 4h(此时溶液体积应保持在 200mL),用慢速滤纸过滤,以温水洗至无氯根反应(用硝酸根溶液检验)。

(4)将沉淀及滤纸一并移入已灼烧至恒重(m_1)的瓷坩埚中,灰化后在 800℃的高温炉内灼烧 30min,取出坩埚,置于干燥器中冷却至室温,称量。如此反复灼烧,直至恒重(m_2)。

3. 硫化物和硫酸盐含量计算

水溶性硫化物硫酸盐含量(以 SO_3 计)ω_{SO_3}(%)应按下式计算(精确至 0.01%):

$$\omega_{SO_3}=\frac{(m_2-m_1)\times 0.343}{m}\times 100\%$$

式中 m——试样质量,g;

m_2——沉淀物与坩埚总质量,g;

m_1——坩埚质量,g;

0.343——$BaSO_4$ 换算 SO_3 的系数。

取两次试验的算术平均值作为评定指标，若两次试验结果之差大于 0.15%，应重做试验。

十、化学方法测定粗骨料中的碱活性含量试验

1. 试验仪器

(1)反应器。容量 50～70mL，用不锈钢或其他耐热抗碱材料制成，并能密封，不透气漏水。其形式、尺寸如图 6－5 所示。

(2)抽滤装置。10L 真空泵或其他效率相同的抽气装置，50mL 抽滤瓶等。

(3)分光光度计。如不用比色法时不需此仪器。

(4)研磨设备。小型破碎机和粉磨机，能把骨料粉碎成粒径 0.160～0.315mm。

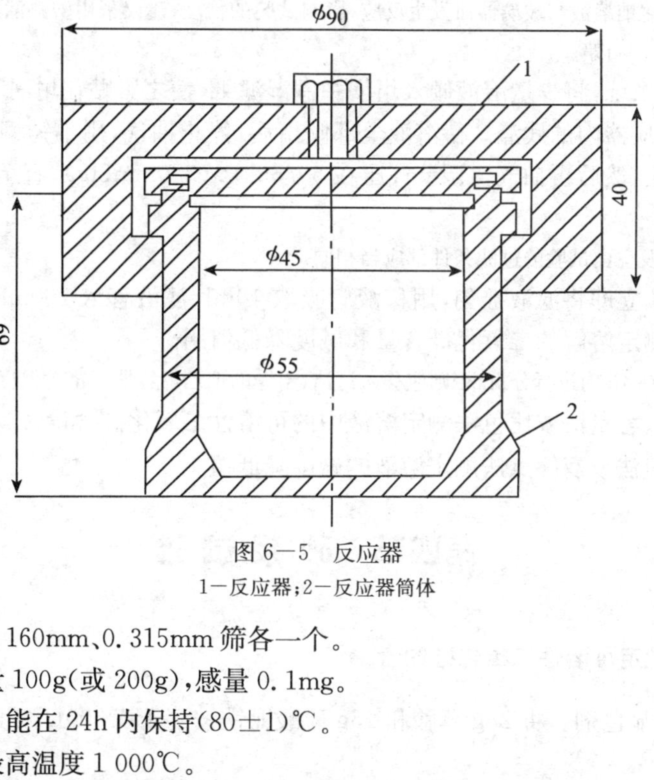

图 6－5　反应器

1－反应器；2－反应器筒体

(5)试验筛。0.160mm、0.315mm 筛各一个。

(6)天平。称量 100g(或 200g)，感量 0.1mg。

(7)恒温水浴。能在 24h 内保持(80±1)℃。

(8)高温炉。最高温度 1 000℃。

(9)试剂(分析纯)。

2. 试验操作步骤

(1)配制 1 000mol/L 氢氧化钠溶液。称取 40g 纯氢氧化钠，溶于 1 000mL 新煮沸并经冷却的蒸馏水中摇匀，贮于装有钠石灰干燥管的聚乙烯瓶中。配制后的氢氧化钠溶液应用邻苯二甲酸氢钾标定，准确至 0.001mol/L。

(2)准备试样。取有代表性的骨料样品约 500g，破碎后，在 0.160mm 和 0.315mm 的筛子上过筛，弃去通过 0.160mm 筛的颗粒。留在 0.315mm 筛上的颗粒需反复破碎，直到全部通过 0.315mm 筛为止。然后用磁铁吸除破碎样品时带入的铁屑。为了保证小于 0.160mm 的颗粒全部弃除，应将样品放在 0.160mm 的筛上，先用自来水冲洗，再用蒸馏水冲洗。一次冲洗的样品不多于 100g，洗涤过的样品，放在(105±5)℃烘箱中烘(20±4)h，冷却后，再用 0.160mm筛筛去细屑，制成试样。

(3)称取制备好的试样(25.00±0.05)g 3 份。

(4)将试样放入反应器中，用移液管加入 25mL 经标定浓度为 1.000mol/L 的氢氧化钠溶液。另取 2～3 个反应器不放样品，加入同样的氢氧化钠溶液作为空白试验。

(5)将反应器的盖子盖上(带橡皮垫圈)，轻轻旋转摇动反应器，以排出黏附在试样上的空气，然后加夹具密封反应器。

(6)将反应器放在(80±1)℃的恒温水浴中 24h，然后取出，将其放在流动的自来水中冷却(15±2)min，立即开盖，用瓷质古氏坩埚过滤(坩埚内应放一块大小与坩埚底相吻合的快速滤纸)。过滤时，将坩埚放在带有橡皮坩埚套的巴氏漏斗上，巴氏漏斗装在抽滤瓶上。

抽滤瓶中放一支容量 35～50mL 的干燥试管，用以收集滤液。

注：为避免氢氧化钠溶液与玻璃器皿发生反应，影响试验的精度，建议采用塑料漏斗和塑料试管，或在玻璃漏斗和试管上涂一层石蜡。

(7)开动抽气系统，将少量溶液倾入坩埚中润湿滤纸，使之紧贴在坩埚底部，然后继续倾入溶液，不要搅动反应器内的残渣。待溶液全部倾出后，停止抽气，用不锈钢或塑料小勺将残渣移入坩埚中并压实，然后再抽气。调节气压在 50.66kPa(380mmHg)，直至每 10s 滤出溶液一滴为止。

注：同一组试样及空白试验的过滤条件都应当相同。

(8)过滤完毕，立即将滤液摇匀，用移液管吸取 10mL 滤液移入 200mL 容量瓶中，稀释至刻度，摇匀，以备测定溶解的二氧化硅含量和碱度降低值用。

注：此稀释液应在 4h 内进行分析，否则应移入清洁、干燥的聚乙烯容器中密封保存。

(9)用重量法、容量法或比色法测定溶液中的可溶性二氧化硅含量(C_{SiO_2})。

(10)用单终点法或双终点法测定溶液的碱度降低值。

第四节 砂浆试验

一、比色法测定可溶性二氧化硅的含量

(1)配制钼蓝显色剂。将 20g 草酸和 15g 硫酸亚铁铵溶于 1 000L 浓度为 1.5mol/L 的硫酸中。

(2)配制二氧化硅标准溶液。称取二氧化硅试剂 0.1000g 置于铂坩埚中，加入无水碳酸钠 2.5～3,0g，混匀，于 900～950℃下熔融 20～30min，取出冷却。在烧杯中加 400mL 热水，搅拌至全部溶解后，移入 1 000mL 容量瓶中，稀释至刻度，摇匀。此溶液每毫升含二氧化硅 0.1mg (必要时可用重量法校准)。

(3)配制 10%铝酸铵溶液。将 100g 铝酸铵溶于 400mL 热水中，过滤后稀释至 1 000mL。

注：以上溶液贮存在聚乙烯瓶中可保存一个月。

(4)配制 0.01mol/L 高锰酸钾溶液及 5%盐酸。

(5)标准曲线的绘制。吸取 0.5mL、1.0mL、2.0mL、3.0mL、4.0mL 二氧化硅标准溶液，分别装入 100mL 容量瓶中，用水稀释至 30ml。各依次加入 5%盐酸 5mL，10%铝酸铁溶液 2.5mL，0.0lmol/L 高锰酸钾一滴，摇匀并用水稀释至刻度，摇匀。5min 后，在分光光度计上用波长为 660mm 的光测其消光值，以浓度为横坐标，消光值为纵坐标，绘制标准曲线。

(6)稀释液中二氧化硅含量的测定。吸取稀释液 5mL 置于 100mL 容量瓶中，按二氧化硅

标准溶液的操作方法显色并测定其消光值。根据消光值，即可在标准曲线上查出相应的二氧化硅含量。

(7)用同样方法测定空白试验的稀释液。

注：钼蓝比色法测定二氧化硅具有很高的灵敏度，测定时吸取稀释液的毫升数应根据二氧化硅含量而定，使其消光值落在标准曲线中段为宜。

(8)滤液中的二氧化硅浓度按下式计算(精确至 0.001mol/L)：

$$C_{SiO_2}=\frac{20(m_2-m_1)}{V_0}\times\frac{1000}{60.06}$$

式中　C_{SiO_2}——滤液中的二氧化硅浓度，mol/L；

m_2——试样的稀释液中二氧化硅的含量，g；

m_1——空白试验稀释液中二氧化硅的含量，g；

V_0——吸取稀释液的数量，mL。

二、单终点碱度降低值的操作步骤

(1)配制 0.05mol/L 盐酸标准溶液。量取 4.2mL 浓盐酸(密度 1 190kg/m^3)稀释至 1 000mL。

(2)配制碳酸钠标准溶液。称取 0.05g(准确至 0.1mg)无水碳酸钠(首先需经 180℃烘箱内烘 2h，冷却后称量)，置于 125mL 的锥形瓶中，用新煮沸的蒸馏水溶解。以甲基橙为指示剂，标定盐酸并计算精确至 0.000 1mol/L。

(3)配制甲基橙指示剂。取 0.1g 甲基橙溶解于 100mL 蒸馏水中。

(4)吸取 20mL 稀释液置于 125mL 的锥形瓶中，加入酚酞指示剂 2～3 滴，用 0.05mol/L 盐酸标准溶液滴定至五色。

(5)用同样的方法滴定空白试验的稀释液。

(6)碱度降低值按下式计算(精确至 0.001mol/L)：

$$\delta_R=20C_{(HCl)}\times(V_3-V_2)$$

式中　δ_R——碱度降低值，mol/L；

C_{HCl}——盐酸标准溶液的浓度，mol/L；

V_1——吸取稀释液数量，mL；

V_2——滴定试样的稀释液消耗盐酸标准溶液量，mL；

V_3——滴定空白稀释液消耗盐酸标准液量，mL。

三、砂浆长度法测定粗骨料碱活性试验

1.试验仪器

(1)试验筛。0.160mm、0.315mm、0.630mm、1.25mm、2.50mm、5.00mm 筛。

(2)胶砂搅拌机。应符合现行国家标准《水泥物理检验仪器、胶砂搅拌机》的规定。

(3)镘刀及截面为 14mm×13mm、长 120～150mm 的钢制捣棒。

(4)量筒、秒表、跳桌等。

(5)试棋和测头(埋钉)。金属试模，规格为 40mm×40mm×160mm，试模两端板正中有小洞，以便测头在此固定埋入砂浆。测头以不锈钢金属制成。

(6)养护筒。用耐腐材料(如塑料)制成，应不漏水，不透气，加盖后在养护室能确保筒内空

气相对湿度为95%以上，筒内设有试件架，架下盛有水，试件垂直立于架上并不与水接触。

(7)测长仪。测量范围160～185mm，精度0.01mm。

(8)恒温箱(室)。温度为(40±2)℃。

2.试件的制作

(1)水泥。水泥含碱量为1.2%，低于此值可掺10%的NaOH溶液，将系统的碱含量调至水泥量的1.2%，对具体工程如所用水泥含碱量高于此值，则用工程所使用的水泥。

注：水泥含碱量以氧化钠(Na_2O)计，氧化钾(K_2O)换算为氧化钠时乘以换算系数0.658。

(2)骨料。将试样缩分至约5kg，破碎筛分后，各粒级都要在筛上用水冲净黏附在骨料上的淤泥和细粉，然后烘干备用。骨料按表6－23的级配配成试验用料。

表6－23 集中料级配

筛孔尺寸(mm)	5.00～2.50	2.50～1.25	1.25～0.630	0.630～0.315	0.315～0.160
分级质量分数(%)	10	25	25	25	15

(3)制作试件用的砂浆的水泥与骨料的质量比为1∶2.25。一组3个试件共需水泥600g，骨料1 350g。砂浆用水量按《水泥胶砂流动度测定方法》(GB 2419—2005)选定，但跳桌跳动次数改为6s跳动10次，以流动度在105～120mm为准。

(4)成型前24h，将试验所用材料(水泥、骨料、拌和用水等)放入(20±2)℃的恒温室中。

(5)集料水泥浆制备。先将称好的水泥、骨料倒入搅拌锅内，开动搅拌机，拌和5s后，徐徐加水，20～30s加完，自开动机器起搅拌120s，将粘在叶片上的料刮下，取下搅拌锅。

(6)砂浆分两层装入试模内，每层捣20次。注意测头周围应捣实，浇捣完毕后用镘刀刮除多余砂浆，抹平表面并编号，并标明测定方向。

3.试验操作步骤

(1)试件成型完毕后，带模放入标准养护室，养护24h后脱模(当试件强度较低时，可延至48h脱模)。脱模后立即测量试件的长度，此长度为试件的基准长度。测长应在(20±3)℃的恒温室中进行，每个试件至少重复测试两次，取差值在仪器精度范围内的2个读数的平均值作为长度测定值。待测的试件需有湿布覆盖，以防止水分蒸发。

(2)测量后将试件放入养护筒中，盖严筒盖放入(40±2)℃的养护室里养护(同一筒内的试件品种应相同)。

(3)测长龄期自测量基准长度时算起，周期为2周、4周、8周、3个月、6个月，如有(40±2)℃的养护室取出，放入(20±2)℃的恒温室。试件的测长方法与测基准长度相同，测量完毕后，应将试件调头放入养护筒中。盖好筒盖，放回(40±2)℃的养护室继续养护到下一测试龄期。

(4)在测量时应对试件进行观察，内容包括试件变形，裂缝、渗出物等，特别要注意有无胶体物质，并做详细记录。

4.试验报告

式中的膨胀率应按下式计算(精确至0.001%)：

$$\varepsilon_t=\frac{l_t-l_0}{l_0-2l_d}\times 100\%$$

式中 ε_t——试件在t天龄期的膨胀率，%；

l_t——试件在2天龄期的长度，mm；

l_0——试件的基准长度，mm；

l_d——测头（即埋钉）的长度，mm。

以 3 个试件膨胀率的平均值作为某一龄期膨胀率的测定值。任一试件膨胀率与平均值之差不得大于下述范围：

(1)当平均膨胀率小于或等于 0.05%时，其差值均应小于 0.01%；

(2)当平均膨胀率大于 0.05%时，单个测值与平均值的差值均应小于平均值的 20%；

(3)当三根的膨胀率均超过 0.10%时，无精度要求；

(4)当不符合上述要求时，去掉膨胀率最小的，用剩余两根的平均值作为该龄期的膨胀率。

对于石料，当砂浆半年膨胀率低于 0.10%时，或 3 个月膨胀率低于 0.05%时（只有在缺半年膨胀率资料时才有效），可判为无潜在危害。反之，如超过上述数值，应判为具有潜在危害。

第五节　混凝土轻骨料试验

一、轻骨料的种类

(1)黏土陶粒。由黏土和粉质黏土等为主要原料，经加工制粒、烧胀而成的一种人造轻骨料。

(2)页岩陶粒。由黏土质页岩、板岩等为主要原料经破碎、筛分或粉磨制粒，烧胀而成的一种人造轻骨料。

(3)粉煤灰陶粒。以粉煤灰为主要原料，经加工成球、烧结或烧胀而成的一种工废料轻骨料。

(4)浮石。火山爆发形成的可浮于水的块状多孔岩石，经破碎、筛分而成的一种天然轻骨料。

(5)火山渣。火山爆发形成的、状如煤渣的多孔岩石碎块，经破碎、筛分而成的一种天然轻骨料。

(6)煤渣。煤在锅炉内燃烧后的多孔残渣，经破碎、筛分而成的一种工业废料轻骨料。

(7)自然煤矸石。采煤、选煤过程中排出的煤矸石，经堆积、自燃、破碎、筛分而成的一种废料轻骨料。

(8)膨胀矿渣珠。以高炉熔融矿渣为原料，经专门工艺加工而成的一种工业废料轻骨料。

(9)超轻集料。堆积密度不大于 500kg/m^3 的保温用或结构保温用轻粗骨料。

(10)普通轻集料。堆积密度大于 510kg/m^3 的轻骨集。

(11)高强轻集料。强度不小于 25MPa 的结构用轻粗骨料。

二、轻骨料的果粒级配要求

(1)各种轻骨料的颗粒级配应符合表 6—24 的要求，但人造轻粗骨料的最大粒径不宜大于 20.0mm。

表 6—24 轻骨料颗粒级配

轻骨料种类	级配类别	公称粒级(mm)	各号筛的累计筛余(按质量计)(%)										
			筛孔尺寸(mm)										
			40.0	31.5	20.0	16.0	10.0	5.00	2.50	1.25	0.630	0.135	0.160
细骨料	—	0~5					0	0~10	0~35	20~60	30~80	65~90	75~100
粗骨料	连续粒级	5~40	0~10	—	40~60	—	50~85	90~100	95~100				
		5~31.5	0~5	0~10	—	40~75	~	90~100	95~100				
		5~20	—	0~5	0~10	—	40~80	90~100	95~100				
		5~16	—	—	0~5	0~10	20	60	85~100	95~100			
		5~10	—	—	—	0	0~15	80~100	95~100				
	单粒级	10~16	—	—	0	0~15	85~100	90~100					

注:公称粒级的上限为该粒级的最大粒径。

(2)轻细骨料的细度模数宜在 2.3~4.0 范围内。

三、轻骨料的堆积密度指标要求

轻骨料按堆积密度划分的密度等级应符合表 6—25 的要求。轻骨料的匀质性指标以堆积密度的变异系数计,不应大于 0.10。

表 6—25 密度等级

轻粗集料等级	轻细集料等级	堆积密度范围(kg/m^3)
200	—	110~200
300	—	210~300
400	—	310~400
500	500	410~500
600	600	510~600
700	700	610~700
800	800	710~800
900	900	810~900
1 000	1 000	910~1 000
1 100	1 100	1 010~1 100
—	1 200	1 100~1 200

四、轻骨料的吸水率及软化系数指标要求

(1)不同密度等级轻粗骨料的吸水率应不大于表 6—26 的规定

表 6—26　轻粗集料的吸水率

类别	轻粗骨料品种	密度等级	吸水率(%)
超轻集料	黏土陶粒 页岩陶粒 粉煤灰陶粒	200	30
		300	25
		400	20
		500	15
普通轻骨料	黏土陶粒、页岩陶粒	600～900	10
	粉煤灰陶粒	600～900	22
	煤渣	600～900	10
	自燃煤矸石	600～900	10
	膨胀矿渣珠	900～1 100	15
	天然轻骨料	—	不作规定
高强轻骨料	黏土陶粒、页岩陶粒	600～900	8
	粉煤灰陶粒	600～900	15

(2)人造轻粗骨料和工业废料轻粗骨料的软化系数应不小于 0.8,天然轻粗骨料的软化系数应不小于 0.7。

(3)轻细骨料的吸水率和软化系数不作规定。

五、轻骨料中有害物质指标要求

轻骨料的有害物质否量应符合表 6—27 的规定。

表 6—27　有害物质含量

项　目　名　称	质量指标	备注
煮沸质量损失(%)	≤5	
烧失量(%)	≤5	天然轻骨料不作规定,用于无筋混凝土的煤渣允许达 20
硫化物和硫酸盐含量(按 SO_3 计)(%)	≤1.0	用于无筋混凝土的自燃煤矸石允许含量≤1.5
含泥量(%)	≤3	结构用骨料≤2;不允许含有黏土块
有机物含量	不深于标准色	
放射性比活度	符合国家规定	煤渣、自然煤矸石应符合相关规定

六、轻骨料常规试验项目及取样规定

1. 常规试验项目

轻骨料的常规试验项目有筛分析、松散密度、轻粗骨料表观密度、轻粗骨料筒压强度、轻粗骨料吸水率和轻粗骨料含泥量。

2. 试验取样方法和数量

(1)从每批产品中抽取有代表性的试样。

(2)初次抽取的试样应不少于 10 份,其总量应多于试验用料量(见表 6—28)的一倍。

(3)初取试样可在下列场合抽取:

生产企业中进行常规检验时,应在通往料仓或料堆的运输机的整个宽度上,在一定的时间间隔内抽取。对均匀料堆进行取样时,以每 $300m^3$(或 $500m^3$)为一批论,试样可从料堆锥体自上到下的不同部位、不同方向任选 10 个点抽取,但要注意避免抽取离析的及面层的材料。从袋装料抽取试样时,应从 10 袋的不同位置和高度中抽取。

(4)初次抽取的试样拌和均匀后,按四分法缩减到试验所需的用料量(按表 6—28 规定)。

表 6—28 轻集料各项试验的试样用量

试验项目	试样用量(L)		
	细骨料	粗骨料	
		D_{max}≤20mm	D_{max}>20mm
颗粒级配	2	10	20
松散密度	5	30	40
轻粗骨料的筒压强度	—	5	5
轻粗骨料的吸水率	—	4	4
轻粗骨料的软化系数	—	10	10
轻粗骨料的表观密度	4	4	
轻粗骨料的抗冻性	—	2～4	4～6
轻粗骨料的坚固性	—	2	4
轻粗骨料的煮沸质量损失	—	2	4
轻粗骨料的铁分解质量损失	—	2	4
三氧化硫含量	1	1	1
氯盐含量	—	2～4	2～4
含泥量	—	5～7	5～7
烧失量	1	1	1
有机物含量	6	3～8	4～10
天然轻骨料中异类岩石颗粒的含量	10～20	10～20	
粗骨料粒型系数	2	2	
粗骨料的强度标号	20	20	

第七章　混凝土及其试验

用水泥、水、砂、石以及外加剂按设计比例配制，经搅拌、成型、养护而得的水泥混凝土，称为普通混凝土。施工中最常用到的就是普通混凝土。

由于混凝土具有材料来源广泛、便于施工、可浇筑成任意形状、能适应各种使用环境、经久耐用等特点，其应用十分广泛。现在混凝土正向着高强、轻质、多功能的方向发展。

为了控制混凝土工程质量，检验混凝土拌和物的各种性能及其质量和流变特征，要求统一遵循混凝土拌和物性能试验方法，从而对工业与民用建筑和一般构筑物中所使用普通混凝土拌和物的基本性能进行检验。

第一节　混凝土拌和物的特性

一、混凝土拌和物的流变特性

混凝土拌和物在适当的外力作用下能流动和变形的性能，称为该拌和物的流变性。拌和物的流变方程(亦称宾汉姆方程)如下：

$$L=L_y+y\frac{\mathrm{d}r}{\mathrm{d}t}$$

式中　L——外力作用下产生的剪切应力；

L_y——屈服剪切应力，它是阻止塑性变形的最大应力，又称为塑性强度，由组成材料各颗粒之间的附着力和摩擦力引起；

y——黏性系数，是液体内部结构阻碍流动的一种性能；

$\frac{\mathrm{d}r}{\mathrm{d}t}$——变形速率。

当 $L<L_y$ 时，拌和物不发生流动，只有当 $L>L_y$ 时，才会发生流动，并可塑造成任一形状的制品。

二、混凝土拌和物的和易性

对于混凝土拌和物的和易性，有两种说法，一是指拌和物易于各工序施工操作(拌和、运输、浇注、捣固)，并能获得质量均匀、成型密实的混凝土性能；另一种说法是认为工作性是拌和物达到完全密实时克服内摩擦力所做的功，它是物理性能，与成型方法、制品结构无关。

混凝土拌和物的和易性有：

(1)流动性。流动性指拌和物在自重或外力作用下产生流动，能均匀密实地填满模型的性能。流动性的大小取决于拌和物中水用量及水泥用量的相对含量。它主要反映拌和物的稠度，常用坍落度作为评定指标。

(2)泌水性。从水泥浆中泌出部分拌和水的性能称为混凝土的泌水性。这种水分离析现象伴随着水泥粒子的沉淀同时发生，所以泌水性一直持续到水泥浆硬化过程完全结束为止。泌水性主要与水泥性质有关，如水泥细度、水泥品种和矿物组成等。另外，振动操作会加大泌水性，掺塑化剂与引气剂能减少泌水。泌水性的反面就是保水性。

(3)黏聚性。黏聚性指拌和物在运输及浇筑过程中具有一定黏性和稳定性，不产生分层和离析、保持整体均匀的能力。黏聚性的大小取决于用于填充粗集料大孔隙的细集料的含量和水泥浆的稠度。相对地说，在一定范围内细集料含量越高，拌和物黏聚性越好，水泥浆稠度越高，黏聚性越好，反之较差。黏聚性不好，拌和物易产生分层、离析的现象。

(4)保水性。保水性指拌和物具有保持一定水分不使泌出的能力。保水性差的拌和物易在混凝土内部形成泌水通道，容易在粗骨料和钢筋下部形成水囊或水膜，降低混凝土的密实度和抗渗性，影响钢筋及粗骨料与砂浆的黏结，使强度和耐久性都受到不利的影响。

(5)含气量。混凝土拌和物振捣密实后单位体积中尚存的空气含量称为含气量。

和易性是一项综合性的技术性质，目前尚没有一个能够全面反映混凝土拌和物和易性的测定方法和指标。以流动性、黏聚性、保水性三方面性质分析，流动性对混凝土拌和物性质影响最大，所以，一般描述和易性的测定方法是以测定混凝土拌和物流动性为主，辅以对黏聚性和保水性的直观目测。

三、混凝土拌和物单位加水量

拌和物流动性随用水量增大而显著变大，但用水量过大会使拌和物黏聚性和均匀性变差，产生严重泌水、分层或流浆，使工作性变差，同时也降低强度。

现假设流动性为 y 的混凝土拌和物中，固体粒子以 dV_s 增加，流动性变化为 V_s，如 dy 与固体粒子总体积 V_s 和水的体积 V_w 之比的增量 $d(\frac{V_s}{V_w})$ 及流动性 y 成反比，则

$$dy=-ky\,d(\frac{V_s}{V_w})$$

上式中的负号表示 $d(\frac{V_s}{V_w})$ 增加时 dy 是减少。将上式积分后得

$$y=y_0 e^{-k(V_s/V_w)}$$

式中 y_0——根据流动性试验方法而定的常数，其含义为 $V_s=0$ 时的流动性，即水的流动性；

k——由固体粒子的性质而定的常数。

现以 $1m^3$ 拌和物考虑，由于 $V_w+V_s=1$，则上式变为：

$$y=y_0 e^{-k(1-V_w)/V_w}$$

因此，可以得到以下结论：

在采用一定的骨料的情况下，如果单位加水量一定，在实际应用范围内，单位水泥用量即使变化，坍落度也大体上保持不变，这一规律通常称为固定加水定则，或称为需水性定则。也就是说如果其他条件不变，即使水泥用量有某种程度的变化，对流动性也没有多大影响。但实际上多少是有影响的，所以固定加水量定则是不严密的。这个定则用于配合比设计是相当方便的，即可以通过固定单位加水量、变化水灰比而得到既满足拌和物工作性要求，又满足混凝强度要求的设计。

四、混凝土拌和物的水灰比

水灰比和集灰比主要影响拌和物的黏聚性和泌水性。水灰比和集灰比较小时，拌和物一

般黏聚性好、析水少、易保证施工质量，但水灰比和集灰比过小也会带来负面影响。

在拌和合物流动性公式中，固体总体积 V_s 是集料的绝对体积 a 和水泥的绝对体积 c 之和。把 $V_s=a+c$ 代入拌和物流动性公式得：

$$y=y_0\mathrm{e}^{-100k(a+c)}$$

将上式两边取自然对数，得

$$(\frac{y}{y_0})=-k(\frac{a+c}{\omega})=-K(\frac{c}{\omega})(1+\frac{a}{c})$$

可以得到：

(1)如果水灰比保持不普变，减少集灰比，意味着单位加水量增加，因此流动性提高。

(2)如果保持集灰比不变，减少水灰比，实际上意味着单位加水量减少，流动性降低。

五、混凝土拌和物的含砂率

(1)在一定的含砂率范围内，随着含砂率的增加，润滑作用和填充作用愈加显著，粗集料之间的摩擦力也减少。拌和物的塑性黏度降低，流动度提高。

(2)当含砂率超过一定范围后，细集料的总表面积过分增加，需要的润湿水分增大，在一定加水量条件下，砂浆的黏度过分增加，从而使拌和物流动性降低。砂率过小则砂子的体积不足以填满砂间的空隙，必须使部分水泥充当填充作用而导致流动性、黏聚性和保水性均差，甚至发生离析、溃散现象。

(3)对于一定级配的粗集料和水泥用量的拌和物，均有各自的最佳含砂率。

六、混凝土拌和物的组成材料

(1)水泥对拌和物性能的影响反映在水泥的需水性上。不同品种的水泥，不同的水泥细度，不同的水泥矿物组成及混合掺料，其需水性不同。水泥的需水性以标准稠度用水量表示。

掺入外掺料(矿渣、火山灰等)的水泥配制的拌和物，其需水量比普通水泥需水量大，因为这些外加料具有吸附及湿胀性。

水泥矿物组成中，C_3A 的标准稠度用水量最大，C_2S 最小，大致顺序为：$C_3A>C_3S>C_4AF>C_2S$。

水泥细度愈细，比表面积越大，需水量越大。

一般来说，由于拌和物中水泥含量相对较小，水泥的需水性对拌和物工作性的影响并不十分显著。

(2)骨料对拌和物性能的影响反映在级配、颗粒形状、表面形状及最大粒径等方面。

级配好的骨料含空隙少，在相同水泥浆量的情况下，可以获得比级配差的骨料更好的工作性。试验表明，骨料中小于 10mm、大于 0.3mm 之间的所谓中等颗粒对拌和物工作性影响显著。如果中等颗粒含量过多，即粗骨料偏细、细骨料偏粗，则将导致拌和物粗涩、松散、工作性差；如果中等颗粒含量过少，则会使拌和物黏聚性变差并发生离析。

在一定范围内，骨料最大粒径愈大，其表面积愈小，获得相同的坍落度的拌和物所需的加水量愈少。

扁平和针状的骨料，其比表面积大，对拌和物流动性不利。

多孔骨料一方面由于多孔而增加了拌和物的内摩擦阻力，另一方面由于吸水性大，导致露水性增加。

骨料在拌和物中占据体积最大，因此它对拌和物工作性的影响也最大。

七、时间和温度对混凝土拌和物和易性的影响

时间和温度主要影响拌和物的含气量。一般地，在 1～3min 内拌和物含气量急增，3～5min 达最大，以后逐渐减少；拌和物的温度每升高 10℃，拌和物含气量约减少 0.1%，所以随着时间的延长拌和物会变得干硬。

八、混凝土拌和物离析现象

(1)离析是指拌和物各组分分离，造成不均匀和失去连续性的现象。

1)粗骨料从拌和物中分离。

2)稀水泥浆从拌和物中淌出，这主要发生在流动性大的拌和物中。

(2)泌水

泌水是指拌和物浇筑之后到开始凝结期间，固体粒子下沉，水上升，并在表面析出水的现象，同时发生沉降收缩。

泌水对混凝土的影响如下：

1)泌水使表面含水量增加，产生大量的浮浆，硬化后使面层混凝土强度弱于下面混凝土强度，并产生大量容易剥落的“粉尘”。如果混凝土是分层浇筑，若不设法除去面层上的这些浮浆，则会损害每层混凝土之间的黏结。

2)泌水使一些上升的水还会聚结在粗集料和钢筋下方，硬化后成为空隙，出现弱黏结区。

3)泌水使上升的水，在其后留下水的通道，降低了混凝土的抗渗性和抗冻性。

4)在和模板的交界面上，泌水会把水泥浆带走，仅留下砂子，出现“砂纹”现象。

5)如果拌和物表面水的蒸发速度比泌水速度快，水的蒸发面深入到拌和物表面之内，则水面形成凹面。由于表面张力的影响，凹面较凸面所受压力大，同时，在固体粒子间的引力作用发生凝聚。由于表现张力产生的压力差与曲面半径成反比，所以颗粒愈细，凝聚的倾向愈强。在拌含物表面尚未硬化时，由于这种引力的作用便产生收缩，称为塑性收缩。如果引力作用不均匀，便产生裂纹，称为塑性收缩裂纹。

九、混凝土的物理性能指标

(1)密实度。密实度表示在一定体积混凝土中，固体物质的填充程度。它几乎与混凝土的所有技术性能，如强度、抗冻性、抗渗性、耐久性等都有密切联系。

(2)干缩和湿胀性能。混凝土的干燥和吸湿引起其中含水量的变化，同时也引起混凝土的体积变化——干缩和湿胀。湿胀是水泥凝胶体颗粒之间吸入水分，水分又破坏了凝胶体颗粒的凝聚力，迫使颗粒分离的结果。另外，水的侵入使凝胶体颗粒表面形成吸附水，使颗粒发生微小的膨胀。混凝土在干燥环境下会因失去水分而引起体积收缩。

(3)渗透性。对于相同水化程度的水泥石，其渗透性取决于水灰比，因为水灰比较大时，水泥水化时留下的毛细孔较多，而这些毛细孔就是水的通道。混凝土的渗透系数要比水泥石大一百倍以上。这是由于在集料和水泥面的界面处存在的裂缝及集料下方形成的孔穴等构成了水的较大的通道。

另外，混凝土的其他物理性能还有热膨胀性、热传导性和热扩散性等。

十、混凝土的力学性能

混凝土的力学性能一般包括强度、徐变和弹性模量。强度是材料在外力作用下抵抗破坏的能力；徐变是指材料在长期荷载作用下随着时间而增加的变形；弹性模量是指材料在弹性范围内应力与应变的比值，又称为弹性系数。

强度是混凝土力学性能最重要的力学指标。它包括立方体抗压、轴心抗压、抗拉、弯曲、剪切和与钢筋黏结强度等。在钢筋混凝土结构中，混凝土主要用来抵抗压力。考虑到混凝土抗压强度试验比较简单易行，因此，用标准试验方法测定混凝土立方体抗压强度作为划分混凝土等级的标准。混凝土强度等级可分为 C7.5、C10、C15、C20、C25、C30、C35、C40、C45、C50、C55、C60 共十二个等级。

十一、影响混凝土强度的因素

影响混凝土强度的因素如图 7—1 所示。

影响混凝土强度的因素

- 水泥强度与水灰比
  - 混凝土的强度主要取决于水泥石的强度及其骨料间的黏结力。两者都随水泥强度和水灰比的大小而变化。
  - 当水灰比较小时，混凝土中所加水分除去与水泥化合消耗部分之后，剩余的游离水较少，混凝土结构密实、孔隙率小，强度较高；反之，水灰比较大，混凝土水泥石中存在较多的自由水或气孔，在骨料表面（特别是底面）常有水囊或水槽通道，不仅减小了受力断面，而且在孔的附近以及骨料与水泥石界面产生应力集中或局部减弱，造成不均匀的应力分布和薄弱区、使混凝土强度明显下降。
  - 通常，水泥水化所需的化学结合水约占水泥质量的 20%～25%，其余的水只是为满足混凝土的工作性。
- 骨料质量
  - 骨料影响混凝土强度的因素有材质、粒形、表面形状、粒径、级配等。
  - 使用低强度或风化岩石或针片状岩石作骨料，必然使混凝土强度降低；在水灰比相同的条件下，碎石混凝土的抗压强度高于卵石混凝土的抗压强度。
- 养护条件
  - (1)温度。通常情况下，当周围环境的温度升高时，拌和混凝土中的水泥水化作用加快，因而混凝土深度发展较快。反之，温度降低则强度发展缓慢，当温度降至 0℃以下时，混凝土强度中止发展，甚至因冻胀而破坏。
  - (2)湿度。在混凝土强度发展早期，湿度的影响较为明显。如周围环境干燥或有风，则混凝土失水干燥，短期内混凝土强度停止发展，而且因水化作用未能充分完成，造成混凝土内部结构疏松，甚至表面出现干缩裂缝，对耐久性和强度均有不利影响。
  - (3)压力。常压蒸养可加速混凝土强度的发展，高压蒸汽（一般为 0.8～1MPa，$t \geqslant 175$℃）养护可大大提高混凝土的早期强度。
- 龄期：在正常养护条件下，混凝土的强度在最初 7h 至 14d 内发展较快，以后逐渐缓慢，增长过程可延续数十年。
- 其他因素
  - 采用机械搅拌、加压振捣、适当延长搅拌时间或其他综合措施，均可提高混凝土的密实度和早期强度，改变强度发展的速度和增长率。

图 7—1　影响混凝土强度的因素

十二、混凝土的抗渗性

混凝土的抗渗性是指抗压力水渗透的能力。混凝土渗透能力的形成，是由于混凝土中多余水分蒸发后留下了孔洞或孔道，同时新拌混凝土因泌水在粗集料颗粒与钢筋下缘形成的水膜，或泌水留下的孔道和水囊，在压力水的作用下会形成内部渗水的管道，再加之施工缝处理不好、捣固不密实等，都能引起混凝土渗水，甚至引起钢筋的锈蚀和保护层的开裂、剥落等破坏现象。

混凝土的抗渗能力用抗渗等级来表示，也可用渗水高度和渗透系数表示。通常，以 28d 龄期按标准要求制作、养护的标准试件，按标准方法进行抗渗试验，以不出现渗水现象的最大水压(MPa)来确定抗渗等级。抗渗等级用 P 表示，可分为 P4、P6、P8、P10、P12 等。混凝土抗渗能力的改善，主要措施是提高混凝土的密实度，切断共渗水通道，尽量采用较小的水灰比。

十三、混凝土的抗冻性

混凝土的抗冻性是指其在饱和水状态下遭受冰冻时抵抗冰冻破坏的能力。抗冻性是评定混凝土耐久性的重要指标。抗冻性以抗冻等级(F)表示。它是按标准方法将试件进行冻融循环，以强度降低不超过 20％或质量损失不大于 5％时所能承受的最多冻融循环次数来确定。抗冻等级可分为 F25、F50、F100、F200、F250、F300 等。影响混凝土抗冻性的主要因素，除原材料本身外，还有混凝土的孔隙率。因此，常常采用小水灰比以提高混凝土的密实度，采用加气混凝土等办法来提高混凝土的抗冻性能。

第二节 混凝土的配合比设计

一、混凝土配合比设计的准备工作

为保证混凝土配合比设计得合理、适用，在混凝土配合比设计前应做好如下的资料收集准备工作：

(1)要求的混凝土强度等级。

(2)要求的混凝土施工稠度(坍落度或维勃稠度)。

(3)使用的水泥品种和水泥强度、安定性等技术资料。

(4)使用骨料的情况。如粗集料的种类、最大粒径、强度、密度、颗粒级配、含泥量、泥块含量、硫化物(SO_3)含量、针片状颗粒含量等，细集料的颗粒级配、细度模数、含泥量、泥块含量、硫化物(SO_3)含量、云母含量、轻物质含量等。

(5)使用的外加剂与掺料的要求及技术资料。

(6)施工条件，如搅拌方式、运输距离、浇筑高度、振捣方法及结构物的钢筋布置等。

(7)施工和使用的环境条件，如春、夏、秋、冬及风、雨、霜、雪、温湿度等使用环境及是否有侵蚀介质等。

(8)养护方法，如自然养护、蒸汽养护、压蒸养护等。

二、混凝土配合比设计的强度参数计算

混凝土配制强度 $f_{cu,0}$ 可按下式计算：

$$f_{cu,0} \geqslant f_{cu,k} + 1.645\sigma$$

式中 $f_{cu,0}$——混凝土配制强度，MPa；

$f_{cu,k}$——混凝土立方体抗压强度标准值，MPa；

1.645——保证率 95％时的标准差倍数；

σ——施工单位或所采用的混凝土强度标准差，MPa。

遇有下列情况时应提高混凝土配制强度：

(1)现场施工条件与试验室条件有较大差异时；

(2)C30 级及其以上强度等级的混凝土，采用非统计方法评定混凝土强度时。

混凝土强度标准差宜根据同类混凝土统计资料计算确定，并应符合下列规定：

(1)计算时，强度试件组数不应少于 25 组。

(2)当混凝土强度，等级为 C20 或 C25 级，其强度标准差计算值小于 2.5MPa 时，计算配制强度用的标准差应小于 2.5MPa；当混凝土强度等级等于或大于 C30 级，其强度标准差计算值小于 3.0MPa 时，计算配制强度用的标准差应取不小于 3.0MPa。

(3)当无统计资料计算混凝土强度标准差时，其值应按现行国家标准规定取用。

三、混凝土配合比设计的水灰比计算

水灰比是指单位混凝土拌和物中水与水泥的质量之比。它对塑性混凝土强度发展起着决定性作用。这一著名的水灰比定律是由美国混凝土专家艾布拉姆斯提出来的。他提出：在其他材料给定的情况下，塑性混凝土的强度取决于拌和水的用量，即水灰比越大，混凝土强度越低。1918 年美国 PCA 初创时提出了按体积计算的公式，即 $R=\frac{K_1}{K_2 \cdot W/C}$。式中只指直径为 15.24cm、高为 30.48cm 的圆柱体试件的抗压强度值；K_1 和 K_2 是两个测定常数，它们随着水泥强度、龄期、制作方式、养护方法等而异；W/C 是按体积计算的水灰比。

混凝土配合比设计时，选取每立方米混凝土的用水量，并计算出每立方米混凝土的水泥用量。混凝土强度等级 C60 时，混凝土水灰比应按下式计算：

$$\frac{W}{C}=\frac{\alpha_a f_{ce}}{f_{cu,0}}+\alpha_a \alpha_b f_{ce}$$

式中 $\frac{W}{C}$——水灰比，即灰水比的倒数值；

f_{ce}——水泥 28d 抗压强度实测值，MPa；

α_a 和 α_b——回归系数，应根据工程使用的水泥、集料通过试验，建立灰水比和混凝土强度关系式而确定。当不具备试验统计资料时，对碎石混凝土 α_a 可取 0.46，α_b 可取 0.07；对卵石混凝土，α_a 可取0.48，α_b 可取 0.33。

即采用碎石时：

$$f_{cu,0}=0.46 f_{ce}\left(\frac{C}{W}-0.77\right)$$

$$\frac{W}{C}=0.46\,\frac{f_{ce}}{f_{cu,0}}+0.46\times 0.07 f_{ce}$$

采用卵石时：

$$f_{cu,0}=0.48 f_{ce}\left(\frac{C}{W}-0.33\right)$$

$$\frac{W}{C}=0.48\,\frac{f_{ce}}{f_{cu,0}}+0.46\times 0.33 f_{ce}$$

在无法取得水泥实际强度值时，可采用下式计算水泥 28d 抗压强度：

$$f_{ce}=\gamma_c f_{ce,g}$$

式中　$f_{ce,g}$——水泥确定等级；

γ_c——水泥确定等级的富余系数。

四、混凝土配合比的砂率选取

砂率是指砂在骨料(砂和石)中所占比例的物理量,即砂质量与砂、石总质量之比。合理计算选择砂率,就是要求能够使砂、石、水泥浆互相填充,保证混凝土的流动性、黏聚性、保水性等,混凝土既能达到最大密实度,又能使水泥用量降为最少用量。普通混凝土的砂率在24%~44%之间。影响砂率的因素很多,如石子的形状(卵石砂率较小、碎石砂率较大)、粒径大小(粒径大者砂率较小、粒径小者砂率较大)、空隙率(空隙率大者砂率较大、空隙率小者砂率较小)、水灰比(在保持水灰比不变时,如增大砂率,坍落度亦随之增大,反之则减小)等。另外,当骨料总量一定时,砂率小则用砂量不足,混凝土拌和物的流动性小,易离析、泌水。在水泥浆量一定的条件下,砂率过大则砂的总表面积增大,包裹砂子的水泥浆层太薄;砂粒间的摩擦阻力加大,混凝土拌和物的流动性减小。若砂率不足,就会出现离析、水泥浆流失。因此,砂率的确定,除进行计算外,还需进行必要的试验调整,从而选定最佳砂率,即单位用水量和水泥用量减到最少而混凝土拌和物具有最大的流动性,且能保持黏聚性和保水性能良好的砂率。也就是当 W/C 与 W 一定时,坍落度值最大者为最佳砂率。或者当坍落度与 W/C 一定时,水泥用量最小者为最佳砂率。

选取好砂率,从而计算粗骨料和细骨料的用量。

五、混凝土配合比用水量的确定

(1)当水灰比在 0.4~0.8 时,根据骨料品种、粒径及施工要求的混凝土拌和物稠度,按规定选取用水量。

(2)用各种外加剂或掺和料时,用水量应相应调整。

(3)水灰比小于 0.040 的混凝土以及采用特殊成型工艺的混凝土用水量应通过试验确定。

(4)流动性、大流动性混凝土的用水量按下列步骤计算。

以规定坍落度 90mm 的用水量为基础,按坍落度每增大 20mm 用水量增加 5kg,计算出未掺外加剂时混凝土的用水量。

掺外加剂时的混凝土用水量可按下式计算;

$$m_{wa}=m_{wo}(1-\beta)$$

式中 m_{wa}——掺外加剂混凝土每立方米混凝土的用水量,kg;

m_{wo}——未掺外加剂混凝土每立方米混凝土中的用水量,kg;

β——外加剂的减水率,%。

六、混凝土配合比的水泥用量计算公式

混凝土配合比设计的水泥用量(m_{co})按下式计算:

$$m_{co}=\frac{m_{wo}}{\frac{W}{C}}$$

由此公式计算规定的最小水泥用量值。

七、利用砂率计算混凝土配合比设计的用砂、石量

计算砂、石用量(m_{so}、m_{go})可在已知砂率的情况下,粗、细集料的用量可用重量法或体积法

计算。

(1)重量法。原理:假定组成混凝土的水泥、砂、石、水等材料在密实状态下的体积密度为一个固定值。

砂、石用量可用以下两式计算:

$$m_{co}+m_{go}+m_{so}+m_{uo}=m_{cp}$$

$$\beta=\frac{m_{so}}{m_{so}+m_{go}}\times100\%$$

式中　m_{co}——每立方米混凝上的水泥用量,kg;

m_{go}——每立方米混凝土的粗骨料用量,kg;

m_{so}——每立方米混凝土的细骨料用量,kg;

m_{uo}——每立方米混凝土的用水量,kg;

m_{cp}——每立方米混凝土拌和物的假定质量,kg,其值可取 2 350～2 450kg;

β_s——砂率,%。

(2)体积法。原理:假定刚拌和的混凝土拌和物的体积等于其各组成材料的绝对体积及其所含少量空气体积的总和且等于 1m³。

砂、石用量可用以下两式计算:

$$\frac{m_{co}}{\rho_c}+\frac{m_{so}}{\rho_s}+\frac{m_{go}}{\rho_g}+\frac{m_{wo}}{\rho_w}+0.01\alpha=1$$

$$\beta_s=\frac{m_{so}}{m_{so}+m_{go}}\times100\%$$

式中　ρ_c——水泥密度,kg/m³,可取 2 900～3 100kg/m³;

ρ_g——粗骨料的表观密度,kg/m³;

ρ_s——细骨料的表观密度,kg/m³;

ρ_w——水的密度,kg/m³,可取 1 000kg/m³;

α——混凝土的含气量百分数,%,在不使用引气型外加剂时,α 可取为 100%。

八、混凝土配合比的试配

(1)进行混凝土配合比试配时,应采用工程中实际使用的原材料。混凝土的搅拌方法宜与生产时使用的方法相同。

(2)混凝土配合比试配时,当采用机械搅拌时,其搅拌量不应小于搅拌机额定搅拌量的 1/4。

(3)按计算的配合比进行试配时,首先应进行试拌,以检查拌和物的性能。当试拌得出的拌和物坍落度或维勃稠度不能满足要求,或黏聚性和保水性不好时,应在保证水灰比不变的条件下相应调整用水量或砂率,直到符合要求为止,然后提出供混凝土强度试验用的基准配合比。

(4)混凝土强度试验时至少应采用三个不同的配合比。当采用三个不同的配合比时,其中一个应为上述基准配合比,另外两个配合比的水灰比宜较基准配合比分别增加和减少 0.05;用水量应与基准配合比相同,砂率可分别增加和减少 1%。

当不同水灰比的混凝土拌和物坍落度与要求值的差超过允许偏差时,可通过增、减用水量进行调整。

(5)制作混凝土强度试验试件时,应检验混凝土拌和物的坍落度或维勃稠度、黏聚性、保水性及拌和物的表观密度,并以此结果作为代表相应配合比的混凝土拌和物的性能。

(6)进行混凝土强度试验时每种配合比至少应制作一组(三块)试件,标准养护到28d时试压。

需要时可同时制作几组试件,供快速检验或较早龄期试压,以便提前定出混凝土配合比供施工使用。但应以标准养护28d强度或按现行国家标准、现行行业标准等规定的龄期强度的检验结果为依据调整配合比。

九、混凝土配合比的调整

(1)根据试验得出的混凝土强度与其相对应的灰水比(C/W)关系,用作图法或计算法求出与混凝土配制强度($f_{cu,0}$)相对应的灰水比,并应按下列原则确定每立方米混凝土的材料用量:

1)用水量(m_w)应在基准配合比用水量的基础上,根据制作强度试件时测得的坍落度或维勃稠度进行调整确定;

2)水泥用量(m_c)应以用水量乘以选定出来的灰水比计算确定;

3)粗集料和细集料用量(m_g 和 m_s)应在基准配合比的粗骨料和细集料用量的基础上,按选定的灰水比进行调整后确定。

(2)经试配确定配合比后,尚应按下列步骤进行校正:

1) 应根据所确定的材料用量按下式计算混凝土的表观密度计算值 $\rho_{c,c}$:

$$\rho_{c,c}=m_c+m_g+m_s+m_w$$

2)应按下式计算混凝土配合比校正系数 δ:

$$\delta=\frac{\rho_{c,t}}{\rho_{c,c}}$$

式中 $\rho_{c,t}$——混凝土表观密度实测值(kg/m^3);

$\rho_{c,c}$——混凝土表观密度计算值(kg/m^3)。

当混凝土表观密度实测值与计算值之差的绝对值不超过计算值的2%时,上述所确定的配合比即为确定的设计配合比;当二者之差超过2%时,应将配合比中每项材料用量均乘以校正系数 δ,即为确定的设计配合比。

(3)根据本单位常用的材料,可设计出常用的混凝土配合比备用。在使用过程中,应根据原材料情况及混凝土质量检验的结果予以调整。但遇有下列情况之一对,应重新进行配合比设计:

1)对混凝土性能指标有特殊要求时;

2)水泥、外加剂或矿物掺和料品、质量有显著变化时;

3)该配合比的混凝土生产间断半年以上时。

第三节　混凝土性能测定试验

一、混凝土拌和物取样一般规定

混凝土工程施工中,取样进行混凝土试验时,其取样方法和原则应按现行《混凝土结构施工及验收规范》(GB 50204－2002)及《混凝土强度检验评定标准》(GBJ 107－2002)有关规定进行。

拌制混凝土的原材料应符合技术要求，并与施工实际用料相同。在试验室拌制混凝土进行试验时，拌和用的原材料应提前运入室内，使材料的温度应与室温相同（应保持20℃±5℃）。水泥如有结块，需用0.9mm筛孔将结块筛除，并仔细搅拌均匀装袋待用。

试验室拌制混凝土时，材料用量以质量计，称量的精确度：集料为±1%；水、水泥和外加剂均为±0.5%。

拌制混凝土所用的各项用具（如搅拌机、拌和钢板和铁锹等），应预先用水湿润。

二、混凝土拌和物试样制备的仪器

（1）搅拌机：容量50～100L，转速18～22r/min。

（2）磅秤：称量为100kg，感量50g。

（3）托盘天平：称量1 000g，感量0.5g，称量5 000g，感量1g，各一台。

（4）量筒：1 000mL。

（5）拌板：拌板1.5～2m左右，拌后不小于3mm。

（6）其他：钢抹子、铁锹、坍落度筒、刮尺和钢板尺等。

三、坍落度法测定混凝土和易性试验

1.试验原理及仪器

（1）试验目的：测定混凝土拌和物的坍落度，观察其黏聚性和保水性，评定其和易性。

（2）将混凝土拌和物按规定方法搬运，分层装入坍落度筒内捣实，然后垂直提起坍落度筒，拌和物在自重作用下产生一定的坍落度，测其坍落后最高点与筒高的差，即为该混凝土拌和物的坍落度。

（3）仪器设备

1）坍落度筒：由薄钢板或其他金属制成的圆台形筒，如图7－2所示。其内壁应光滑、无凹凸部位。底面和顶面应相互平行并与锥体的轴线垂直，在坍落度筒外部2/3高度处安装两个把手，下端应焊上脚踏板。筒的内部尺寸为：底部直径（200±2）mm，顶部直径（100±2）mm，高度（300±2）mm，筒壁厚度不小于1.5mm。

2）小铲、钢尺、喂料斗等。

3）捣棒：直径16mm、长600mm的钢棒，端部应磨圆，如图7－2所示。

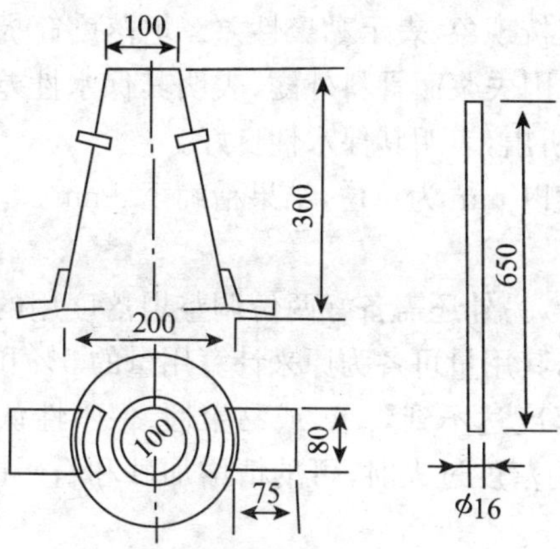

图7－2　标准坍落度筒和捣棒（mm）

2. 试验步骤

(1)湿润坍落度筒及其他用具，并把筒放在不吸水的刚性水平底板上，然后用脚踩住两个脚踏板，使坍落度筒在装料时保持位置固定。

(2)把按要求取得的混凝土试样用小铲分三层均匀地装入桶内，使捣实后每层高度为筒高的1/3左右。每层用捣棒沿螺旋方向在截面上由外向中心均匀插捣25次。插捣筒边混凝土时，捣棒可以稍稍倾斜。插捣底层时，捣棒应贯穿整个深度。插捣第二层和顶层时，捣棒应插透本层至下一层的表面。

装顶层混凝土时应高出筒口。插捣过程中，如混凝土沉低于筒口，则应随时添加。顶层插捣完后，刮出多余的混凝土，并用抹刀抹平。

(3)清除筒边底板上的混凝土后，垂直平稳地提起坍落度筒。坍落度筒的提离过程应在5～10s内完成。从开始装到提起坍落度筒的整个过程，应不间断地进行，并应150s内完成。

(4)提起坍落度筒后，两侧筒高与坍落后混凝土试体最高点之间的高度差，即为混凝土的拌和物坍落度值，如图7—3所示。

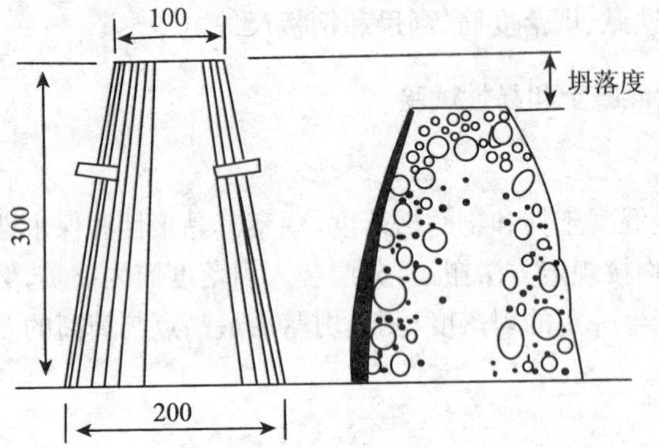

图7—3　坍落度试验(mm)

3. 试验结果处理

(1)坍落度筒提离后，如混凝土发生崩坍或一边剪坏现象，则应重新取样另行测定。如第二次试验仍出现上述现象，则表示该混凝土拌和物和易性差，应予记录备查。

(2)观察坍落度后混凝土试体的黏聚性和保水性。

用捣棒在已坍落的混凝土锥体侧面轻轻敲打，如果锥体逐渐下沉，表示黏聚性良好；如果锥体倒塌、部分崩裂或出现离析现象，表示黏聚性差。坍落度筒提起后，如有较多的稀浆从底部析出，锥体部分的拌和物也因失浆而骨料外露，表明其保水性差。如坍落度筒体提起后，无稀浆或仅有少量稀浆自底部析出，表明其保水性良好。

(3)混凝土拌和物坍落度以mm为单位，结果精确至5mm。

坍落度的调整：

(1)在按初步计算的同时，另外还需备好两份调整坍落度用的水泥与水，备用的水泥与水的比例应符合原定的水灰比，其用量可各为原来计算用量的5%和10%。

(2)若测得拌和物的坍落度达不到要求，或黏聚性、保水性认为不满意时，可掺入备用的5%或10%的水泥和水。但坍落度过大时，可酌情增加砂和石子的质量，尽快拌和均匀，重作坍落度测定。

四、维勃稠度法测定混凝土拌和物试验

1. 试验原理

将维勃稠度仪固定、调整后，按规定方法装料、插捣、提起坍落度筒，开启稠度仪，测量混凝土拌和物有圆锥载体被振动至透明圆盘的底面完全被水泥浆所布满瞬间的时间(s)即为该混凝土拌和物稠度的维勃时间。

用维勃稠度法测度混凝土拌和物的试验仪器：

(1)维勃稠度仪，如图 7－4 所示。其组成如下：振动台漆面长 380mm，宽 260mm，支承在四个减振器上。振动频率(50±3)Hz。容器空时台面振幅为(0.5±0.1)mm。

(2)容器：用钢板制成，内径为 240±3mm，高为 200±2mm，筒壁厚 3mm，筒底厚 7.5mm。

(3)坍落度筒同标准圆锥坍落度筒，但应去掉两侧的脚踏板。

(4)旋转架 11，连接测杆 9 级喂料斗 4。测杆下端安装透明而水平的圆盘 3，并用螺丝 12 把测杆 9 固定在套筒 5 中，坍落度筒在容器中心安放好后，把喂料斗的底部套在坍落度筒口上，旋转架安装在支柱 10 上，通过十字凹槽来固定方向，并用螺丝 6 来固定其位置。就位后，测杆或漏斗的轴线应与容器的轴线重合。

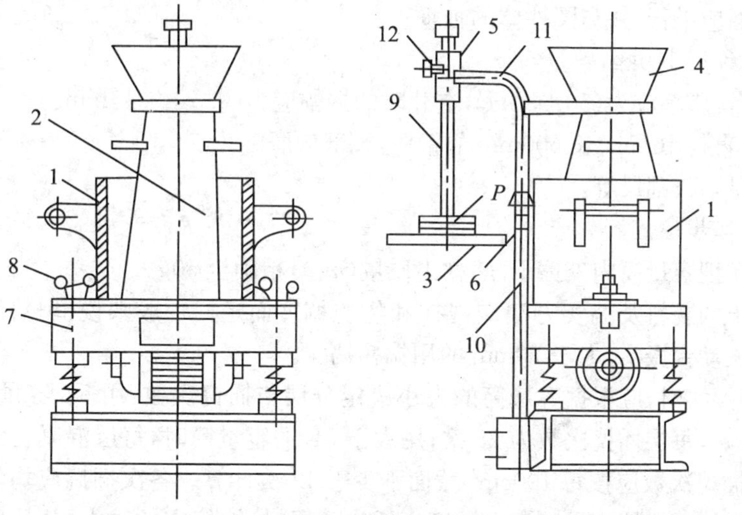

图 7－4 维勃稠度仪

1—容器；2—坍落度筒；3—透明圆盘；4—喂料斗；5—套带；6—螺钉；7—振动台；8—螺钉；9—测杆；10—支柱；11—旋转架；12—螺钉

(5)透明圆盘 3 直径为(230±2)mm，厚度为(10±2)mm。荷载(P)直接放在圆盘上。由侧杆、圆盘及荷重组成的滑动部分之质量调至(2 750±50)g。测杆上应有刻度以读出混凝土的坍落度值。

(6)捣棒、小铲、秒表(精度为 0.5s)。

2. 试验操作步骤

(1)把维勃稠度仪放置在坚实水平的基面上，用时把容器、坍落度筒、喂料斗内壁及其他用具擦湿。

(2)将喂料斗提到坍落度筒的上方扣紧，校正容器位置，使其中心与喂料斗中心重合，然后拧紧螺钉。

(3)把混凝土拌和物经喂料斗分层装入坍落度筒。装料及插捣的方法同坍落度测定中的规定。

(4)把圆盘、喂料斗都转离坍落度筒，小心并垂直地提起坍落度筒，此时应注意不使混凝土试体产生横向的扭动。

(5)把透明圆盘转到混凝土锥体顶面，放松螺钉，使圆盘轻轻落到混凝土顶面，此时应防止坍落的混凝土倒下与容器内壁相碰。如有需要可记录坍落度值。

(6)拧紧螺钉，并检查螺钉是否已经放松。同时开启振动台和秒表，在透明盘的底面被水泥浆所布满的瞬间停下秒表，并关闭振动态。

(7)记录秒表上的时间，读数精确到1s。由秒表读出的时间秒数表示所试验的混凝土拌和物的维勃稠度值。如维勃稠度值小于5s或大于30s，则此种混凝土所具有的稠度已超出本仪器的适用范围。

五、混凝土拌和物的表现密度的测定

1.仪器

(1)容量筒：金属制成的圆筒，两旁装有把手。对集料最大粒径不大于40mm的拌和物采用容积为5L的容量筒，其内径与筒高均为(186±2)mm，筒壁厚为3mm；集料最大粒径大于40mm时，容量筒的内径与筒高均应大于集料最大粒径的4倍。容量筒上缘及内壁应光滑平整，顶面与底面应平行，并与圆柱体的轴垂直。

(2)磅秤：称量100kg，感量50g。

(3)振动台：应率应为(50±3)Hz，空载时的振幅应为(0.5±0.1)mm。

(4)捣棒：直径16mm、长600mm的钢棒，端部应磨圆。

(5)小铲、抹刀、刮尺等。

2.试验操作步骤

(1)用湿布把容量筒内外擦干净，称出质量(m_1)，精确至50g。

(2)混凝土的装料及捣实方法应视拌和物的稠度而定。一般来说，坍落度不大于70mm的混凝土，用振动台振实，大于70mm的用捣棒捣实。

采用捣棒捣实时，应根据容量筒的大小决定分层与插捣次数：用5L容量筒时，混凝土拌和物分两层装入，每层插捣次数为25次；用大于5L的容量筒时，每层混凝土的高度不应大于100mm，每层插捣次数应按每100cm^{2}截面不少于12次计算。各次插捣应均匀地分布在每层截面上，插捣底层时捣棒应贯穿整个深度。插捣顶层时，捣棒应插透本层，并使之刚刚插入下面一层。每一层捣完后可把捣棒垫在筒底，将筒按住，左右交替地颠击地面各15次。插捣后如有棒坑留下，可用捣棒刮平。

采用振动台振实时应一次将混凝土拌和物装满到稍高出容量筒口。装料是允许用捣棒稍加插捣。在振实过程中，如混凝土高度沉落到低于筒口，则应随时添加混凝土。振动直至表面出浆为止。

用刮尺将筒口多余的混凝土拌和物刮去，表面如有凹陷应予填平。将容量筒外壁擦净，称出混凝土与容量筒总重(m_2)，精确至50g。

3.结果评定

混凝土拌和物的表观密度(ρ_h)按下式计算，精确至10kg/m^3：

$$\rho_h=\frac{m_2-m_1}{V}\times 1000$$

利用试验机测出试件凌坏荷载值除以其有效受力面积即得立方体抗压强度值：

$$f_{cu}=\frac{F}{A}$$

式中　f_{cu}——混凝土立方体试件抗压强度，MPa；

F——破坏荷载，N；

A——试件承压面积，mm^2。

六、混凝土立方体抗压强度试验

1. 试验仪器

(1)压力试验机：精度(示值的相对误差)至少为±2%，其量程应能使试件的预期破坏荷载值不小于全量程的20%，也不大于全量程的80%。

(2)钢尺：量程300mm，最小刻度1mm。

(3)试模：由铸铁或钢制成，应具有足够的刚度并便于拆装。试模内表面应刨光，其不平度应不大于试件边长的0.05%。组装后各相邻面的不垂直度应不超过±0.5°。

(4)振动台：试验用振动台的振动频率应为(50±3)Hz，空载时振幅应约为0.5mm。

(5)钢制捣棒：直径16mm、长600mm，一端为弹头。

(6)小铁铲、镘刀。

2. 试件的制作与养护

(1)试件制作

1)混凝土抗压强度试验一般以三个试件为一组。每一组试件所用的拌和物应从同一盘或同一车运送的混凝土中取出，或在试验时用机械或人工单独拌制。用以检验现浇混凝土工程或预制构件质量的试件分组及取样原则，应按《混凝土结构工程施工及验收规范》及其他有关标准的规定执行。

2)制作前，应将试模擦拭干净，并在试模内表面涂一薄层矿物油脂。

3)所有试件应在取样后立即制作。试件成型方法应视混凝土稠度而定。一般坍落度小于70mm的混凝土，用振动台振实。大于70mm的则用捣棒人工捣实。

采用振动台成型时，应将混凝土拌和物一次装入试模，装料时应用抹刀沿试模内壁略加插捣，并使混凝土拌和物高出试模上口。振动时，应防止试模在振动台上自由跳动。振动应持续到混凝土表面出浆位置，刮去多余的混凝土，并用抹刀抹平。

采用人工插捣时，混凝土拌和物应分两层装大试模，每层伪装料厚度大致相等。插捣应按螺旋方向从边缘向中心均匀进行。插捣底层时，捣棒应达到试模表面。插捣上层时，捣棒传入下层深度为20～30mm，插捣时捣棒应保持垂直，不得倾斜。同时，还应用抹刀沿试模内壁插入数次。每层的插捣次数应根据实际的界面而定，一般每100cm^2截面积不应少于12次，见表7－1。插捣完毕后，刮除多余的混凝土，并用抹刀抹平。

表7－1　混凝土试件尺寸与每层振捣次数选用表及强度换算系数

试件尺寸	允许骨料最大粒径(m)	每层插捣次数	每组需混凝土量	换算系数
100mm×100mm×100mm	30	12		0.95
150mm×150mm×150mm	40	25		1.00
200mm×200mm×200mm	30	12		0.95

(2)养护

试件成型后，应覆盖表面，以防止水分蒸发，并应在温度为(20±5)℃情况下静停一昼夜(不得超过两昼夜)，然后拆模。

1)标准养护。

拆模后的试件应立即放在温度为(20±5)℃,湿度为90%以上的标准养护室中养护。试件放在架上,彼此间隔为10～20mm,并应避免用水直接冲淋试件。当无标准养护室时,试件可在温度为(20±5)℃的不流动水中养护。水的pH值不应小于7。

2)同条件养护

试件成型后,应覆盖表面。试件的拆模时间可与实际构件的拆模时间相同,拆模后,试件仍需保持同条件养护。

3.试验操作步骤

(1)试件从养护地点取出后,应尽快进行试验,以免试件内部的温度和湿度发生显著变化。

(2)先将试件擦拭干净,测量尺寸,并检查外观:试件尺寸测量精确至1mm,并据此计算试件的承压面积。如实测尺寸与公称尺寸之差不超过1mm,可按公称尺寸进行计算。

(3)将试件安放在试验机的下压板上。试件的承压面应与成型时的顶面垂直。试件的中心应与试验机下压板中心对准。开动试验机,当上板与试件接近时,调整球座,使接触均衡。

混凝土试件的试验应连续而均匀地加荷,混凝土强度等级低于C30时,其加荷速度为0.3～0.5MPa/s若混凝土强度等级高于或等于C30时,则为0.5～0.8MPa/s。当试件接近破坏而开始迅速变形时,停止调整试验机油门,直至试件破坏。然后记录破坏荷载。

4.试验结果处理

(1)混凝土立方体试件抗压强度(f_{cu})为:

$$f_{cu}=\frac{F}{A}$$

(2)以三个试件测值的算术平均值作为该组试件的抗压强度值。三个测值中的最大或最小值中如有一个与中间值的差值超过15%时,则把最大值及最小值一并舍去,取中间值作为该组试件的抗压强度值。如有两个测值与中间值的差均超过中间值的15%,则该组试件的试验结果无效。

(3)取150mm×150mm×150mm试件的抗压强度值为标准值,用其他尺寸试件测得的强度值均乘以尺寸换算系数,换算系数的值对200mm×200mm×200mm试件为1.05,对100mm×100mm×100mm试件为0.95。

七、回弹法检验混凝土有无破损

1.仪器

(1)回弹仪。中型回弹仪,如图7—5所示,主要由弹击系统、示值系统和仪壳部件等组成,冲击功能为2.207J。

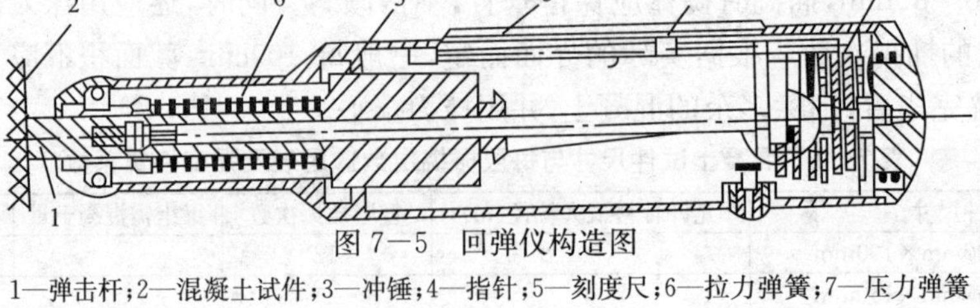

图7—5 回弹仪构造图

1—弹击杆;2—混凝土试件;3—冲锤;4—指针;5—刻度尺;6—拉力弹簧;7—压力弹簧

(2)钢砧(洛氏硬度RHC为60±12)。

2.试验步骤

(1)回弹仪率定。将回弹仪垂直向下在钢砧上弹击,取3次稳定回弹值进行平均。弹击杆应分4次旋转,每次旋转约90°,弹击杆每旋转一次的率定平均值均应符合80±2的要求,否则不能使用。

(2)混凝土构件测区与测面布置。每一构件至少应选取 10 个测区,相邻两测区间距不超过 2m,测区应均匀分布,并且具有代表性(测区宜选在测面为好)。每个测区宜有两个相对的测面,每个测面约为 20cm×20cm。

(3)检测面的处理。测面应平整光滑,必要时可用砂轮做表面加工,测面应自然干燥。每个测面上布置 8 个测点,若一个测区只有一个测面,应选 16 个测点,测点应均匀分布。

(4)回弹值测定。将回弹仪垂直对准混凝土表面并轻压回弹仪,使弹击杆伸出、挂钩挂上冲锤。将回弹仪弹击杆垂直对准测试点,缓慢均匀地施压,待冲锤脱钩冲击弹击杆后,冲锤即带动指针向后移动直至到达一定位置时,即读出回弹值(精确至 1 单位)。

3. 试验结果处理

(1)回弹值计算。从测区的 16 个回弹值中分别剔除 3 个最大值和 3 个最小值,取其余 10 个回弹值的算术平均值,计算至 0.1 单位,作为该测区水平方向测试的混凝土平均回弹值(N)。

(2)回弹值测试验度及浇筑面修正。若为非水平方向和浇筑面或底面时,按有关规定先进行角度修正,然后再进行浇筑修正。

(3)混凝土表面碳化后其硬度会提高,测出的回弹值将随之增大,故当碳化深度≥0.5mm 时,其回弹值应按有关规定进行修正。

(4)根据室内试验建立的强度(f)与回弹值(N)关系曲线,查得构件测区混凝土强度值。

(5)计算混凝土构件强度平均值(精确至 0.1MPa)和强度标准差(精确至 0.01MPa),最后计算出混凝土构件强度推定值(MPa),精确至 0.1MPa。

第四节　特种混凝土配合比设计及质量要求

一、道路混凝土

1. 道路混凝土的性质特点

道路混凝土主要指的是路面混凝土。混凝土路面是既要承受重载又受气候影响且暴露在严峻环境下的结构物。另外,行驶的车辆是高速运行的,如果混凝土路面不平整,不仅给行人一种不舒适和不安全感,而且还会给混凝土面层施加一个很大的冲击力。

(1)性质

随着交通事业的蓬勃发展,道路路面的等级标准也越来越高。因此,道路混凝土必须具备下列性质:

1)表观要致密,要有良好的抗磨性。

2)抗折强度高,波动度小。

3)表现易于整修。

4)要有随天气作用的良好耐久性。

5)在温度和湿度的影响下体积变化不大。

(2)特点

1)刚性大,整体性强,在荷载作用下变形很小。

2)在车轮荷载作用下,板体受弯、受拉容易产生破坏,因此要求混凝土面层板体必须有足够的抗弯、抗拉强度与厚度。

3)水泥混凝土路面受温度影响大，为了减小由于气温的变化而产生的温度应力，要将混凝土路面划分成较小的块体，并设有各种不同类型的接缝。

4)土基与基层要有足够的强度，并有良好的均匀性与稳定性，在荷载作用下不因基层脱空使板体产生过大的拉应力而造成破坏。

(3)施工和易性

在保证混凝土要求强度的前提下，混凝工尚应满足易于拌和、运输、灌筑、振实等各道工序的操作要求，且在施工过程中不产生离析，质量稳定；铺筑后的面层具有密实、平整、耐久、耐磨、防滑等特性。因之，拌制混凝土前，必须根据使用材料、施工机械、施工气候等条件，选择合理的配合比和适宜的坍落度或工作度，必要时可以掺入减水剂或引气剂。

(4)设计强度的抗弯拉强度

混凝土的设计强度以龄期28d的弯拉强度为标准。各级交通要求的混凝土设计弯拉强度不得低于表7—2的规定。当混凝土浇筑90d同时不开放交通时，可采用90d龄期强度，其值一般可按28d龄期强度的1.1倍计算。混凝土的弯拉弹性模量以试验实测为宜，也可按表7—2选用。

表7—2 混凝土设计强度和弹性损失

交通等级	特重	重	中等	轻
设计弯拉强度 f_{cm}(MPa)	5.0	5.0	4.5	4.0
弯拉弹模 E_c($\times 10^3$MPa)	30	30	30	27

(5)抗压强度

在道路混凝土施工中，设计文件为了保证路面混凝土的耐久性、耐磨性、抗冻性等要求，除有抗折强度要求外，还有抗压强度的规定。一般情况下，混凝土的抗压强度不应低于31MPa。道路混凝土配合比设计时除要按照抗折强度计算选择外，还应以混凝土的强度等级进行验证。

(6)耐久性

路面混凝土直接受到行驶车辆的磨损，寒冷积雪地区又受到防滑链轮胎和带钉轮胎的冲击，同时长年经受风吹日晒、雨水冲刷及冰雪冰融的侵蚀，因此要求混凝土路面必须具有良好的耐久性。

为了提高混凝土的耐久性，应注意以下几点要求：

1)提高混凝土抗压强度。一般在抗压强度相同情况下，引气混凝土与普通混凝土具有相同的耐磨耗性。

2)保证每1m^3混凝土中有足够的水泥用量，减少水灰比值，充分养护。采用32.5级水泥时，单层或双层路面的面层，其水泥用量应不少于300kg/m^3；双层路面的下层，其水泥用量应不少于270kg/m^3。

3)粗集料的质量是影响混凝土耐久性的最主要因素，故在施工中应严格选材，把好质量关，粗集料的质量要求见后述。

4)注意混凝土的早期养护，尽可能地延长养护时间。

5)合理选择原材料的品种，正确设计、选择混凝土的配合比。

6)严格控制施工计量，确保混凝土的均匀性。

2.道路混凝土中的骨料要求

(1)细骨料中粗细颗粒级配应当良好。

道路混凝土一般要求用洁净、坚硬、耐久、级配良好的中粗砂。

如果当地或就地无法取得理想的中粗砂，经过试样，混凝土达到设计要求强度后，可以采用含泥量小于3%的细砂，但应适当降低砂率，以求达到要求的技术指标。

(2)粗骨料碎石或砾石应质地坚硬、耐久、洁净，符合表7—3规定级配，最大粒径不应超过40mm；碎石和砾石的技术要求应分别符合表7—4的规定。

表7—3　粗骨产标准级配范围

级配类型	粒径(mm)	筛孔尺寸(圆孔)(mm)							
		40	30	25	20	15	10	5	2.5
		通过百分率(以质量计)(%)							
连续	5～40	95～100	55～100	39～54	25～40	14～27	5～15	0～5	
	5～30		95～100	67～77	44～59	25～40	11～24	3～11	0～5
	5～20				95～100	55～69	25～40	5～15	0～5
间断	5～40	95～100	55～69	25～40	14～27	14～27	0～5		
	5～30		95～100	67～77	44～59	25～40	25～40	3～11	0～5
	5～20			95～100	25～40	25～40	5～15	0～5	

表7—4　粗骨料技术要求

	项目		要求
碎石技术要求	颗粒级配		见表7—3
	石料强度等级		≥3级
	压碎指标值(%)	火成岩	13～16
		变质岩或深层的火成岩	16～20
		浅层的或喷出的火成岩	21～30
	针、片状颗粒含量(%)		≤5
	硫化物及硫酸盐含量(折算为 SO_3)(%)		≤15
	含泥量(冲洗法)(%)		≤1
砾石技术要求	颗粒级配		见表7—3
	空隙率(%)		≤45
	石料强度等级		≥3级
	压碎指标值		14～16
	软弱颗粒含量(%)		≤5
	针、片状颗粒含量(%)		≤15
	硫化物及硫酸盐含量(折算为 SO_3)(%)		≤1
	含泥量(冲洗法)(%)		≤1
	有机物含量(比色法)		颜色不深于标准液的颜色

注：压碎指标值中，接近低值者适用于设计弯拉强度较高的混凝土，接近高值者适用于设计弯拉强度较低的混凝土。

3. 道路混凝土配合比设计要求

(1)混凝土应具有与铺筑机械相适应的和易性，一般要求坍落度为3～5cm。当搅拌设备离施工程现场较远或夏季施工时，坍落度会有所损失，应适当增加坍落度。

(2)合理选择和修正砂率。如果粗骨料只用一个单料级集料配制时，砂率应适当增大，水泥用量和用水量也应酌增，对于细砂或粗砂，也应适当减小或增大砂率。

(3)单位用水量可参考经验数值，当粗集料最大粒径为40mm时碎石选用150～170kg/m³，卵石砾石选用140～160kg/m³，也可根据下列公式进行计算：

对于碎石混凝土

$$m_{w,0}=104.79+3.09T+11.27C/W+0.61S$$

对于卵石混凝土

$$m_{w,0}=86.89+3.70T+11.24C/W+1.00S$$

式中　$m_{w,0}$——用水量(kg)；

T——坍落度(cm)；

C/W——灰水比；

S——砂率(%)。

当掺用外加剂或掺和料时，应相应增减用水量。

(4)单位水泥用量应根据选用的水灰比和用水量计算。单位水泥用量不应小于 300kg/m³，宜控制水泥用量范围为 300～360kg/m³。

(5)水灰比应符合下列规定：

1)公路、城市道路和厂矿道路不应大于 0.50；

2)机场道面和高速公路不应大于 0.46；

3)冬季施工不应大于 0.45。

二、泵送混凝土

1.泵送混凝土配合比设计原则

(1)要保证压送后的混凝土能满足所规定的和易性、匀质性、强度及耐久性等质量要求，

(2)根据所用材料的质量、泵的种类、输送管的直径、压送距离、气候条件。浇筑部位及浇筑方法等，经过试验确定配合比，试验包括混凝土的试配和试送，

(3)在混凝土配合成分中，应尽量采用减水型塑化剂等化学外加剂，以降低水灰比，改善混凝土的可泵性。

2.泵送混凝土配合比设计参数要求

(1)水灰比

1)泵送混凝土的水灰比应不低于 0.50，一般也不宜超过 0.70；

2)选择泵送混凝土的水灰比时，除考虑可泵性要求外，还必须考虑结构物对混凝土的耐久性要求。

(2)砂率

为了避免混凝土拌和物在导管内堵塞，改变混凝土可泵性，可适当提高混凝土砂率。但过高的砂率会引起水泥用量和用水量的增加，故在能满足可泵性要求的前提下，应尽可能以减少用水量来选择砂率。GB 50204—2002 规定，泵送混凝土砂率应在 40%～45%范围内。

砂率的确定应充分考虑粗骨料的粒状和级配。对以碎石为骨料的普通混凝土，可参考表 7—5 选取。

表 7—5 泵送混凝土适宜砂率范围

粗骨料 D_{max}(mm)	适宜砂率(%)
25	40～45
40	40～43

3.坍落度

泵送普通混凝土坍落度是指施工现场压送前混凝土的坍落度。GB 50204—2002 规定，宜选用 8～18cm。施工中可参表 7—6 选取。

表 7—6 普通泵送混凝土的适宜坍落度

捣固方式	压送前(cm)		压送后(cm)	压送前后坍落度允许变化范围(cm)
	适宜坍落度	坍落度变动范围		
机械振捣	8～18	15%(并小于 2.5cm)	>5	±1.5
不振捣时	>18	15%	>15	±1.0

三、粉煤灰混凝土

1. 粉煤灰混凝土的化学成分

根据国内厂家统计,国内粉煤的化学成分变化如表 7—7。

表 7—7 国内粉煤灰的化学成分变化

化学成分	低钙粉煤灰化学成分变化范围(%)	典型粉煤灰化学成分(%)	
		低钙粉煤灰(F 级灰)	高钙粉煤灰(C 级灰)
SiO_2	40～16	54.9	39.9
Al_2O_3	17～35	25.8	16.7
Fe_2O_3	2～15	6.9	5.8
CaO	1～10	8.7	24.3
MgO	0.5～2	1.8	4.6
SO_3	0.1～2	0.6	3.3
NaO 及 K_2O	0.5～10	1.6	1.3
烧失量	1～26	—	—

2. 粉煤灰混凝土的主要性能参数

(1)减水率

粉煤灰对新拌混凝土改性,主要表现在与基准混凝土相等时,粉煤灰混凝土中的用水量降低。因此,粉煤灰的减水率是粉煤灰混凝土首要的工程性能参数。它给新拌混凝土带来的好处是:

1)为改善新拌混凝土和易性提供了基本条件。

2)为硬化中的粉煤灰混凝土减少了出现收缩裂缝的危险。

3)对硬化混凝土来说,有利于提高强度和减少体积变化。

(2)坍落度

在实际工程中,坍落度法仍是测定混凝土和易性的最普遍的单点试验法。大量工程实践证明:用坍落度试验控制粉煤灰混凝土的和易性,在国内外都是比较容易接受的,并认为坍落度对粉煤灰混凝土和易性变异的反映是比较敏感的,基本上符合用水量每增减 3～4kg/m^3,坍落度可增减 1cm 的规律。

(3)泌水性和离析现象

1)泌水性。粉煤灰是矿物质粉料,将其掺入混凝土中,可以弥补混凝土中水泥用量和细集料中细粉部分的不足,可以增强新拌混凝土的保水能力,不至于发生泌水扰动现象。当水分蒸发时,有效水灰比降低,强度增高。粉煤灰还可阻塞泌水通道,提高抗渗性。这些都有利于减少泌水量(即混凝土单位面积的泌水数量,以 cm^3/cm^2 计),降低泌水率(即泌水百分数,以%计),延缓泌水速度(即单位时间内的泌水量,以 cm^3/s 计)。

2)离析现象。粉煤灰混凝土的离析现象是指浆体和骨料分离的现象。离析现象一般有两种形式:一种是稠度过稀的混合料中,浆体流淌出来;另一种是黏聚性较差的混合料中,粗骨料分离出来。粉煤灰的加入，增加了混凝土中的粉料，也增加了浆体的体积，所以在任何情况下都有利于改善基准混凝土的黏聚性。掺加粉煤灰改善混凝土的离析现象，在贫混凝土和大流动性混凝土中的效果尤为明显。

3. 粉煤混凝土配合比设计要求

(1)粉煤灰混凝土的设计强度等级、强度保证率、标准差及离差系数等指标，应与基准混凝土相同，其取值应按现行有关标准执行。

(2)粉煤灰混凝土设计强度等级的龄期，地上工程宜为28d，地面工程宜为28d或60d，地下工程宜为60d或90d，大体积混凝土工程宜为90d或180d。在满足设计要求的条件下，以上各种工程采用的粉煤灰混凝土，其强度等级龄期也可采用相应的较长龄期。

(3)混凝土中掺用粉煤灰可采用等量取代法、超量取代法和外加法。粉煤灰混凝土配合比计算，应按绝对体积法计算。

(4)当粉煤灰混凝土配合比采用超量取代法时，超量系数可按表7—8选取。当混凝土超强较大或配制大体积混凝土时，可采用等量取代法。当主要为改善和易性时，可采用外加法。

表7—8 粉煤灰的超量系数

粉煤灰等级	超量系数
Ⅰ	1.1～1.4
Ⅱ	1.3～1.7
Ⅲ	1.5～2.0

(5)粉煤灰的含水率大于1%时，应从粉煤灰混凝土配合比用水量中扣除。粉煤灰混凝土中掺入引气剂时，其增加的空气体积应在配合比设计的混凝土体积中扣除。

(6)粉煤灰在各种混凝土中取代水泥限量见表7—9，当钢筋混凝土保护层小于5cm厚时，粉煤灰取代水泥的限量应相应减少5%。

表7—9 粉煤灰取代水泥限量

混凝土种类	粉煤灰取代水泥的最大限量(%)			
	P·Ⅰ或P·Ⅱ	P·O	P·S	P·P
预应力混凝土	25	15	10	—
钢筋混凝土、高抗冻融混凝土、高强混凝土、蒸养混凝土	30	25	20	15
中低强度混凝土、泵送混凝土、大体积混凝土、水下混凝土、地下混凝土、压浆混凝土	50	40	30	20
碾压混凝土	65	55	45	35

四、喷射混凝土配合比的设计要求

喷射混凝土是指将掺加速凝剂的混凝土利用压缩空气的力量喷射到岩面或建筑物表面的混凝土。喷射混凝土能与岩面或建筑物表面紧密地黏结在一起，并能填充表面的裂缝和凹坑，把岩层或建筑物加固成完整而稳定的、具有一定强度的结构，从而使岩石或结构物得到加强和保护。

喷射混凝土配合比设计要求与普通混凝土基本相同，所不同的是喷射混凝土需掺速凝剂，因此除了满足强度和和易性要求外，还必须达到所要求的初凝时间和终凝时间。喷射混凝土配合比的确定需满足下列条件：

(1)能得到所需的强度。

(2)回弹量少。

(3)粉尘少。

(4)黏附性好,能获得密实的混凝土。

(5)不发生管道堵塞。

因此,欲满足上述要求,考虑到混凝土施工有回弹,其水泥浆、外加剂及细骨料的含量在拌和时的比例要富余一些。

五、普通防水混凝土配合比设计要求

普通防水混凝土是以调整配合比的方法,在普通混凝土的基础上提高自身密度和抗渗能力的特种混凝土。普通防水混凝土中的水泥砂浆除了起到填充、润滑和黏结作用外,还在石子周围形成良好的砂浆包裹层,以切断石子表面形成的毛细管,从而提高混凝土的密实性,以达到提高抗渗性的目的。

(1)首先应满足抗渗性要求。根据工程要求,由混凝土的抗渗性、耐久性作用条件及材料来源情况确定水泥的品种;由混凝土的强度确定水泥的强度等级,并根据施工性能适当提高水泥用量。

(2)砂、石材料应合理选用。一般应优先考虑当地的砂、石材料,适当提高砂率及其相应的灰砂比,但必须符合工程要求。

(3)水灰比主要依据工程要求的抗渗性和施工最佳和易性来确定。施工和易性要由结构条件(如结构截面、钢筋布置等)和施工方法(运输、浇筑和振捣等)综合考虑决定。

要严格控制水灰比。混凝土水灰比对硬化后混凝土孔隙率的大小、数量起着决定性作用,直接影响混凝土结构的密实性。表 7—10 为对具有耐久性要求的混凝土所规定的水灰比。从满足混凝土抗渗性及耐久性出发,防水混凝土允许最大水灰比定为 0.60。但水灰比过小,施工操作困难,亦将影响混凝土的密实性,降低其抗渗性。因此,防水混凝土的水灰比应能使混凝土具有良好的耐久性、抗渗性和适宜的施工和易性。工程实践证明,水灰比为 0.50～0.60 是适宜的。

表 7—10　国内混凝土水灰比最大允许值

混凝土部位		混凝土允许最大水灰比(W/C)	
		有抗冻要求的地区	无抗冻要求的地区
外部混凝土	水位变化区	0.55	0.60
	水上或水中	0.60	0.65

总之,要配制出质量良好的防水混凝土,一定要遵循以下技术要点:

(1)水灰比不得大于 0.60;

(2)每 $1m^3$ 混凝土水泥用量不少于 320kg,水泥强度等级不得低于 42.5 级;

(3)砂率以 35%～40%为宜,灰砂比应为 1∶2～1∶2.5;

(4)粗骨料最大粒径不大于 40mm,细骨料采用中砂;

(5)坍落度不少于 5cm,掺用外加剂或采用泵送混凝土时不受此限;

(6)掺用引气型外加剂的防水混凝土,其含气量应控制在 3%～5%;

(7)普通防水混凝土强度等级不宜低于 30MPa。

六、轻骨料混凝土

1.轻骨料混凝土的配合比设计要求

用轻粗骨料、轻砂(或普通砂)、水泥和水配制而成的混凝土,其干表观密度不大于

1 950kg/m³者，称作轻骨料混凝土。

(1)试配强度

轻骨料混凝土的配合比应通过计算和试配确定。混凝土试配强度应按下式确定：

$$f_{cu,0} \geqslant f_{cu,k} + 1.645\sigma$$

式中 $f_{cu,0}$——轻骨料混凝土的试配强度(MPa)；

$f_{cu,k}$——轻骨料混凝土立方体抗压强度标准值(即强度等级)(MPa)；

σ——轻骨料混凝土强度标准差(MPa)。

混凝土强度标准差应根据同品种、同强度等级轻骨料混凝土统计资料计算确定。计算时，强度试件组数不应少于 25 组。当无统计资料时，强度标准差可按表 7－11 取值。

表 7－11 强度标准差 σ(MPa)

混凝土强度等级	低于 LC20	LC20～LC35	高于 LC35
σ	4.0	5.0	6.0

轻骨料混凝土配合比中的轻粗料宜采用同一品种的轻骨料。结构保温轻骨料混凝土及其制品掺入煤(炉)渣轻粗集料时，其掺量不应大于轻粗骨料的 30%，煤(炉)渣含碳量不应大于 10%。为改善某些性能而掺入另一种粗骨料时，其合理掺量应通过试验确定。

(2)外加剂

在轻骨抖混凝土配合比中加入化学外加剂或矿物掺和料时，其品种、掺量和对水泥的适应性，必须通过试验确定。

(3)水泥用量

不同试配强度的轻骨料混凝土的水泥用量可按表 7－12 选用。

表 7－12 轻骨料混凝土的水泥用量(kg/m³)

混凝土试配强度(MPa)	轻骨料密度等级						
	400	500	600	700	800	900	1000
＜5.0	260～320	250～300	230～280				
5.0～7.5	280～360	260～340	240～320	220～300			
7.5～10		280～370	260～350	240～320			
10～15			280～350	260～340	240～330		
15～20			300～400	280～380	270～370	260～360	250～350
20～25				330～400	320～390	310～380	300～370
25～20				380～450	370～440	360～430	350～420
30～40			420～500	390～490	380～480	370～470	
40～50					430～530	420～520	410～510
50～60					450～550	440～540	430～530

(4)水灰比

轻骨料混凝土配合比中的水灰比应以净水灰比表示。配制全轻混凝土时，可采用总水灰比表示，但应加以说明。

轻骨料混凝土最大水灰比和最小水泥用量的限值应符合表 7－13 的规定。

表 7－13　轻骨料混凝土的最大水灰比和最小水泥用量

混凝土所处的环境条件	最大水灰比	最小水泥用量(kg/m³)	
		配筋混凝土	素混凝土
不受风雪影响的混凝土	不作规定	270	250
受风雪影响的混凝土；位于水中及水位升降范围内的混凝土和潮湿环境中的混凝土	0.50	325	300
寒冷地区位于水位升降范围内的混凝土和受水水压或除冰盐等腐蚀的混凝土	0.45	375	350
严寒和寒冷地区位于水位升降范围内的受硫酸盐、除冰盐等腐蚀的混凝土	0.40	400	375

(5)用水量

轻骨料混凝土的净用水量根据稠度(坍落度或维勃稠度)和施工要求，可按表 7－14 选用。

表 7－14　轻骨料混凝土的净用水量

轻集料混凝土用途		稠度		净用水量(kg/m³)
		维勃稠度(s)	坍落度(mm)	
预制构件及制品	(1)振动加压成型	10～20	—	45～140
	(2)振动台成型	5～10	0～10	140～180
	(3)振捣棒或干拉振动器振实	—	30～80	165～215
现浇混凝土	(1)机械振捣	—	50～100	180～225
	(2)人工振捣或钢筋密集	—	≥80	200～230

(6)砂率

轻骨料混凝土的砂率可按表 7－15 选用。当采用松散体积法设计配合比时，表中数值为松散体积砂率；当采用绝对体积法设计配合比时，表中值为绝对体积砂率。

表 7－15　轻集料混凝土的砂率

轻集料混凝土用途	细集料品种	砂率(%)
预制构件	轻砂	35～50
	普通砂	30～40
现浇混凝土	轻砂	—
	普通砂	35～45

注：(1)混凝土强度等级较高时，宜取表中下限值。

(2)当采用圆球型轻粗骨料时，宜取表中下限值；采取碎石型时，则宜取上限值。

当采用松散体积法设计配合比时，粗细骨料松散状态的总体积可按表 7－16 选用。

表 7－16　粗细骨料总体积

轻粗骨料粒型	细骨料品种	粗细骨料总体积(m³)
圆球型	轻砂	1.25～1.50
	普通砂	1.10～1.40
普通型	轻砂	1.30～1.60
	普通砂	1.10～1.50
碎石型	轻砂	1.35～1.35
	普通砂	1.10～1.60

注：(1)混凝土强度等级较高时，宜取表中下限值；

(2)当采用膨胀珍珠岩时，宜取表中上限值。

当采用粉煤灰作掺和料时，粉煤灰取代水泥百分率和超量系数等参数的选择，应按国家现行标准《粉煤灰在混凝土和砂浆中应用技术规程》(JGJ 28)的有关规定执行。

2. 轻骨料混凝土试配结果的调整

计算得出的轻集料混凝土配合比必须通过试配予以调整，方法如下：

(1)以计算的配合比为基础，再选出与之相差±10%的相邻两个水泥用量，用水量不变，分别按三个配合拌制混凝土拌和物，测定拌和物的和易性，调整用水量，以达到要求的和易性为止。

(2)按校正的三个混凝土配合比进行试配，检验每种拌和物的稠度和振实湿表观密度，制作确定混凝土抗压强度标准值的试块，每种配合比至少应制作一组。

(3)标准养护 28d 后，测定混凝土抗压强度和干表观密度，最后以既能达到设计要求的混凝土配制强度和干表观密度又具有最小水泥用量的配合比作为选定的配合比。

(4)对选定的配合比应进行质量校正，其方法是先按式 $\rho_{cc}=m_a+m_s+m_c+m_f+m_{wt}$ 计算出轻骨料混凝土的计算表观密度，然后再与拌和物的实测振实湿表观密度相比，按下式计算校正系数。

$$\eta=\frac{\rho_{cc}}{\rho_{cc}}$$

式中 η——校正系数；

ρ_{cc}——轻集料混凝土的计算湿表观密度，kg/cm³；

ρ_{co}——拌和物的实测振实湿表观密度，kg/cm³；

$m_a, m_s, m_c, m_f, m_{wt}$——配合比计算所得的粗骨料、细骨料、水泥、粉煤灰用量和总用水量，kg/m³。

(5)将选定配合比中的各项材料用量均乘以校正系数，即最终的配合比设计值。

七、水下灌注混凝土

水下灌注混凝土系指直接灌注于水下结构部位并就地成型硬化的混凝土，在铁路、公路工程桩基施工中常采用导管灌注，有时也采用如泵压法、开底吊桶法等方法。为了便于施工和保证质量，常需要采用富配合比，酌增水泥用量、用砂量、掺外加剂等。

1. 水下灌注混凝土的技术性能要求

(1)和易性

坍落度 $T=18\sim22$cm 时，混凝土拌和物一般不发生离析和泌水，且流动度应有 1h 以上的保水能力。

另据资料介绍：泌水率为 1.2%～1.81%的混凝土拌和物具有较好的黏聚性。实际施工中，要求 2h 内析出的水分不宜大于混凝土体积的 15%。

(2)湿堆积密度

一般要求湿堆积密度不小于 2 100kg/m³。

(3)抗压强度

在静止水中施工的混凝土强度，可达到在空气中取样进行标准养护混凝土强度的 90%左右；在膨润土泥浆中灌注的混凝土强度仅达 70%～80%。

水下灌注混凝土的强度与灌注深度有关。部位愈深，强度愈低，参见表 7－17。

(4)混凝土与钢筋的粘接强度

在膨润土泥浆中进行钢筋混凝土施工时，膨润土粘附于钢筋周围，所以混凝土与钢筋的黏结力显著下降。

表 7－17　灌注桩端部混凝土强度

桩身长度(m)	8	23	24	36	备注
取芯抗压强度(MPa)	36.9	35.9	30.3	26.3	三根桩的平均值(试样 20 个)
标准偏差(MPa)	1.9	2.1	0.9	1.4	
标准试件强度(MPa)	40.4	37.7	37.5	38.0	
标准偏差(MPa)	0.93	0.95	0.81	0.69	

对于垂直钢筋，膨润土掺率为 8％时的黏结力是不掺时的 47％～49％，黏结力损失达 50％以上；当掺率为 12％时，黏结力是不掺时的 32％～42％。

对于水平钢筋，其黏结强度则更低，仅是垂直钢筋的 30％～50％。

钢筋浸入膨润土泥浆中的时间愈长，则黏结强度降低愈多。

2.水下灌注混凝土配合比设计要求

水下灌注混凝土配合比的设计步骤与普通混凝土配合比的设计方法(JGJ/T55－2000)基本相同。在设计选择水下灌注混凝土配合比时，应符合以下技术规定：

(1)原材料应符合现行技术标准和规范的规定。

(2)水泥的初凝时间不宜小于 2h。

(3)水泥用量除了考虑满足和易性要求外，还应满足耐水性要求。当有抗渗要求时，水泥用量不少于 300kg/m^3；当有抗冻性要求时，不少于 300kg/m^3。一般情况下用量不宜少于 350kg/m^3，不得大于 500kg/m^3。

(4)含砂率较普通混凝土略大，一般在 50％左右，粗集料最大粒径不得大于 60mm，且不得大于导管直径的 1/4。

(5)水灰比选择除应满足强度要求外，还应满足耐久性要求。抗渗等级 P6 宜在 0.55～0.60范围，P8 控制在 0.50～0.60 范围，P10 以上宜小于 0.50。对于填充于管柱内的承重混凝土，水灰比不宜大于 0.55；对于围堰封底混凝土，水灰比不宜大于 0.6。

(6)拌和物应具有良好的和易性，一般宜为 18～22cm，流动度保持在 1h 以上。

(7)配合比设计时，试配强度计算按 JGJ/T 55－2000 标准程序进行。

八、沥青混凝土技术性能要求

采用石油沥青或焦油沥青(煤沥青)为胶结材料，与石粉、粗细骨料等矿质混合料按照使用要求的配合比和温度加热拌匀，经铺筑、碾压或捣实的混凝土，称之沥青混凝土。

沥青混凝土结构的优点是整体长缝，有一定弹性，材料来源广，价格低廉，施工简便，不需养护，冷固后即可使用，能耐中等浓度的酸、碱和盐类的腐蚀。其缺点是耐热性较差，易变形，色泽不美观，用于室内影响光线等。

九、铁路工程混凝土质量要求

1.水泥的质量要求

(1)拌制混凝土用的水泥，应根据混凝土结构或构件所处的环境条件和工程需要，分别选用符合现行国家标准的硅酸盐水泥、普通硅酸盐水泥、矿渣硅酸盐水泥、火山灰质硅酸盐水泥、粉煤灰硅酸盐水泥或复合硅酸盐水泥。必要时也可采用快硬硅酸盐水泥或其他品种水泥。

复合硅酸盐水泥不宜用于有特殊要求或重要工程的混凝土。

(2)水泥的强度等级应根据所配制混凝土的强度等级选定。水泥与混凝土强度等级之比，对于C30及以下的混凝土，宜为1.1～2.2；对于C35及以上的混凝土，宜为0.9～1.5。

(3)运抵工地(厂)的水泥，应按批(散装水泥每500t为1批，袋装水泥每200t为1批，当不足500t或200t时，也按1批计)对同厂家、同批号、同品种、同强度等级、同出厂日期的水泥进行强度、细度、安定性和凝结时间的试验。当对水泥质量有怀疑或水泥出厂日期逾3个月(快硬硅酸盐水泥逾5个月)时，应按上述规定进行复验。

(4)水泥储运过程中，应符合下列规定：

装运水泥的车、船应有棚盖。

水泥仓库应设在地势较高处，周围应设排水沟。

袋装水泥在装卸、搬移过程中不得抛掷。

水泥应按品种、强度等级分批堆垛，堆垛高度不宜大于1.5～2.0。堆垛应架离地面0.2m以上，并距离四周墙壁0.2～0.3m，或留一通道。

先到的水泥应先用。

水泥不宜露天堆放，临时露天堆放时应上盖下垫。

2.粗骨料的质量要求

(1)混凝土用粗骨料应采用坚硬耐久的碎石、卵石或两者的混合物，其最大粒径不得大于板厚的1/2或结构截面最小尺寸的1/4，也不得大于钢筋最小净距的3/4，且不大于100mm。

(2)粗骨料的检验，应符合前面所述细集料的有关规定。

(3)粗骨料的颗粒级配宜符合表7—18的要求。

表7—18 粗骨料颗粒级配范围

级配情况	公称料径(mm)	筛孔尺寸(mm)											
		2.50	5.00	10.0	16.0	20.0	25.0	31.5	40.0	50.0	63.0	80.0	100
		累计筛余(%)											
连续级配	5～10	95～100	80～100	0～15	0	—	—	—	—	—	—	—	—
	5～16	95～100	90～100	30～60	0～10	0	—	—	—	—	—	—	—
	5～20	95～100	90～100	40～70	—	0～10	0	—	—	—	—	—	—
	5～25	95～100	90～100	—	30～70	—	0～5	0	—	—	—	—	—
	5～31.5	95～100	90～100	70～90	—	15～45	—	0～5	0	—	—	—	—
	5～40	—	95～100	75～90	—	30～60	—	—	0～5	0	—	—	—
	5～63	95～100	95～100	85～95	60～80	45～70	—	30～40	15～20	—	0～5	0	—
	5～80	95～100	95～100	80～95	—	60～80	—	—	30～60	—	15～20	0～5	0
单粒级	10～20	—	95～100	85～100	—	0～15	0	—	—	—	—	—	—
	16～31.5	—	95～100	—	85～100	—	—	0～10	0	—	—	—	—
	20～40	—	—	95～100	—	80～100	—	—	0～10	0	—	—	—
	31.5～63	—	—	—	95～100	—	—	75～100	45～75	—	0～10	—	—
	40～80	—	—	—	—	95～100	—	—	70～100	—	30～60	0～10	0

单粒级用于组合成具有要求级配的连续粒级，也可与连续粒级混合使用。混凝土不宜单一的单粒级拌制，当必须使用时，应作技术经济分析，并通过试验。

(4)粗骨料的强度可用岩石的抗压强度或压碎指标值表示。

岩石抗压强度(边长为50mm立方体或直径与高度均为50mm的圆柱体岩石试件，在浸水饱和状态下的抗压极限强度)首先应由生产单位提供，工程中可采用压碎指标值进行质量控制。粗骨料的压碎指标值应符合表7－19的规定。

岩石的抗压强度与混凝土强度等级之比不应小于1.5，且深成岩和喷出岩抗压强度不宜小于80MPa，变质岩抗压强度不宜小于60MPa，沉积岩抗压强度不宜小于30MPa。

(5)粗骨料的坚固性应采用硫酸钠溶液法检验。试样在硫酸钠饱和溶液中经5次循环浸渍后的质量损失应符合表7－20的规定。

表7－19 粗骨料压碎指标

项目	强度等级等于或高于C30的混凝土			强度等级低于C30的混凝土		
粗骨料种类	岩石种类					
	沉积岩	深成岩、变质岩	喷出岩	沉积岩	深成岩、变质岩	喷出岩
	压碎指标(按质量损失计)(%)					
碎石	≤10	≤12	≤13	≤13	≤20	≤30
卵石	≤9	≤12	—	≤12	≤16	—

表7－20 粗骨中料坚固性指标

混凝土所处环境条件	经5次循环后的质量损失率(%)	
	混凝土结构	预应力混凝土结构
最冷月平均气温低于0℃的地区，并经常处于潮湿或干湿交替状态下的混凝土	≤8	≤5
其他条件下使用的混凝土	≤12	≤8

(6)粗骨料中有害物质含量应符合表7－21的规定。

表7－21 粗骨料中有害物质含量

项目	强度等级等于或高于C30的混凝土	强度等级低于C30的混凝土
针、片状颗粒含量(按质量计)(%)	≤10	≤10
含泥量(按质量计)(%)	≤1.0	<2.0
泥块含量(按质量计)(%)	<0.25	
硫化物及硫酸盐含量(折算成SO_3，按质量计)(%)	≤1.0	≤1.0
氯化物(以NaCl计)(%)	0.03	—
卵石中有机物含量(用比色法试验)	颜色不应深于标准色。当深于标准色时，应按水泥胶砂强度试验方法进行强度对比试验，抗压强度比不应低于0.95	

3.细骨料质量要求

(1)混凝土用的细骨料应采用坚硬耐久、粒径在5mm以下的天然砂(河砂、海砂、山砂)，或采用硬质岩石加工制成的机制砂。

(2)细骨料检验应符合下列规定：

对于新选原料产地、同产地更换矿山或连续使用同一产地达2年的细骨料应作型式检验。

检验内容应包括外观、筛分析。坚固性、有害物质含量、氯离子含量和碱活性等。

时选定的细骨料应按批作常规检验，以连续进场(厂)数量不超过 400m³(或 600t)为 1 批。检验内容应为外观、筛分析、细度阻含泥量、泥块含量、有机物含量等。

(3)天然砂的颗粒级配应处于表 7—22 中的任一级配区以内。

表 7—22 天然砂颗粒级配区

筛孔尺寸(mm)	级配区		
	Ⅰ区	Ⅱ区	Ⅲ区
	累计筛余(%)		
10.0	0	0	0
5.00	10～0	10～0	10～0
2.50	35～5	25～0	15～0
1.25	65～35	50～10	25～0
0.630	85～71	70～41	40～16
0.315	95～80	92～70	85～5
0.160	100～90	100～90	100～90

(4)砂的粗细程度应按细度模数分为粗、中、细、特细 4 种规格，其细度模数分别为：粗砂 3.7～3.1，中砂 3.0～2.3，细砂 2.2～1.6，特细砂 1.5～0.7。

拌制混凝土时宜优先选用中砂。当采用粗砂时，应提高砂率，并采用符合混凝土和易性要求的水泥用量；当采用细砂时，宜降低砂率，并应保证混凝土强度；当采用特细砂时，应符合 TB 10210—2001 关于特细砂混凝土的有关规定。

(5)天然砂的坚固性应采用硫酸钠溶液法检验。试样在硫酸钠饱和溶液中经 5 次循环浸渍后的质量损失率应符合表 7—23 的规定。

表 7—23 天然砂的坚固性指标

混凝土所处的环境条件	经 5 次循环后的质量损失率(%)
最冷月平均气温低于 0℃的地区，并经常处于潮湿或干湿交替状态下的混凝土	<8
其他条件下的混凝土	<10

注：对有腐蚀性介质作用，经常处于水位变化区，或有抗疲劳、抗磨、抗冲击等要求的混凝土用砂，其质量损失率应小于 8%。

(6)天然砂中有害物质含量应符合表 7—24 的规定。

表 7—24 天然砂中看害物质含量

项目	混凝土强度等级		
	<C30	C30～C50	C55～C60
	有害物质含量		
含泥量(按质量计)(%)	≤5.0	≤3.0	<2.0
泥块含量(按质量计)(%)	<1.0	<0.5	<0.5
碱化物硫酸盐含量(按 SO_3 计)(%)	<1.0	<1.0	<0.5

续上表

项目	混凝土强度等级		
	＜C30	C30～C50	C55～C60
	有害物质含量		
云母含量(按质量计)(%)	≤1.0	≤1.0	＜0.5
轻物质(比重＜2)含量(按质量计)(%)	≤1.0	≤1.0	≤1.0
有机物含量(比色法试验)	颜色不应深于标准色。当深于标准色时,应按水泥胶砂强度试验方法进行强度对比试验,抗压强度比不应低于0.95		

(7)混凝土用细骨料的碱活性应按《铁路混凝土用集料碱活性试验方法》(TB/T 2922)进行检验。当试验确定细集料具有潜在碱活性时,混凝土的最大碱含量应符合相关的规定。

(8)采用海砂配制混凝土时,其氯离子含量应符合下列规定:

1)钢筋混凝土中海砂的氯离子含量不应大于0.06%(以于砂重的百分率计,下同)。

2)预应力混凝土不宜用海砂。当必须使用海砂时,则应经淡水冲洗,其氯离子含量不得大于0.02%。

(9)采用山砂拌制低于C30的混凝土时,其压碎指标不得大于35%,级配应控制在Ⅰ、Ⅱ区内,有害物质含量应符合表7—23规定。拌制C30以上的混凝土时,应经试验,确认符合质量要求后方可使用。

由白云岩形成的山砂,其技术要求应符合机制砂的规定。

(10)采用机制砂配制混凝土时,应经试验,确认符合质量要求时方可使用。机制砂应符合下列规定:

1)机制砂的颗粒级配应处于表7—25的级配范围内。

表7—25　机制砂的颗粒级配范围

筛孔尺寸(mm)		10.0	5.00	2.50	1.25	0.630	0.315	0.160
累计筛余(%)	＜C30	0	0～10	15～40	35～60	50～75	65～90	80～100

2)机制砂技术要求如表7—26所示。

表7—26　机制砂技术要求

项目	技术要求(混凝土强度等级低于C30)
粉末含量(颗粒小于80μm的石粉、尘屑、淤泥和黏土的含量)(按质量计)(%)	≤10
泥块含量(颗粒大于1.25mm,经水洗手捏后,可破碎成小于0.630mm的颗粒)(按质量计)(%)	＜0.5
硫化物及硫酸盐含量(折算成SO_3,按质量计)(%)	＜1.0
云母含量(按质量计)(%)	≤1.0
坚固性指标(用硫酸钠饱和溶液检验,经5次循环后质量损失率)(%)	≤8
压碎指标(按质量计)(%)	≤35
有机物含量(比色法试验)	颜色不应深于标准色

4.铁路工程混凝土对水的要求

(1)拌制和养护混凝土用的水宜采有饮用水。

(2)当采用其他来源的水时,水中所含有害物质应符合表7—27的规定。

表7—27 水中有害物质含量

有害物质名称	预应力混凝土	钢筋混凝土	混凝土
pH值	>4	>4	>4
不溶物(mg/L)	<2 000	<2 000	<5 000
可溶物(mg/L)	<2 000	<5 000	<10 000
氯化物(以Cl^-计)(mg/L)	<500	<1 200	<3 500
硫酸盐(以SO_4^{2-}计)(mg/L)	<600	<2 700	<2 700
硫化物(以S^{2-}计)(mg/L)	<100	—	—

注:使用钢丝或热处理钢筋的预应力混凝土,其氯化物含量(以Cl^-计)不得超过350mg/L。

(3)海水不得用于拌制和养护钢筋混凝土和预应力混凝土。

5.铁路工程混凝土对外加剂的要求

(1)混凝土可按其不同要求分别采用符合现行国家标准的外加剂。

(2)外加剂在掺用前应经试验,以确定其性质、有效物质含量、溶液配制方法和最佳掺量。在掺用过程中应调拌均匀,并定期进行检查。

(3)当混凝土内掺用含氯盐类外加剂时,氯离子含量(按水泥质量百分率计)应符合下列规定:

1)混凝土结构中,不得大于1.8%;

2)处于干燥环境、常年有水或埋于地下的钢筋混凝土结构中,不得大于0.3%;

3)处于干湿交替状态或常年空气相对湿度大于80%的钢筋混凝土结构中,不得大于0.12%;

4)钢筋混凝土桥跨节构和预应力混凝土结构中,不得掺用含氯盐外加剂。

(4)混凝土掺入外加剂后的凝结速度,应适应混凝土运输和浇筑的需要。

(5)掺引气剂或引气减水剂混凝土的含气量宜为4%~6%。应采用机械搅拌,搅拌时间不宜大于5min,也不宜少于3min。

采用插入式振捣器时,振捣时间不宜大于20s。引气剂不宜用于蒸汽养护混凝土及预应力混凝土。

(6)运抵工地(厂)的外加剂应分类、分批存放在专用仓库或固定场所,并妥善保管。

6.铁路工程混凝土配合比设计要求

(1)混凝土理论配合比应根据设计的混凝土强度等级和原材料质量检验结果以及混凝土施工和易性等要求确定。对有抗冻、抗渗等特殊要求的混凝土,尚应符合TB 102110—2001的有关规定。

混凝土施工前,应将理论配合比换算为施工配合比,并应有混凝土配料单。

(2)混凝土理论配合比应按国家现行《普通混凝土配合比设计规程》(JGJ 55)进行计算,并通过试配确定。

(3)混凝土的施工配制强度可按下式确定:

$$f_{cu,0} \geqslant f_{cu,k} + 1.645\sigma$$

式中 $f_{cu,0}$——混凝土配制强度,MPa;

$f_{cu,k}$——混凝土立方体抗压强度标准值,MPa;

σ——施工的混凝土强度标准差，MPa。

(4)施工单位的混凝土强度标准差应符合下列规定：

当施工单位近期同一品种混凝土的强度资料时，混凝土强度标准差应按下式计算：

$$\sigma=\sqrt{\frac{\sum_{i=1}^{N} f_{cu,i}^{2}-N\mu_{fcu}}{N-1}}$$

式中　σ——统计周期内同一品种混凝土试件的抗压强度标准差，MPa；

$f_{cu,i}$——统计周期内同一品种混凝土第 i 组试件的抗压强度，MPa；

μ_{fcu}——统计周期内同一品种混凝土 N 组试件的抗压强度平均值，MPa；

N——统计周期内同一品种混凝土试件的总组数，$N>30$。

注：(1)“同一品种混凝土”系指混凝土强度等级相同，且生产工艺和配合比基本相同的混凝土。

(2)预制混凝土构件厂的统计周期可取1～3月，现场集中搅拌混凝土施工单位的统计周期可根据实际情况确定，但不宜大于3个月。

(3)当混凝土为C15～C25时，如计算所得的混凝土强度标准差小于2.5MPa，可取1.5MPa，当混凝土为C25以上时，如计算所得的标准差小于3.0MPa，可取3.0MPa。

当施工单位无近期同一品种混凝土的强度资料时，混凝土强度标准差值可按表7－28取用。

表7－28　混凝土强度标准差 σ(MPa)值

生产单位工	混凝土强度等级		
	＜C20	C20～C40	＞C40
预制混凝土构件厂	3.0	4.0	5.0
现场集中搅拌混凝土施工单位	3.5 4.5	5.5	

(5)混凝土的最大水灰比和最小水泥用量应符合表7－29的规定。

表7－29　混凝土最大水灰比和最小水泥用量

混凝土建筑物所处环境条件	低于－15℃		－15℃～－5℃		高于－5℃	
	最大水灰比	最小水泥用量(kg/m³)	最大水灰比	最小水泥用量(kg/m³)	最大水灰比	最小水泥用量(kg/m³)
受水流冲刷、冰冻作用的混凝土	0.55	－300	0.60	275	0.65	250
最低冲刷线以下的地下部分、不受水流作用的地上部分及不致遭受冰冻作用的混凝土	0.60	275	0.65	250	0.70	230

(6)混凝土的坍落度宜按表7－30选用。坍落度测定方法应符合现行国家标准《普通混凝土拌和物性能试验方法》(GB/T 81－2002)的规定。

表7－30　混凝土坍落度

结构种类	坍落度(mm)(振动器振捣)
无配筋或配筋稀疏的混凝土结构(如基础、墩台、隧道衬砌、挡土墙等)	30～50
普通配筋率的钢筋混凝上结构(如板、梁、柱等)	50～70
配筋较密的钢筋混凝土结构(如墙、梁、柱等)	70～90
配筋特密不便捣实的钢筋混凝土结构	100～140

(7)混凝土的用水量可按表7－31选用。

表 7—31　混凝土的用水量(kg)

坍落度(mm)	卵石最大粒径(mm)							碎石最大粒径(mm)						
	10	20	25	31.5	40	63	80	10	20	25	31.5	40	63	80
10～30	190	170	170	160	150	145	140	200	185	185	175	165	155	150
35～50	20	180	180	170	160	155	150	210	195	195	185	175	165	160
55～70	210	190	190	180	170	165	160	220	205	205	195	185	175	170
75～90	215	195	195	185	175	170	165	230	215	215	205	195	185	180

(8)混凝土的砂率可按表 7—32 选用。

表 7—32　混凝土的砂率(%)

水灰比	卵石最大粒径(mm)						碎石最大粒径(mm)					
	10	20	25	40	63	80	10	20	25	40	63	80
0.40	27～32	26～31	25～30	24～39	23～28	22～27	31～36	30～35	29～34	28～33	27～32	25～30
0.50	31～36	30～35	29～34	28～33	27～32	26～31	33～38	32～37	31～36	30～35	29～34	28～341
0.60	34～39	33～38	32～37	31～36	30～35	29～34	36～41	35～40	34～39	33～38	32～37	31～36
0.70	37～42	36～41	35～40	34～39	33～37	32～37	39～44	38～43	37～42	36～41	35～40	34～39

(9)C50 及以下混凝土的最大水泥用量宜为 500kg/m^3。

(10)当混凝土的粗骨料或细骨料具有潜在碱活性时，混凝土的最大碱含量应符合表 7—33 的规定。

表 7—33　混凝土最大碱含量(kg/m^3)

骨料类型		骨料不具有碱一硅酸盐反应活性			骨料具有碱一硅酸盐反应活性		
工程结构类型		一般	重要	特殊	一般	重要	特殊
环境条件	干燥环境	不限制	3.5	3.0	不限制	—	—
	潮湿环境	3.5	3.0	2.1	—	—	—
	含碱环境	3.0	—	—	—	—	—

十、混凝土结构工程对原材料及配合比的设计要求

(1)水泥进场时应对其品种、级别、包装或散装仓号、出厂日期等进行检查，并应对其强度、安定性及其他必要的性能指标进行复验，其质量必须符合现行国家标准《通用硅酸盐水泥》(GB 175)等的规定。

当在使用中对水泥质量有怀疑或水泥出厂超过三个月(快硬硅酸盐水泥超过一个月)时，应进行复验，并按复验结果使用。

钢筋混凝土结构、预应力混凝土结构中，严禁使用含氯化物的水泥。

检查产品合格证、出厂检验报告和进场复验报告。按同一生产厂家、同一等级、同一品种、同一批号且连续进场的水泥，袋装不超过 200t 为一批，散装不超过 500t 为一批，每批抽样不少于一次。

(2)预应力混凝土结构中，严禁使用含氯化物的外加剂。钢筋混凝土结构中，当使用含氯化物的外加剂时，混凝土中氯化物的总含量应符合现行国家标准。

按进场的批次和产品的抽样检验方案确定检查数量，检查产品合格证、出厂检验报告和进场复验报告。

(3)混凝土中氯化物和碱的总含量应符合现行国家标准《混凝土结构设计规范》(GB 50010)和设计的要求。

检查查原材料试验报告和和氯化物、碱的总含量计算书。

(4)混凝土中掺用。矿物掺和料的掺量应通过试验确定。按进场的批次和产品的抽样检验方案确定检查数量，检查出厂合格证和进场复验报告。

(5)普通混凝土所用的粗、细骨料的质量应符合现行国家标准的规定。

按进场的批次和产品的抽样检验方案确定检查数量,检查进场复验报告。

(6)拌制混凝土宜采用饮用水。当采用其他水源时,水质应符合现行国家标准的规定。

检查水质试验报告,同一水源检查不应少于一次。

十一、混凝土结构工程配合比有何设计要求

(1)混凝土应根据混凝土强度等级、耐久性和工作性等要求进行配合比设计。对有特殊要求的混凝土,其配合比设计尚应符合国家现行有关标准的专门规定。

(2)首次使用的混凝土配合比应进行开盘鉴定,其工作性应满足设计配合比的要求。开始生产时应至少留置一组标准养护试件,作为验证配合比的依据。

(3)混凝土拌制前,应测定砂、石含水率,并根据测试结果调整材料用量,提出施工配合比。

每工作班检查一次,检查含水率测试结果和施工配合比通知单。

第八章　砂浆及其试验

砂浆是由胶凝材料、细骨料、掺加料和水配制而成的建筑工程材料，在建筑工程中起黏结、衬垫和传递力的作用。

砂浆按用途可分为砌筑砂浆、抹面砂浆、防水砂浆、装饰砂浆等；按胶凝材料可分为水泥砂浆、石灰砂浆、混合砂浆（有水泥石灰砂浆和水泥黏土砂浆）。

砌筑砂浆配合比的设计，应根据原材料的性能和砂浆的技术要求进行计算并经试配后确定。

砂浆的常规试验项目有：稠度试验、分层度试验、强度试验。

第一节　砂浆配合比设计

一、砂浆材料质量要求

1. 水泥

砌筑砂浆用水泥，其强度等级应根据砂浆强度等级进行选择。水泥砂浆采用的水泥强度等级不宜大于 42.5 级；水泥混合砂浆采用的水泥强度等级不宜大于 52.5 级。严禁使用废品水泥。

2. 砂

砌筑砂浆用砂，砌体宜选用中砂，毛石砌体宜选用粗砂。砂的含泥量不应超过 5%。强度等级为 M2.5 的水泥混合砂浆，砂的含泥量不应超过 10%。

3. 水

拌制砂浆应采用不含有害物质的洁净水或饮用水。

4. 外掺料

(1)生石灰熟化成石灰膏时，应用孔径不大于 3mm×3mm 的网过滤，熟化时间不得少于 7d。沉淀池中贮存的石灰膏，应采用防止干燥、冻结和污染的措施。严禁使用脱水硬化的石灰膏。

(2)采用黏土或粉质黏土制备黏土膏时，宜用搅拌机加水搅拌，通过孔径不大于 3mm×3mm 的网过滤。黏土中的有机物含量用比色法鉴定应浅于标准色。

(3)磨细生石灰系由块状生石灰磨细而得到的细粉；其细度用 0.080mm 筛过筛，筛余量不应大于 15%。

(4)制作电石膏的电石渣<电石消解后的废渣，应经 20min 加热至 70℃，没有乙炔气味方可使用。

(5)消石灰粉不得直接使用于砌筑砂浆中。

(6)石灰膏、黏土膏和电石膏试配时的稠度应为(120±5)mm。

(7)粉煤灰的品质指标和磨细生石灰的品质指标应符合国家现行有关标准的要求。

5. 外加剂

砌筑砂浆中掺入的微沫剂等有机塑化剂，应经砂浆性能试验，合格后方可使用。

二、砂筑砂浆技术要求

(1)砌筑砂浆的强度等级宜采用 M2.5、M5、M7.5、M10、M15、M20。

(2)砌筑砂浆拌和物的密度，水泥砂浆不应小于 1 900kg/m³，水泥混合砂浆不应小于18 00kg/m³。

(3)砌筑砂浆的稠度应按现行国家标准《砌体工程施工质量验收规范》(GB 50203)的规定选用。

(4)砌筑砂浆的分层度不应大于 30mm。

(5)水泥砂浆中水泥用量不宜小于 200kg/m³，水泥混合砂浆中水泥和掺加料总量应在 300～350kg/m³ 之间，在满足稠度及分层度的前提下，宜减少掺加料的用量。

(6)水泥石灰砂浆中掺入有机塑化剂时，石灰膏的减少量不应超过 50%；水泥黏土砂浆中不宜掺入有机塑化剂。

(7)按设计需求，具有明确冻融循环次数的砌筑砂浆，经冻融试验后，质量损失率不应大于5%，强度损失率不应大于 25%。

(8)在砂浆中使用的外加剂，其品种和掺量应通过物理力学性能试验确定。

(9)砂浆试配时应采用机械搅拌。自投料至结束时间，应符合下列规定：

1)水泥砂浆和水泥混合砂浆不得不少于 120s。

2)水泥粉煤灰砂浆和掺用外加剂的砂浆不得少于 180s。

三、配合比强度的计算与确定

砂浆的试配强度公式为：

$$f_{m,0}=f_2+0.645\sigma$$

式中 $f_{m,0}$——砂浆的试配强度，MPa，精确至 0.1MPa；

f_2——砂浆设计强度(即砂浆抗压强度平均值)，MPa；

σ——砂浆现场强度标准差，MPa，精确至 0.01MPa。

(1)砌筑砂浆现场强度标准差应按正式计算确定：

$$\sigma\sqrt{\frac{\sum_{i=1}^{n}f_{m,i}^2-n\mu_{r_m}^2}{n-1}}$$

式中 $f_{m,i}$——统计周期内同一品种砂浆第 i 组试件的强度，MPa；

μ_m——统计期中同一品种砂浆 n 组试件强度的平均值，MPa；

n——统计周期内同一品种砂浆试件的总组数，$n\geqslant25$。

(2)当不具备近期统计资料时，砂浆现场强度标准差 σ 可按表 8—1 取用。

表 8—1　砂浆现场强度标准差

砂浆强度等级 / 施工水平	M2.5	M5	M7.5	M10	M15
优　良	0.50	1.00	1.50	2.00	3.00
一　般	0.62	1.25	1.88	2.50	3.75
较　差	0.75	1.50	2.25	3.00	4.50

四、水泥用量的计算

计算每立方米砂浆中雨水泥雨量的公式为：

$$Q_C=\frac{100\times(f_{m,0}-B)}{A\cdot f_{ce}}$$

式中 Q_C——每平方米砂浆的水泥用量，kg/m³；

$f_{m,0}$——砂浆的试配强度，MPa；

f_{ce}——水泥的实测强度，MPa，精确到 0.1MPa；

A，B——砂浆的特征系数，按表 8－2 取用。

表 8－2 砂浆的特征系数

砂浆品种	A	B
水泥混合砂浆	1.50	4.25
水泥砂浆	1.03	3.50

注：(1)各地区也可用本地区试验资料确定 A、B，统计用的试验组数不得少于 30 组。

(2)水泥的实测强度无法取得时，可按下式计算 f_{ce}：

$$f_{ce}=r_c\cdot f_{ce,k}$$

式中 $f_{ce,k}$——水泥商品强度等级对应的强度值(MPa)；

r_c——水泥强度等级值的富余系数，该值须按实际统计资料确定，无统计资料时取 1.0。

(3)当计算出水泥砂浆中的水泥计算用量不足 200kg/m³ 时，应按 200kg/m³ 采用。

五、掺加量的配合比计算

水泥混合砂浆中掺加料用量计算公式为：

$$Q_D=Q_A-Q_C$$

式中 Q_D——每立方米砂浆中掺加料用量，kg/m³；

Q_C——每立方米砂浆中水泥用量，kg/m³；

Q_A——每立方米砂浆中胶结料和掺加料的总量，kg/m³，一般值应在 300～350kg/m³ 之间。

石灰膏不同稠度时，其换算系数可按表 8－3 选取。

表 8－3 石灰膏稠度换算系数

石度膏稠度(mm)	120	110	100	90	80	70	60	50	40	30
换算系数	1.00	0.99	0.97	0.95	0.93	0.92	0.88	0.87	0.86	

六、砂量及用水量要求

1. 用砂量

每立方米砂浆中的砂子用量，应以干燥状态含水率小于 0.5%的堆积密度值作为计算值，单位以 kg/m³ 计。

2. 用水量

每立方米砂浆中的用水量，可根据经验或按表 8－4 取。

表 8－4　每立方米砂浆的用水量

砂浆品种	混合砂浆	水泥砂浆
用水量(kg/m^3)	260～300	270～330

注:(1)混合砂浆中的用水量不包括石灰膏或黏土膏中的水;

(2)当采用细砂或粗砂时,用水量分别取上限或下限;

(3)稠度小于 70mm 时,用水量可小于下限;

(4)施工现场气候火热或干燥季节,可酌量增加水量。

七、砌筑砂浆的配合比的调整

(1)按计算配合比进行试拌,并测定其拌和物的稠度和分层度。若不能满足要求,则应调整用水量或掺加料,直到符合要求为止。然后确定为试配时的砂浆基准配合比。

(2)试配时至少应采用三个不同的配合比,其中一个为基准配合比,另外两个配合比的水泥用量按基准配合比增加及减少 10%。在保证稠度、分层度合格的条件下,可将用水量或掺和料用量作相应调整。

(3)三个不同的配合比,经调整后按国家现行标准《建筑砂浆基本性能试验方法》的规定成型抗压试件,测定砂浆的强度等级,并选定符合强度要求且水泥用量较经济的砂浆配合比。

八、抹面砂浆的参数要求

以薄层涂抹在建筑物表面的砂浆称为抹面砂浆。抹面砂浆的流动性和配合比可参考表8－5。

表 8－5　抹面砂浆的流动性和配合比

材料	配合比(体积)	应用范围
石灰:砂	1:2～1:4	用于砖石层表面(檐口、勒脚、女儿墙以及潮湿房间的墙除外)
石灰:黏土:砂	1:1:4～1:1:8	干燥环境的墙表面
石灰:石膏:砂	1:0.4:2～1:1:3	用于潮湿房间的木质表面
石灰:石膏:砂	1:0.6:2～1:1.5:3	用于不潮湿房间的墙及天花板
石灰:水泥:砂	1:0.5:4.5～1:1:6	用于檐口、勒脚、女儿墙外脚及比较潮湿的部位
水泥:砂	1:3～1:2.5	用于浴室、潮湿车间等墙裙、勒脚等或地面基层
水泥:砂	1:2～1:5	用于地面、天棚或墙面面层
水泥:砂	1:0.5～1:1	用于混凝土地面随时压光
水泥:石膏:砂:锯末	用于吸声粉刷	
水泥:白石子	1:2～1:1	用于水磨石(层底用 1:2.5 水泥砂浆)
水泥:白云灰:白石子	1:(0.5～1):(1.5～2)	用于水刷石(打底用 1:0.5:3.5)
白灰:石子	1:1.5	用于刷石(打底用 1:2～2.5 水泥砂浆)
白灰:麻刀	100:2.5(质量比)	用于木板条天棚底层

九、防水砂浆组成材料的质量要求

制作防水层的砂浆叫防水砂浆,砂浆防水层又叫刚性防水层。

(1)水泥:应采用强度等级不低于 32.5 级的普通硅酸盐水泥、42.5 级矿渣硅酸盐水泥、石膏矾土膨胀水泥或膨胀性不透水水泥。

(2)砂:宜采用中砂或粗砂,质量应符合混凝土用砂要求。

(3)水:无侵蚀性洁净水。

(4)防水剂:是由化学原料配制而成的一种能提高水泥砂浆和混凝土不透水性的外加剂。防水剂可分为两大类,即氯化物金属盐类防水剂和金属皂类防水剂。

十、高强度砂浆的配合比设计

高强度砂浆是指砂浆强度不低于 M40(即砂浆抗压强度不小于 40MPa),用于钢丝水泥制品等的砂浆。高强度砂浆抗压强度、水泥强度等级、水灰比之间的关系为

$$f_{m,0}=\alpha \cdot f_{ce}\left(\frac{C}{W}-0.4\right)$$

式中 $f_{m,0}$——砂浆强度,MPa;

f_{ce}——水泥强度,MPa;

$\frac{C}{W}$——水灰比;

α——与砂质量有关的系数,当采用级配良好、洁净的粗砂或偏粗中砂时取 0.04,其他情况取 0.35。

第二节 砂浆试验

一、铁路工程用砌体砂浆质量技术要求

(1)砌体工程所用水泥砂浆的强度等级应符合设计要求。如设计无要求时,重要结构不得低于 M10,一般结构不得低于 M5。

(2)砂浆必须具有适当的流动性和良好的和易性,以保证砌体灰缝充分填满和落实。

为改善砂浆的和易性,可掺入粉状活性混合材料(如粉煤灰、粒化高炉矿渣等)及外加剂,其掺量应根据试验确定。

砂浆的稠度一般为 4～7cm。零星工程可用直观法检查,即用手捏成小团,以指缝不出浆、松手后不松散为度。

(3)砌体工程可采用小石子混凝土作为胶结材料进行砌筑。小石子混凝土配合比的设计、选择、拌制等,均应符合混凝土工程的规定。但拌和物的坍落度,片石砌体宜为 5～7cm,块石砌体宜为 7～10cm。小石子的粒径不大于 201mm,小石子混凝土中含石率不宜超过 30%。

砌筑方法和要求与砂浆砌筑的砌体工程相同。砌筑中应经常检查砌体灰缝中是否充满密实,不应因小石子支垫造成空隙。

(4)每 100m³(不足 100m³ 以 100m³ 计)砌体,应作 1 组评定砂浆或小石子混凝土强度的试件。当水泥品种、强度等级或配合比等有变动时,均应另作试件 1 组,以此作为衡量砂浆或小石子混凝土施工质量的依据。

表 8—6 防水砂浆参考配合比

材料名称		水泥	砂水	防水剂	备注
防水净浆		1		0.55～0.60	0.03
五矾促凝防水剂	防水净浆	1		0.03～0.35	0.01
	防水砂浆	1	2.0～2.5	0.40～0.50	0.01
氯化物金属盐类防水剂	防水净浆	8		6	1
	防水砂浆	8	3	6	1
氯化铁防水剂	防水净浆	1		0.55～0.60	1
	防水砂浆	1	2	以稠度控制用水量	1
	防水砂浆	1	2.5	以稠度控制用水量	

决定施工措施所需要的检查试件，应另外制作试件，与砌体一同养护。

二、砂浆试验取样与试件制作的一般规定

(1)以同一砂浆强度等级、同一种配合比、同一种原材料每一楼层或 250m^3 砌体(基础砌体按一个楼层计)为取样单位。

(2)每一取样单位标准养护试件的留置组数不得少于 2 组(每组 6 块)。

(3)每一取样单位还应制作同条件养护试块、备用试块，备用试件不得少 1 组。

(4)试样要有代表性，每组试件(包括相对应的同条件备用试件)的试样必须取自同一次拌制的砂浆拌和物。

(5)每 100m^3(不足 100m^3 按 100m^3 计)砌体，应作 1 组评定砂浆的试件(每组 3 块)。当水泥品种、强度等级、配合比等有变动时，均应另作试件 1 组，因此作为衡量砂浆施工质量的依据。

(6)决定施工措施所需要的检查试件，应另外制作试件，与砌体一同养护。

三、砂浆稠度试验

1. 试验仪器及原理

砂浆稠度仪，如图 8－1 所示、捣棒(直径 10mm，长 350mm，一端呈半球形的钢棒)、台秤、拌锅、拌板、量筒、秒表等。

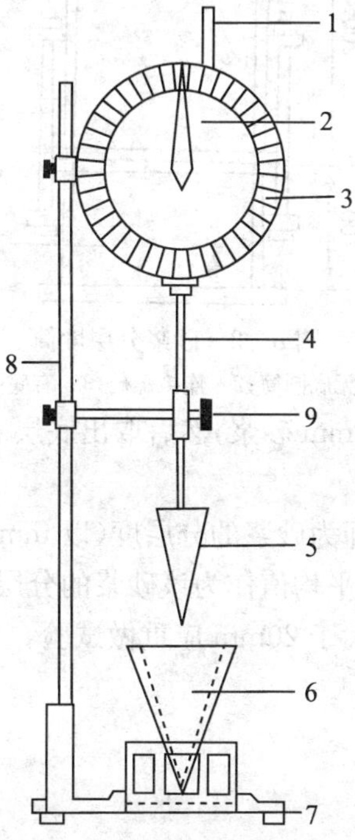

图 8－1　砂浆稠度测定仪

1—齿条测杆；2—指针；3—刻度盘；4—滑杆；5—圆锥筒；6—圆锥体；7—底座；8—支架；9—制动螺钉

以砂浆稠度仪上标准质量和尺寸的圆锥体 10s 内自由沉入底部锥筒内的深度，即沉入度值来衡量砂浆的稠度。沉入度值愈大，则砂浆稠度愈小。

2. 操作步骤及结果处理

(1)将拌好的砂浆一次装入砂浆筒 6 内，装至距筒口约 10mm 为止，用捣棒插捣 25 次，并

将浆体振动 5～6 次，使表面平整，然后移置于稠度仪底座上。

(2)放松圆锥体滑杆的制动螺钉 9，使试锥尖端与砂浆表面接触，拧紧制动螺钉，使齿条测杆下端刚好接触滑杆上端，并将指针对准零点。

(3)拧开制动螺钉，使圆锥体自动沉入砂浆中，同时计时间，到 10s，立即固定螺丝，从刻度盘上读出下沉深度(精确至 1mm)。

(4)圆锥筒内的砂浆，只允许测定一次稠度。重复测定时，应重新取样测定。

试验结果评定时以两次测定结果的平均值作为砂浆稠度测定结果，如两次测定值之差大于 20mm，应重新配料测定。

四、砂浆分层度试验

1. 试验仪器及原理

砂浆分层度测定仪，如图 8－2 所示，砂浆稠度测定仪、木锤。

2. 试验步骤及结果处理

(1)将拌和好的砂浆，经稠度试验后重新拌和均匀，一次注满分层度仪内。用木锤在容器周围距离大致相等的四个不同地方轻敲 1～2 次，并随时添加，然后用抹刀抹平。

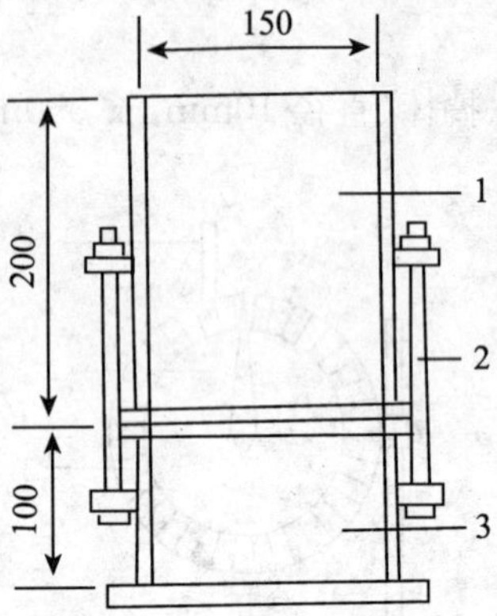

图 8－2 砂浆分层度筒

1—无底圆筒；2—连接螺栓；3—有底圆筒

(2)静置 30min，去掉上层 200mm 砂浆，然后取出底层 100mm 砂浆重新拌和均匀，再测定砂浆稠度。

(3)取两次砂浆稠度的差值，即为砂浆的分层度(以 mm 计)。

(4)应取两次试验结果的算术平均值作为该砂浆的分层度值。

(5)两次分层度试验值之差，大于 20mm 应重做试验。

五、砂浆抗压强度试验

1. 试验目的及仪器

(1)试验的目的

以砂浆标准立方体试件经标准养护 28d 后的抗压极限强度作为该砂浆的立方体抗压强度，并可以一组标准砂浆试件的立方体抗压极限强度评定其强度等级。

(2)仪器

压力试验机、试模(7.07cm×7.07cm×7.07cm，分无底试模与有底试模两种)、捣棒(直径 10mm，长 350mm，一端呈半圆形)、垫板等。

2. 试验步骤

(1)经 28d 养护后的试件从养护地点取出后，应尽快进行试验，以免试件内部的温度、湿度发生显著变化。先将试件擦干净，测量尺寸，并检查其外观。试件尺寸测量精确至 1mm，并据此计算试件的承压面积。若实测尺寸与公称尺寸之差不超过 1mm，可按公称尺寸进行计算。

(2)将试件置于压力机的下压板上，试件的承压面应与成型时的顶面垂直，试件中心应与下压板中心对准。

(3)开动压力机，当上压板与试件接近时，调整球座，使接触面均衡受压。加荷应均匀而连续，加荷速度应为 0.5～1.5kN/s(砂浆强度不大于，5MPa 时，取下限为宜，大于 5MPa 时，取上限为宜)，当试件接近破坏而开始迅速变形时，停止调整压力机油门，直至试件破坏，记录破坏荷载。

3. 试验结果计算与处理

(1)单个试件的抗压强度按下式计算(精确至 0.1MPa)：

$$f_{m,cu}=\frac{F}{A}$$

式中　$f_{m,cu}$——砂浆立方体抗压强度，MPa；

F——立方体破坏荷载，N；

A——试件承压面积，mm^2。

(2)每组试件为 6 个，取 6 个试件测值的算术平均值作为该组试件的抗压强度值，平均值计算精确至 0.1MPa。

(3)当 6 个试件的最大值或最小值与平均值的差超过 20%时，以中间 4 个试件的平均值作为该组试件的抗压强度值。

六、砂浆抗压强度试件的养护试验

1. 试件制作

(1)当制作用于多孔吸水基面的砂浆试件时，将无底试模放在预先铺上吸水性较好的湿纸的普通黏土砖上，砖的吸水率不小于 10%，含水率小于 2%。试模内壁应事先涂以机油，将拌好的砂浆一次倒满试模，并用捣棒均匀由外向内按螺旋方向插捣 25 次，使砂浆略高于试模口 6～8mm，待砂浆表面出现麻斑后(约 15～30min)，用刮刀齐模口刮平抹光。

(2)当制作用于密实(不吸水)基底的砂浆试件时，用有底试模，涂油后，将拌好的砂分两层装入，每层用捣棒插捣 12 次，然后用刮刀沿试模壁插捣数次，静停 15～30min，刮去多余部分，抹光。

2. 试件养护

装模成型后，在(20±5)℃环境下经(24±2)h 即可脱模，气温较低时，可适当延长时间，但不得超过 2d，然后按下列规定进行养护：

(1)自然养护。放在室内空气中养护，混合砂浆在相对湿度 60%～80%、正温条件下养护；水泥砂浆在正温并保持试件表面湿润的状态下(如湿砂堆中)养护。

(2)标准养护。混合砂浆应在温度(20±3)℃、相对湿度为 60%～80%条件下养护；水泥砂浆应在温度(20+3)℃、相对湿度为 90%以上的潮湿条件养护。试件间隔不小于 10mm。

第九章　混凝土拌和用水、外加剂及其试验

拌和水是混凝土及砂浆主要的材料组分，它不仅是水泥水化的必要条件，而且使混凝土(砂浆)工程施工有足够的流动性，从而把散粒材料胶结为工程需要的整体材料。

混凝土(砂浆)拌和、养护用水，通常使用可饮用的自来水、河水、井水、湖水、溪涧水(pH值不小于4)等洁净淡水。沼泽水、泥碳地下水、工业废水以及含矿物质较多的硬水，未经净化处理和检验合格不得使用。水中含有脂肪、植物油、糖类、酸类及硫酸盐含量按 SO_3 计超过水质量1%等杂质时，应禁止使用。

混凝土外加剂应用是混凝土工艺学的一项新技术，在混凝土中掺用外加剂可获得提高强度、改善性能、节省水泥、加快施工进度、减轻劳动强度等多种效益。混凝土科学技术近期发展的主要方向是节能、耐久、高强、轻质和高流态，这些无不与外加剂应用紧密相关。

随着混凝土材料科学的发展，采用近代测试手段进行多学科的研究(界面物理化学、水泥化学、胶体化学、混凝土学、断裂力学等)，使混凝土外加剂已成为材料科学中的一个主要分支。

第一节　混凝土拌和水

一、混凝土拌和用水种类

(1)混凝土拌和用水按水源可分为饮用水、地表水、地下水、海水以及经适当处理或处置后的工业废水。

(2)符合国家标准的生活饮用水，可拌制各种混凝土。

(3)地表水和地下水首次使用前，应按有关规定进行检验。

(4)海水可用于拌制素混凝土，但不得用于拌制钢筋混凝土和预应力混凝土。有饰面要求的混凝土不应用海水拌制。

(5)混凝土生产厂及商品混凝土厂设备的洗刷水，可用作拌和混凝土的部分用水，但要注意洗刷水所含水泥和外加剂品种对所拌和混凝土的影响，且最终拌和水中氯化物、硫酸盐及硫化物的含量应满足有关规范的要求。

(6)工业废水经检验合格后可用于拌制混凝土，否则必须予以处理，合格后方能使用。

二、混凝土拌用水质量要求

(1)拌和用水所含物质对混凝土、钢筋混凝土和预应力混凝土不应产生以下有害作用：

1)影响混凝土的和易性及凝结；

2)有损于混凝土强度发展；

3)降低混凝土的耐久性，加快钢筋腐蚀及导致预应力钢筋脆断；

4)污染混凝土表面。

(2)用待检验水和蒸馏水(或符合国家标准的生活饮用水)试验所得的水泥初凝时间及终

凝时间差均不得大于 30min，其初凝和凝凝时间尚应符合水泥国家标准的规定。

(3)用待检验水配制的水泥砂浆或混凝土的 28d 抗压强度(若有早期抗压强度要求时需增加 7d 抗压强度)不得低于用蒸馏水(或符合国家标准的生活饮用水)拌制的对应砂浆或混凝土抗压强度的 90%。

(4)拌和用水的物质含量限值应符合表 7－27 的规定。

三、环境水对混凝土的侵蚀判定指标

(1)凡具有煤系地层、含硫化矿地层、含石膏地层、含盐地层、淤泥泥碳层、盐渍土、盐田、盐湖、海水及其渗入范围等不良环境地址条件的地区，可能产生环境水对混凝土的侵蚀破坏，应予注意。

(2)环境水对混凝土的侵蚀，应根据水中 CO_3^{2-}、Mg^{2+}、HCO_3^-、pH 值、溶解性固体(蒸发残渣)等含量，按表 9－1 规定的标准判定其侵蚀程度，并据以防护。当用 GB50021 判定铁路厂房建筑区的水腐蚀性时，除应测定上述项目外，还应测定 Cl^-、OH^-、NO_3^-、NH_4^- 及游离 CO_2、侵蚀性 CO_2。

表 9－1　环境水对混凝土侵蚀类型及侵蚀程度的判定

侵蚀类型	环境条件特征		判定项目	侵蚀程度		
	地质条件	水质 pH 值		弱侵蚀	中等侵蚀	强侵蚀
硫酸盐侵蚀	石膏地层	7.0～8.0	SO_4^{2-}(mg/L)	50～1000	1001～2000	>2000
	含盐地层	7.5～9.0		1000～2000	2001～4000	>4000
镁盐侵蚀	含镁盐渍土、盐湖、盐田、海水	8.0～10.0	Mg^{2+}(mg/L)	1000～3000	3001～7500	>7500
盐类结晶侵蚀	干旱地区盐渍土、碱土、滨海平原盐渍土	10.0～12.0	溶解盐类(g/L)	10～15	16～30	>30
硫酸型酸性侵蚀	煤系地层、黑色岩层、有色金属矿田、矿脉	1.5～6.5	pH 值 6.5～6.1	6.0～5.0	<4.5	
			SO_4^{2-}(mg/L)	≤250	2517～1000	>1000
溶出型侵蚀(含碳酸型侵蚀)	富含有机质的淤泥和土壤，低矿化度河水和地下水	5.0～6.5	pH 值	6.5～6.1	6.0～5.0	—
			HCO_3^-(mmol/L)	1.5～0.7	<0.7	—

四、混凝土拌和用水试验的取样

(1)采集的水样应具有代表性。井水、钻孔水及自来水水样应放水冲洗管道或排除积冰后采集。江河、湖泊和水库水样一般应在中心部位或经常流动的水面下 300～500mm 处采集，采集时应注意防止人为污染。

(2)水样装瓶应留 10～20mL 空间，以免温度变化而胀开瓶塞。瓶塞盖好，检查无漏水现象后，方可用石蜡或火漆封口。如长途运送，应用纱布缠紧后再以石蜡封住。

(3)若测侵蚀性二氧化碳，应另取一份水样约 250～300mL，必须要装满后溢出，并在水样中加化学纯碳酸钙试剂(2～3g)，以固定二氧化碳。送交试验前，每天充分摇动数次。

(4)水质分析用水样不得少于1L。水样采集后，应及时检验。pH值最好在现场测定。硫化物测定用水样应专门采集，并应按检验方法的规定的现场固定。全部水质检验项目应在7d内完成。

(5)在钻孔中取水样时，钻孔内不要用水冲洗，停钻并待水位稳定后再取水样。从已用水冲洗过的钻孔内取样时，必须先抽水15min，待水的化学成分稳定后再取样。

(6)测定水泥凝结时间用水样不得少于1L；测定砂浆强度用水样不得少于2L；测定混凝土强度用水样不得少于15L。

(7)采集水样用容器应预先彻底洗净，采集时再用待采集水样冲洗3次后，才能采集水样。水样采集后应加盖蜡封，保持原状。

(8)采集水样应注意季节、气候、雨量的影响，并在取样记录中予以注明。

第二节　混凝土外加剂

一、混凝土外加剂的种类

1.种类

(1)普通减水剂(塑化剂)。在不影响混凝土工作性的条件下能使单位用水量减少，或在不改变单位用水量的条件下可改善混凝土工作性，或同时具有以上两种效果，又不显著改变含气量的外加剂。

(2)高效减水剂。在不改变混凝土工作性的条件下能大幅度地减少单位用水量，并显著提高混凝土强度，或不改变单位用水量的条件下可显著改善工作性的减水剂。

(3)早强减水剂。兼有早强作用的减水剂。

(4)缓凝减水剂。兼有缓凝作用的减水剂。

(5)防水剂。能降低混凝土在静水压力下透水性的外加剂。

(6)膨胀剂。能使混凝土在硬化过程中产生微量体积膨胀补偿收缩，或少量剩余膨胀使体积更为致密的外加剂。

(7)缓凝剂。能延缓混凝土凝结时间并对后期强度无显著影响的外加剂。

(8)早强剂。能提高混凝土早期强度并对后期强度无显著影响的外加剂。

(9)防冻剂。能使混凝土在负温下硬化，并在规定时间内达到足够强度的外加剂。

(10)速凝剂。使混凝土急速凝结、硬化的外加剂。

2.外加剂的功能

(1)改善混凝土拌和物流变性能的外加剂(如各种减水剂、引气剂、泵送剂等)。

(2)调节混凝土凝结时间和硬化性能的外加剂(如缓凝剂、早强剂、速凝剂等)。

(3)改善混凝土耐久性的外加剂(如引气剂、防水剂、阻锈剂等)。

(4)改善混凝土其他性能的外加剂(如加气剂、膨胀剂、防冻剂、着色剂、碱集料反应抑止剂)，外加剂按其化学成分还可分为无机物类外加剂和有机物类外加剂。

二、混凝土外加剂的性质指标

外加剂匀质性指标应符合表9－2要求。

表 9—2　外加剂匀质性指标

试验项目	指标
含固量或含水量	对液体外加剂，应在生产厂所控制值的相对量的 3%内
	对固体外加剂，应在生产厂所控制值的相对量的 5%之内
密度	对液体外加剂，应在生产厂所控制值的±0.02 之内
氯离子含量	应在生产厂所控制值相对量的 5%之内
水泥净浆流动度	应不小于生产控制值的 95%
细度	0.315mm 筛筛余应不小于 15%
pH 值	应不小于生产控制值的±1 以内
表面张力	应不小于生产控制值的±1.5
还原糖	应不小于生产控制值的±3%
总碱量(Na_2O+0.658K_2O)	应不小于生产控制值的相对量的 5%
硫酸钠	应不小于生产控制值的相对量的 5%
泡沫性能	应不小于生产控制值的相对量的 5%
砂浆减水率	应不小于生产控制值的±1.5%

三、混凝土外加剂质量检验要求

1. 取样

(1)试样分为点样和混合样。点样是在一次生产的产品所得试样，混合样是 3 个或更多的点样等量均匀混合而取得的试样。

(2)生产厂应根据产量和生产设备条件，将产品分批编号。掺量大于 1%(含 1%)同品种的外加剂每一编号为 100t；掺量小于 1%同品种的外加剂每一编号为 50t，不足 100t 或 50t 的也按一个批量计。同一编号的产品必须是混合均匀的。

(3)每一编号取样量不少于 0.2t 水泥所需用的外加剂量。

2. 试样及留样

每一编号取得的试样应充分混匀，分为两等份，一份按本标准规定方法与项目进行试验，另一份要密封保存半年，以备有疑问时提交国家指定的检验机关进行复验或仲裁。

3. 检验分类

(1)出厂检验：每一编号外加剂检验项目按表 9—3 进行。

表 9—3　外加剂检验项目

外剂品种 / 测定项目	普通减水剂	高效减水剂	早强减水剂	缓凝减水剂	缓凝高效减水剂	引气减水剂	早强剂	缓凝剂	引气剂	备注
固体含量	√	√	√	√	√	√	√	√	√	
密度										液体外加剂必测
细度										粉状外加剂必测
pH 值	√	√	√	√	√	√				

续上表

测定项目 \ 外剂品种	普通减水剂	高效减水剂	早强减水剂	缓凝减水剂	缓凝高效减水剂	引气减水剂	早强剂	缓凝剂	引气剂	备注
表面张力		√		√		√				
泡沫性能						√			√	
氯离子含量	√	√		√		√	√	√	√	
总减量	√	√	√	√	√	√	√	√	√	每年至少一次
硫酸钠含量										含有硫酸钠的早强减水剂或早强剂必测
还原糖分	√			√	√			√		木质素磺酸钙减水剂必测
水泥净浆流动度	√	√	√	√	√	√				种任选一种
水泥砂浆流动度	√	√	√	√	√	√	√	√		

(2)型式检验:型式检验项目包括匀质性指标和混凝土性能指标。有下列条件之一者应进行型式检验:

1)新产品或老产品转厂生产的试制或进行技术鉴定的产品;

2)当原料、工艺在生产过程中改变时的产品;

3)正常生产时,每年至少进行一次检验;

4)产品长期停产,重新恢复生产时的产品;

5)出厂检验结果和前次型式检验结果有较大差异时;

6)质量监督机构提出检验要求时。

4.复验规则

复验及仲裁以封存样进行。如使用单位要求采用现场样时,应事先在供货合同中规定,在生产和使用单位人员在场的情况下于现场取平均样,并按型式检验项目检验。

5.判定规则

产品经检验,匀质性全部符合本标准技术要求的性能指标,各种减水剂的减水率、缓凝型外加剂的凝结时间、引气型外加剂的含气量及硬化混凝土的各项性能符合本标准技术要求,则判定该编号外加剂为相应等级的产品。如不符合上述要求,则判定该编号外加剂为不合格品。其余项目作为参考指标。

四、混凝土中减水剂的掺量要求

(1)普通减水剂的适宜掺量为0.2%～0.3%,随着气温的变化,掺量可适当增减,但不得大于0.5%。

(2)高效减水剂的适宜掺量为0.5%～1.0%,根据工程需要可适当增减。

五、混凝土中早强剂及早强减水剂的掺量要求

(1)常用早强剂的掺量,不应大于下表9－4的规定。

(2)常用复合早强剂、早强减水剂的组成与剂量应符合表9－5的规定。

表 9—4　早强剂掺量

混凝土种类及使用条件		早强剂品种	掺量(占水泥质量比例,%)
预应力混凝土		硫 酸 钠	1
		三乙醇胺	0.05
钢筋混凝土	干燥环境	硫 酸钠	1
		硫 酸 钾	2
		硫酸钠与缓凝减水剂复合使用	3
		三乙醇胺	0.05
	潮湿环境	硫 酸 钠	1.5
		三乙醇胺	0.05
有饰面要求的混凝土		硫 酸 钠	1
无筋混凝土		氯盐	3

表 9—5　常用复合早强剂、早强减水剂的组成与剂量

类型	外加剂组分	常用剂量(以水泥质量%计)
复合早强剂	三乙醇胺+氯化钠	(0.03~0.05)+0.5
	三乙醇胺+氯化钠+亚硝酸钠	0.05+(0.3~0.5)+(1~2)
	硫酸钠+亚硝酸钠+氯化钠+氯化钙	(1~1.5)+(1~3)+(0.3~0.5)+(0.3~0.5)
	硫酸钠+氯化钠	(0.5~1.5)+(0.3~0.5)
	硫酸钠+亚硝酸钠	(0.5~1.5)+1.0
	硫酸钠+三乙醇胺	(0.5~1.5)+0.05
	硫酸钠十二水石膏+三乙醇胺	(1~1.5)+2+0.05
	亚硝酸钠+二水石膏+三乙醇胺	1.0+2+0.05
早强减水剂	硫酸钠+萘系减水剂	(1~3)+(0.5~1.0)
	硫酸钠+木质素减水剂	(1~3)+(0.15~0.25)—
	硫酸钠+糖钙减水剂	(1~3)+(0.05~0.12)

六、混凝土中缓凝剂及缓凝减水剂的掺量要求

缓凝剂及缓凝减水剂的品种及其掺量,应根据混凝土的凝结时间、运输距离、停放时间、强度等要求来确定。常用掺量可按表 9—6 规定采用。

表 9—6　缓凝剂及缓凝减水剂常用掺量

类 别	掺量(以水泥质量%计)
糖 类	0.1~0.3
木质素磺酸盐类	0.2~0.2
羟基酸酸盐类	0.03~0.1
无机盐类	0.1~0.2

七、混凝土引气剂及气型减水剂的掺量要求

引气剂及引气减水剂掺量应根据混凝土的含气量要求,通过试验确定。引气剂及引气减水剂混凝土的含气量,不宜超过表 9—7 的规定;对抗冻融性要求高的混凝土,宜采用表规定的含气量数值。

表 9—7　掺引气剂及引气减水剂混凝土的含气量

粗集料最大粒径(mm)	混凝土含气量(%)
10	7.0
15	6.0
20	5.5
25	5.0
40	4.5
50	4.0
80	3.5
150	3.0

对于松香树脂及其衍生物，其掺量为水泥质量的 0.005%～0.015%。

八、混凝土中膨胀剂掺量的规定

膨胀剂的常用掺量应符合表 9—8 的规定。

表 9—8　膨胀剂的常用掺量

膨胀混凝土(砂浆)种类	膨胀剂名称	掺量(以水泥质量%计)
补偿收缩混凝土(砂浆)	明矾石膨胀剂	1.3～17
	硫铝酸钙膨胀剂	8～10
	氧化钙膨胀剂	3～5
	氧化钙—硫铝酸钙复合膨胀剂	8～12
填充用膨胀混凝土(砂浆)	明矾石膨胀剂	10～13
	硫铝酸钙膨胀剂	8～10
	氧化钙膨胀剂	3～5
	氧化钙—硫铝酸钙复合膨胀剂	8～10
	铁屑膨胀剂	30～35
自应力混凝土(砂浆)	硫铝酸钙膨胀剂	15～25
	氧化钙—硫铝酸钙复合膨胀剂	1.5～25

九、混凝土中防冻剂掺量的规定

(1)防冻剂中防冻组分掺量应符合表 9—9 的规定。

表 9—9　防冻组分掺量

防冻剂类别	防冻组分掺量
氯盐类	氯盐掺量不得大于拌和水质量的 7%
氯盐阻锈类	总量不得大于拌和水质量的 15% 当氯盐掺量为水泥质量的 0.5%～1.5%时，亚硝酸钠与氯盐之比应大于 1 当氯盐掺量为水泥质量的 1.5%～3%时，亚硝酸钠与氯盐之比应大于 1.3
无氯盐类	总量大得大于拌和水质量的 20%，其中亚硝酸钠、亚硝酸钙、硝酸钠、硝酸钙均不得大于水泥质量的 8%，尿素不得大于水泥质量的 4%，碳酸钾不得大于水泥质量的 10%

(2)防冻剂中防冻组分掺量应符合以下规定：

1)早强组分，除氯盐外，其他组分应按早强剂掺加的有关规定执行；

2)减水组分，应按减水剂掺加有关规定执行；

3)引气组分，应按引气剂掺加的有关规定执行，但引气剂掺量不得超过水泥质量的 0.005%，含气量不得大于 4%。

十、掺外加剂的混凝土配合比设计要求

(1)对有抗渗和抗冻要求的混凝土,水灰比值尚应满足表9－10和表9－11的要求。

表9－10　混凝土抗渗等级允许的最大水灰比

抗渗等级	水灰比	
	C20～C30	>C30
P6	0.6	0.55
P4～P12	0.55	0.50
>P6	0.50	0.45

表9－11　混凝土抗冻等级允许的最大水灰比

抗冻等级	普通混凝土水灰比	引气混凝土水灰比
F50	0.55	0.60
F100	0.55F150及以上	0.50

(2)根据集料品种、规格、外加剂的类型、掺量和施工要求的坍落度,按表9－12选定每立方米混凝土的用水量(m_{wa})。

表9－12　混凝土用水量选用

干硬性混凝土的用水量(kg/m³)						
维勃稠度(s)	卵石最大粒径(mm)			碎石最大粒径(mm)		
	10	20	40	15	20	40
16～20	175	160	145	180	170	155
11～15	180	165	150	185	175	160
5～10	185	170	155	190	180	165

塑性混凝土的用水量(kg/m³)								
所需坍落度(mm)	卵石最大粒径(mm)				碎石最大粒径(mm)			
	10	20	31.5	40	16	20	31.5	40
10～30	190	170	160	150	200	185	175	165
35～50	200	180	170	160	210	195	185	175
55～70	210	190	180	170	220	205	195	185
75～90	215	195	185	175	230	215	205	195

(3)计算水泥用量(m_{ca}):

计算所得的水泥用量如小于国家现行的《混凝土结构工程施工质量验收规范》(GB 50204)中所规定的最小水泥用量值,则应取该规范规定的最小水泥用量。

(4)根据骨料最大粒径和水灰比选定砂率(S_p),可参照表表9－13。

表9－13　混凝土砂率(%)

水灰比	碎石最大粒径(mm)			卵石最大粒径(mm)		
(W/C)	16	20	40	10	20	40
0.40	30～35	29～34	27～32	26～32	25～31	24～30
0.50	33～38	32～37	30～35	30～35	29～34	28～33
0.60	36～41	35～40	33～38	33～38	32～37	31～36
0.70	39～44	38～43	35～41	36～41	35～40	34～39

注:(1)表中数值系中砂选用的砂率,对细砂或粗砂,可相应地增减。

(2)本砂率表适用于坍落度为10～60mm的混凝土。如坍落度大于60mm或小于10mm时,应经试验确定,相应地增减。对于坍落度大于60mm混凝土,也可在上表的基础上按坍落度每增加20mm砂率增加1%的幅度予以调整。

(3)只用一个单粒级粗骨料配制混凝土时,砂率应适当增加;薄壁构件砂率取偏大值。

(4)掺有各种外加剂或掺和料时,其合理砂率值应经试验确定,并参照有关规定选用。

(5)在已知砂率后,粗、细骨料的用量可用体积法或质量法求得。

用体积法计算时,可使用以下两个关系式:

$$\frac{m_{ca}}{\rho_c}+\frac{m_{ga}}{\rho_g}+\frac{m_{sa}m_{wa}}{\rho_s\rho_w}+10a=1000$$

$$\frac{m_{sa}}{m_{sa}+m_{ga}}\times100\%=S_p$$

用质量法计算时,使用以下两个关系式:

$$m_{ca}+m_{ga}+m_{sa}+m_{wa}=m_{cp}$$

$$\frac{m_{sa}}{m_{sa}+m_{ga}}\times100\%=S_p$$

式中 m_{ca}——每立方米混凝土中的水泥用量,kg;

m_{ga}——每立方米混凝土中的粗集料用量,kg;

m_{sa}——每立方米混凝土中有细集料用量,kg;

m_{wa}——每立方米混凝土中的用水量,kg;

m_{cp}——每立方米混凝土拌和物的假定质量,kg,其值可取 2 350～2 450kg;

S_p——砂率,%;

ρ_c——水泥密度,g/m³:

ρ_g——粗集料的视密度,g/cm³;

ρ_s——细集料的视密度,g/cm³;

ρ_w——水的密度,g/cm³;

a——混凝土含气量百分数,%,不使用引气型外加剂时可取 1。

以计算所得的各种材料用量进行混凝土试拌,如不满足要求则对材料用量进行调整,重新计算和试拌,直到满意为止。

十一、调整掺加外加剂混凝土配合比设计的方法

1. 提高混凝土强度

配合比按如下方法调整:

(1)水泥用量与不掺减水剂时相同。

(2)流动性与不掺减水剂的混凝土相近,利用减水剂充分减少单位体积混凝土的用水量(即减小水灰比,提高混凝土强度)。

(3)砂率减小 1%～3%,计算砂石用量。

(4)试拌与调整:若和易性过大,则可减少用水量;若强度已满足,则可减少减水剂用量。

施工中往往仅减少用水量,而砂石用量不变,从而造成混凝土体积减少。

2. 节约水泥

配合比按如下方法调整:

(1)利用减水剂充分减少单位体积混凝土的水泥用量,一般可减少 5%～15%。

(2)水灰比不变(或稍有减少),按比例减少用水量。

(3)砂率保持不变,计算砂石用量(即减少的水泥和水的体积由砂石弥补)。

(4)试拌与调整。当和易性不合适时,保证水灰比不变的情况下调整用水量;当强度不合适时,调整水灰比或改用引气量小酌减水剂。施工中要注意的是水泥用量的最小限值。在大

体积混凝土中，为了避免节约水泥后胶结料太少，可掺部分粉煤灰。

3.既提高强度又节约水泥

配合比按如下方法调整：

(1)根据具体情况决定水泥用量。当要求节省水泥量多时，则强度提高得少些。

(2)和易性与空白的相近，试拌确定用水量。其水灰比比空白者小。

(3)砂率不变或减少1%～2%，计算砂石用量。

(4)试拌与调整。当强度富余过多或偏低时，可调整水灰比。

(5)提高混凝土拌和物的和易性。

任何一种减水剂均可用来提高混凝土拌和物的和易性，应根据其使用要求来选用。常用的是木质素磺酸钙。当要求和易性显著提高时，宜用高效减水剂，泵送混凝土宜用引气型减水剂。

配合比设计方法如下：

(1)水泥用量和水灰比不变(或水灰比稍有减小)。

(2)砂率适当增大。配制大坍落度混凝土时，砂率增大3%～5%(砂率增加到40%左右)，并加入适量粉煤灰。

(3)试拌与调整。当流动性过大时，可减少减水剂的用量；当保水性较差时，减少用水量或适当增加砂率；当和易性不能满足设计要求时，可改用高效减水剂。

施工中常常是砂率不调整，从而使有些拌和物的保水性和黏聚性较差；坍落度无法测试。

4.既提高流动性又节约水泥

配合比按如下方法调整：

(1)根据具体要求确定水泥用量。当要求节省水泥用量多时，则流动性改善少。

(2)水灰比保持不变或稍有减小，经试拌确定用水量。

(3)砂率基本不变。当流动性较大时，砂率提高1%～3%，则由此计算砂石用量。

(4)试拌。若流动性过大或过小，则在保持水灰比不变的情况下，减少或增加水泥和水的用量。

5.既提高流动性又提高强度

此时宜用高效减水剂(冬季时用早强减水剂)。配合比按如下方法调整：

(1)水泥用量保持不变。

(2)根据要求的流动性，用试拌确定用水量。当流动性提高得多时，则强度提高得少。

(3)砂率基本不变，计算砂石用量。

(4)在满足和易性的情况下，当强度太高时，可减少减水剂掺量，增大水灰比；当强度太小时，增加减水剂掺量，减小水灰比或增加水泥用量。

十二、掺加剂混凝土配合设计注意事项

(1)掺引气剂及引气减水剂混凝土的含气量增加3%～5%，故在配合比设计时应适当减少材料用量，既要提高混凝土耐久性、抗渗性，又要求不降低强度时，水灰比应减少5%～8%，混凝土的砂率减少2%～3%。

(2)掺早强剂、缓凝剂的混凝土配合比与基准混凝土相同。掺早强减水剂、缓凝减水剂时的配合比参照掺减水剂的混凝土配合比。

(3)掺防冻剂混凝土应优先使用硅酸盐水泥和普通硅酸盐水泥，水泥等级不应低于32.5级，最小水泥用量不宜少于300kg/m^3，水灰比不应大于0.6。

(4)膨胀混凝土的配合比设计与普通混凝土相同。水泥和膨胀剂用量按内掺法计算。要求水泥等级不低于 42.5 级,水灰比不大于 0.6,每 $1m^3$ 水泥用量应符合表 9－14 的要求。

表 9－14 膨胀混凝土(砂浆)水泥用量

膨胀混凝土(砂浆)种类	最小水泥用量(kg/m^3)	最大水泥用量(kg/m^3)
补偿收缩混凝土	300	—
补偿收缩砂浆	—	900
填充用膨胀混凝土	300	700
填充用膨胀砂浆	—	900
自应力混凝土	500	—
自应力砂浆	—	900

注:内掺法实际水泥用量(C')与膨胀剂用量(P)之和为计算水泥用量(C),即 $C=C'+P$。

第十章　建筑用钢材及其试验

建筑钢材是指用于钢结构、钢筋混凝土结构的各种型钢、钢筋和钢丝。

钢材强度高，品质均匀，有一定的塑性和韧性，有良好的承受冲击荷载和振动荷载的能力，可以焊接和铆接，施工和装配方便，安全可靠，因此被广泛用于工业和民用建筑工程中，是重要的结构材料。

钢和铁的主要成分都是铁和碳。钢和生铁的主要区别在于含碳量不同。钢的含碳量在2%以下，常用钢材的含碳量在1.3%以下，而炼钢用的生铁含碳量一般在4%左右。由于两者的含碳量不同，在性能和用途上也有很大区别。

第一节　钢筋性能指标

一、碳素结构钢的化学成分、力学及工艺性能

碳素结构钢的化学成分、力学及工艺性能指标见表10－1～表10－3。

表10－1　碳素结构钢化学成分

牌号	等级	化学成分(%)					脱氧方法
		C	Mn	Si	S	P	
				≤			
Q195	—	0.06～0.12	0.25～0.50	0.3	0.050	0.045	F,b,z
Q215	A	0.09～0.15	0.25～0.55	0.3	0.050	0.045	F,b,z
	B				0.045		
Q235	A	0.14～0.20	0.30～0.70	0.3	0.050	0.45	f,b,z
	B	0.12～0.20	0.30～0.70		0.045		
	C	≤0.18	0.34～0.80		0.040	0.040	Z
	D	≤0.17			0.035	0.035	TZ
Q255	A	0.18～0.28	0.47～0.70	0.3	0.050	0.045	F,b,z
	B				0.045		
Q275	—	0.28～0.38	0.50～0.80	0.35	0.050	0.045	Z

表 10—2　碳素结构钢的力学性能

牌号	等级	拉伸试验													冲击试验	
		屈服点 σ_5(MPa)						抗拉强度 σ_b (MPa)	伸长率 δ_5(%)						温度(℃)	V型冲击功(纵向)(J)
		钢材厚度(直径)(mm)							钢材厚度(直径)(mm)							
		≤16	16～40	40～60	60～100	100～150	>150		≤16	16～40	40～60	60～100	100～150	>150		
		≥							≥							≥
Q195	—	(195)	(185)	—	—	—	—	315～430	33	32	—	—	—	—	—	—
Q215	A	215	205	195	185	175	165	335～450	31	30	29	28	27	26	—	—
	B														20	27
Q235	A	235	225	215	205	195	185	375～500	26	25	24	23	22	21		27
	B															
	C															
	D															
Q255	A	255	245	235	225	215	205	410～550	24	23	22	21	20	19	—	—
	B														20	27
Q275	—	275	265	255	245	235	225	490～630	20	19	18	17	16	15	—	—

表 10—3　碳素结构钢的冷弯性能

牌号	试样方向	冷弯试验($B=2a$,180°)		
		钢材厚度(直径)a(mm)		
		60	60～100	100～200
		弯心直径 d(mm)		
Q125	纵	0	—	—
	横	0.5a		
Q215	纵	0.5a	1.5a	2a
	横	a	2a	2.5a
Q235	纵	0.5a	2a	2.5a
	横	2.5a	2.5a	3a
Q255		2a	3a	3.5a
Q275		3a	4a	4.5a

注:B 为试样宽度,a 为钢材厚度(直径)。

二、钢筋混凝土用热轧光圆钢筋的力学、化学成分组成

(1)牌号及化学成分见表 10—4。

(2)钢筋混凝土用热轧光面圆钢筋的力学性能见表 10—5。

表 10—4　钢筋混凝土用热轧光圆钢筋牌号及化学成分

牌号	化学成分(质量分数)(%)不大于				
	C	Si	Mn	P	S
HPB235	0.22	0.30	0.65	0.045	0.050
HPB300	0.25	0.55	1.50		

表 10—5　钢筋混凝土用热轧光圆钢筋力学性能

牌号	R_{el} (MPa)	R_m (MPa)	A (%)	A_{gt} (%)	冷弯试验 180° d—弯芯直径 a—钢筋公称直径
	不小于				
HPB235	235	270	25.0	10.0	$d=a$
HPB300	300	420			

三、低碳热轧圆盘条的性能指标

盘条钢筋是成卷盘状供应的热轧钢筋。盘条公称直径为 5.5、6.0、6.5、7.0、8.0、9.0、10.0、11.0、12.0、13.0、14.0mm 等。盘条可分为供拉丝用及供建筑和其他用途的盘条。供拉丝用的盘条代号为 L，供建筑和其他用途的盘条代号为 J。

牌号及化学成分见表 10—6，力学性能及工艺性能应符合表表 10—7 的规定。

表 10—6　牌号及化学成分

牌号	化学成分(质量分数)(%)				
	C	Mn	Si	S	P
			不大于		
Q195	≤0.12	0.25～0.50	0.30	0.040	0.035
Q215	0.09～0.15	0.25～0.60	0.30	0.045	0.045
Q235	0.12～0.20	0.30～0.70			
Q275	0.14～0.22	0.40～1.00			

表 10—7　力学性能及工艺性能

牌号	力学性能		冷弯试验 180° d—弯芯直径 a—试样直径
	抗拉强度 R_m(N/mm^2) 不大于	断后伸长率 A_{gt}(%) 不小于	
Q195	410	30	$d=0$
Q215	435	28	$d=0$
Q235	500	23	$d=0.5a$
Q275	540	21	$d=1.5a$

四、热轧带肋钢筋的性能指标

热轧带肋钢筋按力学性能分为 HPB335 级、HPB400 级、RRB400 级。各级别钢筋的表面形状、强度等级、公称直径及其力学性能、冷弯性能见表 10—8。热轧带肋钢筋的牌号及化学成分见表 10—9。

表 10—8 钢筋混凝土用热轧带肋钢筋力学工艺性能

牌号	R_{el}(MPa)	R_m(MPa)	A(%)	A_{gt}(%)
	不小于			
HRB335 HRBF335	335	455	17	.5
HRB400 HRBF400	400	540	16	
HRB500 HRBF500	500	630	15	

表 10—9 热轧钢筋牌号及化学成分

牌号	化学成分(%) 不小于					
	C	Si	Mn	P	S	Cep
HRB335 HRBF335	0.25	0.80	1.60	0.045	0.045	0.52
HRB400 HRBF400						0.54
HRB500 HRBF500						0.55

HPB335 级、HPB400 级钢筋用普通低合金镇静钢或半镇静钢轧制而成，强度较高，塑性较好，焊接性能也较稳定。由于其外表是带肋的，与混凝土之间握裹力较高，主要用于大中型结构构件的受力筋，也可用作建筑结构的预应力钢筋。

RRB400 级钢筋用中碳低合金镇静钢轧制，除硅、锰作为合金强化元素外，还加入了钒、钛、铝等作为合金强化元素，在提高强度的同时，还保证了钢材的塑性和韧性。由于是带肋钢筋，强度高，综合性能较好，在建筑工程中经过冷拉后，在大型钢筋混凝土结构中用作预应力钢筋。RRB400 级钢筋的含碳量较高，对焊时应采用适宜的焊接方法，防止钢筋出现脆性断裂。

五、热处理钢筋的力学性能指标

热处理钢筋是由普通热轧中碳低合金钢筋经淬火和回火的调质热处理制成的。这种钢筋具有高强度、高韧性和高黏结力等优点，特别适用于预应力钢筋混凝土构件的配筋。但其对应力腐蚀及缺陷的敏感性强。热处理钢筋代号为 RB150，公称直径有 6mm、8.2mm、10mm 三种，力学性能应符合表 10—10 的要求。

表 10—10 热处理钢筋力学性能

公称直径(mm)	牌号	屈服强度 $\sigma_{0.2}$(MPa)	抗拉强度 σ_b(MPa)	伸长率 δ_{10}(%)
6	40Si2Mn	≥1 325	≥1470	≥6
8.2	48Si2Mn			
10	45Si2Cr			

六、冷拉钢筋的性能及其指标

1. 冷拉钢筋的力学、工艺性能

冷拉钢筋的力学、工艺性能见表 10—11。

表 10－11　冷拉钢筋的力学、工艺性能

钢筋级别	钢筋直径(mm)	屈服强度(N/mm²)	抗拉强度(N/mm²)	伸长率 δ_{10}(%)	冷弯	
					弯曲角度	弯曲直径
Ⅰ级	≤12	≥280	≥370	≥11	180°	3d
Ⅱ级	≤25	≥450	≥510	≥10	90°	3d
	28～40	≥430	≥490	≥10	90°	4d
Ⅲ级	8～40	≥500	≥570	≥8	90°	5d
Ⅳ级	10～28	≥835	≥835	≥6	90°	5d

冷拉Ⅰ级钢筋适用于普通钢筋混凝土结构中的受拉钢筋；冷拉Ⅱ、Ⅲ、Ⅳ级钢筋可用作预应力钢筋混凝土结构的预应力钢筋。但对承受冲击和振动荷载的结构及吊钩等不允许使用冷拉钢筋。

2.冷拉钢筋冷拉控制应力及最大冷拉率

(1)钢筋的冷拉可采用控制应力或控制冷拉率的方法。对不能分清炉批号的热轧钢筋，不应采用控制冷拉率的方法。

(2)当采用控制应力方法冷拉钢筋时，其冷拉控制应力下的最大冷拉率，应符合表 10－12 的规定。冷拉时应检查钢筋的冷拉率。当超过表 10－12 规定时，应进行力学性能检验。

表 10－12　冷拉控制应力及最大冷拉率

钢筋级别	钢筋直径(mm)	冷拉控制应力(N/mm²)	最大冷拉率(%)
HPB235 级	≤12	280	10.0
HRB335 级	≤25	450	5.5
	28～40	430	
HRB400 级	8～40	500	5.0
RRB400 级	10～28	700	4.0

(3)测定冷拉率时钢筋的冷拉力与验收要求。当采用控制冷拉率方法冷拉钢筋时，冷拉率必须由试验确定。测定同炉批钢筋冷拉率，其试样不少于 4 个，并取其平均值作为该批钢筋实际采用的冷拉率。测定冷拉率筋的冷拉应力，应符合表 10－13 的规定。

表 10－13　测定冷拉率时钢筋的冷拉应力

钢筋级别	钢筋直径(mm)	冷拉应力(N/mm²)
Ⅰ级	≤12	310
Ⅱ级	≤25	480
	28～40	460
Ⅲ级	8～40	530
Ⅳ级	10～28	730

冷拉多根连接的钢筋，冷拉率可按总长计，但冷拉后每根钢筋的冷拉率应符合表 10－14 的规定。

当采用控制应力方法冷拉钢筋时，对使用的测力计应经常维护，定期校验。

3.冷拉钢筋的检查验收

(1)应分批进行验收,每批由不大于 20t 的同级别、同直径冷拉钢筋组成。

(2)钢筋表面不得有裂纹和局部缩颈。当用作预应力筋时,应逐根检查。

(3)从每批冷拉钢筋中抽取两根钢筋,每根取两个试样分别进行拉力和冷弯试验。当有一项试验结果不符合表 10—13 的规定时,应另取双倍数量的试样重做各项试验。当仍有一个试样不合格时,视该批冷拉钢筋为不合格品。

注:①计算冷拉钢筋的屈服强度和抗拉强度时,应采用冷拉前的截面面积;

②拉力试验包括屈服强度、抗拉强度和伸长率三个指标。

七、冷拔低碳钢丝的力学性能指标(表 10—14)

表 10—14　冷拔低碳钢丝力学性能

<table>
<tr><th rowspan="2">钢丝级别</th><th rowspan="2">直径(mm)</th><th colspan="2">抗拉强度(MPa)</th><th rowspan="2">伸长率 δ_{100}(%)</th><th rowspan="2">180°反复弯曲(次数)</th></tr>
<tr><th>Ⅰ组</th><th>Ⅱ组</th></tr>
<tr><td rowspan="2">甲级</td><td>5</td><td>650</td><td>600</td><td>2.5</td><td rowspan="2">4</td></tr>
<tr><td>4</td><td>700</td><td>650</td><td>4</td></tr>
<tr><td>乙级</td><td>3~5</td><td>550</td><td>2.0</td><td></td><td>4</td></tr>
</table>

注:①甲级钢丝应采用Ⅰ级热轧钢筋标准的圆盘条拔制;

②预应力冷拔低碳钢丝经机械调直后,抗拉强度标准值降低 50MPa。

八、预应力混凝土用钢丝的性能指标

冷拉钢丝、消除应力光圆及螺旋肋钢丝、消除应力刻痕钢丝的力学性能见表10—15~10—17。

表 10—15　冷拉钢丝的力学性能

<table>
<tr><th>公称直径 d_n(mm)</th><th>抗拉强度 σ_b(MPa)不小于</th><th>规定非比例伸长应力 $\sigma_{p0.2}$(MPa)不小于</th><th>最大力下总伸长率(L_0=200mm) δ_{gt}(%)不小于</th><th>弯曲次数(次/180°)不小于</th><th>弯曲半径 R(mm)</th><th>断面收缩率 ϕ(%)不小于</th><th>每 210m 扭距的扭转次数 n 不小于</th><th>初始应力相当于 70%公称抗拉强度时,1 000h 后应力松弛率 r(%)不大于</th></tr>
<tr><td>3.00</td><td rowspan="3">1 470
1 570
1 670
1 770</td><td rowspan="3">1 100
1 180
1 250
1 330</td><td rowspan="6">1.5</td><td>4</td><td>7.5</td><td>—</td><td>—</td><td rowspan="6">8</td></tr>
<tr><td>4.00</td><td>4</td><td>10</td><td rowspan="2">35</td><td>8</td></tr>
<tr><td>5.00</td><td>4</td><td>15</td><td>8</td></tr>
<tr><td>6.00</td><td rowspan="3">1 470
1 570
1 670
1 770</td><td rowspan="3">1 100
1 180
1 250
1 330</td><td>5</td><td>15</td><td rowspan="3">30</td><td>7</td></tr>
<tr><td>7.00</td><td>5</td><td>20</td><td>6</td></tr>
<tr><td>8.00</td><td>5</td><td>20</td><td>5</td></tr>
</table>

表 10—16　消除应力光圆及螺旋肋钢丝的力学性能

<table>
<tr><th rowspan="4">公称直径
d_n(mm)</th><th rowspan="4">抗拉强度
σ_b(MPa)
不小于</th><th colspan="2" rowspan="3">规定非比例伸长应力
$\sigma_{p0.2}$(MPa)
不小于</th><th rowspan="4">最大力下总伸长率
(L_0=200mm)
δ_{gt}(%)
不小于</th><th rowspan="4">弯曲次数
(次/180°)
不小于</th><th rowspan="4">弯曲半径
R(mm)</th><th colspan="3">应力松弛性能</th></tr>
<tr><th rowspan="2">初始应力相当于公称抗拉强度的百分数(%)</th><th colspan="2">1 000h 后应力松弛率 r(%)
不大于</th></tr>
<tr><th>WLR</th><th>WNR</th></tr>
<tr><th>WLR</th><th>WNR</th><th colspan="3">对所有规格</th></tr>
<tr><td>4.00</td><td rowspan="3">1 470
1 570
1 670
1 770
1 860</td><td rowspan="3">1 290
1 380
1 470
1 560
1 640</td><td rowspan="3">1 250
1 330
1 410
1 500
1 580</td><td rowspan="10">3.5</td><td>3</td><td>10</td><td rowspan="3">60</td><td rowspan="3">1.0</td><td rowspan="3">4.5</td></tr>
<tr><td>4.80</td><td rowspan="2">4</td><td rowspan="2">15</td></tr>
<tr><td>5.00</td></tr>
<tr><td>6.00</td><td rowspan="3">1 470
1 570
1 670
1 770</td><td rowspan="3">1 290
1 380
1 470
1 560</td><td rowspan="3">1 250
1 330
1 410
1 500</td><td>4</td><td>15</td><td rowspan="3">70</td><td rowspan="3">2.0</td><td rowspan="3">8</td></tr>
<tr><td>6.25</td><td>4</td><td>20</td></tr>
<tr><td>7.00</td><td>4</td><td>20</td></tr>
<tr><td>8.00</td><td rowspan="2">1 470
1 570</td><td rowspan="2">1 290
1 380</td><td rowspan="2">1 250
1 330</td><td>4</td><td>20</td><td rowspan="4">80</td><td rowspan="4">4.5</td><td rowspan="4">12</td></tr>
<tr><td>9.00</td><td>4</td><td>25</td></tr>
<tr><td>10.00</td><td rowspan="2">1 470</td><td rowspan="2">1 290</td><td rowspan="2">1 250</td><td>4</td><td>25</td></tr>
<tr><td>12.00</td><td>4</td><td>30</td></tr>
</table>

表 10—17　消除应力的刻痕钢丝的力学性能

<table>
<tr><th rowspan="4">公称直径
d_n(mm)</th><th rowspan="4">抗拉强度
σ_b(MPa)
不小于</th><th colspan="2" rowspan="3">规定非比例伸长应力
$\sigma_{p0.2}$(MPa)
不小于</th><th rowspan="4">最大力下总伸长率
(L_0=200mm)
δ_{gt}(%)
不小于</th><th rowspan="4">弯曲次数
(次/180°)
不小于</th><th rowspan="4">弯曲半径
R(mm)</th><th colspan="3">应力松弛性能</th></tr>
<tr><th rowspan="2">初始应力相当于公称抗拉强度的百分数(%)</th><th colspan="2">1 000h 后应力松弛率 r(%)
不大于</th></tr>
<tr><th>WLR</th><th>WNR</th></tr>
<tr><th>WLR</th><th>WNR</th><th colspan="3">对所有规格</th></tr>
<tr><td>≤5.0</td><td>1 470
1 570
1 670
1 770
1 860</td><td>1 290
1 380
1 470
1 560
1 640</td><td>1 250
1 330
1 410
1 500
1 580</td><td rowspan="2">3.5</td><td rowspan="2">3</td><td>15</td><td rowspan="2">60
70
80</td><td rowspan="2">1.5
2.5
4.5</td><td rowspan="2">4.5
8
12</td></tr>
<tr><td>>5.0</td><td>1 470
1 570
1 670
1 770</td><td>1 290
1 380
1 470
1 560</td><td>1 250
1 330
1 410
1 500</td><td>20</td></tr>
</table>

九、冷拔低碳钢丝的力学性能指标

冷拔低碳钢丝分为甲、乙两级。甲级钢丝主要用于预应力混凝土筋；乙级钢丝主要于焊接网、焊接骨架、箍筋和构造钢筋。甲级冷拔低碳钢丝应采用符合 HPB235 级热轧钢筋标准的圆盘条拔制。

冷拔低碳钢丝的力学性能应符合表 10—18 的规定。

表 10—18　冷拔低碳钢丝的力学性能

项次		1		2
钢丝级别		甲级		乙级
钢丝直径(mm)		4	5	3～5
抗拉强度(MPa)	Ⅰ组	≥700	≥650	≥550
	Ⅱ组	≥650	≥600	
伸长率(%)(标距 100mm)		≥2.5	≥3.0	≥2.0
反复弯曲(180°)次数		≥4		

十、预应力混凝土用钢绞线的力学性能指标

预应力混凝土用钢绞线力学性能应符合有表 10—19～表 10—21 的规定。

表 10—19　1×2 结构钢绞线力学性能

钢绞线结构	钢绞线公称直径 d_n(mm)	抗拉强度 R_m(MPa) 不小于	整根钢绞线的最大力 F_m(kN) 不小于	规定非比例延伸力 $F_{p0.2}$(kN) 不小于	最大力总伸长率 (L_0≥400 mm) A_{gt}(%) 不小于	应力松弛性能：初始负荷相当于公称最大力的百分数(%)	应力松弛性能：1 000 h 后应力松弛率 r(%) 不大于
1×2	5.00	1 570	15.4	13.9	对所有规格	对所有规格	对所有规格
		1 720	16.9	15.2			
		1 860	18.3	16.5			
		1 960	19.2	17.3			
	5.80	1 570	20.7	18.6		60	1.0
		1 720	22.7	20.4			
		1 860	24.6	22.1			
		1 960	25.9	23.3			
1×2	8.00	1 470	36.9	33.2	对所有规格	对所有规格	对所有规格
		1 570	39.4	35.5	3.5	70	2.5
		1 720	43.2	38.9			
		1 860	46.7	42.0			
		1 960	49.2	44.3			
	10.00	1 470	57.8	52.0			
		1 570	61.7	55.5			
		1 720	67.6	60.8		80	4.5
		1 860	73.1	65.8			
		1 960	77.0	69.3			
	12.00	1 470	83.1	74.8			
		1 570	88.7	79.8			
		1 720	97.2	87.5			
		1 860	105	94.5			

注：规定非比例延伸力 $F_{p0.2}$ 值不小于整根钢绞线公称最大力 F_m 的 90%。

表 10－20　1×3 结构钢绞线力学性能

钢绞线结构	钢绞线公称直径 d_n(mm)	抗拉强度 R_m(MPa) 不小于	整根钢绞线的最大力 F_m(kN) 不小于	规定非比例延伸力 $F_{p0.2}$(kN) 不小于	最大力总伸长率 (L_0≥400 mm) A_{gt}(%) 不小于	应力松弛性能：初始负荷相当于公称最大力的百分数(%)	应力松弛性能：1 000 h 后应力松弛率 r(%) 不大于
		1 570	31.1	28.0	对所有规格	对所有规格	对所有规格
1×3	6.20	1 720	34.1	30.7			
		1 860	36.8	33.1			
		1 960	38.8	34.9			
	6.50				对所有规格	对所有规格	对所有规格
		1 570	33.3	30.0			
		1 720	36.5	32.9		60	1.0
	8.60	1 860	39.4	35.5			
		1 960	41.6	37.4			
		1 470	55.4	49.9			
		1 570	59.2	53.3			
	8.74	1 720	64.8	58.3	3.5	70	2.5
		1 860	70.1	63.1			
		1 960	73.9	66.5			
		1 570	60.6	54.5			
	10.80	1 670	64.5	58.1			
		1 860	71.8	64.6			
1×31		1 470	86.6	77.9		80	4.5
		1 570	92.5	83.3			
		1 720	101	90.9			
	12.90	1 860	110	99.0			
		1 960	115	104			
		1 470	125	113			
		1 570	133	120			
		1 720	146	131			
		1 860	158	142			
	8.74	1 960	166	149			
		1 570	60.6	54.5			
		1 670	64.5	58.1			
		1 860	71.8	64.6			

注：规定非比例延伸力 $F_{p0.2}$ 值不小于整根钢绞线公称最大力 F_m 的 90%。

表 10－21　1×7 结构钢绞线力学性能

钢绞线结构	钢绞线公称直径 D_n(mm)	抗拉强度 R_m(MPa)不小于	整根钢绞线的最大力 F_m(kN)不小于	规定非比例延伸力 $F_{p0.2}$(kN)不小于	最大力总伸长率($L_0 \geqslant 400$ mm) A_{gt}(%)不小于	应力松弛性能	
						初始负荷相当于公称最大力的百分数(%)	1 000 h 后应力松弛率 r(%)不大于
1×7	9.50	1 720	94.3	84.9	对所有规格	对所有规格	对所有规格
		1 860	102	91.8			
		1 960	107	96.3			
	11.10	1 720	128	115		60	1.0
		1 860	138	124			
		1 960	145	131			
	12.70	1 720	170	153			
		1 860	184	166	3.5	70	2.5
		1 960	193	174			
	15.20	1 470	206	185			
		1 570	220	198			
		1 670	234	211			
		1 720	241	217		80	4.5
		1 860	260	234			
		1 960	274	247			
	15.70	1 770	266	239			
		1 860	279	251			
	17.80	1 720	327	294			
		1 860	353	318			
(1×7)C	12.70	1 860	208	187			
	15.20	1 820	300	270			
	18.00	1 720	384	346			

注：规定非比例延伸力 $F_{p0.2}$ 值不小于整根钢绞线公称最大力 F_m 的 90%。

十一、ATSMA416—90a 规定的钢绞线的力学性能指标

(1)断裂强度。成品钢绞线的断裂强度应符合表 10－22 规定要求。

表 10—22　钢绞线的的断裂强度

级别	钢绞线公称直径［英寸(mm)］	钢绞线断裂强度［千磅(kN)］	钢绞线公称金属面积［英寸(mm)］	钢绞线的公称质量［磅/1 000 英尺(kg/1 000m)］
250	0.250(6.35)	9 000(40.0)	0.036(23.22)	122(182)
	0.313(7.94)	14 5000(64.5)	0.058(37.42)	197(294)
	0.375(9.53)	20 000(89.0)	0.080(51.61)	272(405)
	0.438(11.11)	27 000(120.1)	0.108(69.68)	367(548)
	0.500(12.70)	36 000(160.1)	0.144(92.90)	490(730)
	0.600(15.24)	54 000(240.2)	0.216(139.35)	737(1 094)
270	0.375(9.53)	23 000(102.3)	0.085(54.84)	290(432)
	0.438(11.11)	31 000(137.9)	0.115(74.19)	390(582)
	0.500(12.70)	41 300(183.7)	0.153(98.71)	520(775)
	0.600(15.24)	58 600(260.7)	0.217(140.00)	740(1 102)

(2)屈服强度。在负荷下达1%伸长时的屈服强度，并自动记录磅(kN)。试验用初始负荷和最小负荷列于表 10—23 的最小断裂强度的百分数，对于低松弛和消除应力(标准松弛)的钢绞线分别为 90%和 85%。

表 10—23　初始负荷和最小屈服强度的要求

级别	钢绞线公称直径［英寸(mm)］	初始负荷［千磅(kN)］	1%伸长时的最小负荷［千磅(kN)］	
			标准松弛	低松弛
250	0.250(6.35)	900(4.0)	7 650(34.0)	8 100(36.0)
	0.313(7.94)	1 450(6.5)	12 300(54.7)	13 050(58.1)
	0.375(9.53)	2 000(8.9)	17 000(75.6)	18 000(80.1)
	0.438(11.11)	2 700(12.0)	23 000(102.3)	24 300(108.1)
	0.500(12.70)	3 600(16.0)	30 600(36.2)	32 400(144.1)
	0.600(15.24)	5 400(24.0)	45 900(204.2)	48 600(216.2)
270	0.375(9.53)	2 300(10.2)	19 550(87.0)	20 700(92.1)
	0.438(11.11)	3 100(13.8)	26 350(117.2)	27 900(124.1)
	0.500(12.70)	4 130(18.4)	35 100(156.1)	37 170(165.3)
	0.600(15.24)	5 860(26.1)	49 800(221.5)	52 740(234.6)

注：负荷下的总伸长率不得小于 3.5%。试验标距至少应为公称直径的 60 倍。如果该标准距超过伸长仪或试验机的能力，则可用 40 倍公径直径的小标距来代替。

第二节　钢筋加工试验

一、钢筋试验用到的相关名词

(1)标距。测量伸长用的试样圆柱或棱柱部分的长度。

(2)原始标距(L_0)。施力前的试样标距。

(3)断后标距(L_u)。试样断裂后的标距。

(4)平行长度(L_c)。试样两头部或两夹持部分(不带头试样)之间平行部分的长度。

(5)伸长。试验期间任一时刻原始标距(L_0)的增量。

(6)伸长率。原始标距的伸长与原始标距(L_0)之比的百分率。

(7)断后伸长率。断后标距的残余伸长(L_u-L_0)与原始标距(L_0)之比的百分率，如图

10－1所示。对于比例试样，若原始标距不为 $5.65\sqrt{S_0}$（S_0 为平行长度的原始横截面积），符号 A 应附以下脚注说明所使用的比例系数，例如，$A_{11.3}$ 表示原始标距 $11.3\sqrt{S_0}$ 的断后伸长率。对于非比例试样，符号 A 应附以下脚注说明所使用的原始标距，以 mm 表示，例如，A_{80mm} 表示原始标距（L_0）为 80mm 的断后伸长率。

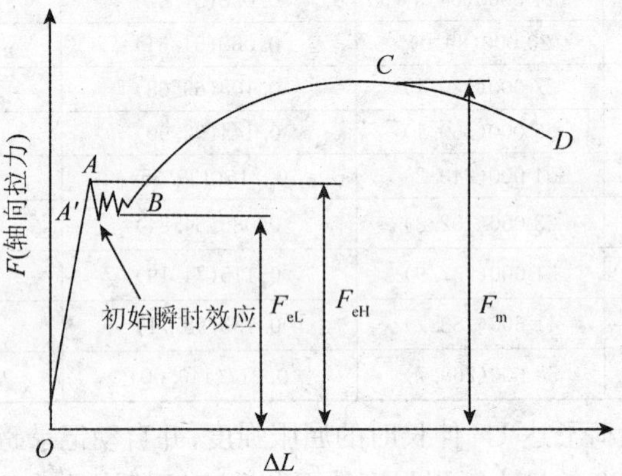

图 10－1 断后标距的残余伸长（L_u-L_0）与原始标距（L_0）之比的百分率

（8）引伸计标距（L_e）。用引伸计测量一试样延伸时所使用试样平行长度部分的长度。测定屈服强度和规定强度性能时推荐 $L_e \geqslant L_0/2$。测定屈服点延伸率和最大力时或在最大力之后的性能，推荐 L_e 等于 L_0。

（9）应力。等于试验期间任一时刻的力除以试样原始横截面积（S_0）之商。

（10）延伸。等于试验期间任一给定时刻引伸计标距的非比例延伸与引伸计标距（L_e）之比的百分率。

（11）最大力（F_m）。指试样在屈服阶段之后所能抵抗的最大力。对于无明显屈服（连续屈服）的金属材料，为试验期间的最大力。

（12）抗拉强度（R_m）。相应最大力（F_m）的应力。

（13）屈服强度。当金属材料呈现屈服现象时，在试验期间达到塑性变形发生而力不增加的应力点，应区分上屈服强度和下屈服强度。

（14）上屈服强度（R_{eH}）。试样发生屈服而力首先下降前的最高应力，如图表 10－2 所示。

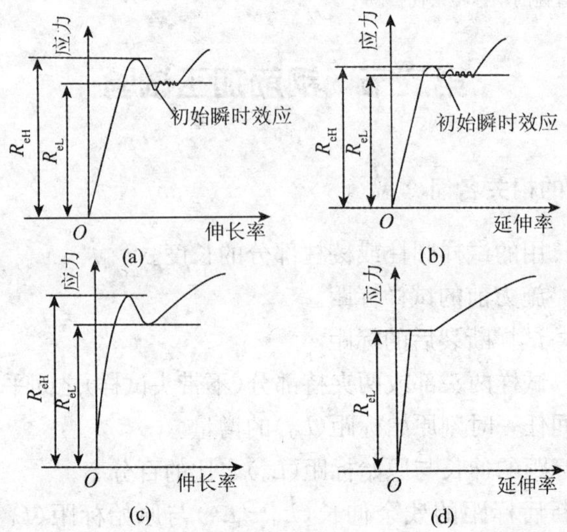

图 10－2　不同类型曲线的上屈服强度和下屈服强度(R_{eH}和R_{EL})

(15)下屈服强度(R_{cL})。在屈服期间,不计初始瞬时效应时的最低应力,如图 10－2 所示。

(16)带肋钢筋。横截面通常为圆形,且表面通常带有两条纵肋和沿长度方向均匀分布的横肋的钢筋。

(17)公称直径。与钢筋的公称横截面积相等的圆的直径。

(18)热轧光圆钢筋。经热轧成型并自然冷却的成品光圆钢筋。

(19)钢筋焊接网。纵向钢筋和横向钢筋分别以一定的间距排列且互成直角,全部交叉点均焊接在一起的网片,如图 10－3 所示。

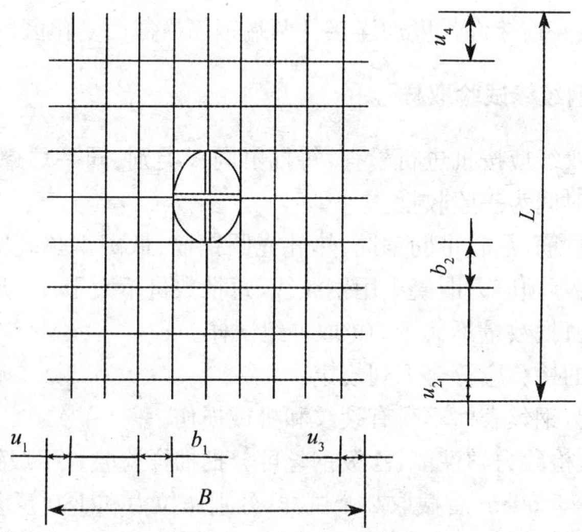

图 10－3　钢筋焊接网形状

(20)冷轧扭钢筋。低碳钢热轧圆盘条经专用钢筋冷轧扭机调直、冷轧并冷扭一次成型,具有规定截面形状和节距的连续螺旋状钢筋,如图 10－4 所示。

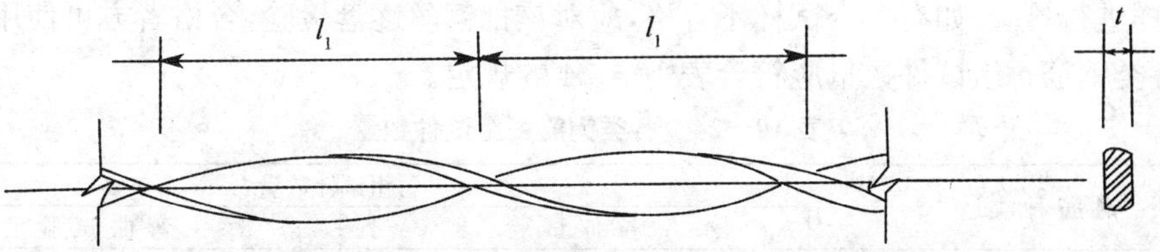

图 10－4　有规定截面形状和节距的连续螺旋状钢筋

(21)钢筋电阻点焊。将两钢筋安放成交叉叠接形式,压紧于两电极之间,利用电阻热熔化母材金属,加压形成焊点的一种压焊方法。

(22)钢筋闪光对焊。将两钢筋安放成对接形式,利用电阻热使接触点金属熔化,产生强烈飞溅,形成闪光,迅速施加顶锻力完成的一种压焊方法。

(23)钢筋电渣压力焊。将两钢筋安放成竖向对接形式,利用焊接电流通过两钢筋端面间隙,在焊剂层下形成电弧过程和电渣过程,产生电弧热和电阻热,熔化钢筋,加压完成的一种压焊方法。

(24)钢筋气压焊。利用氧乙炔火焰或其他火焰对两钢筋对接处加热,使其达到塑性状态(固态)或熔化状态(熔态)后,加压完成的一种压焊方法。

(25)热影响区。焊接或热切割过程中,钢筋母材因受热的影响(但未熔化),使金属组织和力学性能发生变化的区域。

(26)延性断裂。伴随明显塑性变形而形成延性断口(断裂面与拉应力垂直或倾斜,其上具有细小的凹凸,呈纤维状)的断裂。

(27)脆性断裂。几乎不伴随塑性变形而形成塑性断口(断裂面通常与拉应力垂直,宏观上由具有光泽的亮面组成)的断裂。

(28)钢筋机械连接。通过钢筋与连接件的机械咬合作用或钢筋端面的承压作用,将一根钢筋中的力传递至另一根钢筋的连接方法。

(29)接头抗拉强度。接头试件在拉伸试验过程中所达到的最大拉应力值。

(30)接头试件总伸长率。接头试件在最大拉力下在规定标距内测得的总伸长率。

(31)接头长度。接头连接件长度加连接件两端钢筋横截面变化区段的长度。

二、钢筋、钢丝及钢绞线试验取样

(1)钢筋、钢丝、钢绞线应按批进行检查,每批由同一类别、同一炉罐号、同一规格、同一交货状态、同一进场(厂)时间为一验收批。

(2)钢筋混凝土用钢筋(热轧带肋钢筋、热轧光圆钢筋、低碳钢热轧圆盘条、余热处理钢筋预应力混凝土用钢绞线等预应力混凝土用钢绞线,每批数量不大于 60t 取一组试样。

(3)冷轧带肋钢筋每批数量不大于 50t 取一组试样。

(4)冷拔低碳钢丝的检验应符合下列规定:

1)应逐盘检查外观,钢丝表面不得有裂纹和机械损伤。

2)甲级钢丝应逐盘检验力学性能,乙级钢丝可分批抽样检验。甲级钢丝取样时,应在每盘钢丝上任一端截去不少于 50cm 后截取 2 个试样,分别作拉力和 180°反复弯曲试验,并按其抗拉强度确定该盘钢丝组别。

3)乙级钢丝取样时,以同一直径钢丝 5t 为一批,从中任取 3 盘,每盘各载取 2 个试样,分别作拉力和 180°反复弯曲试验。如有一个试样不合格,应在未取过试样的钢丝盘中另取双倍数量的试样进行检验,如有一个试样不合格,应对该批钢丝逐盘检验,合格者方可使用。

(5)各类钢筋每组试件数量应符合表 10—24 的规定。

表 10—24 各类钢筋每组试件数量

钢筋种类	每组试件数量	
	拉伸试验	弯曲试验
热轧带肋钢筋	2 根	2 根
热轧光圆	2 根	2 根
低碳热轧圆盘条	1 根	1 根
冷拉钢筋	2 根	2 根
余热处理钢筋	2 根	2 根
冷轧带肋钢筋	逐盘 1 个	每枇 2 根
预应力混凝土用钢绞线	3 根(每盘 1 个)	—
预应力混凝土用钢丝	逐盘 1 个	逐盘 1 个(反复弯曲)

(6)凡表 10—24 中规定取 2 个试件的(低碳钢热轧圆盘条冷弯试件除外),均应从任意 2 根(2 盘)中分别切取,每根钢筋上切取一个拉力试件、一个冷弯试件,并从两根中的任一根上切取一根化学分析试件。

注:1)低碳钢热轧圆盘条,冷弯试件应取自不同盘的两端;

2)试件切取时,应在钢筋或盘条的任意一端截去 500mm 后切取。

(7)试件截取长度(用 L 表示):

拉力(伸)试件 $L>5d+200$mm(d 为钢筋直径)；

冷弯试件 $L>5d+150$mm(d 为钢筋直径)。

注：1)直径小于等于 10mm 的光圆钢筋，拉力(伸)试件长度为 $L>10d+200$mm；

2)冷拔低碳钢丝的拉力(伸)试件 $L=350$mm，反复弯曲试件 $L=150$mm；

3)试件在每根钢筋距端头不小于 50cm 处截取；

4)测定钢绞线的伸长率时，1×7 结构钢绞线的标距不小于 500mm，1×2 和 1×3 结构钢绞线的标距不小于 400mm。

(8)化学试验取样采取方法：

1)分析用试屑可采取刨取或钻取方法。采取试屑以前，应将表面氧化皮除掉。

2)自轧材整个横截面上刨取或者自不小于截面的 1/2 对称刨取。

3)垂直于纵轴中线钻取钢屑的；其深度应达钢材轴心处。

4)供验证分析用钢屑必须有足够的质量。

5)试样有下列缺陷之一者不允许用于试验：

6)不符合标准所规定的各项要求。

7)表面有显著横向刀痕或机械损伤。

8)有明显变形或淬火裂纹。

9)表面有肉眼可见的冶金缺陷。

三、钢筋试验的一般规定

(1)钢筋应有出厂质量证明书或试验报告单，每捆(盘)钢筋均应有标牌进场。钢筋应按炉罐(批)号及直径分批验收，验收内容包括插队标牌，外观检查，并按有关规定抽取试样作机械性能试验，包括拉力试验和冷弯试验两个项目。两个项目中如有一个项目不合格，该批钢筋即为不合格品。

(2)钢筋在使用中如有脆断、焊接性能不良或机械性能显著不正常时，尚应进行化学成分分析，或其他专项试验。

(3)同一截面尺子和向一炉罐号组成的钢筋分批验收时，每批质量不大于 60t，如炉罐号不同时，应按《钢筋混凝土结构用热轧钢筋》的规定验收。

(4)取样方法和结果评定规定，每批钢筋中任意抽取两根，于每根距端部 50mm 处各取一套试样(两根试件)，在每套试样中取一根作拉力试验，另一根作冷弯试验。在拉力试验的两根试件中，如其中一根试件的屈服点、抗拉强度和伸长率三个指标中有一个指标达不到标准中规定的数值，应再抽取双倍(4 根)钢筋，制取双倍(4 根)试件重作试验，如仍有一根试件的一个指标达不到标准要求，则不论这个指标在第一次试件中是否达到标准要求，拉力试验项目也作为不合格。在冷弯试验中，如有一根试件不符合标准要求，应同样抽取双倍钢筋，制成双倍试件重作试验，如仍有一根试件不符合标准要求，冷弯试验项目即为不合格。

(5)试验应在(20±10)℃下进行，如试验温度超出这一范围，应于试验记录和报告中注明。

四、低碳钢拉伸的试验仪器

(1)万能材料试验机。为保证机器安全和试验准确，其吨位选择是最好使试件达到最大荷载时，指针位于指示度盘第三象限内。试验机的测力示值误差不大于 1%。

(2)量爪游标卡尺(精确度为 0.1mm)、直钢尺、两脚扎规、打点机等。

五、低碳钢拉伸试验的试件的制作

(1)8～40mm 直径的钢筋试件一般不经车削。

(2)如果受试验机吨位的限制，直径为 22～40mm 的钢筋可制成车削加工试件。

(3)在试件表面用钢筋划一平行其轴线的直线，在直线上冲浅眼或划线标出标距端点(标点)，并沿标距长度用油漆划出 10 等分点的分格标点。

(4)测量标距长度 L_0(精确至 0.1mm)，如图 10－5 所示。计算钢筋强度用横截面积采用表 10－25 所示公称横截面积。

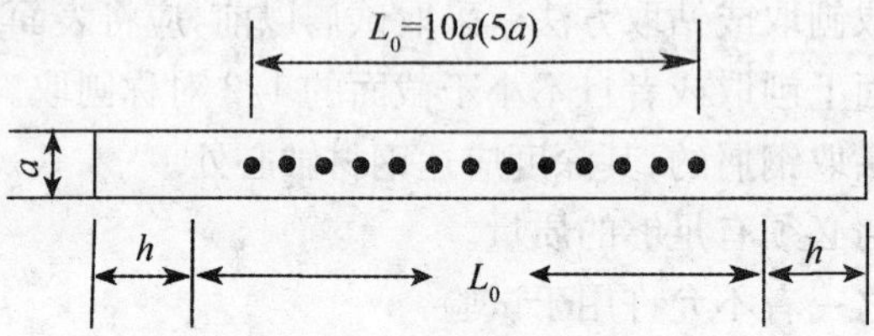

图 10－5　钢筋拉伸试件

表 10－25　钢筋的公称横截面积

公称直径(mm)	公称横截面积(mm^2)	公称直径(mm)	公称横截面积(mm^2)
8	50.27	22	380.1
10	78.54	25	490.9
12	113.1	28	615.8
13	153.9	32	804.2
16	201.1	36	1018
18	254.5	40	1257
20	313.2	50	1964

六、低碳钢屈服强度和抗拉强度的测定

(1)调整试验机测力度盘的指针，使对准零点，并拨动副指针，使与主指针重叠。增加速度按表 10－26 规定，并保持试验机控制器固定于这一速率位置上，直至该性能测出为止。屈服后或只需测定抗拉强度时，试验机活动在荷载下的移动速度不大于 $0.5L_C$/min(L_C 为式样平行长度)。

表 10－26　屈服前的加荷速度

金属材料的弹性模量(MPa)	应力速度[N/(mm^2·s)]	
	最小	最大
＜150 000	1	10
≥150 000	3	30

(2)拉断试验中，测力度盘的指针停止转动时的恒定荷载，或第一次回转时的最小荷载，即为所求的屈服点荷载 F_s(N)。按下式计算试件的屈服点：

$$\sigma_s=\frac{F_s}{A}$$

式中　σ_s——屈服点，MPa；

F_s——屈服点荷载，N；

A——试件的公称横截面积，mm^2。

当 σ_s＞1 000MPa 时，应计算至 10MPa；σ_s 为 200～1 000MPa 时，计算至 5MPa；σ_s≤200MPa 时，计算至 1MPa。小数点数字按“四舍六入五单双法”处理。

(3)向试件连续施荷直至拉断，由测力度盘读出最大荷载 F_b(N)，按下式计算试件的抗拉强度：

$$\sigma_b = \frac{F_b}{A}$$

式中　σ_b——抗拉强度，MPa；

F_b——最大荷载，N；

A——试件的公称横截面积，mm^2。

σ_b 计算精度的要求同 σ_s。

七、低碳钢的伸长率的测定

(1)将已拉断试件的两段在断裂处对齐，尽量使其轴线位于一条直线上。如拉断处由于各种原因形成缝隙，则此缝隙应计入试件拉断后的标距部分长度内。

(2)如拉断处到邻近的标距点的距离大于 $1/3L_0$ 时，可用卡尺直接量出已被拉长的标距长度 L_1(mm)。

(3)如拉断处到邻近的标距端点的距离小于或等于 $1/3L_0$，可按下述移位法确定 L_1。

在长段上，从拉断处 O 取基本等于短段格数，得 B 点，接着取等于长段所余格数(偶数，如图 10－6(a)所示)之半，得 C 点；或者取所余格数(奇数，如图 10－6(b)所示)减 1 与加 1 之半，得 C 与 C_1 点。移位后的 L_1 分别为 $AO+OB+BC$ 或者 $AO+OB+BC+BC_1$。

如果直接测量所求得的伸长率能达到技术条件的规定值，则可不采用移位法。

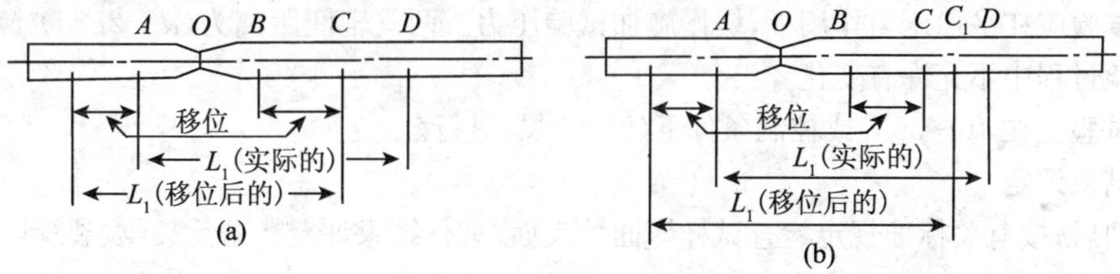

图 10－6　用移位法计算标距

(4)伸长率按下式计算(精确至 1%)：

$$\delta_{10}(\delta_5) = \frac{L_1 - L_0}{L_0} \times 100\%$$

式中　δ_{10}、δ_5——$L_0=10a$ 或 $L_0=5d$ 时的伸长率；

L_0——原标距长度 $10a(5a)$，mm；

L_1——试件拉断后直接量出或按移位法确定的标距部分长度，mm(测量精确至 0.1mm)。

(5)如试件在标距端点上或标距处断裂，则试验结果无效，应重作试验。

八、钢筋冷弯试验

1. 仪器

压力机或万能试验机，具有不同直径的弯心。

2. 试验步骤

(1)钢筋冷弯试件不得进行车削加工，试样长度通常按下式确定：$L \approx 5a + 150$(mm)(a 为试件原始直径)。

试件直径大于 35mm，且超出试验机的能量允许时，应将试件加工成直径 25mm，加工时应保留一侧原表面，弯曲试验时，原表面应位于弯曲的外侧。

(2)半导向弯曲。试样一端固定，绕弯心直径进行弯曲，如图 10－7(a)所示，试样弯曲到规定的弯曲角度或出现裂纹、裂缝或断裂为止。

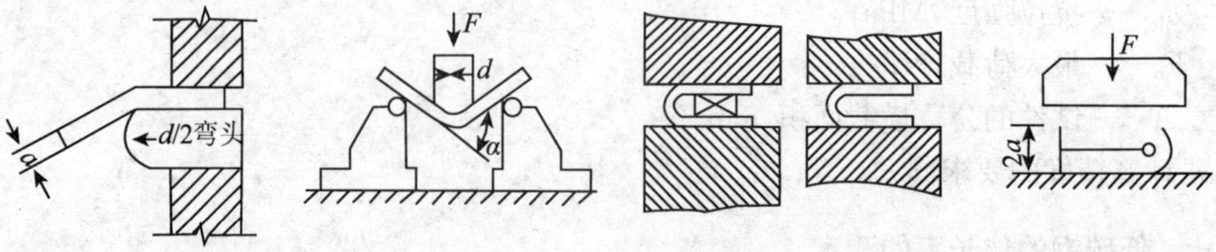

图 10－7 弯曲试验示意图

(3)导向弯曲。

1)试样放置于两个支点上，将一定直径的弯心在试样两个支点中间施加压力，使试样弯曲到规定的角度(图 10－7(b))或出现裂纹、裂缝、断裂为止。

2)试样在两个支点上按一定弯心直径弯曲至两臂平行时，可一次完成试验，亦可先弯曲到图 10－7(b)所示的状态，然后放置在试验机平板之间继续施加压力，压至试样两臂平行。此时可以加与弯心直径相同尺寸的衬垫进行试验(图 10－7(c))。

3)当试样需要弯曲至两臂接触时，首先将试样弯曲到图 10－7(b)所示的状态，然后放置在两平板间继续施加压力，直至两臂接触(图 10－7(d))。

4)试验应在平稳压力作用下，缓慢施加试验压力。两支辊间距离为$(d+2.5a)\pm0.5d$，并且在试验过程中不允许有变化。

5)试验应在 10～35℃或控制条件下(23±5)℃进行。

3.结果评定

弯曲后，按有关标准规定检查试样弯曲外表面，进行结果评定。若无裂纹、裂缝或裂断，则评定试样合格。

第三节 钢筋连接试验

一、钢筋焊接接头力学性能检测时试样选取

钢筋焊接接头力学性能检测时试样选取见表 10－27。

表 10－27 钢筋焊接接头力学性能检测时试样选取

类别	内 容
闪光对焊	闪光对焊接头的力学性能检验应按下列规定进行抽取：在同一台班内，由同一焊工完成的 300 个同牌号、同直径钢筋焊接接头应为一批；当同一台班内焊接的接头数量较少，可在一周之内累计计算，累计仍不足 300 个接头时，应按一批计算。力学性能检验时，应从每批接头中随机切取 6 个接头，其中 3 个作拉伸试验，3 个作弯曲试验
电弧焊接头	电弧焊接头的力学性能检验应按下列规定进行抽取。 (1)在先浇混凝土结构中，应以 300 个同牌号钢筋、同形式接头作为一批；在房屋结构中，应在不超过两个楼层中 300 个同牌号钢筋、同形式接头作为一批。每批随机切取 3 个接头，做拉伸试验。 (2)在装配式结构中，可按生产条件制作模拟试件，每批 3 个作拉伸试验

续上表

类别	内　容
电渣压力焊	接头的力学性能检验，应分批进行，并应按下列规定作为一个检验批。在现浇钢筋混凝土结构中，应以300个同牌号钢筋接头作为一批；在房屋结构中，应在不超过两楼层中300个铜牌号钢筋接头作为一批；当不足300个接头时，仍应作为一批。每批随机切取3个接头作拉伸试验
焊接网	凡钢筋牌号、直径及尺寸相同的焊接骨架和焊接网应视为同一类型制品，且每300件作为一批，一周内不足300件的亦应按一批计算。 (1)力学性能的检验，应从每批成品中切取。切取过试件的制品，应补焊同牌号、同直径的钢筋，其每边的搭接长度不应小于2个孔格的长度。当焊接骨架所切取试件的尺寸小于规定的试件尺寸，或受力钢筋直径大于8mm时，可在生产过程中制作模拟焊接试验网片从中切取试件。 (2)由几种直径钢筋组合的焊接骨架或焊接网，应对每种组合的焊点作力学性能检验。 (3)热轧钢筋的焊点应做剪切试验，试件应为3件；冷轧带肋钢筋焊点除做剪切试验外，尚应对纵向和横向冷轧带肋钢筋做拉伸试验，试件应各为1件。剪切试件纵筋长度应大于或等于290mm，横筋长度应≥50mm；拉伸试件纵筋长度应大于或等于300mm。 (4)焊接网剪切试件应沿同一横向钢筋随机切取。切取剪切试件时，应使制品中的纵向钢筋成为试件的受拉钢筋
钢筋气压焊	气压焊接头的力学性能检验应按下列规定进行抽取：在现浇混凝土结构中，应以300个同牌号钢筋、同形式接头作为一批；在房屋结构中，应在不超过两楼层中300个同牌号钢筋、同形式接头作为一批。当不足300个接头时，仍应作为一批。在柱、墙的竖向钢筋连接中，应从每批接头中随机切取3个接头作拉伸试验，在梁、板的水平钢筋连接中，应另切取3个接头作弯曲试验
预埋件钢筋T形接头	预埋件钢筋T形接头，当进行力学性能检验时，应以300件同类型预埋件作为一批，一周内连续焊接时，可累计计算，当不足300件时，亦应按一批计算。应从每批预埋件中随机切取3个接头作拉伸试验，试件的长度应≥200mm，钢板的长度和宽度均应≥60mm

二、钢筋焊接接头拉伸试验

(1)各种钢筋焊接接头的拉伸试样的尺寸可按《钢筋焊接接头试验方法标准》(JGJ/T 27—2001)的规定取用。

(2)根据钢筋的级别和直径，应选用适配的拉力试验机或万能试验机。试验机应符合现行国家标准《金属拉伸试验方法》(GB/T 228—2002)中的有关规定。

(3)夹紧装置应根据试样规格选用，在拉伸过程中不得与钢筋产生相对滑移。

(4)在使用预埋件T形接头拉伸试验吊架时，应将拉杆夹紧于试验机的上钳口内，试样的钢筋应穿过垫板放入吊架的槽孔中心，钢筋下端应夹紧于试验机的下钳口内。

(5)试验前应采用游标卡尺复核钢筋的直径和钢板厚度。

(6)用静拉伸力对试样轴向拉伸时应连续而平稳，加载速率宜用10～30MPa/s，将试件拉至断裂(或出现缩颈)，可从测力盘上读取最大力或从拉伸曲线图上确定试验过程中的最大力。

(7)试验中，当试验设备发生故障或操作不当而影响试验数据时，试验结果应视为无效。

(8)当在试样断口上发现气孔、夹渣、烧伤等焊接缺陷时，应在试验记录中注明。

(9)抗拉强度计算。

$$\sigma_b = F_b / S_0$$

式中　σ_b——抗拉强度，MPa；

　　F_b——最大力，N；

S_0——试样公称截面面积。

试验结果数值应修约到 5MPa。

(10)试验记录应包括下列内容：试验编号、钢筋级别和公称直径、焊接方法、试样拉断(或缩颈)过程中的最大力、断裂(或缩颈)位置及离焊缝口距离、断口特征。

三、钢筋焊接接头剪切试验

试样的形式和尺寸应符合如图 10－8、图 10－9 所示的规定。

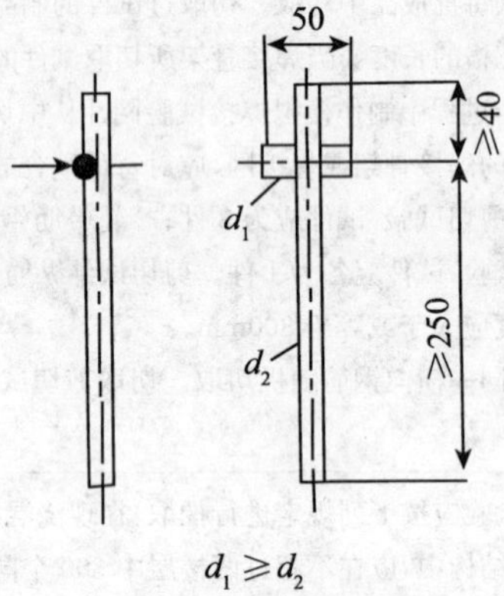

图 10－8　钢筋焊接骨架试样(mm)

注：d_1、d_2 分别为横、竖钢筋直径

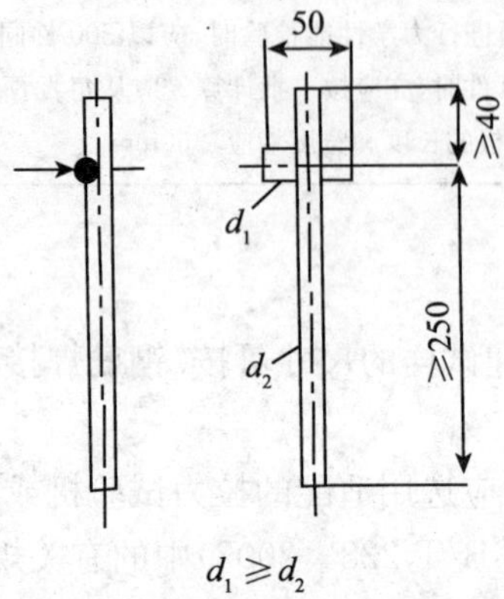

图 10－9　钢筋焊接网试样(mm)

注：d_1、d_2 分别为横、竖钢筋直径

(1)剪切试验时应采用能悬挂于试验机上专用的剪切试验夹具，或采用 JGJ/T 27—2001 中规定的夹具。

(2)剪切试验宜采用量程不大于 300kN 的万能试验机。

(3)剪切夹具可分为悬挂式夹具和吊架式锥形夹具两种。试验时，应根据试样尺寸和设备条件选用合适的夹具。

(4)夹具应安装于万能试验机的上钳口内，并应夹紧。试样横筋应夹紧于夹具的横槽内，不得转动。纵筋应通过纵槽夹紧于万能试验机的下钳口内，纵筋受拉的力应与试验机的加载轴线相重合。

(5)加载应连续而平稳，加载速率宜为 10～30MPa/s，直至试件破坏为止。从测力度盘上读取最大力，即为该试件的抗剪载荷。

(6)试验中,当试验设备发生故障或操作不当而影响试验数据时,试验结果应视为无效。

(7)试验记录应包括下列内容:试样编号、钢筋级别和公称直径、试样的抗剪载荷、断裂位置。

四、钢筋焊接接头弯曲试验

(1)试样的长度宜为两支辊内侧距离另加150mm,具体尺寸可按标准JGJ/T 27—2001中附录B的表B选用。

(2)应将试样受压面的金属毛刺和镦粗变形部分去除至与母材外表齐平。

(3)弯曲试验可在压力机或万能试验机上进行。

(4)进行弯曲试验时,试样应放在两支点上,并应使焊缝中心与压头中心线一致,应缓慢地对试样施加弯曲力,直至达到规定功弯曲角度或出现裂纹、破断为止。

压头弯心直径和弯曲角度应按表10－28的规定确定。

表10－28　压头弯心直径和弯曲角度

序号	钢筋牌号	弯心直径 D		弯曲角(°)
		$D\geqslant25$mm	$D>25$mm	
1	HPB235	$2d$	$3d$	90
2	HRB335	$4d$	$5d$	90
3	HRB400	$5d$	$6d$	90
4	HRBS00	$7d$	$8d$	90

注:d为钢筋直径(mm)。

(5)在试验过程中,应采取安全措施;防止试样突然断裂伤人。

(6)试验记录应包括下列内容:弯曲后试样受拉面有无裂纹;断裂时的弯曲角度;断口位置及特征;有无焊接缺陷。

五、钢筋焊接接头试验结果评定

(1)钢筋焊接接头或焊接制品的力学性能检验应在外观检查合格后进行。

(2)钢筋闪光对焊接头、电弧焊接头、电渣压力焊接头、气压焊接头拉伸试验结果应符合下列要求:3个热轧钢筋接间试件的抗拉强度均不得小于该牌号钢筋规定的抗拉强度;RRB400钢筋接间试件的抗拉强度均不得小于570N/mm^2;至少应有2个试件断于焊缝至外,并应呈现延伸断裂。

当达到上述两项要求时,应评定该批接头为抗拉强度合格。

当试验结果有2个试件抗拉强度小于钢筋规定的抗拉强度,或3个试件均在焊缝或热影响区发生脆性断裂时,则一次规定该批接头为不合格品。

当试验结果有1个试件的抗拉强度小于规定值,或2个试件在焊缝或热影响区发生脆性断裂,其抗拉强度均小于钢筋规定抗拉强度的1.10倍时,应进行复验。

复验时,应再切取6个试件。当复验结果为仍有1个试件的抗拉强度小于规定值,或有2个试件断于焊缝或热影响区,呈脆性断裂,其抗拉强度小于钢筋规定抗拉强度的1.10倍时,应判定该批接头为不合格品。

注:当接头试件虽断于焊缝或热影响区,呈脆性断裂,但其抗拉强度大于或等于钢筋规定抗拉强度的1.10倍时,可按断于焊缝或热影响区之外,与延性断裂同等对待。

(3)闪光对焊接头、气压焊接进行弯曲试验时,应将受压面的金属毛刺镦粗凸起部分消除,且应与钢筋的外表齐平。

弯曲试验可在万能试验机、手动或电动液压弯曲试验器上进行，焊接应处于弯曲中心点，弯心直径和弯曲角应符合表10—29的规定。

表10—29 弯心直径和弯曲角的规定

钢筋牌号	弯心直径	弯曲角(°)	钢筋牌号	弯心直径	弯曲角(°)
HPB235	$2d$	90°	HRB400	$5d$	90°
HRB335	$4d$	90°	HRB500	$7d$	90°

注：(1) d 为钢筋直径(mm)。

(2)直径大于25mm的钢筋焊接接头，弯心直径应增加1倍钢筋直径。

当试验结果为弯至90°，有2个或3个试件外侧(含焊缝和热影响区)未发生破裂，应评定该批接头弯曲试验合格。当3个试件均发生破裂，则一次判定该批接头为不合格品。当有2个试件发生破裂，应进行复验。复验时，应再切取6个试件。复验结果当有3个试件发生破裂时，应判定该批接头为不合格品。

注：当试件外侧横向裂纹宽度达到0.5mm时，应认定已经破裂。

(4)钢筋焊接骨架、焊接网焊点剪切试验结果，3个试件抗剪力平均值应符合下列要求：

$$F \geqslant 0.3A_0\sigma_s$$

式中 F——抗剪力，N；

A_0——纵向钢筋的横截面面积，mm^2；

σ_s——纵向钢筋规定的屈服强度，N/mm^2。

注：冷轧带肋钢筋的屈服强度按 $440N/mm^2$ 计算。

1)冷轧带肋钢筋试件拉伸试验结果，其抗拉强度不得小于 $550N/mm^2$。

2)当拉伸试验结果不合格时，应再切取双倍数量试件进行复检；复验结果均合格时，应评定该批焊接制品焊点拉伸试验合格。

3)当剪切试验结果不合格时，应从该批制品中再切取6个试件进行复验；当全部试件平均值达到要求时，应评定该批焊接制品焊点剪切试验合格。

(5)预埋件钢筋T形接头拉伸试验结果，3个试件的抗拉强度均应符合下列要求：HPB235钢筋接头不得小于 $350N/mm^2$；HRB335钢筋接头不得小于 $470N/mm^2$；HRB400钢筋接头不得小于 $550N/mm^2$。

当试验结果3个试件中有小于规定值时应进行复验，复验时应在取6个试件，复验结果其抗拉强度均达到上述要求时，应评定该批接头为合格品。

六、钢筋机械连接力学性能检测时样品的选取

钢筋连接工程开始前及施工过程中，应对每批进场钢筋进行接头工艺检验，工艺检验应符合下列要求。

(1)每种规格钢筋的接头试件不应少于3根。

(2)钢筋母材抗拉强度试件不应少于3根，且应取自接试件的同一根钢筋。

(3)3根接头试件的抗拉强度均应符合规定。对于HPB235级接头，试件抗拉强度，尚应大于或等于钢筋抗拉强度实测值的0.95倍；对于HRB335级接头，应大于0.90倍。

七、钢筋机械连接力学性能检测的试验要点

(1)接头的现场检验应进行单向拉伸试验。同一施工条件下采用同一批材料的同等级，同

形式、同规格接头，以 500 个为一个验收批进行检验与验收，不足 500 个也作为一个验收批。

(2)施工现场的接头单向抗拉强度试验可采用从零到破坏的一次加载制度，加载时应缓慢均匀。

八、钢筋机械连接力学性能检测的试验结果评定

(1)根据抗拉强度以及高应力和大变形条件下反复拉压性能的差异，接头应分为下列 3 个等级。

1)HPB235 级。接头抗拉强度不小于被连接钢筋实际抗拉强度或 1.10 倍钢筋抗拉强度标准值，并具有高延性及反复拉压性能。

2)HRB335 级。接头抗拉强度不小于被连接钢筋抗拉强度标准值，并具有高延性及反复拉压性能。

3)HRB435 级。接头抗拉强度不小于被连接钢筋屈服强度标准值的 1.35 倍，并具有一定的延性及反复拉压性能。

(2)HPB235 级、HRB335 级、HRB435 级接头的抗拉强度应符合表 10－30 的规定。

表 10－30　接头的抗拉强度

接头等级	HPB235	HRB335	HRB435
抗拉强度	$f_{mst}^0 \geqslant f_{st}^0$ 或 $\geqslant 1.10 f_{uk}$	$f_{mst}^0 \geqslant f_{uk}$	$f_{mst}^0 \geqslant 1.35 f_{yk}$

注：f_{mst}^0代表接头试件实际抗拉强度；f_{st}^0代中钢筋抗拉强度实测值；f_{uk}代表钢筋抗拉强度标准值；f_{yk}代表钢筋屈服强度标准值。

(3)对接头的每一验收批，必须在工程结构中随机截取 3 个接头件做抗拉强度试验，按设计要求的接头等级进行评定。

当 3 个接头试件的抗拉强度均符合相应等级的要求时，该验收批为合格。如果 1 个试件的强度不符合要求，应再取 6 个试件进行复检。复检中如仍有 1 个试件的强度不符合要求，则该验收批评为不合格。

(4)现场检验连续 10 个验收批抽样试件抗拉强度试验 1 次合格率为 100%时，验收批接头数量可以扩大 1 倍。

(5)对抽检不合格的接头验收批，应由建设方会同设计等有关方面研究后提出处理方案。

第十一章　砌体材料及其试验

砌体材料包括各种普通烧结砖、各种砌块及墙板三大类。墙体材料是建筑的主要围护和结构材料。生产墙体材料的主要原料有天然黏土、地方性工业产品和工业废渣等。

目前砖混结构的房屋在我国仍占很大比例，烧结黏土砖仍是墙体的主要材料。今后需限制使用黏土砖，发展多孔高强黏土砖，还要充分利用地方资源和工业发展节能、高效、轻质的墙体材料。

第一节　砌墙砖外观检测

一、砌墙砖的外观质量检测

1. 主要仪器设备

(1)砖用卡尺(分度值为 0.5mm)。

(2)钢直尺(分度值为 1mm)。

2. 试验步骤

(1)缺损测量。缺棱掉角在砖上造成的破损程度，以破损部分对长、宽、高三个棱边的投影尺寸来度量，称为破坏尺寸，如图 11－1 所示。缺损造成的破坏面，系指缺损部分对条、顶面的投影面积，如图 11－2 所示。

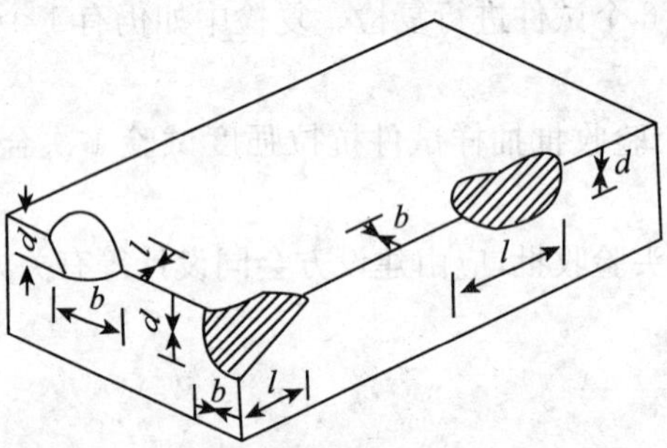

图 11－1　缺棱掉角破坏尺寸测量方法图

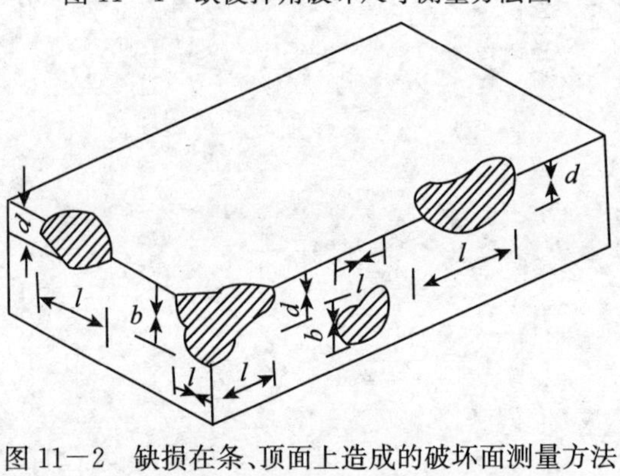

图 11－2　缺损在条、顶面上造成的破坏面测量方法

注：l、b、d 分别为长、宽、高三个方向的投影量。

(2)裂纹测量。裂纹分为长度方向、宽度方向和水平方向三种,以被测方向的投影长度表示。如果裂纹从一个面延伸至其他面上时,则累计其延伸的投影长度,如图 11－3 所示。多空砖的空洞与裂纹相同时,则将空洞包括在裂纹内一并测量,裂纹应在三个方向上分别测量,一侧的最长裂纹作为测量结果,如图 11－4 所示。

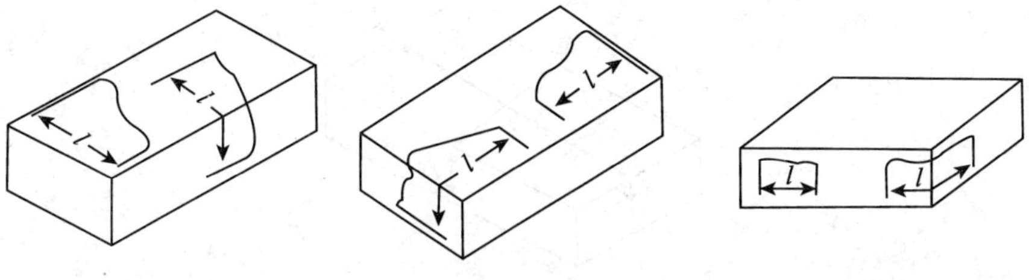

(a)宽度方向　　(b)长度方向　　(c)水平方向

图 11－3　裂纹测量示意图

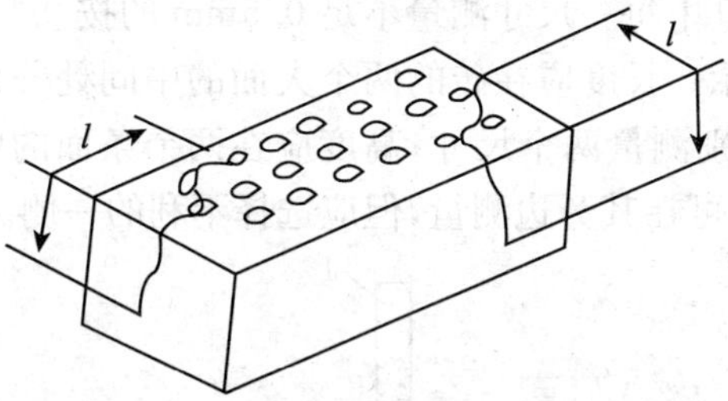

图 11－4　多孔砖裂纹尺寸测量方法

(3)弯曲测量。弯曲分别在大面和条面上测量,测量时将砖用卡尺的两支脚沿棱边两端放置,择其弯曲最大处将垂直尺推至砖面,如图 11－5 所示。但不应将因杂质或碰伤造成的凹处计算在内。以弯曲中测得的较大者作为测量结果。

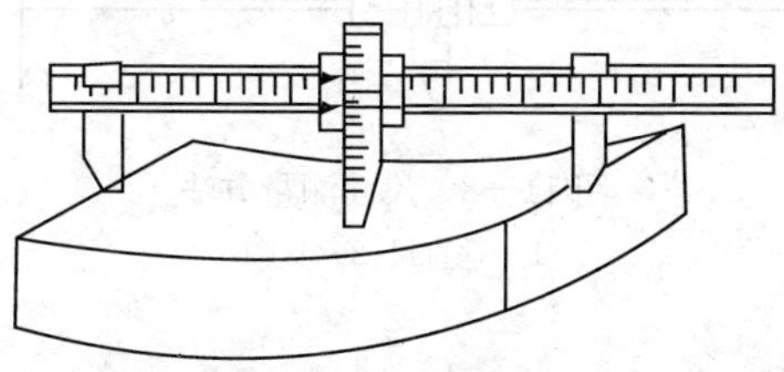

图 11－5　弯曲测量方法

(4)杂质凸出高度。杂质在砖面上造成的凸出高度,以杂质距砖面的最大距离表示。测量时将砖用卡尺的两支脚置于凸出两边的砖平面上,以垂直尺测量,如图 11－6 所示。外观测量以 mm 为单位,不足 1mm 者以 1mm 计。

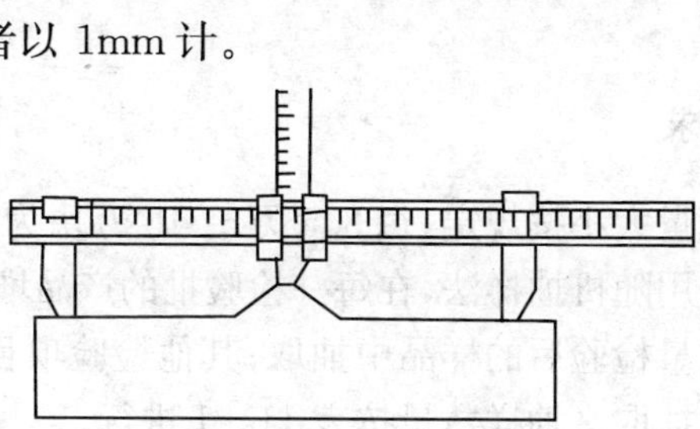

图 11－6　杂质突出测量方法

3. 结果处理

外观测量以 mm 为单位,不足 1mm 者按 1mm 计。

二、砌墙砖的尺寸偏差检测

1. 仪器

砖用卡尺(分度值为 0.5mm),如图 11－7 所示。

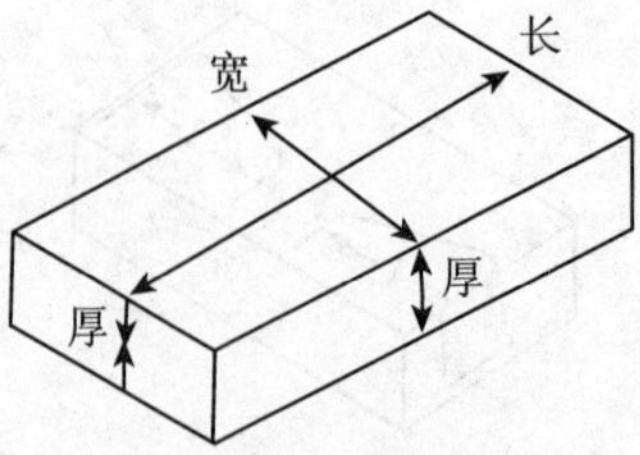

图 11－7　砖用卡尺(分度值为 0.5mm)

2. 测量方法

检验样品数为 20 块,其中每一尺寸测量不足 0.5mm 的按 0.5mm 计,每一方向尺寸以两个测量值的算术平均值表示。长度应在砖的两个大面的中间处分别测量两个尺寸;宽度应在砖的两个大面的中间处分别测量两个尺寸;高度应在两个条面的中间处分别测量两个尺寸。当被测处有缺损或凸出时,可在其旁边测量,但应选择不利的一侧。如图 11－8 所示。

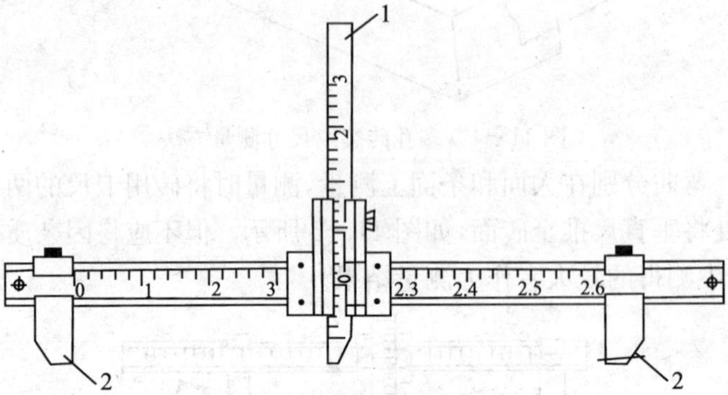

图 11－8　尺寸测量方法

1—垂直尺;2—支脚

3. 结果评定

结果评定结果分别以长度、高度和宽度的最大偏差值表示,不足 1mm 者按 1mm 计。

第二节　砌墙砖试验

一、砌墙砖试验取样要求

检验批的构成原则和批量大小按规定,每 3.5 万～15 万块为一批,不足 3.5 万块按一批计。外观质量检验的试样采用随机抽样法,在每一检验批的产品堆垛中抽取;尺寸偏差检验的样品用随机抽样法从外观质量检验后的样品中抽取;其他检验项目的样品用随机抽样法从外观质量检验合格后的样品中抽取。抽样数量按表 11－1 进行。

表 11－1　单项试验所需砖样数

检验项目	外观质量	尺寸偏差	强度等级	泛霜	石灰爆裂	冻融	吸水率和饱和系数
抽取砖样(块)	50	20	10	5	5	5	5

二、烧结砖的种类

砌墙砖是指以黏土、工业废料或其他地方资源为主要原料，用于砌筑承重和非承重墙体的砖。

砌墙砖可分为烧结砖和非烧结砖两大类。烧结砖包括烧结普通砖、烧结多孔及烧结空心砖和空心砌块；非烧结砖包括蒸压灰砂砖、粉煤灰砖、炉渣砖和碳化砖。烧结砖按规格、孔洞、孔隙率和孔的大小又分为普通砖、多孔砖和空心砖三种。

三、烧结普通砖的主要技术要求

(1)砖的尺寸允许偏差应符合表11－2的规定。

表11－2　砖的尺寸允许偏差(mm)

公称尺寸	优等品		一等品		二等品	
	样本平均偏差	样本极差	样本平均偏差	样本极差	样本平均偏差	样本极差
240	±2.0	≤8	±2.5	≤8	±3.0	≤8
115	±1.5	≤6	±2.0	≤6	±2.5	≤7
53	±1.5	≤4	±1.6	≤5	±2.0	≤6

(2)砖的外观质量应符合表11－3的规定。

表11－3　砖的外观质量

项目		优等品	一等品	合格品
两条面高度差(mm)		≤2	≤3	≤5
弯曲(mm)		≤2	≤3	≤5
杂质凸出高度(mm)		≤2	≤3	≤5
缺棱掉角的三个破坏尺寸(mm)不得同时大于		15	20	30
裂纹长度	大面上宽度方向及其延伸到条面的长度(mm)	≤70	≤70	≤110
	大面上长度方向及其延伸到顶在的长度或条顶面上水平裂纹的长度(mm)	≤100	≤100	≤150
完整面不得少于		一条面和顶面	一条面和一顶面	—
颜色		基本一致	—	—

注：(1)为装饰而施加的色差、凹凸纹、拉毛、压花等不算作缺陷。

(2)凡有下列缺陷之一者，不得称为完整面：

缺损在条面或顶面上造成的破坏尺寸同时大于10mm×10mm；

条面或顶面上裂纹宽度大于1mm，其长度超过30mm；

压陷、粘底、焦花在条面或顶面上的凹陷或凸出超过2mm，区域尺寸同时大于10mm×10mm。

(3)砖的强度等级应符合表11－4的规定。

表11－4　砖的强度等级

强度等级	抗压强度平均值 $\bar{f}$(MPa)	变异系数 $\delta \leq 0.21$	变异系数 $\delta > 0.21$
		标准值 f_k(MPa)	单块最小抗压强度值 f_{min}(MPa)
MU30	≥30.0	≥22.0	≥25.0
MU25	≥25.0	≥18.0	≥22.0
MU20	≥20.0	≥14.0	≥16.0
MU15	≥15.0	≥10.0	≥12.0
MU10	≥10.0	≥6.0	≥7.5

四、烧结普通砖常规试验项目和试验方法

烧结普通砖的常规试验项目为尺寸偏差、外观质量、强度等级、吸水率和饱和系数等。

尺寸偏差——检验样品数为20块，其中每一尺寸测量不足0.5mm按0.5mm计，一方向尺寸以两个测量值的算术平均值表示。

样本平均偏差是20块试样同一方向测量尺寸的算术平均值减去其公称尺寸的差值，样本极差是20块试样中同一方向最大测量值与最小测量值之差值。

外观质量——检验样品数为50块，其方法按GB/T 2542进行。颜色的检验：抽试样20块，装饰面朝上，随机分两排并列，在自然光下距试样2m处目测。

强度——强度试验试样数量为10块。试验后分别计算出强度变异系数δ和标准差s。

结果计算与评定：

(1)平均值——标准值方法评定。

变异系数$\delta \leqslant 0.21$时，按表11－4中抗压强度平均值$\overline{f}$、强度标准值f_k指标评定砖的强度等级。

样本量$n=10$时的强度标准值按下式计算。

$$f_k=\overline{f}-1.8s$$

(2)平均值标准值——最小值方法评定。

1)变异系数$\delta > 0.21$时，按表11－4中抗压强度平均值干、单块强度最小值f_{min}指标评定砖的强度等级。

2)冻融试验——试样数量为5块，其方法按GB/T 2542进行。

3)吸水率与饱水系数试验——试样数量为5块。

五、烧结普通砖检验批量及判定规则

(1)检验批的构成原则和批量大小按JC/T 466规定。3.5万～15万块为一批，不足3.5万块时亦按一批计算。

(2)尺寸偏差。尺寸偏差符合表11－2的相应等级规定，判尺寸偏差为该等级，否则判定不合格。

(3)外观质量。外观质量采用JC/T 466二次抽样方案，根据表11－3的规定的质量指标，检查出其中不合格品数d_1，按下列规则判定：

1)$d_1 \leqslant 7$时，外观质量合格。

2)$d_1 \geqslant 11$时，外观质量不合格。

3)$11 \geqslant d_1 > 7$时，需再次从该产品批中抽样50块检验，检查出不合格品数d_2，按下列规则判定：

①$(d_1+d_2) \leqslant 18$时，外观质量合格；

②$(d_1+d_2) \geqslant 19$时，外观质量不合格。

(4)强度。强度试验结果符合表11－4的规定，判强度合格，且定相应等级，否则判不合格。

六、烧结普通砖的抗压强度试验

1.试验仪器及原理

(1)仪器

1)压力机(300～500kN)。试值误差不大于±1%，下压板应为球铰支座，预期破坏荷载应

在量程的 20%～80%之间;抗压试件制作平台必须平整水平,可用金属材料或其他材料制成。

2)锯砖机或切砖机、直尺、镘刀等。

(2)原理

为保证砖受压时不受其大面弯曲和杂质严重凸起等现象的影响(这些现象可能导致砖此时处于受弯而非受压状态),砖试样必须先制成两面平行的稳定受压试件,然后以国标规定进行抗压破型试验,才可测出其真实有效的抗压强度。

2. 试件的制作与养护

(1)试件制作

1)烧结普通砖试件数量为 10 块。将试样切断或锯成两个半截砖,断开的半截砖长不得小于 100mm,如图 11－9 所示。如果不足 100mm,应另取备用试件补足。

2)在试件制备平台上,将已断开的半截砖放入室温的净水中浸 10～20min 后取出,并以断口相反方向叠放,两者中间抹以厚度不超过 5mm 的用强度等级为 42.5 的普通硅酸盐水泥调制的稠度适宜的水泥净浆来黏结。上下两面用厚度不超过 3mm 的同种水泥抹平。制成的试件上下两面须相互平行,并垂直于侧面,如图 11－10 所示。

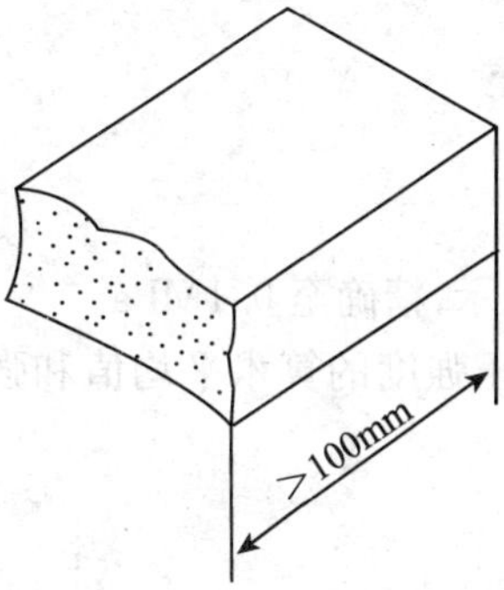

图 11－9　半截砖样

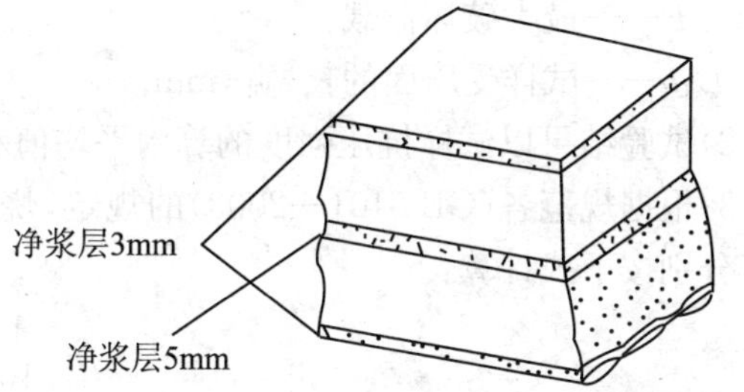

图 11－10　抹面试件

3)多孔砖取 10 块试样,以单块整砖沿竖孔方向加压,空心砖以单块整砖大面、条面方向(各 5 块)分别加压。采用坐浆法制作试件:将玻璃板置于试件制作平台上,其上铺一张湿的垫纸,纸上铺不超过 5mm 后的水泥净浆,在水中浸泡试件 10～20min 后取出,平稳地放在水泥浆上。在易受压面上稍加用力,使整个水泥曾于受压面相互黏结,砖的侧面应垂直于玻璃板,待水泥浆凝固后,连同玻璃板翻放在另一铺纸、放浆的玻璃板上,再进行坐浆,用水平尺校正玻璃板的水平试验。

(2)试件养护

制成的抹面试件应置于不低于 10℃的不通风室内养护 3d,再进行试验。非烧结砖不需养护,直接试验。

3. 试验操作及结果处理

(1)试验步骤

1)测量每个试件连接面或受压面的长 L(mm)、宽 b(mm)尺寸各两个,分别取其平均值,精确至 1mm,计算其受压面积。

2)将试件平放在加压板的中央,垂直于受压面加荷,如图 11－11 所示,加荷应均匀平稳,不得发生冲击和振动。

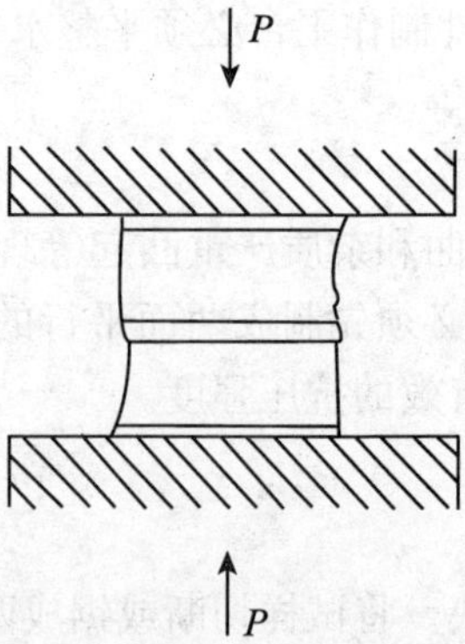

图 11－11 普通砖抗压强度试验示意图

3)加荷速度以(5±0.5)kN/s 为宜，直至试件破坏为止，记录最大破坏荷载 P(N)。

(2)试验结果计算与评定

1)每块试件的抗压强度按下式计算(精确至 0.1MPa)：

$$f_i=\frac{P}{Lb}$$

式中 f_i——第 i 块试样的抗压强度值，MPa；

P——最大破坏荷载；

L、b——试样受压面的长、宽，mm。

2)试验结果以试样抗压强度的算术平均值和单块最小值表示，精确至 0.1MPa。

3)根据规范各(GB 5101—2003)的规定，烧结普通砖的抗压强度的算术平均值和强度标准值分别按下式计算：

$$\overline{f}=\frac{1}{10}\sum_{i=1}^{10}f_i$$

$$f_k=\overline{f}-1.8S$$

$$S=\sqrt{\frac{1}{9}\sum_{i=1}^{10}(f_i-\overline{f})^2}$$

$$\delta=\frac{s}{\overline{f}}$$

式中 f_i——单块砖样抗压强度测定值，精确至 0.01MPa；

f_k——强度标准值(MPa)，精确至 0.1MPa；

S——10 块砖样的抗压强度标准差，MPa；

$\overline{f}$——10 块砖样的抗压强度算术平均值，精确至 0.01MPa；

δ——变异系数。

七、烧结普通砖的吸水率与饱和度试验

1.试验仪器及操作步骤

(1)仪器

1)鼓风干燥箱。

2)台秤。分度值为 5g。

3)蒸煮箱。

(2)试验步骤

1)烧结普通砖用整砖,烧结多孔砖可用1/4块试验,可从体积密度试验后的试样上锯取。

2)清理试样表面,然后置于(105±5)℃鼓风干燥箱干燥至恒重,除去粉尘后,称其干质量G_0。

3)将干燥试样浸水24h,水温10～30℃。

4)取出试样,用湿毛巾拭去表面水分,立即称量。称量时试样表面毛细孔渗出于称盘中水的质量亦应计入吸水量中,所得质量为浸泡24h的湿质量G_{24}。

5)将浸泡24h后的湿试样侧立放入蒸煮箱的篦子板上,试样间距不得小于10mm,注入清水,箱内水面应高于试样表面50mm,加热至沸腾,沸煮3h,饱和系数试验沸煮5h,停止加热,冷却至常温。

6)按规定称量沸煮3h的湿质量G_3,饱和系数试验称量沸煮5h的湿质量G_5。

八、烧结普通砖孔洞率和孔洞结构的试验测定

1. 仪器

(1)台秤。分度值为5g。

(2)水池或水箱。

(3)水桶。大小应能悬浸一个被测砖样。

(4)吊架。

(5)砖用卡尺。分度值为0.5mm。

2. 试验操作步骤

(1)按规定测量试样的宽度和高度尺寸各2个,分别取其算术平均值,精确至1mm。计算每个试件的体积V,精确至$0.001mm^3$。

(2)将试件浸入室温的水中,水面应高出试件20mm以上,24h后将其分别移到水桶中,称出试件的悬浸质量m_1,精确至5g。

(3)称取悬浸质量的方法如下。将秤置于平稳的支座上,在支座的下方与磅秤中线重合处放置水桶。在秤底盘上放置吊架,用铁丝把试件悬挂在吊架上,此时试件应离开水桶的底面且全部浸泡在水中,将秤读数减去吊架和铁丝质量,即为悬浸质量。

(4)盲孔砖称取悬浸质量时,有孔洞的面朝上,称量前晃动砖体排出孔中的空气,待静置后称量,通孔砖任意放置。

(5)将试件从水中取出,放在铁丝网架上滴水1min,再用拧干的湿布拭去内、外表面的水,立即其内部潮湿状态的质量m_2,精确至5g。

(6)测量试件最薄处的壁厚、肋厚尺寸,精确至1mm。

九、烧结普通砖的石灰爆裂试验

1. 仪器

(1)蒸煮箱。

(2)钢直尺。分度值为1mm。

2. 试验操作步骤

(1)试样为未经雨淋或浸水,且近期生产的砖样,数量按产品标准要求确定。

(2)烧结普通砖用整砖,烧结过孔砖可用1/2块,烧结空心砖用1/4块试验。烧结多孔砖、空心砖试样可以用孔洞率测定或体积密度试验后的试样锯取。

(3)检查每块试样,将不属于石灰爆裂的外观缺陷做标记。

(4)将试样平行侧立于蒸煮箱内的篦子板上,试样间隔不得小于 50mm,箱内水面应低于篦子板 40mm。

(5)加盖蒸 6h 后取出。

(6)检查每块试样上因石灰爆裂(含试验前已出现的爆裂)而造成的外观缺陷,记录其尺寸。

十、烧结普通砖冻融试验

试验仪器及操作步骤如下。

(1)仪器

1)低温箱或冷冻室。放入试样后箱(室)内温度可调至－20℃或－20℃以下。

2)水槽。保持槽中水温 10～20℃为宜。

3)台秤。分度值 5g。

4)电热鼓风干燥箱。最高温度 200℃。

(2)试验操作步骤

1)毛刷清理试样表面,将试样放入鼓风干燥箱中,在(105±5)℃下干燥至恒重(在干燥过程中,前后两次称量相差不超过 0.2%,前后两次称量时间间隔为 2h),称其质量 G_0,并检查外观,将缺棱掉角和裂纹做标记。

2)试样浸在 10～20℃的水中,24h 后取出,用湿布拭去表面水分,以大于 20mm 的间距大面侧向立放于预先降温至－15℃以下的冷冻箱中。

3)箱内温度再降至－15℃时开始计时,在－15～20℃下冰冻:烧结砖冻 3h,非烧结砖冻 5h。然后取出放入 10～20℃的水中融化:烧结砖不少于 2h,非烧结砖不少于 3h。如此为一次冻融循环。

4)5 次冻融循环,检查一次冻融过程中出现的破坏情况,如冻裂、缺棱、掉角、剥落等。

5)冻融过程中,发现试样的冻坏超过外观规定时,应继续试验至 15 次冻融循环结束为止。

6)15 次冻融循环后,检查并记录试样在冻融过程中的冻裂长度、缺棱掉角和剥落等破坏情况。

7)经 15 次冻融循环后的试样,放入鼓风干燥箱中,按规定干燥至恒重,称其质量 G_1。烧结砖若未发现冻坏现象,则可不进行干燥称量。

8)将干燥后的试样(非烧结砖再在 10～20℃的水中浸泡 24h)按规定进行抗压强度试验。

十一、烧结普通砖泛霜试验

试验仪器及操作步骤如下。

(1)仪器

1)鼓风干燥箱。

2)耐磨蚀的浅盘 5 个,容水深度 25～35mm。

3)能盖住浅盘的透明材料,在其中间部位开有大于试样宽度、高度或长度尺寸 5～10mm 的矩形孔。

4)干、湿球温度计或其他温、湿度计。

(2)试验操作步骤

1)烧结普通砖、烧结多孔砖用整砖,烧结空心砖用 1/2 或 1/4 块,可以用体积密度试验后的试样从长度方向的中间处锯取。

2)清理试样表面,然后放入(105±5)℃鼓风干燥箱中干燥24h,取出冷却至常温。

3)将试样顶面或有孔洞的面朝上分别置于浅盘中,往浅盘中注入蒸馏水,水面高度不低于20mm。用透明材料覆盖在浅盘上,并将试样暴露在外面,记录时间。

4)试样浸在盘中的时间为16～32℃,相对湿度35%～60%。

5)7d后取出试样,在同样的环境条件下放置4d。然后在(105±5)℃鼓风干燥箱中干燥至恒重。取出冷却至常温,记录干燥后的泛霜程度。

十二、多孔砖、空心砖试验

1.烧结多孔砖检验要求

(1)试件制作采用坐浆法操作。即将玻璃板置于试件制备平台上,其上铺一张湿的垫纸,纸上铺一层厚度不超过5mm的用强度等级32.5的普通硅酸盐水泥调制成稠度适宜的水泥净浆,再将试件在水中浸泡10～20min,在钢丝网架上滴水3～5min后,将试样受压面平稳地坐放在水泥浆上,在另一受压面稍加压力,使整个水泥层与砖受压面互相黏结,砖的侧面应垂直于玻璃板。

(2)待水泥浆适当凝固后,连同玻璃板翻放在另一铺纸放浆的玻璃板上,再进行坐浆,用水平尺校正好玻璃板的水平。

(3)以下同烧结砖。

烧结多孔砖是以黏土、页岩、煤矸石和粉煤灰为主要原料,经焙烧制成的空洞率大于或等于15%,孔尺寸小而数量多,用于砌筑墙体的承重用砖,主要以竖孔方向使用,砌成承重墙体。

1)规格。砖外形为直角六面体,规格尺寸应符合下列要求:

290、240、190、180mm;

175、140、115、90mm。

其他规格尺寸由供需双方协商确定。

2)质量等级。质量等级的划分同烧结普通砖。

3)产品标记。砖的标记按产品名称、规格代号、强度等级、产品等级和国家标准编号顺序编写。

标记示例:规格尺寸290mm×140mm×90mm,强度等级MU25、优等品的黏土砖,期标记为烧结多孔砖 N 290×140×90 25A GB13544。

4)强度等级。强度等级同烧结普通砖。

5)抗压强度试验方法。试件数量为10块,按GT/T2542抗压强度试验方法进行。

6)结果计算与评定。同烧结普通砖。

7)检验批量与抽样规则。同烧结普通砖。

2.烧结空心砖与砌块检验要求

(1)规格。砖和砌块的长度、宽度、高度应分别符合下列要求:

290、190、140、90mm;

240、180(175)、115mm。

注:其他规格尺寸由供需双方协商确定。

砖和砌块的壁厚应大于10mm,肋厚应大于7mm。

(2)孔洞。孔洞采用矩形条孔或其他孔形,且平行于条面。

(3)等级。

分级:根据密度为 800、900、1000 三个密度级别。

分等:每个密度级别根据孔洞及其排数、尺寸偏差、外观质量、强度等级和物理性能分为优等品(A)、一等品(B)和合格品(C)三个等级。

(4)产品标记。按产品名称、规格尺寸、密度级别、产品等级和国家标准编号顺序编号如下:

尺寸 290mm×190mm×90mm,密度 800 级,优等品空心砖,其标记为:

空心砖(290×190×90)800A—GB13545;

尺寸 290mm×290mm×190mm,密度 900 级,一等品空心砌块,其标记为:

空心砌块(290×290×190)900B—GB13545。

(5)强度要求。强度应符合表 11—4 的要求。

(6)抗压强度试验方法。

按 GB/T2542 中抗压强度试验方法进行。

结果评定:以 5 块条面和 5 块大面试样的抗压强度算术平均值和单块最小值表示,并按表 11—5 判定,低于 2.0 级时判为不合格。

表 11—5 烧结空心砖和空心砌块强度指标

等级	强度等级	大面抗压(MPa)		条面抗压(MPa)	
		平均值	单块最小值	平均值	单位块最小值
优等品	5.0	≥5.0	≥3.7	≥3.4	≥2.3
一等品	3.0	≥3.0	≥2.2	≥2.2	≥1.4
合格品	2.0	≥2.0	≥1.4	≥1.6	≥0.9

(7)抗压强度试验取样方法

批量:每 3 万块为一批,不足该数量时仍按一批计。

抽样:从尺寸偏差、外观质量检查合格的砖样中按随机抽样法抽取,每一验收批取样一组,每组 10 块。

3. 粉煤灰非烧结砖的技术及检验要求

粉煤灰砖是以粉煤灰、石灰为主要原料,掺加适量石膏和集料经坯料制备、压制成型、高压或常压蒸汽养护而成的实心砖。

(1)规格。公称尺寸为 240mm×115mm×53mm。

(2)产品强度级别。根据抗压强度和抗折强度分为 20、15、10、7.5 四个强度级别,其强度指标见表 11—6。

表 11—6 粉煤灰砖强度技术指标

强度级别	抗压强度(MPa)		抗折强度(MPa)	
	10 块平均值	单块值	10 块平均值	单块值
20	≥20.0	≥15.0	≥4.0	≥3.0
15	≥15.0	≥11.0	≥3.2	≥2.4
10	≥10.0	≥7.5	≥2.5	≥1.9
7.5	≥7.5	≥5.6	≥2.0	≥1.5

(3)强度试验取样方法。

批量：每 10 万块为一批，不足 10 万块亦为一批。

抽样：从外观质量合格的砖样中随机抽取 2 组 20 块砖样（每组 10 块），其中 1 组进行抗压和抗折强度试验，另 1 组备用。

(4)强度级别的判定。由强度试验结果的平均值和最小值按表 11－6 判定。

十三、蒸压灰砂砖技术检验要求

蒸压灰砂砖是以石灰和砂为主要原料，经坯料制备、压制成型、蒸压养护而成的实心砖。

(1)分类。根据灰砂砖的颜色分为彩色的(Co)和本色的(N)。

(2)规格。公称尺寸为 240mm×115mm×53mm。

(3)产品强度级别。

根据抗压强度和抗折强度分为 MU25、MU20、MU15、MU10 四个强度级别，其力学性能指标见表 11－7。

(4)产品标记。灰砂砖的标记按产品名称(LSB)、颜色、强度级别、产品等级和标准编号的顺序编写。

标记示例：强度级别为 MU25、优等品的彩色灰砂砖，其标记为：LSB Co 25A GB11945。

表 11－7　蒸压灰砂砖力学性能指标表

强度级别	抗压强度(MPa)		抗折强度(MPa)	
	平均值	单块值	平均值	单块值
MU25	≥25.0	≥20.0	≥5.0	≥4.0
MU20	≥20.0	≥16.0	≥4.0	≥3.2
MU15	≥15.0	≥12.0	≥3.3	≥2.6
MU10	≥10.0	≥8.0	≥2.5	≥2.0

注：优等品的强度级别不得小于 MU15。

(5)检验批量与抽检数量。

检验批量：同类型的灰砂砖每 10 万砖为一批，不足 10 万块砖亦为一批。

抽检数量：抗压强度和抗折强度各 5 块。

第三节　砌块试验

一、砌块的种类

砌块是一种新型墙体材料，是普通烧结黏土砖的替代品。它与普通烧结黏土砖相比，生产工艺简单，可以充分利用地方材料和工业废料，尺寸较黏土砖大，砌筑速度快、方便，是一种符合高效、节能要求的新型墙体材料。常用砌块有普通混凝土小型空心砌块、蒸压加气混凝土砌块和粉煤灰硅酸盐砌块。

二、普通混凝土小型空心砌块质量检验

1. 等级

(1)按其尺寸偏差、外观质量分为优等品(A)、一等品(B)、合格品(C)。各等级普通空心砌块应符合表11－8的要求。

表11－8　尺寸偏差与外观质量

项目名称		优等品(A)	一等品(B)	合格品(C)
长度(mm)		±2	±3	±3
宽度(mm)		±2	±3	±3
高度(mm)		±2	±3	+3,－4
弯曲(mm)		≤2	≤2	≤2
掉角缺棱	个数	0	≤2	≤2
	三个方向投影尺寸的最小值(mm)	0	≤20	≤30
裂纹延伸的投影尺寸累计(mm)		0	≤20	≤30

(2)按强度等级分为MU3.5、MU5.0、MU7.5、MU10.0、MU15.0、MU20.0。砌块的强度等级应符合表11－9的要求。

表11－9　强度等级指标

强度等级	砌块抗压强度(MPa)	
	平均值不小于	单块最小值不小于
MU3.5	3.5	2.8
MU5.0	5.0	4.0
MU7.5	7.5	6.0
MU10.0	10.0	8.0
MU15.0	15.0	12.0
MU20.0	20.0	16.0

2.产品标记

按产品名称(代号NHB)、强度等级、外观质量等级和标准编号的顺序编写。

标记示例:强度等级为MU7.5,外观质量为优等品(A)的砌块的标记为:NHB MU 7.5 A GB8239。

3.规格

主规格尺寸为390mm×190mm×190mm,其他尺寸可由供需双方协商。

4.取样方法

(1)砌块按外观质量和强度等级分批验收。它以同一种原材料配制成的相同外观质量等级、强度等级和同一工艺生产的10 000块砌块为一批,每月生产的块数不足10 000块时亦按一批。

(2)从尺寸偏差和外观质量检验合格的砌块中抽取5作做强度等级检验。

5.合格判定

所有检验结果均符合各项技术要求的等级时,则判该批砌块为相应等级。

三、蒸压加气混凝土砌块质量检验指标

1.等级

按抗压强度和体积密度分级。

(1)强度级别分A1.0、A2.0、A2.5、A3.5、A5.0、A7.5、A10七个级别。

(2)体积密度级别分B03、B04、B05、B06、B07、B08六个级别。

(3)按尺寸偏差与外观质量、体积密度和抗压强度分为优等品(A)、一等品(B)、合格品(C)三个等级。

砌块的等级见表 11－10 的规定,其抗压强度要求见表 11－11 产品标记。

表 11－10 蒸压加气混凝土砌块等级

体积密度级别		B03	B04	B05	B06	B07	B08
强度级别	优等品(A)		A3.5	A5.0	A7.5	A10.0	
	一等品(B)	A1.0	A2.0	A3.5	A5.0	A7.5	A10.0
	合格品(C)		A2.5	A3.5	A5.0	A7.5	

表 11－11 蒸压加气混凝土砌块抗压强度要求

强度级别	立方体抗压强度(MPa)	
	平均值	单块最小值
A1.0	≥1.0	≥0.8
A2.0	≥2.0	≥1.6
A2.5	≥2.5	≥2.0
A3.5	≥3.5	≥2.8
A5.0	≥5.0	≥4.0
A7.5	≥7.5	≥6.0
A10.0	≥10.5	≥8.0

2. 产品标记

(1)按产品史称(代号 ACB)、强度级别、体积密度级别、规格尺寸、产品等级和标准编号的顺序进行标记。

(2)标记示例:强度等级为 A3.5,体积密度为 B05,优等品,规格尺寸为 600 mm×200 mm×250 mm 的蒸压加气温凝土砌块,标记为:ACB A3.5 B05 600×200×250A(GB11968)。

3. 取样方法

(1)同品种、同规格、同等级的砌块,以 10 000 块为一批,不足 10 000 块亦为一批。

(2)从随机抽取的 50 块砌块经尺寸偏差与外观检验合格的砌块中,再随机抽取砌块,制作 3 组试件进行立方体抗压强度检验。

试件的切取应沿制品膨胀方向中心部分上、中、下顺序锯取一组,"上"块上表面距离制品顶面 30m,"中"块在制品正中处,"下"块下表面距离制品底面 30mm。试块必须逐块加以编号,并标明截取部位和膨胀方向。

4. 结果评定

按 2 块试件试验值的算术平均值进行评定,精确至 0.1 MPa。

5. 强度级别判定

以 3 组平均值与其中 1 组最小平均值,按砌块的强度级别表,表 11－11 进行判定。

四、蒸压加气混凝土砌块抗压强度试验

1. 仪器

(1)试验机。

(2)钢板直尺。

(3)烘箱。

2.试验操作步骤

(1)检查试件外观。

(2)测量试件尺寸,精确至1mm,并计算试件的受压面积(A_1)。

(3)将试件放在试验机上下压板的中心位置,试件的受压方向垂直于制品的膨胀方向。

(4)开动试验机,当上压板与试件接近时,调整球座,使接触均衡。

(5)以(2.0±0.5)kN/s的速度连续而均匀地加荷,直至试件破坏,记录破坏荷载(p_1)。

(6)将试验后的试件全部立即称量,然后在(105±5)℃下烘至恒重,计算其含水率。抗压强度试件在质量含水率为25%~45%下进行试验。

(7)计算抗压强度公式为:$f_{cc}=\frac{p_1}{A_1}$。

五、蒸压加气混凝土砌块抗冻性试验

1.仪器

(1)低温箱。最低工作温度-30℃以下。

(2)恒温水槽。水温(20±5)℃。

(3)天平。称量2000g,感量1g。

(4)电热鼓风干燥箱。最高温度200℃。

2.试验操作步骤

(1)将冻融试件放在电热鼓风干燥箱内,在(60±5)℃恒温24h,再在(105±5)℃下烘至恒重。

(2)试件冷却至室温后,立即称取质量,精确至1g,然后浸入水温为(20±5)℃恒温水槽中,水面应高出试件30mm,保持48h。

(3)取出试件,用湿布抹去表面水分,放入预先降温至-15℃以下的低温箱或冷冻室中,其间距不小于20mm,当温度降至-18℃时记录时间。在(-20±5)℃下冻6h取出,放入水温为(20±5)℃的恒温水槽中,融化5h作为一次冻融循环,如此冻融循环15次为止。

(4)每隔5次循环检查并记录试件在冻融过程中的破坏情况。

(5)冻融过程中,发现试件呈明显的破坏,应取出试件,停止冻融试验,并记录冻融次数。

(6)将经15次冻融后的试件放入电热鼓风干燥箱内,按规定烘至恒量。

(7)试件冷却至室温后,立即称其质量,精确至1.8g。

(8)将冻融后试件按加气混凝土力学性能试验方法有关规定进行抗压强度试验。

3. 结果计算与评定

(1)质量损失率计算

$$M_m=\frac{M_0-M}{M_0}\times 100$$

式中 M_m——质量损失率,%;

M_0——冻融试件试验前的干质量,g;

M——经冻融试验后试件的干质量,g。

(2)抗冻性按冻融试件的质量损失率平均值和冻后的强度平均值进行评定。质量损失率精确至0.1%。

4.异常数据处理

如遇有停水停电,作好记录,待恢复正常后可继续作试验。

第四节　瓦材料试验

一、混凝土瓦的承载力试验

1. 瓦脊高度的测量

如果生产厂家所给的瓦脊高度 d 不小于 20mm，就要测量试样量的每块屋面瓦的瓦脊高度。在瓦脊两侧测量瓦的高度，取二者的算术平均值为测定结果。

2. 支承方式

采用三点弯曲方式。两个相同高度的支座采用金属制成，其上表面呈半径为 10mm 的圆弧形，其上可垫一宽度为 20mm、厚度为 20～30mm、长度大于屋面瓦总宽度的硬质木条，木条的下表面应与支座的上表面相配合。在屋面瓦与支座（或木条）之间应有弹性垫层。两支座应相互平行且相对屋面瓦纵向轴的垂直面必须是可自由调节平衡的。支座中心距为 $(2/3)I_1$，取整数(mm)。

注：I_1 以屋面瓦实测值的算术平均值(mm)计。

3. 试验时试样放置

屋面瓦正面朝上置于支座上。此时如屋面瓦还不平衡，例如屋面瓦背面的拱肋在支座上，则要将屋面瓦向吊挂瓦爪方向移动一些，以确保其平衡，调整试件至水平。

4. 加荷方式

(1)用于加荷的加荷杆与支座要求材质及尺寸相同，其下表面是呈半径 10mm 的圆弧形。加荷杆应平行于支座，且相对屋面瓦纵向轴的垂直面可自由调节平衡。加荷杆位于跨距中央。弯曲加荷杆与支座之间的角度不允许大于 10°。为了达到这个目的，必要时，在加荷杆与瓦面之间，填垫一块平衡物，平衡物不要宽于加荷杆圆弧的直径。

(2)如果是平的屋面瓦，要在加荷杆和屋顶瓦之间放一弹性垫层。

(3)如果是波形的屋面瓦，要在加荷杆和屋顶瓦之间放置与瓦上表形状相吻合的平衡物。平衡物由木块、金属、石膏或快硬水泥砂浆制成，宽度约为 20mm。平衡物由硬木或金属制成时，要在平衡物与屋面瓦之间垫以弹性垫层。

注：也可以将加荷杆加工成与平衡物相同形状的加荷杆，其与瓦表面的接触面应是圆弧形的。弹性垫层长度至少要与屋面瓦的遮盖宽度一样，其宽度不小于 20mm，厚度(10±5)mm，硬度要为肖氏硬度 50±10。屋面瓦放置时，搭接部分的边筋外槽部位（如果有的话）应不受荷载，荷载应只作用于遮盖宽度的中央。

5. 加荷

在加荷前，选取相应的测量范围，做好相应的工作，接通电源，开动机器，开动油泵，指针调整到零点位置平衡加荷，使其作用力垂直于屋面瓦平面，最高加荷速度为 6 500N/ min，直至试件断裂破坏。

6. 试验结果的计算与评定

承载力实测平均值 F 按下式计算，单位 N，修约至 10N。

$$F=\frac{F_1+F_2+\cdots+F_n}{n}$$

式中　F_1、F_2、…、F_n——第 1 次、第 2 次、…、第 n 次承载力实测值；

n——试验次数。

试验结果以承载力平均值表示。

二、混凝土瓦的抗冻性试验

(1)将经过浸水饱和屋面瓦摆放在试样架上，随即放入预先降温至(－20±5)℃的低温箱。

(2)待箱内温度再次降至(－20±5)℃时，开始计时。在此温度下保持 3h。然后，取出试件立即放入 15～25℃的水中融化 1h。如此为一个冻融循环。

(3)冻融循环的间断只能在融化阶段，直到试验继续时瓦要浸泡在水中，中断时间不要大于 96h，中断 24h 以上的要给予说明。

(4)如此进行 25 次冻融循环后，要将试样在空气温度 15～30℃、空气相对湿度不小于 40%的条件下放置 7d，接着按抗渗性能检验。

(5)以冻融后试件的抗渗性能和承载力检验的结果是否同时达到相应的要求表示，并同时检查外观质量是否达到本标准要求。

三、混凝土瓦的抗渗性能试验

(1)将试样正面向上放置于合适的围框内，使用不透水的密封材料将试样密封好。密封时注意，边筋外槽搭接部分等于或大于 30mm 的屋面瓦，封闭盖住的部分不允许大于搭接宽度的一半；功能孔(例如固定用孔)在试验之前应用不渗水的材料封闭。

(2)试样平面与水平面的偏差角应不大于 10°。将水注入以试样为底并用围框密封的试验容器中，水面要高出瓦脊 10～15mm，或者从瓦槽的上表面量起 50mm，这两种方法以深度大者为准，并保持这一高度。

(3)将此被检验的试样在 15～30℃、空气相对湿度不小于 40%的条件下存放 24h±5min。

(4)观察每个被检样品的背面无水滴形成现象，即认为抗渗性能合格，反之为不合格。

四、烧结瓦试验

(1)弯曲强度试验机。试验机的相对误差不大于±1%。能够均匀加荷。支座由放置后互相平行，直径为 25mm 的金属棒及下面的支承架构成。其中一根可以绕中心轻微上下摆动，另一根可以绕它的轴心稍做旋转，支承架高度约 50mm，并能使上面的金属棒间距可调。压头是一直径为 25mm 的金属棒，也可以绕中心上下轻微摆动，支座金属棒和压头与试样接触部分包上厚度为 5mm 的普通橡胶板。

(2)钢直尺。精度为 1mm。

(3)秒表。精度为 0.1s。

(4)鼓风干燥箱。能升温至 200℃。

(5)台秤。精度为 5g。

(6)低温箱。温度可调至－200℃以下。

(7)水槽。能通过流动冷水的水槽。

(8)温度计。

五、烧结瓦的抗弯曲性能试验

(1)试验准备。将来样与任务单一一对照检查，填写完整，送到试验区备用。在自然干燥状态下试验。在加荷前，选取相应的测量范围，做好相应的工作，接通电源。

(2)将试样放在支座上，调整支座金属棒间距，并使压头位于支座金属棒的正中。对于跨距要求搭接不足的瓦，调整间距使支座金属棒中心以外瓦的长度为(15±2)mm。试验前先校正试验机零点，启动试验机，压头接触试样时不得冲击，以50～100N/s的速度均匀加荷，直到断裂，记录断裂时的最大载荷 p。

(3)结果计算与评定。平瓦、板瓦、脊瓦、筒瓦、滴水瓦、S形瓦、J形瓦的试验结果以每件试样断裂时的最大载荷表示，精确至10N。

三曲瓦、双筒瓦、鱼鳞瓦、牛舌瓦的弯曲强度按下式计算：

$$R=\frac{3pL}{2bh^2}$$

式中　R——试样的弯曲强度，MPa；

p——试样断裂时的最大载荷，N；

L——跨距，mm；

b——试样的宽度，mm；

h——试样断裂面上的最小厚度，mm。

三曲瓦、双筒瓦、鱼鳞瓦、牛舌瓦的试验结果以每件试样的弯曲强度表示，精确至0.1MPa。

第十二章　防水材料及其试验

防水材料是保证建筑结构能够防止雨水、地下水及其他水分(及液体)渗透的重要组成材料,是广泛应用于房建、公路、桥梁、水利等工程的主要建筑材料之一,防水材料质量的优劣与建筑物的使用功能和使用寿命密切相关。国内外长期以使用沥青防水材料为主,直至现在,仍然是以沥青基防水层为主。近来,防水材料已向改性沥青材料和橡胶及树脂基防水材料系列发展。本章主要介绍了防水材料的各种试验的仪器及操作方法。

第一节　沥青材料的性能

一、石油沥青的性能性能

1. 大气稳定性

(1)大气稳定性是指石油沥青在热、阳光、氧气和潮湿等因素的长期综合作用下抵抗老化的性能。

(2)石油沥青的大气稳定性常以蒸发损失和蒸发后针入度比来评定。其测定方法是:先测定沥青试样的质量及其针入度,然后将试样置于加热损失试验专用的烘箱中,在160℃下蒸发5h,待冷却后再测定其质量及针入度,计算蒸发损失质量占原质量的百分数,称为蒸发损失;计算蒸发后针入度原针入度的百分数,称为蒸发后针入度比。蒸发损失百分数愈小和蒸发后针入度比愈大,则表示大气稳定性愈高,"老化"愈慢。另外,为评定沥青的品质和保证施工安全,还应当了解石油沥青的溶解度、闪点和燃点。

1)溶解度是指石油沥青在三氯乙烯、四氯化碳或苯中溶解的百分率,以表示沥青中有效物质的含量,即纯净程度。

2)闪点是指加热沥青至挥发出的可燃气体和空气的混合物在规定条件下与火焰接触,初次闪火时的沥青温度。

3)燃点(也称着火点)指加热沥青产生的气体和空气的混合物,与火焰接触能持续燃烧5min以上时,此时沥青的温度即为燃点(℃)。

4)闪点和燃点的高低表明沥青引起火灾或爆炸的可能性的大小,它关系到运输、贮存和加热使用等方面的安全。

2. 温度敏感性

(1)温度敏感性是指石油沥青的黏滞性和塑性随温度升降而变化的性能。温度敏感性小的石油沥青,其黏性、塑性随温度的变化较小。建筑工程宜选用温度敏感性较小的沥青。温度敏感性是沥青性质的重要指标之一。

(2)沥青软化点是反映沥青温度敏感性的重要指标,它是沥青材料由固体状态转变为具有一定流动性的膏体时的温度。软化点可通过环球法软化点试验测定。它是把沥青试样装入规定尺寸(直径16mm,高约6mm)的铜环内,试样上放置一标准钢球(直径9.5mm,重3.5g),浸入水或甘油中，以规定的升温速度(5℃/min)加热，使沥青软化下垂，当下垂到规定距离25.4mm时的温度(℃)，即为沥青软化点。软化点高，沥青的耐热性好。

3.塑性

塑性是指沥青在外力作用下产生变形不破坏，除去外力后，仍保持变形后的形状的性质。塑性反映了沥青开裂后的自愈能力。沥青的塑性用延度表示。沥青延度是把沥青试样制成∞字形标准试件(中间最小截面积 $1cm^2$)，在规定温度(一般为 25℃)和规定速度(5cm/min)下拉断时的长度，单位为 cm。沥青的延度越大，表明沥青的塑性越好。

4.黏滞性(黏性)

(1)黏滞性是反映沥青材料内部阻碍其相对流动的能力。液态石油沥青的黏滞性用黏滞度表示，半固体或固体沥青的黏性用针入度表示。黏滞度和针入度是划分沥青牌号的主要指标。

(2)黏滞度是液体沥青在一定温度(25℃或 60℃)条件下，经规定直径(3、5mm 或 10mm)的孔漏下 50mL 所需的秒数。黏滞度常以符号 C_t^d 表示。其中 d 为孔径(mm)，t 为试验时沥青的温度(℃)。黏滞度大时，沥青的稠度大，黏性高。

(3)针入度是指在温度为 25℃的条件下，质量 100g 的标准针经 5s 沉入沥青中的深度(0.1mm称 1 度)。针入度值大，流动性大，黏性差。

二、煤沥青的性能

煤沥青的主要技术指标见表 12－1。

表 12－1　煤沥青的主要技术指标

指标名称	低温沥青		中温沥青		高温沥青
	一类	二类	电极用	一般用	
软化点(环球法)(℃)	30.0～45.0	45.0～75.0	75.0～90.0	75.0～95.0	95.0～120.0
甲苯不溶物含量(%)	—	—	15～25	<25	—
灰分(%)	—	—	≤0.3	≤0.5	—
水分(%)	—	—	≤5.0	≤5.0	≤5.0
挥发分(%)	—	—	60.0～70.0	35.0～75.0	—
喹啉不溶物(%)	—	—	≥10	—	—

注：(1)水分只作为生产操作中控制指数，不作质量考核依据。如超过上述规定，则按超过部分扣除产量。

(2)喹啉不溶物含量指标，不作质量考核依据。

(3)落地的中温一般沥青，灰分不允许大于 1.0%。

(4)本表适用手高温炼焦油经加工所得的低温、中温、高温煤沥青。

三、改性沥青的性能

(1)橡胶改性沥青。橡胶是沥青的主要改性材料，这是因为沥青和橡胶的混溶性较好，可使沥青具有类似橡胶的很多优点，如高温变形较小、低温柔韧性好等。常用的橡胶有再生废橡胶和氯丁橡胶，此外还可使用丁基橡胶。

(2)树脂改性沥青。用树脂对沥青进行改性，可以改善沥青的低温柔韧性、耐热性、黏结性和不透气性。由于石油沥青中含芳香类物质很少，故一般树脂和石油沥青的相溶性较差，而和煤沥青的相溶性较低。用于沥青改性的合成树脂主要有聚乙烯(PVC)、无规聚丙烯(APP)、古马隆树脂等。

(3)橡胶和树脂改性沥青。橡胶和树脂同时用于改善沥青的性质,使沥青同时具有橡胶和树脂的特性。因树脂比橡胶更便宜,橡胶和树脂又有较好的混溶性,故效果较好。

(4)矿物填充料改性沥青。为了提高沥青的黏结能力和耐热性,减小沥青的温度敏感性,可经常加入一定数量的矿物填充料。常用的矿物填充料有滑石粉、石灰石粉、硅藻土、石棉粉等。

四、石油沥青抽毡、油纸的性能

(1)石油沥青油毡的物理性能指标见表 12－2。

表 12－2 石油沥青油毡的物理性能指标

<table>
<tr><td colspan="2" rowspan="2">项目</td><td colspan="3">200 号</td><td colspan="3">350 号</td><td colspan="3">500 号</td></tr>
<tr><td>合格</td><td>一等</td><td>优等</td><td>合格</td><td>优等</td><td>合格</td><td>一等</td><td>优等</td><td></td></tr>
<tr><td colspan="2">单位面积浸涂材料总量(g/m²)</td><td>600</td><td>700</td><td>800</td><td>1 000</td><td>1 050</td><td>1 110</td><td>1 400</td><td>1 450</td><td>1 500</td></tr>
<tr><td rowspan="2">不透水性</td><td>压力(MPa)</td><td colspan="3">≥0.05</td><td colspan="3">≥0.10</td><td colspan="3">≥0.15</td></tr>
<tr><td>保持时间(min)</td><td>15</td><td>20</td><td>30</td><td>30</td><td colspan="2">45</td><td colspan="3">30</td></tr>
<tr><td colspan="2" rowspan="2">耐热度(℃)</td><td colspan="2">85±2</td><td>90±2</td><td colspan="2">85±2</td><td>90±2</td><td colspan="2">85±2</td><td>90±2</td></tr>
<tr><td colspan="9">受热 2h 涂盖应无滑动和集中气泡</td></tr>
<tr><td colspan="2">(25±2)℃时纵向拉力(N)</td><td>≥240</td><td colspan="2">≥270</td><td>≥340</td><td colspan="2">≥370</td><td>≥440</td><td colspan="2">≥470</td></tr>
<tr><td colspan="2" rowspan="2">柔度</td><td colspan="3">(18±2)℃</td><td>(18±2)℃</td><td>(16±2)℃</td><td>(14±2)℃</td><td colspan="2">(18±2)℃</td><td>(14±2)℃</td></tr>
<tr><td colspan="6">绕 φ20mm 圆棒或弯板无裂纹</td><td colspan="3">绕 φ25mm 圆棒或弯板无裂纹</td></tr>
<tr><td rowspan="2">吸水率(真空法)(%)</td><td>粉毡</td><td colspan="3">≤1.0</td><td colspan="3">≤1.0</td><td colspan="3">≤1.5</td></tr>
<tr><td>油毡</td><td colspan="3">≤3.0</td><td colspan="3">≤3.0</td><td colspan="3">≤3.0</td></tr>
</table>

(2)石油沥青油纸的物理性能指标见表 12－3。

表 12－3 石油沥青纸的物理性能指标

标号 指标名称	200 号	350 号
浸渡材料占干原纸质量(%)	≥100	
吸水率(真空法)(%)	≤25	
拉力((25±2)℃,纵向)(N)	≥110	≥240
柔度(在 18℃±2℃时)	绕 φ10 mm 圆棒或弯板无裂纹	

五、煤沥青油毡的性能

煤沥青油毡物理性能指标见表 12－4。

表 12－4 煤沥青油毡物理情能指标

<table>
<tr><td colspan="2" rowspan="2">标号
等级
指标名称</td><td>200 号</td><td colspan="2">270 号</td><td colspan="2">350 号</td></tr>
<tr><td>合格品</td><td>一等品</td><td>合格品</td><td>一等品</td><td>合格品</td></tr>
<tr><td colspan="2">可溶物含量(g/cm²)</td><td>≥450</td><td>≥560≥510</td><td>≥660</td><td>≥600</td><td></td></tr>
<tr><td rowspan="2">不透水性</td><td>压力(MPa)</td><td>≥0.05</td><td colspan="2">≥0.05</td><td colspan="2">≥1.0</td></tr>
<tr><td>保持时间(不渗漏)(mm)</td><td>≥15</td><td>≥30</td><td>≥20</td><td>≥30</td><td>≥15</td></tr>
<tr><td rowspan="2">吸水率(常压法)(%)</td><td>粉毡</td><td colspan="5">3.0</td></tr>
<tr><td>片毡</td><td colspan="5">5.0</td></tr>
</table>

续上表

指标名称 \ 标号/等级	200 号	270 号		350 号	
	合格品	一等品	合格品	一等品	合格品
耐热度(℃)	70±2	75±2	70±2	75±2	70±2
	受热 2*b* 涂盖层应无滑动和集中性气泡				
拉力((25±2)℃,纵向)(N)	≥250	≥330	≥300	≥380	≥350
柔度(25℃)	绕 ϕ200mm 圆棒或弯板无裂纹				

六、沥青玻璃布油毡的性能

沥青玻璃在布油毡物理性能指标见表 12—5。

表 12—5　沥青玻璃布油毡物理性能指标

指标名称 \ 等级		一等品	合格品
可溶物含量(g/m²)		≥420	≥380
不透水性	压力(MPa)	0.2	0.1
	保持时间(不渗漏)(min)	≥15	
吸水率(常压法)(%)	粉毡		
	片毡		
柔度	温度(℃)	0	≤5
	弯曲(直径 30mm)	无裂纹	
拉力((25±2)℃,纵向)(N)		≥400	≥360
耐热度((85±2)℃,2h)		无滑动、起泡现象	
耐霉菌腐蚀性	质量损失(%)	2.0	
	拉力损失(%)	15	

七、再生胶油毡的性能

再生胶油毡的物理性能指标见表 12—6。

表 12—6　再生胶油毡物理性能指标

指标名称	指标
抗拉强度((20±2)℃,纵向)(N)	≥80
延伸率((20±2)℃,纵向)(%)	≥120
低温柔性(−20℃时,1h,ϕ1mm 金属丝对折)	无裂纹
不透水性(动水压法保持 90min)(MPa)	≥3.0
耐热度(在 120℃下加热 5h)	不起泡,不发黏
吸水性((18±2)℃,24h)(%)	≤0.5

八、三元乙丙橡胶卷材的性能

三元乙丙橡胶卷材物理性能指标表 12—7。

表 12—7　三元乙两橡胶卷材物理性能指标

指标名称	指标
厚度(mm)	1.5±0.2
抗拉强度(MPa)	≥7.5
撕裂强度(N/cm)	≥300
延伸率(%)	≥450
300%定伸强度(MPa)	>2.5

第二节 沥青防水材料性能试验

一、石油沥青的常规试验项目

石油沥青的常规试验项目有软化点、针入度和延度。

石油沥青取样规定有：

(1)批量的划分：以同一产地、同一品种、同一规格标号，每 20t 为一验收批，不足 20t 时亦按一批计算。

(2)取样数量：每一验收批取试样 1kg。

(3)取样方法：在料堆上取样时，取样部位应均匀分布(不少于 5 处)，每处取洁净的等量试样共 1kg。一般取两组，一组试验，一组备用。

二、石油沥青针入度试验

1. 基本要求

石油沥青的针入度以标准针在一定的荷重、时间及温度条件下垂直穿入沥青试样的深度来表示，单位为 0.1mm。如未另行规定，标准针、针连杆与附加砝码的合计质量为(100±0.1)g，温度为 25℃，时间为 5s。特定试验条件见表 12－8 的规定。

表 12－8 针入度特定试验条件规定

温度(℃)	荷重(g)	时间(s)
0	200	60
4	200	60
46	50	5

2. 试验仪器

(1)针入度仪。其构造如图 12－1 所示。其中支柱上有两个悬臂，上臂装有分度为 360°的刻度盘及活动齿杆，其上下运动的同时，使指针转动；下臂装有可滑动的针连杆(其下端安装标准针)，总质量为(50±0.05)g，针入度仪附带有(50±0.5)g 和(100±0.5)g 砝码各一个。设有控制针连杆运动的制动按钮，基座上设有放置玻璃皿的可旋转平台及观察镜。

(2)标准针。应由硬化回火的小锈钢制成，其尺寸应符合规定。

(3)试样皿。金属圆柱形平底容器。针入度小于 200 时，试样皿内径 55mm，内部深度 35mm；针入度在 200～ 350 时，试样皿内径 70mm，内部深度为 45mm。

(4)恒温水浴。容量不小于 10L，能保持温度在试验温度的±0.1℃范围内。

(5)其他仪器。平底玻璃皿(容量不小于 0.5L，深度不小于 80mm)，秒表，温度计，金属皿或瓷柄皿，孔径为 0.3～0.5mm 的筛子，砂浴或可控制温度的密闭电炉等。

3. 试验试样制作

(1)将预先除去水分的试样在砂浴或密闭电炉上加热，并搅拌。加热温度不得超过估计软化点 100℃，加热时间不得超过 30min。用筛过滤，除去杂质。

(2)将试样倒入预先选好的试样皿中，试样深度应大于预计穿入深度 10mm。

(3)试样皿在 15～30℃的空气中冷却 1～1.5h(小试样皿)或 1.5～2h(大试样皿)，防止灰尘落入试样皿，然后将试样皿移入保持规定试验温度的恒温水浴中。小试样皿恒温 1～1.5h，大试样皿恒温 1.5～2h。

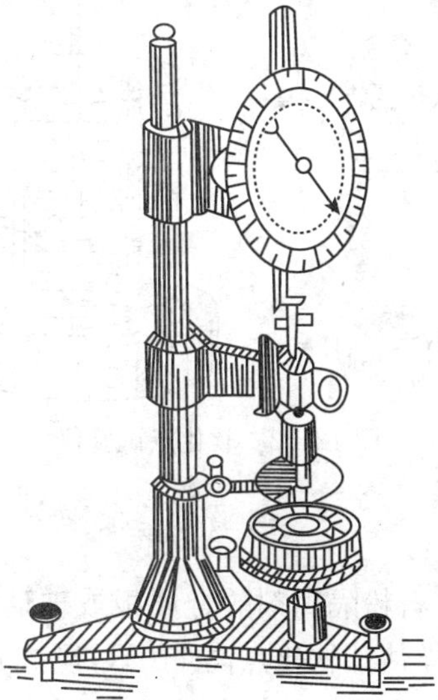

图 12—1　针入度仪

4. 试验操作步骤及结果处理

(1)试验操作步骤

1)调整针入度基座螺丝使基座水平。检查活动齿杆自由活动情况,并将已擦净的标准针固定在连杆上,按试验要求条件放上砝码。

2)将恒温 1h 的盛样皿自槽中取出,置于水温严格控制为 25℃的平底保温玻璃皿中,沥青试样表面以上水层高度不小于 10mm,再将保温玻璃皿置于针入度仪的旋转圆形平台上。

3)调节标准针使针尖与试样表面恰好接触,不得刺入试样。移动活动齿杆使与标准针连杆顶端接触,并将刻度盘指针调整至"0"。

4)用手紧压按钮,同时开动秒表,使标准针自由地针入沥青试样,到规定时间放开按钮,使针停止针入。

5)再拉下活动齿杆使与标准针连杆顶端相接触。这时,指针也随之转动,刻度盘指针读数即为试样的针入度。在试样的不同点(各测点间及测点与金属皿边缘的距离不小于 10mm)重复试验三次,每次试验后,将针取下,用浸有溶剂(煤油、苯或汽油)的棉花将针端附着的沥青擦干净。

6)测定针入度大于 200 的沥青试样时,至少用 3 根针,每次测定后将针留在试样中,直至 3 次测定完成后,才能把针从试样中取出。

(2)试验结果处理

取 3 次测定针入度的平均值,取至整数,作为试验结果。3 次测定的针入度值相差不应大于表 12—9 中的数值。若差值超过表中数值,应重作试验。

表 12—9　针入度测定允许最大值

针入度	0～49	50～139	150～249	250～350
最大差值	2	4	6	10

三、石油沥青软化点试验

1. 试验仪器

软化点试验仪(图 12—2),电炉或其他加热设备,金属板或玻璃板,刀,孔径 0.3～0.5mm 筛,温度计,瓷皿或金属皿(熔化沥青用),砂浴。

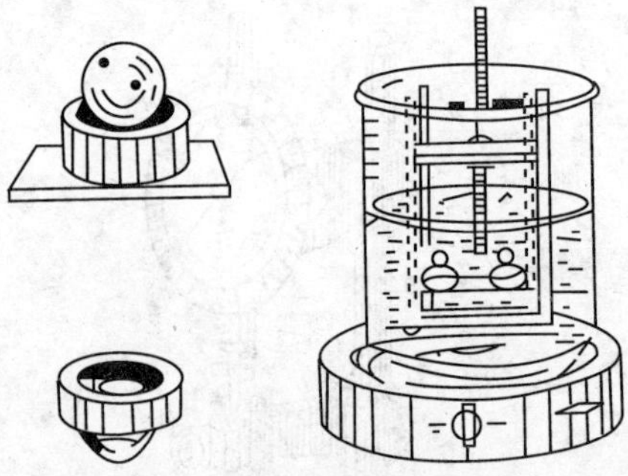

图 12－2 软化点试验仪

2. 试验操作步骤及结果处理

(1)试验操作步骤

1)将黄铜环置于涂上甘油滑石粉隔离剂的金属板或玻璃板上，将预先脱水的试样加热熔化，石油沥青加热温度不得比试样估计软化点高 110℃，搅拌并过筛后注入黄铜环内至略高出环面为止. 如估计软化点在 120℃以上时，应将铜环与金属板预热至 80～100℃，试样在空气(15～30℃)中冷却 30min 后，用热力刮去高出环面上的试样，使与环面齐平。

2)将盛有试样的黄铜环及板置于盛满水(估计软化点不高于 80℃的试样)或甘油(估计软化点高于 80℃的试样)的保温槽内，或将盛试样的环水平地安放在环架圆孔内，然后放在烧杯中，恒温 15min，水温保持 5℃±0.5℃，甘油温度保持 32℃±1℃。同时钢球也置于恒温的水或甘油中。

3)烧杯内注入新煮沸并冷却至约 5℃±1℃的蒸馏水(估计软化点不高于 80℃的试样)或注入预加热至约 30℃±1℃的甘油(估计软化点高于 80℃的试样)，使水面或甘油液面略低于连接杆的深度标记。

4)从水或甘油保温槽中取出盛有试样的黄铜环放置在环架中承板的圆孔中，并套上钢球定位器把整个环架放入烧杯内，调整水面或甘油液面至深度标记，环架上任何部分均不得有气泡。将温度计由上承板中心孔垂直插入，使水银球底部与铜环下面齐平。

5)将烧杯移放至有石棉网的三脚架上或电炉上，然后将钢球放在试样上(须使各环的平面在全部加热时间内完全处于水平状态)立即加热，使烧杯内水或甘油温度在 3min 后保持每分钟上升 5℃±0.5℃。在整个测定中如温度的上升速度超出此范围时，则试验应重做。

6)试样受热软化下坠至与下承板面接触时的温度即为试样的软化点。

(2)试验结果处理

取平行测定两个结果的算术平均值作为测定结果。重复测定两个结果间的差数不得大于 1.2℃。

四、石油沥青延度试验

1. 试验仪器

延度仪及试样模具，(图 12－3)，瓷皿或金属皿，孔径 0.3～0.5mm 筛，温度计(0～50℃，分度 0.1℃、0.5℃各一支)，刀，金属板，砂浴。

2. 试验操作步骤及结果处理

(1)试验操作步骤

1)用甘油滑石粉隔离剂涂在磨光的金属板上及模具侧模的内表面。将模具置于金属板上。

2)将预先除去水分的沥青试样放入金属皿,在砂浴上加热熔化、搅拌。加热温度不得比试样软化点高100℃,用筛过滤,并充分搅拌至气泡完全消除。

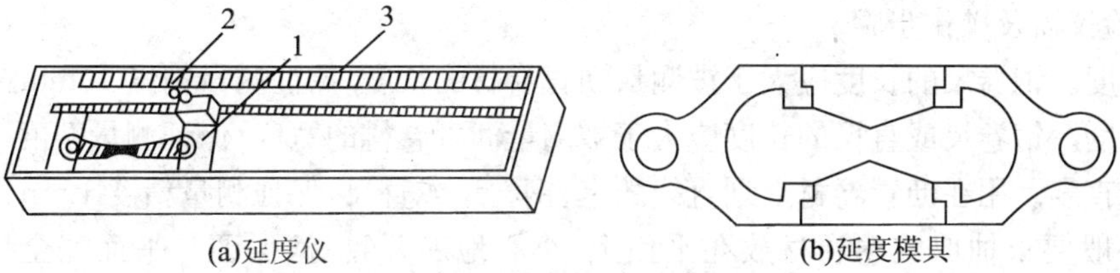

图12—3　沥青延度仪及模具

3)将熔化沥青试样缓缓注入模具中(自模具的一端至另一端往返多次),并略高出模具。试件在15～30℃的空气中冷却30min后,放入(25±0.1)℃的水浴中,保持30min后取出,将高出模具的沥青刮去,使沥青面与模面齐平。沥青的刮法应自模具的中间刮向两边,表面应刮得十分光滑。将试件连同金属板再浸入(25±0.1)℃的水浴中保持85～95min。

4)检查延度仪滑板的移动速度是否符合要求,然后移动滑板使指针正对标尺的零点。

5)试件移至延度仪水槽中,将模具两端的孔分别套在滑板及槽端的金属柱上,水面距试件表面应不小于25mm,然后去掉侧模。

6)测得水槽中水温为(25±0.5)℃时,开动延度仪,观察沥青的拉伸情况。在测定时,如发现沥青细丝浮于水面或沉入槽底时,则应在水中加入乙醇或食盐水,调整水的密度至与试样的密度相近后,再进行测定。

7)试件拉断时指针所指标尺上的读数,即为试样的延度,以cm表示。在正常情况下,试件应拉伸成锥尖状,在断裂时实际横断面接近于零。如不能得到上述结果,则应报告在此条件下无测定结果。

(2)试验结果处理

取3个平行测定值的平均值作为测定结果。若3次测定值不在其平均值的5%以内,但其中两个较高值在平均值的5%之内,则弃去最低测定值,取两个较高值的平均值作为测定结果,否则重新测定。

五、沥青防水卷材料长度、宽度及平直度检验

1.外观质量

(1)沥青防水卷材

1)抽样。按上述规定抽取成卷未损伤的沥青卷材进行试验。

2)试验条件。通常在常温下进行测量。有争议时,试验在(23±2)℃条件下进行,并在该温度放置不少于20h。

3)抽取成卷卷材放在平面上,小心地展开卷材,用肉眼检查整个卷材上、下表面有无气泡、裂纹、孔洞、裸露斑、疙瘩或其他任何能观察到的缺陷存在。

(2)高分子防水卷材

1)抽样。按上述规定抽取成卷未损伤的高分子卷材进行试验。

2)试验条件。通常在常温下进行测量。有争议时,试验在(23±2)℃条件下进行在该温度放置不少于20h。

3)抽取成卷卷材放在平面上,小心地展开卷材的前10m检查,上表面朝上,用肉眼检查整

个卷材表面有无气泡、裂缝、孔洞、擦伤、凹痕或其他任何能观察到的缺陷存在。然后将卷材小心地调个面，同样方法检查下表面。靠近卷材端头，沿卷材整个宽度方向切割卷材，检查切割面有无空包和杂质存在。

2. 检验仪器及操作步骤

(1)长度。钢卷尺的长度应大于被测量沥青卷材的长度，保证测量精度 10mm。

(2)宽度。钢卷尺或直尺的长度应大于被测量沥青卷材的宽度，保证测量精度 1mm。

(3)平直度。用在沥青卷材上划直线的笔、钢卷尺或直尺，保证测量精度 1mm。

(4)一般要求抽取成卷卷材放在平面上，小心地展开卷材，保证与平面完全接触。5min 后，测量长度、宽度和平直度。

(5)长度测定。在整卷卷材宽度方向的两个 1/3 处测量，记录结果，精确到 10mm。

(6)宽度测定。在距卷材两端各(1±0.01)m 处测量，记录结果，精确到 1mm。

(7)平直度测定。沿卷材纵向一边，距纵向边缘 100mm 处的两点做记号，如图 12－4 所示。在卷材的两记号点处用笔画一参考直线，测量参考线与卷材纵向边缘的最大距离(g)，记录该最大偏离(g－100mm)，精确到 1mm。卷材长度超过 10m 时，每 10m 长度如此测量一次，如图 12－5 所示。

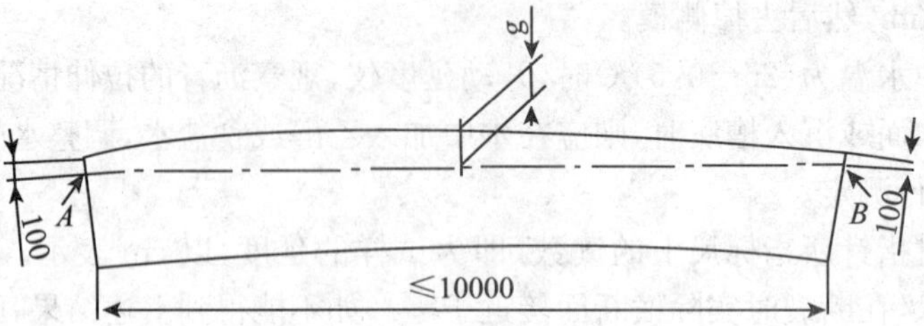

图 12－4　做标记示意(mm)

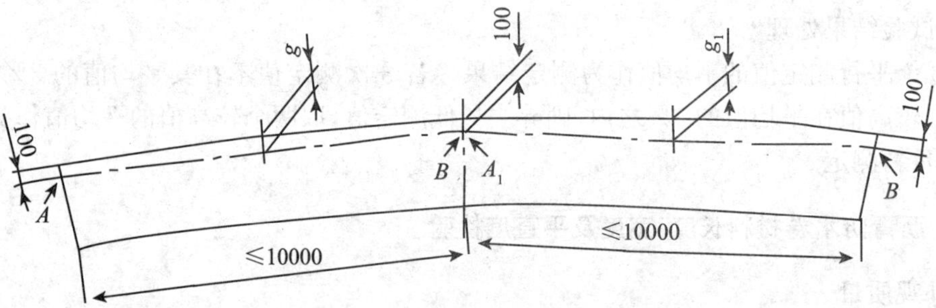

图 12－5　测量示意(mm)

4. 测量结果处理

(1)长度测定的结果。长度取两处测量的平均值，精确到 10mm。

(2)宽度测定的结果。宽度取两处测量的平均值，精确到 1mm。

(3)平直度结果。卷材平直度以整卷卷材上测量的最大偏离表示，精确到 1mm。

(4)精确度。试验方法的精确度没有规定。通常：长度测量精确度不低于±10mm；宽度测量精确度不低于±1mm；平直度测量精确度不低于±5mm。

六、防水卷材长度、宽度、平直度和平整度的测定

1. 长度测定

(1)仪器设备。平面如工作台或地板，至少 10m 长，宽度与被测卷材至少相同，同时纵向

距平面两边1m处有标尺。至少在长度一边的该位置，特别是平面的边上，标尺应有至少分度1mm的刻度用来测量卷材，在规定温度下的准确性为±5mm。

(2)步骤。如必要，在卷材端处做标记，并与卷材长度方向垂直，标记对卷材的影响应尽可能小。卷材端处的标记与平面的零点对齐，在(23±5)℃不受张力条件下沿平面展开卷材，在达到平面的另一端后，在卷材的背面用合适的方法标记，和已知长度的两端对齐。再从已测量的该位置展开，放平，不受力，下一处测量的长度像前面一样从边缘标记处开始测量，重复这样的过程，直到卷材全部展开，标记。象前面一样测量最终长度，精确至5mm。

(3)可选方法。除了采用的手工方法外，任何适宜的机械、机电、光电方法测量长度的结果也可选用。

注:包括采用钢卷尺测量。

(4)结果表示。报告卷材长度，单位为m，所有得到的结果修约到10mm。

2.宽度测定

(1)仪器设备

1)平面如工作台或地板，长度不小于10m，宽度至少与被测卷材一样。

2)测量的卷尺或直尺比测量的卷材宽度长，在规定的温度下测量精确度1mm。

(2)步骤。卷材不受张力的情况下在平面上展开，用测量器具，在(23±5)℃时每间隔10m测量并记录，卷材宽度精确到1mm。保证所有的宽度在与卷材纵向垂直的方向上测量。

(3)结果表示。计算宽度，记录结果的平均值，作为平均宽度报告，报告宽度的最小值，精确到1mm。

七、沥青防水卷材厚度、单位面积质量的测定

1.原度测量

(1)在卷材宽度方向平均测量10个点，这些值的平均值记录为整卷卷材的厚度，单位mm。

(2)仪器设备。测量厚度精确到0.01mm，测量面平整，直径10mm，施加在卷材表面的压力为20kPa。

(3)抽样和试件制备。

1)抽样。按上述有关规定抽取未损伤的整卷卷材进行试验。

2)试件制备。从试样上沿卷材整个宽度方向裁取至少100mm宽的一条试件。

3)试验条件。通常在常温下进行测量。有争议时，试验在(23±2)℃条件下进行，并在该温度放置不少于20h。

(4)步骤。保证卷材和测量装置的测量面没有污染，在开始测量前检查测量装置的零点，在所有测量结束后再检查一次。在测量厚度时，测量装置下足慢慢落下，避免使试件变形。在卷材宽度方向均匀分布10个点，测量并记录厚度。最外边的测量点应距卷材边缘100mm。

(5)结果表示。

1)计算测量的10个点厚度的平均值.修约到0.1mm。

2)试验方法的精确度没有规定。厚度测量的精确度不低于0.1mm。

2.单位面积质量的测定

(1)试件从试片上裁取并称量，然后得到单位面积质量的平均值。

(2)测量试件质量并精确至0.01g。

八、沥青防水卷材不透水性试验

1. 试验原理

(1)方法 A。试验适用于卷材低压力的使用场合，如屋面、基层、隔汽层。试件满足 60kPa 压力 24h。

(2)方法 B。试验适用于卷材高压力的使用场合，如特殊屋面、隧道、水池。试件采用有 4 个规定形状尺寸狭缝的圆盘保持规定水压 24h，或采用 7 孔圆盘保持规定水压 30min，观测试件是否保持不渗水。

2. 试验仪器

(1)方法 A。一个带法兰盘的金属圆柱体箱体。孔径 1500mm，并连接到开放管子末端或容器，其间高差不低于 1m，通常如图 12－6 所示。

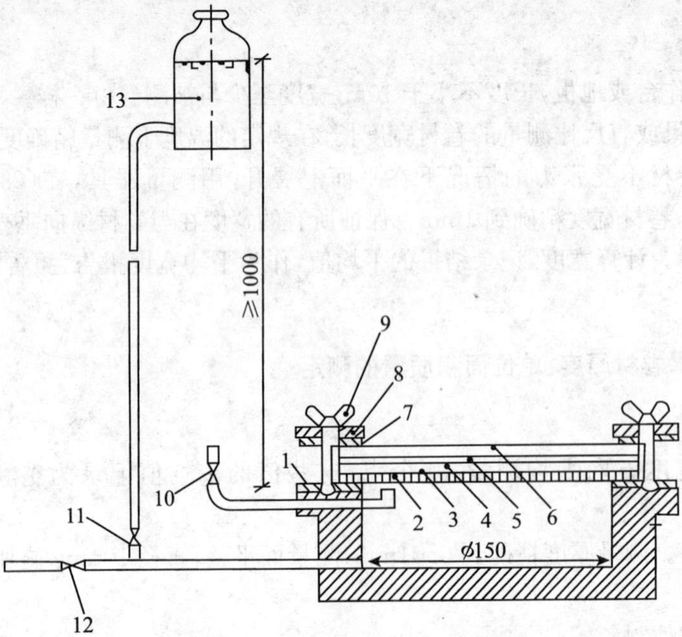

图 12－6　低压力不透水性装置(mm)

1—下橡胶密封垫圈；2—试件的迎水面是通常暴露于大气/水的面；3—试验室用滤纸；4—指示混合物均匀地铺在滤纸上面，湿气透过试件能容易地探测到，指示剂是由细白糖(冰糖)(0.5%)和亚甲基蓝染料（0.5%)组成的混合物，用 0.074mm 筛过滤并在干燥器中用氧化钙干燥；5—试验室用滤纸；6—圆形普通玻璃板(厚 5m，水压≤10kPa；厚 8mm，水压≤60kPa)；7—上橡胶密封垫圈；8—金属夹环；9—带翼螺母；10—排气阀；11—进水阀；12—补水和排水阀；13—提供和控制水压到 60kPa 的装置

(2)方法 B。组成设备的装置如图 12－7 和图 12－8 所示，产生的压力作用于试件的一面，试件用有 4 个狭缝的盘(或七孔圆盘)盖上。孔的尺寸形状符合图 12－9 所示的规定，缝的形状尺寸符合图 12－10 所示的规定。

3. 试验操作步骤及结果处理

(1)试验操作步骤

1)试验条件。试验在(23±5)℃进行，产生争议时，在(23±2)℃、相对湿度(50±5)%进行。

2)方法 A。放试件在设备上，旋紧翼形螺母固定夹环。如图 12－6 所示，打开阀 11 让水进入，同时打开阀 10 排出空气，直至水出来，关闭阀 10，说明设备水已满。

调整试件上表面所要求的压力。保持压力(24±1)h。检查试件，观察上面滤纸有无变色。

3)方法 B。如图 12－7 所示，装置中充水直到漫出，彻底排出水管中的空气。试件的上表面朝下放置在透水盘上，盖上规定的开缝盘(或七孔圆盘)，其中一个缝的方向与卷材纵向平行。放上封盖，慢慢夹紧直到试件夹紧在盘上，用布或压缩空气干燥试件的非迎水面，慢慢加压到规定的压力。

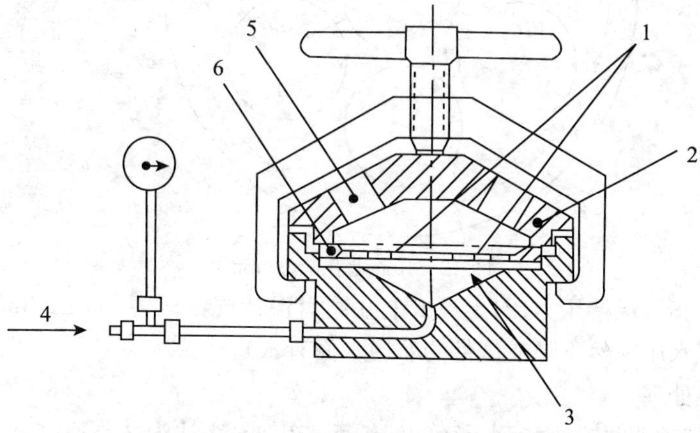

图 12－7　高压力不透水性压力试验装置

1－狭缝；2－封盖；3－试件；4－静压力；5－观测孔；6－开缝盘

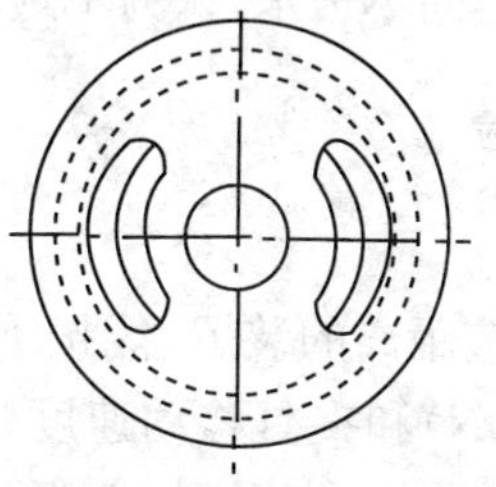

图 12－8　狭缝压力度验装置

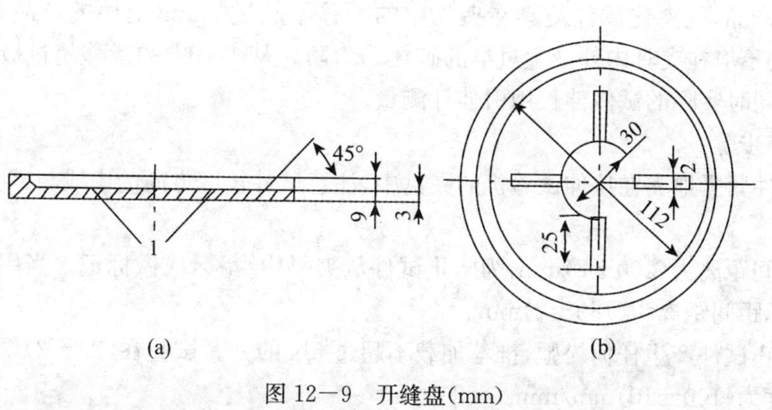

(a)　(b)

图 12－9　开缝盘(mm)

1－所有开缝盘的边都有约 0.5mm 半径弧度；2－试件纵向

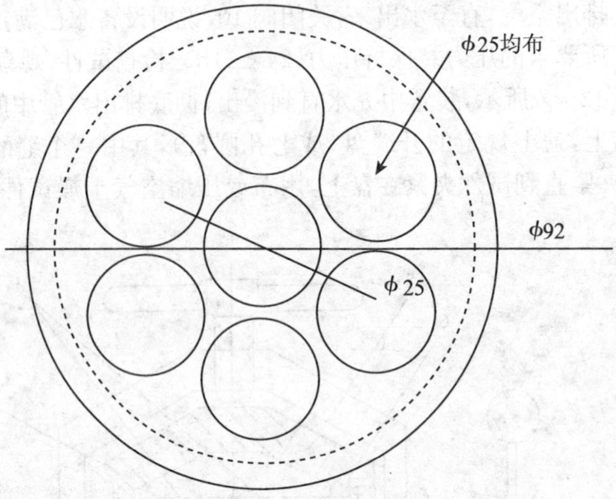

图 12—10 七孔圆盘(mm)

达到规定压力后,保持压力(24±1)h(七孔圆盘保持规定压力(30±2)min)。试验时观察试件的不透水性(水压突然下降或试件的非迎水面有水)。

(2)试验结果处理

1)方法 A。试件明显有水渗到上面的滤纸而产生变色,认为试验不符合。所有试件通过,认为卷材不透水。

2)方法 B。所有试件在规定的时间不透水,认为不透水性试验通过。

九、沥青防水卷材拉伸性能试验

1. 试验仪器及操作步骤

拉伸试验机有连续记录力和对应距离的装置,能按下面规定的速度均匀地移动夹具。拉伸试验机有足够的量程(至少 2 000N)和夹具移动速度(100±10)mm/min,夹具宽度不小于50mm。拉伸试验机的夹具能随着试件拉力的增加而保持或增加夹具的夹持力,对于厚度不超过 3mm 的产品,能夹住试件使其在夹具中的滑移不超过 1mm,更厚的产品不超过 2mm。这种夹持方法不应在夹具内外产生过早的破坏。为防止从夹具中的滑移超过极限值,允许用冷却的夹具,同时实际的试件伸长用引伸计测量。

试验操作步骤:

(1)将试件紧紧地夹在拉伸试验机的夹具中,注意试件长度方向的中线与试验机夹具中心在一条线上。

(2)夹具间距离为(200±2)mm,为防止试件从夹具中滑移,应做标记。当用引伸计时,试验前应设置标距间距离为(180±2)mm。

(3)为防止试件产生任何松弛,推荐加载不超过 5N 的力。试验在(23±2)℃进行,夹具移动的恒定速度为(100±10)mm/min。

(4)连续记录拉力和对应的夹具(或引伸计)间距离。

2. 试验的结果

(1)计算、记录得到的拉力和距离,或数据记录最大的拉力和对应的由夹具(或引伸计)间距离与起始距离的百分率计算的延伸率。去除任何在夹具 10mm 以内断裂或在试验机夹具中滑移超过极限值的试件的试验结果,用备用件重测。

(2)最大拉力单位为N/50mm,对应的延伸率用百分率表示,作为试件同一方向结果。分别记录每个方向5个试件的拉力值和延伸率,计算平均值。

拉力的平均值修约到5N,延伸率的平均值修约到1%。

(3)对于复合增强的卷材,在应力—应变图上有两个或更多的峰值,拉力和延伸率应记录两个最大值。

十、沥青防水卷材耐热性方法A的试验

1.试验仪器及原理

(1)仪器

试件、悬挂装置和标记装置如图12—11所示。

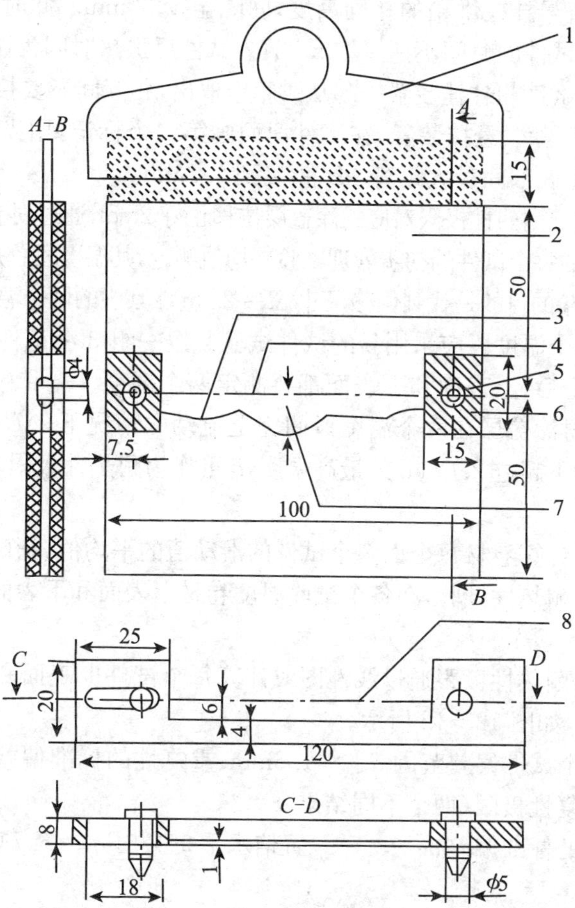

图12—11　试件、悬挂装置和标记装置示意(mm)

1—悬挂装置;2—试件;3—标记线1;4—标记线2;5—插销,ϕ4mm;6—去除涂盖层;7—滑动ΔL(最大距离);8—直边

1)鼓风烘箱(不提供新鲜空气),在试验范围内最大温度波动±2℃。当门打开30s后,恢复温度到工作温度的时间不超过5min。

2)热电偶,连接到外面的电子温度计,在规定范围内能测量到±1℃。

3)悬挂装置(如夹子),至少100mm宽,能夹住试件的整个宽度在一条线,并被悬挂在试验区域。

4)光学测量装置(如读数放大镜),刻度至少 0.1mm。

5)金属圆插销的插入装置,内径约 4mm。

6)画线装置,画直的标记线。

7)墨水记号线的宽度不超过 0.5mm,白色耐水墨水。

8)硅纸。

(2)试验操作步骤

1)试验准备。烘箱预热到规定试验温度,温度通过与试件中心同一位置的热电偶控制。整个试验期间,试验区域的温度波动不超过±2℃。

2)规定温度下耐热性的测定。制备一组 3 个试件,露出的胎体处用悬挂装置夹住,涂盖层不要夹到。必要时,用如硅纸的不粘层包住两面,便于在试验结束时除去夹子。

制备好的试件垂直悬挂在烘箱的相同高度,间隔至少 30mm。此时烘箱的温度不能下降太多,开关烘箱门放入试件的时间不超过 30s。放入试件后加热时间为(120±2)min。

加热周期一结束,试件和悬挂装置一起从烘箱中取出,相互间不要接触,在(23±2)℃自由悬挂冷却至少 2h。然后除去悬挂装置,在试件两面画第二个标记,用光学测量装置在每个试件的两面测量两个标记底部间最大距离 ΔL,精确到 0.1mm。

3)耐热性极限测定。耐热性极限对应的涂盖层位移正好 2mm,通过对卷材上表面和下表面在间隔 5℃的不同温度段的每个试件的初步处理试验平均值测定,其温度段总是 5℃的倍数(如 100℃、105℃、110℃)。这样试验的目的是找到位移尺寸 ΔL=2mm 在其中的两个温度段 T℃和(T+5)℃。

卷材的两个面,每个温度段应采用新的试件试验。按一组 3 个试件初步测定耐热性能的这样两个温度段已测定后,上表面和下表面都要测定两个温度 T℃和(T+5)℃,在每个温度用一组新的试件。卷材涂盖层在两个温度段间完全流动的情况下,ΔL=2mm 时的精确耐热性不能测定,此时滑动不超过 2.0mm 的最高温度 T 可作为耐热性极限。

2.试验结果处理

(1)平均值计算。计算卷材每个面 3 个试件的滑动值的平均值,精确到 0.1mm。

(2)耐热性表示。耐热性试验,在各个试验温度卷材上表面和下表面的滑动平均值不超过 2.0mm 认为合格。

(3)耐热性极限。耐热性极跟通过线性图或计算每个试件上表面和下表面的两个结果测定,每个面修约到 1℃,如图 12-12 所示。

重复性。一组 3 个试件偏差范围 $d_{s,3}$=1.6mm;重复性的标准偏差 σ_r=0.7℃;置信水平 95%时 q_r=1.3℃;重复性极限(两个不同结果)r=2℃。

再现性。再现性的标准偏差 σ_R=3.5℃,置信水平 95%时 q_R=6.7℃;再现性极限(两个不同结果)R=10℃。

十一、沥青防水卷材耐热性方法 B 试验

1.仪器

(1)鼓风烘箱(不提供新鲜空气)。在试验范围内最大温度波动±2℃。当门打开 30s 后,恢复温度到工作温度的时间不超过 5min。

(2)热电偶。连接到外面的电子温度计,在规定范围内能测量到±1℃。

(3)悬挂装置。洁净无锈的铁丝或回形针。

(4)硅纸。

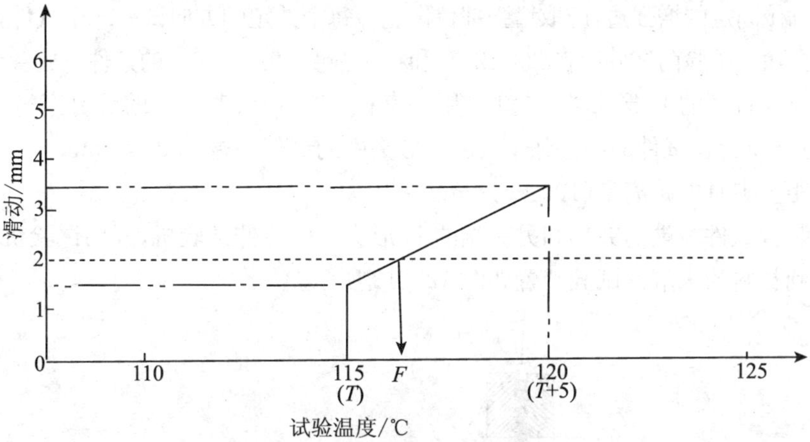

图 12—12　内插法耐热性极限测定(示意)

F—耐热性极限(此处 117℃)

2. 试验操作步骤

(1)试验准备。烘箱预热到规定试验温度,温度通过与试件中心同一位置的热电偶控制。整个试验期间,试验区域的温度波动不超过±2℃。

(2)规定温度下耐热性的测定。制备一组 3 个试件,分别在距试件短边一端 10mm 处的中心打一小孔,用细铁丝或回形针穿过,垂直悬挂试件在规定温度烘箱的相同高度,间隔至少 30mm。此时烘箱的温度不能下降太多,开关烘箱门放入试件的时间不超过 30s。放入试件后加热时间为(120±2)min。加热周期一结束,试件从烘箱中取出,相互间不要接触,目测观察并记录试件表面的涂盖层有无滑动、流淌、滴落、集中性气泡。集中性气泡指破坏涂盖层原形的密集气泡。

3. 结果计算处理

试件任一端涂盖层不应与胎基发生位移,试件下端的涂盖层不应超过胎基,无流淌、滴落、集中性气泡,为规定温度下耐热性符合要求。一组 3 个试件都应符合要求。

十二、沥青防水卷材撕裂性能钉杆法试验

(1)拉伸试验机。拉伸试验机应有连续记录力和对应距离的装置,能够按以下规定的速度分离夹具。拉伸试验机有足够的荷载能力(至少 2 000N)和足够的夹具分离距离,夹具拉伸速度为(100±10)mm/min,夹持宽度不少于 100mm。拉伸试验机的夹具能随着试件拉力的增加而保持或增加夹具的夹持力,夹具能夹住试件使其在夹具中的滑移不超过 2mm,为防止从夹具中的滑移超过 2mm,允许用冷却的夹具,这种夹持方法不应在夹具内外产生过耳的破坏。

(2)U 形装置。一端通过连接件连在拉伸试验机夹具上,另一端有两个臂支撑试件。臂上有钉杆穿过的孔,其位置能允许按下述“操作步骤”的要求进行试验,如图 12—13 所示。

十三、沥青防水卷材撕裂性能钉杆法试验

1. 操作步骤及结果处理

(1)试验操作步骤

1)试件需距卷材边缘 100mm 以上在试样上任意裁取,用模板或裁刀裁取,要求的长方形试件宽(100±1)mm,长至少 200mm。试件长度方向是试验方向,试件从试样的纵向或横向裁取。

对卷材用于机械固定的增强边，应取增强部位试验。每个选定的方向试验 5 个试件，任何表面的非持久层应去除。试验前试件应在(23±2)℃和相对湿度 30%～70%的条件下放置至少 20h。

2)试件放入打开的 U 形头的两臂中，用一直径 (2.5±0.1)mm 的尖钉穿过 U 形头的孔位置，同时钉杆位置在试件的中心线上，距 U 形头中的试件一端 (50±5)mm。

3)钉杆距上夹具的距离是(100±5)mm。

4)把该装置试件一端的夹具和另一端的 U 形头放入拉伸试验机，开动试验机使穿过材料面的钉杆直到材料的末端。试验装置如图 12－13 所示。

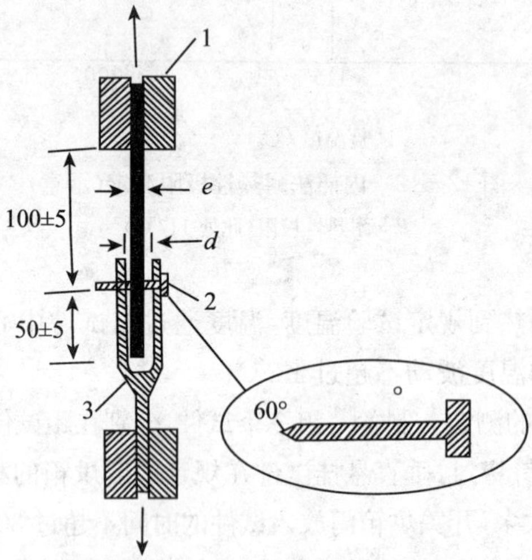

图 12－13 钉杆撕裂试验(mm)

1－夹具；2－钉杆(ϕ2.5±0.1)；3－U 形头；e－样品厚度；d－U 形头间隙($e+1 \leqslant d \leqslant e+2$)

试验在(23±2)℃进行，拉伸速度(100±10)mm/min。穿过试件钉杆的撕裂力应连续记录。

(2)试验结果处理

计算连续记录的力，试件撕裂性能(钉杆法)是记录试验的最大力。每个试件分别列出拉力值，计算平均值，精确到 5N，记录试验方向。

十四、沥青防水卷材低温柔性试验

1.试验仪器

试验装置原理和弯曲过程如图 12－14 所示。该装置由两个直径(20±0.1)mm 不旋转的圆筒，一个直径(30±0.1)mm 的圆筒或半圆筒弯曲轴组成(可以根据产品规定采用其他直径的弯曲轴，如 20mm、50mm)，该轴在两个圆筒中间，能向上移动；两个圆筒间的距离可以调节，即圆筒和弯曲轴间的距离能调节为卷材的厚度。

(1)整个装置浸入能控制温度在－40～20℃、精度 0.5℃温度条件的冷冻液中。冷冻液用任一混合物：丙烯乙二醇/水溶液(体积比 1∶1)低至－25℃，或低于－20℃的乙醇/水混合物(体积比 2∶1)。

(2)用一支测量精度 0.5℃的半导体温度计检查试验温度，放入试验液体中与试验试件在同一水平面。试件在试验液体中的位置应平放且完全浸入，用可移动的装置支撑，该支撑装置应至少能放一组 5 个试件。

(3)试验时，弯曲轴从下面顶着试件以 360mm/min 的速度升起，这样试件能弯曲 180°，电动控制系统能保证在每个试验过程和试验温度的移动速度保持在(360±40)mm/min。裂缝通过目测检查,在试验过程中不应有任何人为的影响。为了准确评价,试件移动路径是在试验结束时,试件应露出冷冻液,移动部分通过设置适当的极限开关控制限定位置。

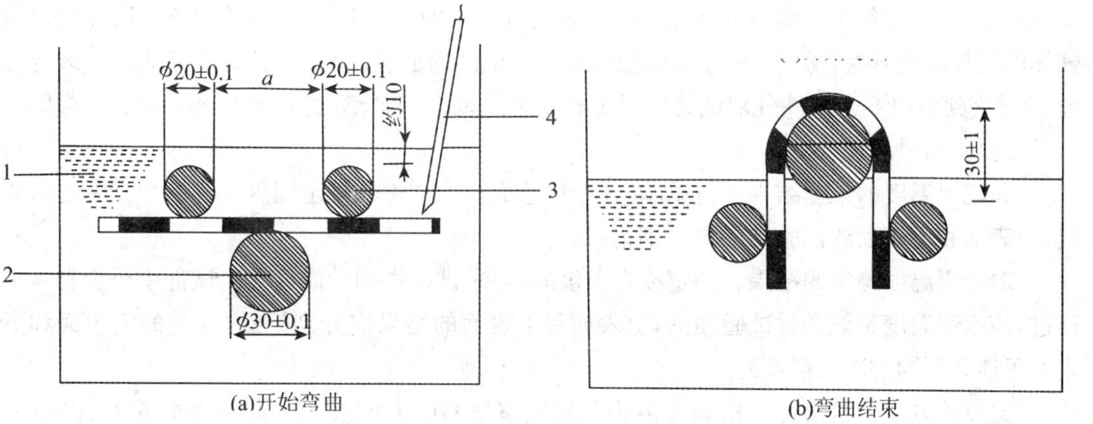

图 12－14　试验装置原理和弯曲过程(mm)

1－冷冻液;2－弯曲轴;3－固定圆筒;4－半导体温度计(热敏探头)

2. 操作步骤

(1)试件制作

1)用于试验的矩形试件尺寸(150±1)mm×(25±1)mm,试件从试样宽度方向上均匀地裁取,长边在卷材的纵向,试件裁取时应距卷材边缘不少于150mm,试件应从卷材的一边开始做连续的记号,同时标记卷材的上表面和下表面。

2)去除表面的任何保护膜,适宜的方法是常温下用胶带粘在上面,冷却到接近假设的冷弯温度,然后从试件上撕去胶带;另一方法是用压缩空气吹(压力约0.5MPa(5bar),喷嘴直径约0.5mm)。如上面的方法不能除去保护膜,则用火焰烤,保证用最少的时间破坏膜而不损伤试件。

3)试件试验前应在(23±2)℃的平板上放置至少4h,并且相互之间不能接触,也不能粘在板上。可以用硅纸垫,表面的松散颗粒用手轻轻敲打除去。

(2)试验操作步骤

1)仪器准备。在开始所有试验前,两个圆筒间的距离应按试件厚度调节,即弯曲轴直径+2mm+2×试件厚度。然后装置放入已冷却的液体中,并且圆筒的上端在冷冻液面下约10mm,弯曲轴在下面的位置。弯曲轴直径根据产品不同可以为20mm、30mm、50mm。

2)试件条件。冷冻液达到规定的试验温度,误差不超过0.5℃,试件放于支撑装置上,且在圆筒的上端,保证冷冻液完全浸没试件。试件放入冷冻液达到规定温度后,开始保持在该温度1h±5min。半导体温度计的位置靠近试件,检查冷冻液温度,然后试验。

3)低温柔性。两组各5个试件,全部试件在规定温度处理后,一组是上表面试验,另一组下表面试验,试验按下述步骤进行。试件放置在圆筒和弯曲轴之间,试验面朝上,然后设置弯曲轴以(360±40)mm/min速度顶着试件向上移动,试件同时绕轴弯曲。轴移动的终点在圆筒上面(30±1)mm处。试件的表面明显露出冷冻液,同时液面也因此下降。

在完成弯曲过程10s内,在适宜的光源下用肉眼检查试件有无裂纹,必要时,用辅助光学装置帮助。假若有一条或更多的裂纹从涂盖层深入到胎体层,或完全贯穿无增强卷材,即存在裂缝。一组 5 个试件应分别试验检查。假若装置的尺寸满足，可以同时试验几组试件。

4)冷弯温度测定。假若沥青卷材的冷弯温度要测定(如人工老化后变化的结果)，按 2)和下面的步骤进行试验。冷弯温度的范围(未知)最初测定，从期望的冷弯温度开始，每隔 6℃试验每个试件，因此每个试验温度都是 6℃的倍数(如－12℃、－18℃、－24℃等)。从开始导致破坏的最低温度开始，每隔 2℃分别试验每组 5 个试件的上表面和下表面，连续的每次改变温度 2℃，直到每组 5 个试件分别试验后至少有 4 个无裂缝，这个温度记录为试件的冷弯温度。

3.试验结果处理

(1)规定温度的柔度结果进行试验，一个试验面 5 个试件在规定温度至少 4 个无裂缝为通过，上表面和下表面的试验结果要分别记录。

(2)冷弯温度测定的结果。测定冷弯温度时，要求试验得到的温度 5 个试件中至少有 4 个通过，该冷弯温度是该卷材试验面的，上表面和下表面的结果应分别记录(卷材的上表面和下表面可能有不同的冷弯温度)。

(3)试验方法的精确度。精确度由相关实验室按 GB/T 6379.2—2004 规定进行测定，采用增强卷材和聚合物改性涂料。

重复性。重复性的标准偏差 σ_r＝1.2℃；置信水平 95％时 q_r＝2.3℃；重复性极限 (两个不同结果)r＝3℃。

再现性。再现性的标准偏差 σ_R＝2.2℃；置信水平 95％时 q_R＝4.4℃；再现性极限 (两个不同结果)R＝6℃。

十五、沥青防水卷材接缝剥离性能试验

1.仪器

拉伸试验机应有连续记录力和对应距离的装置，能够按以下规定的速度分离夹具，还应具有足够的荷载能力(至少 2 000N)和足够的拉伸距离，夹具拉伸速度为(100±10) mm/min，夹持宽度不少于 50mm。

拉伸试验机的夹具能随着试件拉力的增加而保持或增加夹具的夹持力，夹具能夹住试件使其在夹具中的滑移不超过 2mm，为防止从夹具中的滑移超过 2mm，允许用冷却的夹具。这种夹持方法不应在夹具内外产生过早的破坏。从每个试样上裁取 5 个矩形试件，宽度(50±1)mm并与接头垂直，长度应能保证试件两端装入夹具，其完全叠合部分可以进行试验，如图12－15和图 12－16 所示。试件式验前应在(23±2)℃和相对湿度 30％～70％的条件下放置至少 20h。接缝采用冷黏剂时需要根据制造商的要求增加足够的养护时间。

2.试验操作步骤

(1)试件稳固地放入拉伸试验机的夹具中，使试件的纵向轴线与拉伸试验机及夹具的轴线重合。夹具间整个距离为(100±5)mm，不承受预荷载。

(2)试验在(23±2)℃进行，拉伸速度(100±10)mm/min。

(3)产生的拉力应连续记录直至试件分离，用 N 表示。试件的破坏形式应记录。

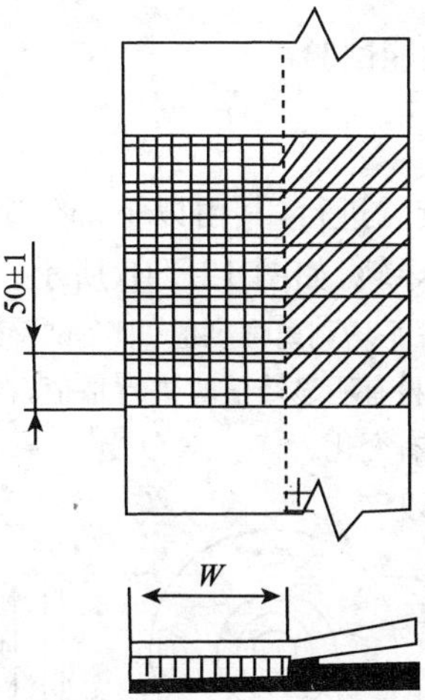

图 12－15　从制好的搭接试片的留边和最终叠合处制备试件(mm)

W－接缝宽度

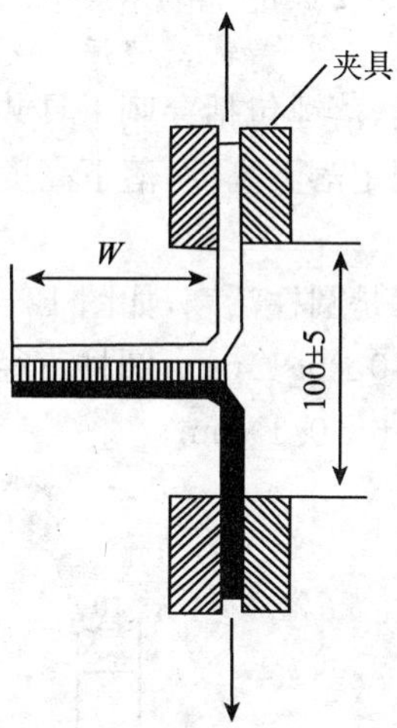

图 12－16　剥离强度的留边和最终叠合(mm)

W－搭缝宽度

3. 试验结果处理

(1)画出每个试件的应力应变图。

最大剥离强度记录最大的力作为试件的最大剥离强度，用 N/50mm 表示。

平均剥离强度去除第一个和最后一个 1/4 的区域，然后计算平均剥离强度，用 N/50mm 表示。平均剥离强度是计算保留部分 10 个等分点处的值，如图 12－17 所示。

(2)计算每组 5 个试件的最大剥离强度平均值和平均剥离强度，修约到 5N/50mm。

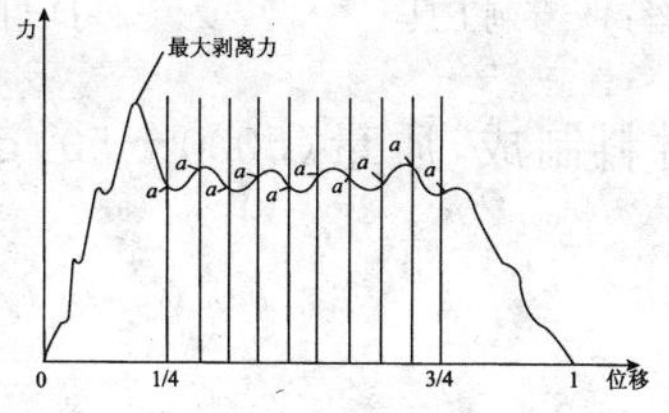

图 12－17　剥离性能计算图示意

a－a 点处的估值

十六、沥青防水卷材抗冲击性能试验

1.试验仪器

抗冲击性能试验用落锤试验装置进行，其由以下部分组成。

(1)台架。台架是用于落锤的导轨，如图 12－18 所示。

注：这里规定估值方法的目的是计算平均剥离强度值，即在试验过程中某些规定时间段作用于试件的力的平均值。这个方法允许在图形中即使投有明显峰值时进行估值，在试验某些黏结材料时或许会发生，必须注意根据试件裁取方向不同试验结果会有变化。

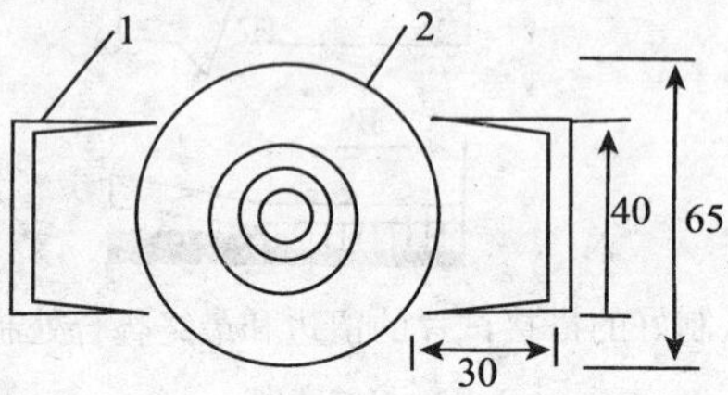

图 12－18 导轨示意(mm)

1－导轨；2－落锤

(2)落锤。落锤安装有穿刺工具，落锤包括穿刺工具共(1 000±10)g，如图 12－19 所示。

(3)释放装置。释放装置用来固定落下高度，落下高度从穿刺工具的底部到试件的上表面测量，为(600±5)mm。

(4)穿刺工具。穿刺工具的形状是圆柱活塞，如图 12－20 所示，并按以下规定制成。不锈钢材料制造；硬度 50HRC；轴直径(10±0.1)mm；圆柱直径 10mm、20mm、30mm 和 40mm，每种公差±0.1mm；圆柱边缘半径(0.6±0.1)mm。

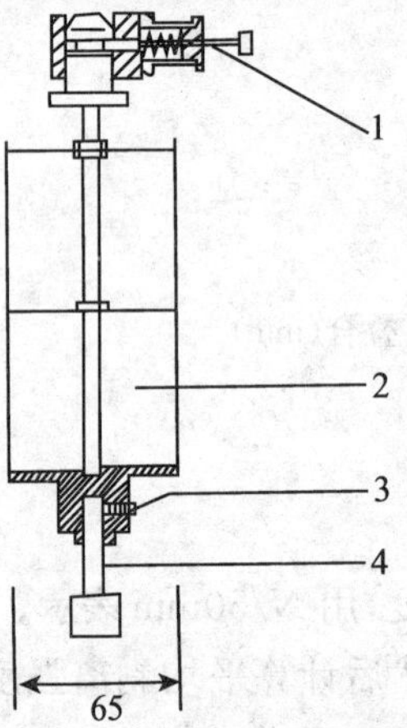

图 12－19 落锤释放示意(mm)

1－释放装置；2－落锤；3－固定螺丝；4－穿刺工具

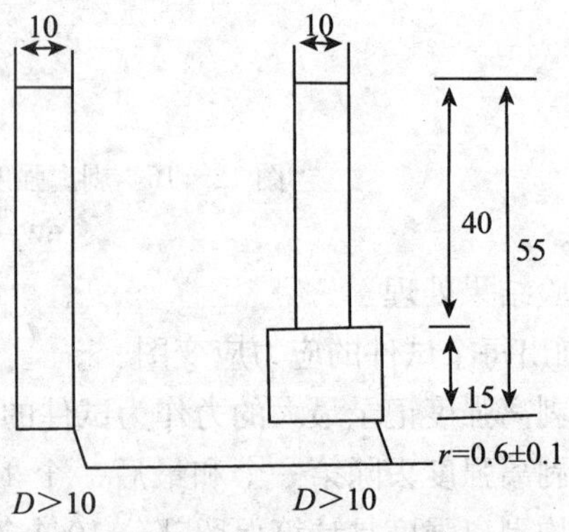

图 12－20 穿刺工具(mm)

D－圆柱直径；r－圆边半径

(5)压环。压环是不锈钢材料制成，质量(5000±50)g，内环直径(200±2)mm，如图 12－21所示。

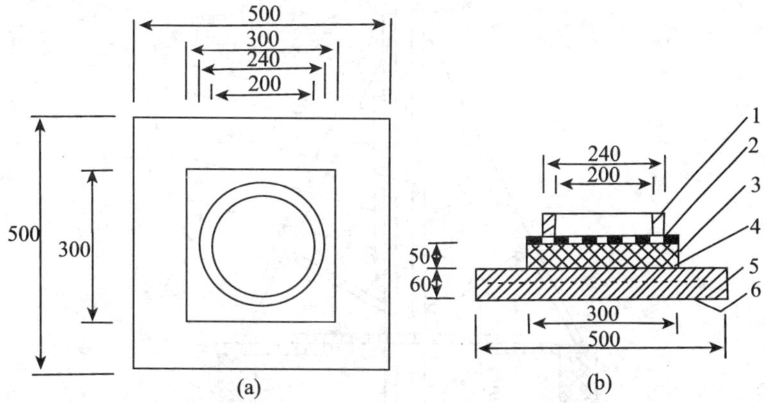

图 12－21　基础和压环(mm)

1－压环;2－试件;3－聚苯乙烯;4－10mm 表面光滑无标记的不锈钢板;

5－ϕ5mm 不锈钢网;6－混凝土基础

(6)标准发泡聚苯乙烯板。具有切割表面,密度(20±2)kg/m^3,尺寸约 300mm×300mm×50mm。

(7)基础。是大约 500mm×500mm×60mm 的混凝土块,其表面嵌入光滑无标记的不锈钢支撑板(300mm×300mm×10mm)。

(8)穿刺试验装置。真空或压力装置用于确认可能的穿刺,如图 12－22 所示。

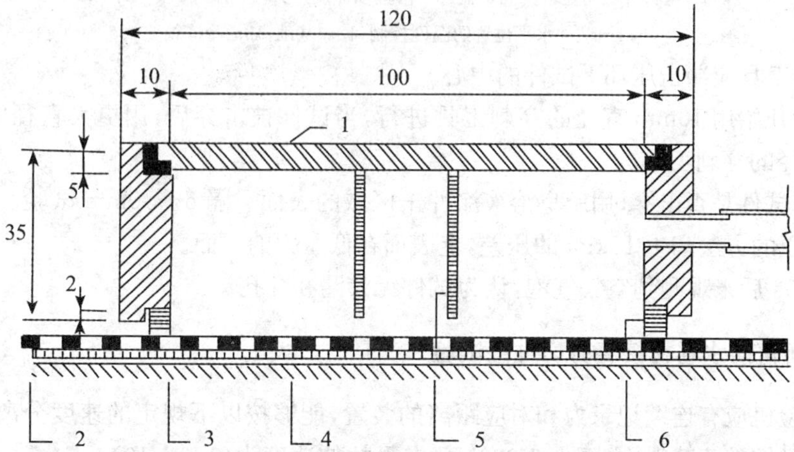

图 12－22　真空装置示意(mm)

1－玻璃板;2－支撑;3－空气透过层;4－试件;5－透明塑料管;6－垫圈

(9)冷冻箱顶部的试验支架。试验在低温的冷房或冷冻箱进行时,如图 12－23 所示。

2. 试验操作步骤

(1)试验在(23±2)℃进行,必要时采用(－10±2)℃。对后面的条件,试件冷冻至(－10±2)℃。当试件从冷冻箱取出,在室温下应在 10s 内试验。

(2)每次试验采用新的试件和新的聚苯乙烯板。

(3)试件平放在绝热材料上,上表面朝上,并用压环压住,聚苯乙烯板放在基础的不锈钢板上。

(4)落锤释放时,能从距试件上表面垂直高度(600±15)mm 的位置自由落下。

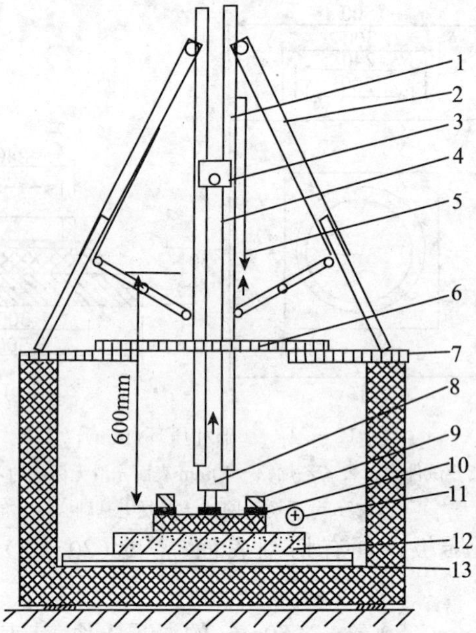

图 12－23 在冷冻箱顶部的试验支架

1－导轨；2－可调节支架；3－锁定机械；4－在上部位置的落锤；5－控制高度位置；6－可移开透明盖；7－固定盖；8－落锤和穿刺工具；9－压环；10－试件；11－试件水平位置的温度控制；12－基础；13－冷冻箱

(5)穿刺工具应冲击压环下试件的中心。

(6)试验开始用 10mm 直径的穿刺工具进行，当试件被击穿后，用更大直径的，如此一直到 40mm 直径的穿刺工具。

(7)检测试件是否击穿，用肥皂溶液涂冲击区域的表面。隔 5～10min 试验。对冲击区域用真空或加压的方法产生 15kPa 的压差，上表面在低压力的一面。

(8)若 60s 后未观测到空气气泡，认为试件无渗漏和穿孔。

十七、沥青防水卷材接缝剪切性能试验

拉伸试验机应有连续记录力和对应距离的装置，能够按以下规定的速度分离夹具。拉伸试验机具有足够的荷载能力(至少 2 000N)，夹具拉伸速度为(100～10)mm/min，夹持宽度不少于 50mm。拉伸试验机的夹具能随着试件拉力的增加而保持或增加夹具的夹持力，夹具能夹住试件使其在夹具中的滑移不超过 2mm。为防止从夹具中的滑移超过 2mm，允许用冷却的夹具。这种夹持方法不应在夹具内外产生过早的破坏。

(1)从每个试样上裁取 5 个试件，长为(200±5)mm，如图 12－24 所示。矩形试件，宽度(50±1)mm 并与接头垂直，长度应能保证夹具间初始距离试件试验前应在(23±2)℃和相对湿度 30%～70%的条件下放置至少 20h。

(2)当接缝采用冷黏剂时，需要增加足够的养护时间。

(3)试件稳固地放入拉伸试验机的夹具中，使试件的纵向轴线与拉伸试验机及夹具的轴线重合。夹具间整个距离为(200±5)mm，不承受预荷载。

(4)每个试件应做记号以确定任何从夹具中产生的滑移。试验在(23±2)℃进行。拉伸速度(1 004±10)mm/min。

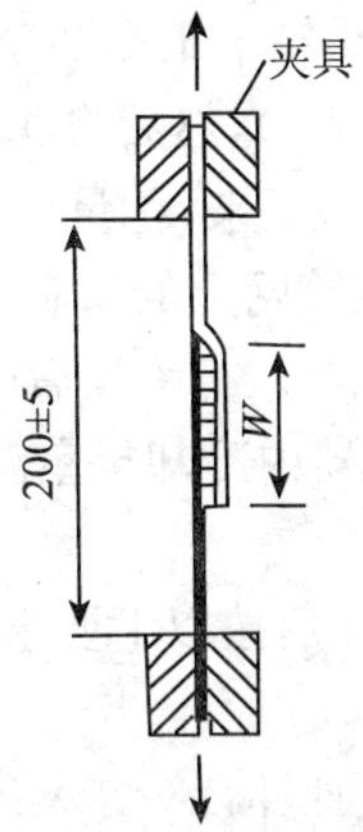

图 12－24 接缝的剪切强度试验(mm)

W－搭接宽度

(5)产生的拉力应连续记录直至试件破坏,试件的破坏形式应记录。

(6)舍去试件从拉伸试验机夹具中破坏,或任一夹具上滑移超过 2mm 的结果,用备用件重新试验。

3. 试验结果处理

(1)计算试件剪切性能是试验记录的最大值,以 N/50mm 表示。

(2)每个试件分别列出拉力值,计算平均值和标准偏差。

十八、沥青防水卷材可溶物含量浸涂材料含量试验

1. 原理

试件在选定的溶剂中萃取直至完全后,取出让溶剂挥发,然后烘干得到可溶物含量,烘干后的剩余部分通过规定筛子的为填充料质量,筛余的为隔离材料质量,清除胎基上的粉末后得到胎基质量。

2. 仪器设备

(1)分析天平。称量范围大于 100g,精度 0.001g。

(2)萃取器。500mL 索氏萃取器。

(3)鼓风烘箱。温度波动度±2℃。

(4)试样筛。筛孔为 315μm 或其他规定孔径的筛网。

(5)溶剂。三氯乙烯(化学纯)或其他合适溶剂。

(6)滤纸。直径不小于 150mm。

3. 试件制备

对于整个试验应准备 3 个试件。试件在试样上距边缘 100mm 以上任意裁取,用模板帮助,或用裁刀,正方形试件尺寸为(100±1)mm×(100±1)mm。试件在试验前至少在(23±2)℃和相对湿度 30%～70%的条件工放置 20h。

4. 试验操作步骤

(1)每个试件先进行称量(M_0),对于表面隔离材料为粉状的沥青防水卷材,试件先用软毛刷刷除表面的隔离材料,然后称量试件(M_1)。将试件用干燥好的滤纸包好,用线扎好,称量其质量(M_2)。将包扎好的试件放入萃取器中,溶剂量为烧瓶容量的 1/2～2/3,进行加热萃取,萃取至回流的溶剂第一次变成浅色为止,小心取出滤纸包,不要破裂,在空气中放置 30min 以上

使溶剂挥发，再放入(105～2)℃的鼓风烘箱中干燥2h，最后取出放入干燥器中冷却至室温。

(2)将滤纸包从干燥器中取出称量(M_3)，然后将滤纸包在试样筛上打开，下面放一容器接着，将滤纸包中的胎基表面的粉末都刷除下来，称量胎基(M_4)。敲打振动试样筛直至其中没有材料落下，扔掉滤纸和扎线，称量留在筛网上的材料质量(M_5)，称量筛下的材料质量(M_6)。对于表面疏松的胎基(如聚酯毡、玻纤毡等)，将称量后的胎基(M_4)放入超声清洗池中清洗，取出在(105±2)℃烘干1h，然后放入干燥器中冷却至室温，称量其质量(M_7)。

(3)试验结果处理

记录得到的每个试件的称量结果，然后按以下要求计算每个试件的结果，最终结果取3个试件的平均值。

1)可溶物含量。可溶物含量按下式计算：

$$A=(M_2-M_3)\times 100$$

式中 A——可溶物含量，g/m^2。

2)浸涂材料含量。表面隔离材料非粉状的产品浸涂材料含量与表面隔离材料为粉状的产品浸涂材料含量按下式计算：

$$\begin{aligned} B &= (M_0-M_5)\times 100-E \\ &= 100M_1-E \end{aligned}$$

式中 B——浸涂材料含量，g/m^2；

E——胎基单位面积质量，g/m^2。

3)表面隔离材料单位面积质量及胎基单位面积质量。表面隔离材料为粉状的产品表面隔离材料单位面积质量与其他产品的表面隔离材料单位面积质量按下式计算：

$$C=(M_0-M_1)\times 100 =100M_5$$

式中 C——表面隔离材料单位面积质量，g/m^2。

4)填充料含量。胎基表面疏松的产品填充料含量按下式计算：

$$\begin{aligned} D &= (M_6+M_4-M_7)\times 100 \\ &= 100M_6 \end{aligned}$$

式中 D——填充料含量，g/m^2。

5)胎基单位面积质量。胎基表面疏松的产品胎基单位面积质量按下式计算：

$$E=100M_7=100M_4$$

式中 E——胎基单位面积质量，g/m^2。

试验方法的精确度没有规定。

第三节 高分子防水卷材性能试验

一、高分子卷材尺寸稳定性试验

1.试验原理

试验原理是测定试件起始纵向和横向尺寸，在规定的温度加热试件到规定的时间，再测量试件纵向和横向尺寸，记录并计算尺寸变化。

2.仪器

(1)鼓风烘箱。烘箱能调节试件在整个试验周期内保持规定温度±2℃，温度计或热电偶放置在靠近试件处记录实际试验温度，能保证试件放入后烘箱不会干扰试验期间的尺寸变化，例如为防止影响，试件放在涂有滑石粉的玻璃板上。

(2)机械或光学测量装置。测量装置能测量试件的纵向和横向尺寸，精确到0.1mm。

(3)试件制备取至少3个正方形试件大约250mm×250mm，在整个卷材宽度方向均匀分布，最外一个距卷材边缘(100±10)mm。如图12－26所示，在试件纵向和横向的中间做永久标记。任何标记方法应满足所选择的测量装置的测量精度不低于0.1mm。试验前试件在(23± 2)℃、相对湿度(50±5)%标准条件下至少放置20h。

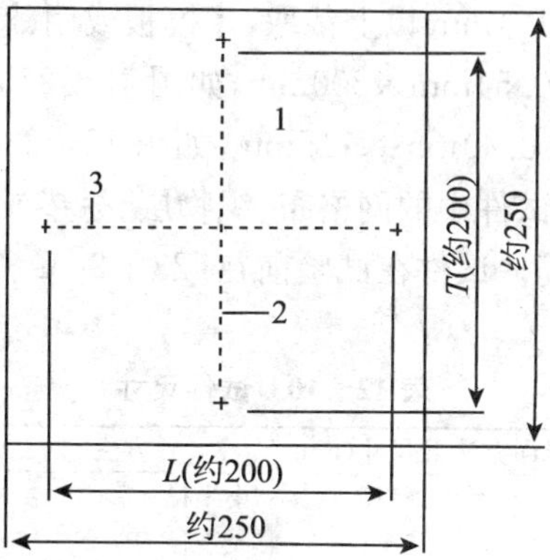

图12－26　试件尺寸测量(mm)

1－永久标记；2－横向中心线；3－纵向中心线

(4)试验操作步骤

1)试验条件。试件在(80±2)℃处理6h±15min。

2)试验方法。按图12－26测量试件起始的纵向和横向尺寸(L_0和T_0)，精确到0.1mm。然后调节到(80±2)℃，放试件在平板上，上表面在烘箱中朝上。在6h±15min后，从烘箱的平板上取出试件，在(23±2)℃、相对湿度(50±5)%标准条件下恢复至少60min，再测量试件纵向和横回尺寸(L_1和T_1)，精确到0.1mm。

(5)试验结果处理

评价对每个试件，尺寸变化(ΔL)和(ΔT)，以起始尺寸的百分率表示，见下式：

$$\Delta L=\frac{L_1-L_0}{L_0}\times 100\%$$

$$\Delta L=\frac{T_1-T_0}{T_0}\times 100\%$$

式中　L_0，T_0——起始尺寸，mm，测量精度0.1mm；

L_1，T_1——加热处理后的尺寸，mm，测量精度0.1mm；

ΔL，ΔT——可能为正也可能为负，修约到0.1%。ΔL和ΔT的平均值分别作为样品试验的结果。

二、高分子防水卷材拉伸性能试验

1.仪器

拉伸试验机有连续记录力和对应距离的装置，能按下面规定的速度均匀地移动夹具。拉伸试验机有足够的量程，至少2 000N，夹具移动速度(100±10)mm/min和(500±50)mm/min，夹具宽度不小于50mm。

拉伸试验机的夹具能随着试件拉力的增加而保持或增加夹具的夹持力，对于厚度不超过3mm的产品能夹住试件使其在夹具中的滑移不超过1mm，更厚的产品不超过2mm。试件放入夹具时做记号或用胶带以帮助确定滑移。

这种夹持方法不应导致在夹具附近产生过早的破坏。

假若试件从夹具中的滑移超过规定的极限值，实际延伸率应用引伸计测量。

2.试件的制备

整个拉伸试验应准备两组试件，一组纵向5个试件，一组横向5个试件。

试件在距试样边缘(100＋10)mm以上裁取，用模板或用裁刀，尺寸如下。

方法A：矩形试件为(50±0.5)mm×200mm，如图12－27和表12－10所示。

方法B：哑铃形试件为(6±0.4)mm×115mm，如图12－28和表12－10所示。

表面的非持久层应去除。试件中的网格布、织物层、衬垫或层合增强层在长度或宽度方向应裁一样的经纬数，避免切断筋。试件在试验前在(23±2)℃和相对湿度(50±5)%的条件下至少放置20h。

表12－10　试件尺寸

方法	方法A尺寸(mm)	方法B尺寸(mm)	方法	方法A尺寸(mm)	方法B尺寸(mm)
全长L_3	＞200	＞115	小半径r		14±1
端头宽度b_1		25±1	大半径R		25±2
狭窄平行部分长度L_1		33±2	标记间距离L_0	100±5	25±0.25
宽度b	50±0.5	6±0.4	夹具间起始间距L_2	120	80±5

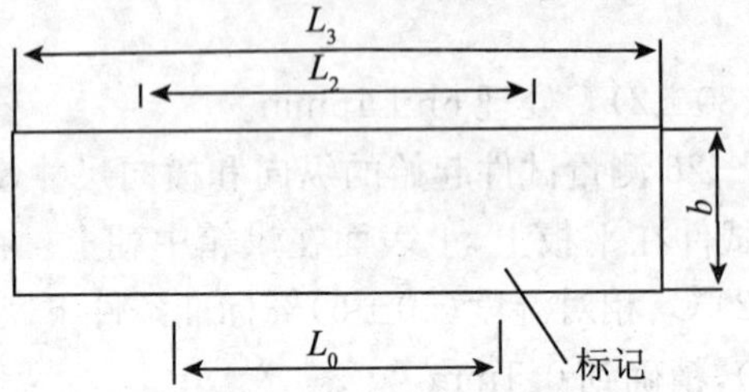

图12－27　方法A的矩形试件

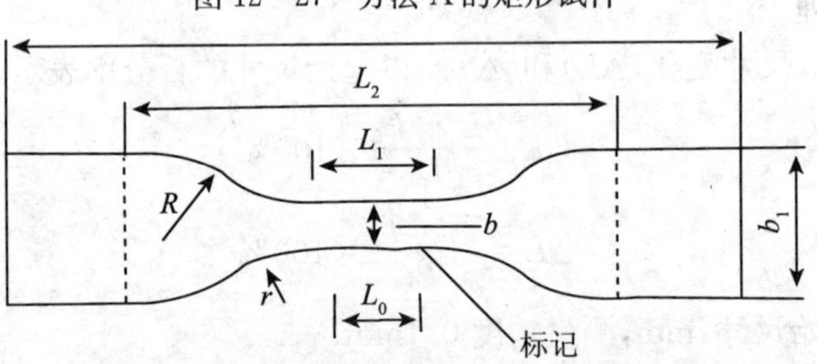

图12－28　方法B的哑呤形试件

注：图中字母含义见表12－10

3.试验的步骤

(1)对于方法B，厚度是用GB/T 328.5—2007方法测量的试件有效厚度。

(2)将试件紧紧地夹在拉伸试验机的夹具中，注意试件长度方向的中线与试验机夹具中心在一条线上。为防止试件产生任何松弛，推荐加载不超过5N的力。

(3)试验在(23±2)℃进行，夹具移动的恒定速度为方法A(100±10)mm/min，方法B(500±50)mm/min。

(4)连续记录拉力和对应的夹具(或引伸计)间分开的距离，直至试件断裂。

(5)试件的破坏形式应记录。对于有增强层的卷材,在应力应变图上有两个或更多的峰值,应记录两个最大峰值的拉力、延伸率及断裂延伸率。

4.试验结果的处理

(1)计算记录得到的拉力和距离或数据记录最大的拉力和对应的由夹具(或标记)间距离与起始距离的百分率计算的延伸率。

(2)去除任何在距夹具 10mm 以内断裂或在试验机夹具中滑移超过极限值的试件的试验结果,用备用件重测。

(3)记录试件同一方向最大拉力,对应的延伸率和断裂延伸率的结果。测量延伸率的方式,如夹具间距离或引伸计。

(4)分别记录每个方向 5 个试件的值,计算算术平均值和标准偏差,方法 A 拉力的单位为 N/50mm,方法 B 拉伸强度的单位为 MPa。

(5)拉伸强根据有效厚度计算(见 GB/T 328.5—2007)。

(6)方法 A 的结果精确至 1N/50mm,方法 B 的结果精确至 0.1MPa(0.1N/mm^2),延伸率精确至两位有效数字。

三、高分子防水卷材撕裂性能试验

1.仪器

拉伸试验机应有连续记录力和对应距离的装置,能够按以下规定的速度匀速分离夹具。

拉伸试验机有效荷载范围至少 2 000N,夹具拉伸速度为(100±10)mm/min,夹持宽度不少于 50mm。拉伸试验机的夹具能随着试件拉力的增加而保持或增加夹具的夹持力,对于厚度不超过 3mm 的产品,能夹住试件使其在夹具中的滑移不超过 1mm,更厚的产品不超过 2mm。试件在夹具处用一记号或胶带来显示任何滑移。

裁取试件的模板尺寸如图 12—29 所示。

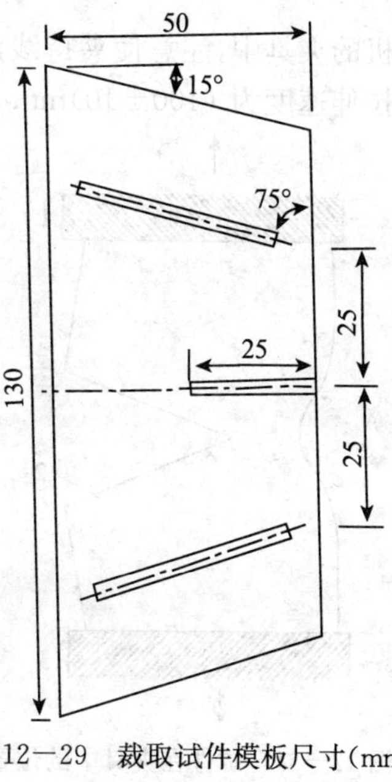

图 12—29　裁取试件模板尺寸(mm)

注:试件厚度 2～3mm

2. 试件制备

试件形状和尺寸如图 12－30 所示。

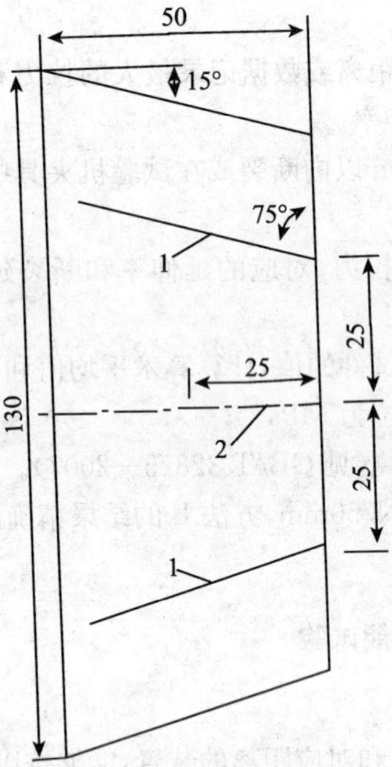

图 12－30 试件形状和尺寸(mm)

1－夹持线；2－缺口或割口

图中角度的精度在 1″。卷材纵向和横向分别用模板裁取 5 个带缺口或割口试件。在每个试件上的夹持线位置做好记号。试验前试件应在(23±2)℃和相对湿度(50±5)%的条件下放置至少 20h。

3. 试验操作步骤

试件应紧紧地夹在拉伸试验机的夹具中，注意使夹持线沿着夹具的边缘，如图 12－31 所示。试件试验温度为(23±2)℃，拉伸速度为 (100±10)mm/min。记录每个试件的最大拉力。

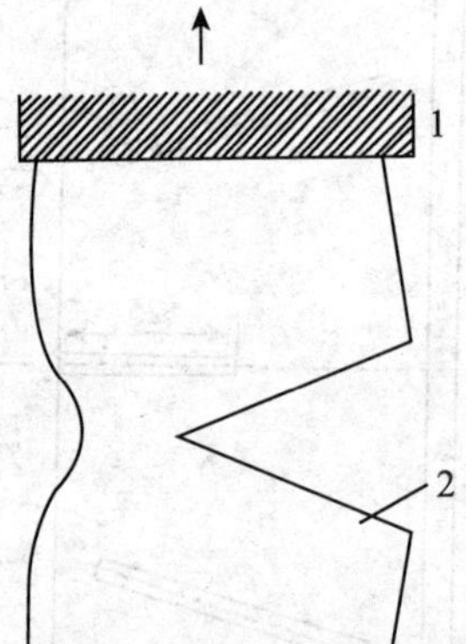

图 12－31 试件在夹具中的位置

1－上夹具；2－试件；3－下夹具

4. 结果表示

(1)计算每个试件的最大拉力,单位为 N。舍去试件从拉伸试验机夹具中滑移超过规定值的结果,用备用件重新试验。计算每个方向的拉力算术平均值,结果精确到 1N。

(2)试验方法的精确度。试验方法的精确度没有规定。

四、高分子防水卷材耐化学液体试验

1. 仪器

(1)容器。合适尺寸的广口瓶及配套的盖子(有气体挥发或挥发性液体的情况下密封用,需要时使用合适的冷凝器)。

(2)密闭空间。试验温度通过温度调节控制。

(3)温度计。合适的量程和精度。

(4)称量瓶。

(5)天平。精度 0.001g,能称量试件大于或等于 1g。

(6)厚度计。有平台,精度 0.01mm。

(7)测径规。能够测量精确到 0.1mm。

(8)鼓风烘箱。烘箱控制在(50±2)℃。

(1)温度校准。热电偶最小精度 0.1℃,范围 40～60℃,用于校核烘箱。校准每年进行一次,50℃工作温度的 3 点在水平面,分别在试件的中心和上面、下面,每点都是上述随机选择的工作区域的水平面。测定这些点的温度在半小时内每 10min 一次。获得的这些点温度的偏差,每个都不能超过(50±2)℃的范围。

(2)通风条件,烘箱中空气交换至少(5±2)次/h。烘箱中空气的循环应稳定在 (0.5～1.5)m/s,不必校准。

2. 试件的制备

根据处理后进行的试验(质量、尺寸、物理性能)及高分子防水卷材的种类不同,试件形状和尺寸不同。处理前后测定性能试件的数量应在产品标准中规定,当没有其他明示要求形状和尺寸不同。处理前后测定性能试件的数量应在产品标准中规定,当没有其他明示要求时,至少试验 3 个试件。试件试验前应在(23±2)℃、相对湿度(50±5)%的条件下放置至少 24h。

3. 试验操作步骤

(1)试验溶液

需要得到卷材与特定溶液接触特性的信息,通常应采用该溶液。试验应采用规定的化学物质进行,使用它们的单种或混合物,试验应尽可能是对防水卷材有代表性影响的溶液。通常用于评价暴露于水溶液的材料性能的试件浸在表 12－11 规定的水溶液中。

表 12－11　标准水溶液试

试验溶液	说明
10%氯化钠溶液(NaCl)(盐水) 石灰悬浮液,$Ca(OH)^2$ 5%～6%亚硫酸 H_2SO_3	《塑料耐液体化学药品(包括水)性能测定方法》(GB/T 11547—2008)规定沉淀饱和溶液

(2)温度

优先采用的浸入温度为(23±2)℃和(50±2)℃。测定性能变化的温度为 (23±2)℃。若浸入温度不同,试件从环境温度放入刚配置的试验溶液中,要在室温放置 16～30min。

(3)暴露周期

任何可行的暴露周期,应采用可评价的有代表性的现象。优先的对照试验暴露周期是:短试验周期,24h;标准试验周期,1周(通常在23℃);长试验周期,16周。

4. 浸泡程序

(1)试验溶液的数量。试验溶液的数量至少是以试件整个表面积计8mL/cm,以防止溶液在试验期间被试件吸收后浓缩。

(2)试件放置。放置每组试件在容器中,并完全浸入试验液体中(必要时用重物)。当几个相向成分的材料要试验时,允许在同一容器中放置这些试件。通常不注明试件表面与其他试件表面、容器壁、需要时重物的接触比例。在试验中,至少每天搅动液体一次,例如旋转容器。

若试验超过7d,用相同数量的原液体每7d更换液体一次,若液体不稳定,需经常更换液体。若光线对试验液体的性能可能有影响,则需要在黑暗条件或规定的亮度条件下操作。在某些情况下需要(如有氧化风险时)规定在试件上面的液体高度。

(3)清洗及擦拭。在浸水周期结束时,从试件的温度到环境温度,必要时转移试件到新鲜数量的室温试验液体中,该过程15～30min。

从试验液体中取出试件,选择合适性质的、对试验材料没有影响的液体漂洗。用滤纸或棉绒布擦干试件。

5. 质量变化的测定

(1)试件。试件的尺寸和形状按GB/T 328.5—2007的规定,测定单位面积质量,以及制备测定单位面积质量的试件。若在暴露过程中要提高温度,制备额外的试件用于测定温度的任何影响,测定其他影响也需要额外数量的试件。

(2)初始值。按GB/T328.5—2007测定每个试件的初始质量M_1,在试件质量大于或等于1g时,精确到0.001g。

(3)暴露。浸试验试件在选定温度和周期的试验液体中。

(4)质量测量。浸泡后立即测量。冲洗和擦干试件后、放入称量瓶,塞上塞子,测定试件质量,M_2,精确到0.001g。若试验液体在环境温度下易挥发,则试件暴露于空气中的时间不超过30s,若试验称量后还要继续试验(时间影响试验),立即将试件重放回试验液体,将容器放回所要求的环境。浸泡干燥后测量(干燥),从称量瓶中取出试件,放入鼓风烘箱中干燥,在规定的温度和规定的时间(通常(24±1)h、(50±2)℃)恒重,冷却。测定每个试件质量M_3,精确到0.001g。

6. 测定尺寸变化

(1)试件。测定尺寸变化的试件尺寸和形状符合《建筑防水卷材试验方法 第13部分:高分子防水卷材 尺寸稳定性》(GB/T 328.13—2007)。按GB/T 328.13—2007制备规定的数量、尺寸的试件。若在暴露过程中要提高温度,制备额外的试件用于了解温度的任何影响,了解其他影响也需要额外数量的试件。

(2)初始值。圆形试件:标记和测量相互垂直的直径,用测径规,精确到0.1mm,记录平均值L_1;测量试件4个不同点的厚度,甩厚度计,精确到0.01mm,记录平均值E_1。这些点应距试件边缘至少10mm。

(3)正方形试件。标记和测量试件四边的长度,用测径规,精确到0.1mm,记录平均值L_1;测量试件4个不同点的厚度,用厚度计,精确到0.01mm,记录平均值E_1。这些点应距试件边缘至少10mm。浸泡试验试件在选定温度和周期的试验液体中。

(4)尺寸测量。浸泡后立即测量，标记测量每个试件，记录平均值 L_2 和 E_2；浸泡干燥后测量(干燥)，在鼓风烘箱中干燥试件，按规定的温度和时间(通常(24±1)h、(50±2)℃)恒重，冷却，然后测量每个试件，记录平均值 L_3 和 E_3。

7. 外观变化测定

(1)试件。检验外观，变化可与本部分要求的其他试验一起进行，或分别进行。同时制备另外的试件作为对比。

(2)暴露。浸泡试验试件在选定温度和周期的试验液体中。

(3)步骤。若外观变化测定是本部分要求的试验的一种补充，按此程序规定进行试验。

检验每个试件，必要时用放大镜与未处理的试件进行比较，按表 12－12 使用的符号等级，记录外观的任何变化：颜色(变化性质和变化是否一致)；不透明性；光泽或失去光泽；裂纹或裂缝的产生；气泡、凹陷和其他类似影响的产生；材料能容易地被擦除；外观发黏；分层、翘曲或其他变化形；部分分解。

表 12－12　符号等级

符号	外观变化程度	符号	外观变化程度
O	无	M	中等
F	轻微	L	严重

8. 物理性能变化的测定

下面要求的是用于屋面防水卷材的低温弯折性的可能变化。若测定其他物理性能，可参照此进行。

(1)试件。用于测定低温弯折性的试件形状和尺寸符合《建筑防水卷材试验方法 第 15 部分：高分子防水卷材 低温弯折性》(GB/T 328.15—2007)规定。按照 GB/T328.15—2007 规定数量制备试件和测定临界低温弯折温度。根据规定的条件制备规定数量的试件和测定暴露后低温弯折性的变化。若在暴露过程中提高温度，制备额外的试件用于了解温度的影响也需要额外数量的试件。

(2)初始值。根据 GB/T 328.15—2007 测定开始时临界低温弯折温度 V_1。

(3)易露。浸泡相同尺寸的试验试件在选定温度和周期的试验液体中。

(4)后续试验。浸泡后立即测量(湿)，若试验液体在环境温度易挥发，则从液体中取出试件，在 2～3min 内开始测定低温弯折性。

浸泡干燥后测量(干燥)，在鼓风烘箱中干燥试件，按规定的温度和时间，若无任何规定，在(24±1)h、(50±2)℃。在进行低温弯折性测定前冷却。

5. 试验结果处理

1)质量变化

①质量变化。计算公式如下：

$$质量变化=M_2-M_1(潮湿)$$

或

$$质量变化=M_3-M_1(干燥)$$

式中　M_1——试件浸泡前质量；

M_2——试件浸泡后质量(潮湿)；

M_3——试件浸泡后，干燥和回复(干燥)质量。

②单位面积质量变化。每个试件，计算单位面积质量的增加或减少，用 mg/cm² 表示，用下面公式之一计算平均值：

$$单位面积质量变化=\frac{M_2-M_1}{A(潮湿)}$$

$$单位面积质量变化=\frac{M_3-M_1}{A(干燥)}$$

式中 A——试件初始的整个面积。

③质量变化百分率。每个试件用下面的公式之一计算质量变化百分率：

$$质量变化百分率=\frac{100\times(M_2-M_1)}{M_1(潮湿)}\%或100\times\frac{M_3-M_1}{M_1(干燥)}\%$$

④平均值。无论什么方式，采用相同的方法计算试件结果的算术平均值（或平均值）。

2)尺寸变化

除报告初始和最终尺寸之外，报告最终值与初始值间的百分率。计算每个试件、每个尺寸、每个不同步骤的百分率。这些百分率可能大于、等于或小于100%，等于100%表示液体对尺寸变化无影响。采用相同的方法计算试件结果的算术平均值（或平均值）。若可能，画出试验期间的结果性能曲线。

3)外观变化

按表12－12的符号等级表示结果，分别报告试件仅仅浸泡后擦干（潮湿），以及这些试件烘箱干燥和恢复（干燥）的相关试验结果。

4)物理性能变化低温弯折性变化（任意循环）。

①低温弯折性的变化$=V_2-V_1$（潮湿）或V_3-V_1（干燥）

式中 V_1——在浸泡前或比对试件的临界低温弯折温度（初始值），℃；

V_2——浸泡后临界低温弯折温度，℃；

V_3——浸泡后干燥并恢复后临界低温弯折温度，℃。

用5℃的增量表示变化。

②物理性能变化（百分率）。

对可测量的性能（如可按比例变化测量），计算这些性能与初始值相比最终的百分率，用如下公式分别计算：

$$物理性能变化的百分率=\frac{V_2}{V_1}\times100\%或\frac{V_3}{V_1}\times100\%$$

式中 V_1——浸泡前初始状态值；

V_2——浸泡后的值，（潮湿）；

V_3——浸泡后的值（干燥）。这些百分率可能大于、等于或小于100%，等于100%表示液体对相关性能没有影响。

五、高分子防水卷材低温弯折性能试验

1.仪器

(1)弯折板。金属弯折装置有可调节的平行平板，如图12－32所示。

(2)环境箱。空气循环的低温空间，可调节温度至－45℃，精度±2℃。

(3)检查工具。6倍玻璃放大镜。

2.原理

试验的原理是放置已弯曲的试件在合适的弯折装置上，将弯曲试件在规定的低温下放置1h。在1s内压下弯曲装置，保持在该位置1s。取出试件在室温下，用6倍放大镜检查弯折区域。

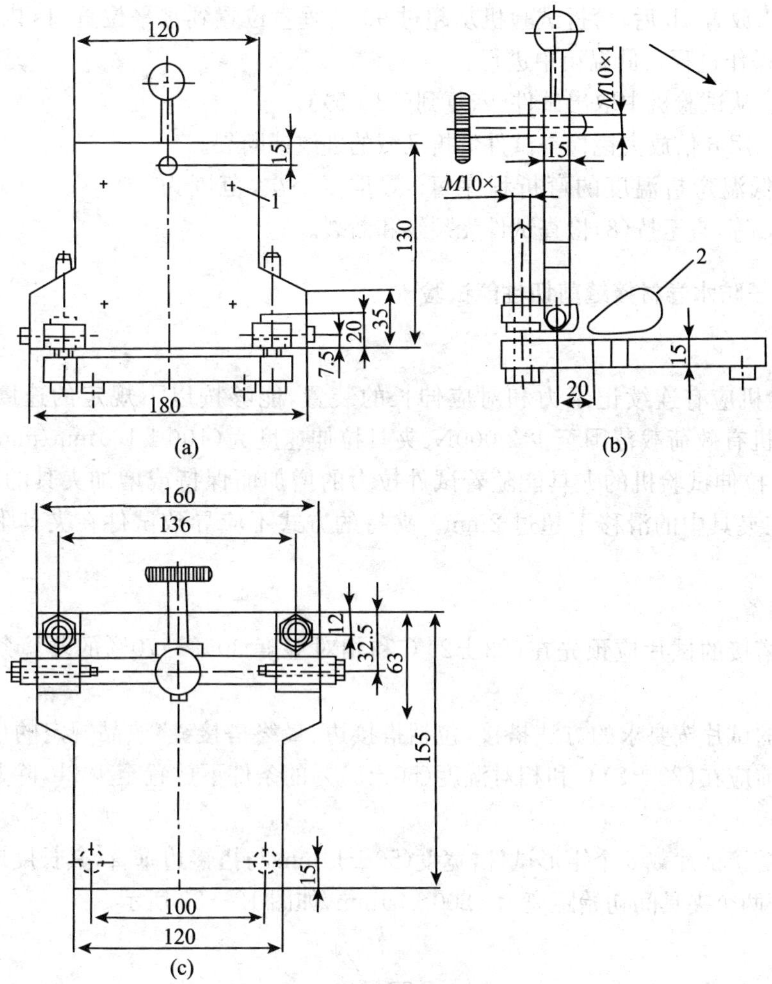

图 12—32　弯折装置示意(mm)

1—测量点;2—试件

3. 试件制备

每个试验温度取 4 个 100mm×50mm 试件,两个卷材纵向为 L,两个卷材横向为 T。试验前试件应在(23±2)℃和相对湿度(50±5)%的条件下放置至少 20h。

4. 步骤

(1)温度。除了低温箱,试验步骤中所有操作在(23±5)℃进行。

(2)厚度。根据《建筑防水卷材试验方法 第 5 部分:高分子防水卷材厚度、单位质量》(GB/T 328.5—2007)测量每个试件的全厚度。

(3)弯曲。沿长度方向弯曲试件,将端部固定在一起,例如用胶粘带。卷材的上表面弯曲朝外,如此弯曲固定一个纵向、一个横向试件,在卷材的上表面弯曲朝内,如此弯曲另外一个纵向和横向试件。

(4)平板距离。调节弯折试验机的两个平板间的距离为试件全厚度的 3 倍。检测平板间 4 点的距离。

(5)试件位置。放置弯曲试件在试验机上,胶带端对着平行于弯板的转轴。放置翻开的弯折试验机和试件于调好规定温度的低温箱中。

(6)弯折。放置 1h 后,弯折试验机从超过 90°的垂直位置到水平位置,1s 内合上,保持该位置 1s,整个操作过程在低温箱中进行。

(7)条件。从试验机中取出试件,恢复到(23±5)℃。

(8)检查。用 6 倍放大镜检查试件弯折区域的裂纹或断裂。

(9)临界低温弯折温度的弯折程序每 5℃重复一次,范围为:-40℃、-35℃、-30℃、-25℃、-20℃等,直至按(8)检查试件无裂纹和断裂。

六、高分子防水卷材接缝剪切性能试验

1. 仪器

拉伸试验机应有连续记录力和对应伸长的装置,能够按以下规定的速度匀速分离夹具:拉伸试验机有效荷载范围至少 2 000N,夹具拉伸速度为(100±10)mm/min,夹持宽度不少于 50mm。拉伸试验机的夹具能随着试件拉力的增加而保持或增加夹具的夹持力,能夹住试件使其在夹具中的滑移不超过 2mm。夹持的方式不应导致试件在夹具附近产生过早的断裂。

2. 试件制备

(1)用于搭接的试片应预先在(23±2)℃和相对湿度 30%~70%的环境条件下放置至少 20h。

(2)卷材的试片按要求的方法搭接,包括搭接边、最终搭接缝、产品规定的搭接面。搭接后,试片试验前应在(23±2)℃和相对湿度(50±5)%的条件下放置至少 2h,除非制造商有不同的要求。

(3)每个搭接试片裁 5 个矩形试件,宽度(50±1)mm 与搭接边垂直,其长度应保证在中间搭接的情况下两个夹具间初始距离为 (200±5)mm,如图 12-33 所示。

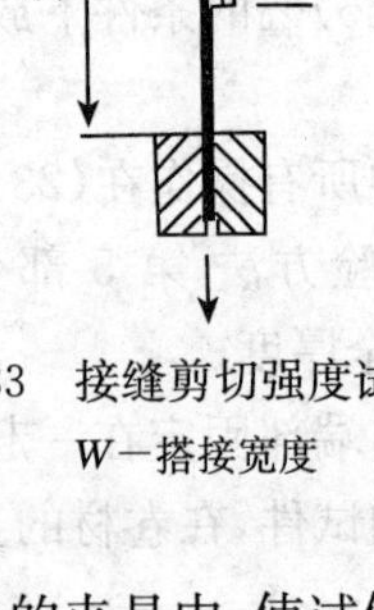

图 12-33 接缝剪切强度试验(mm)

W-搭接宽度

3. 试验操作步骤

(1)试件应紧紧地夹在拉伸试验机的夹具中,使试件的纵向轴线与拉伸试验机及夹具的轴线重合。

(2)每个试件应做记号以确定任何从夹具中产生的滑移。

(3)夹具间整个距离为(200±5)mm,不承受预荷载。

(4)试件试验温度为(23±2)℃,拉伸速度为(100±10)mm/min.

(5)连续记录试件的拉力直至试件断裂或剪断。记录接缝的破坏形式。

4.试验结果处理

(1)搭接信息。说明所有相关的搭接制备和条件的信息。

(2)计算报告试件的破坏形式。剪切性能是试验记录的最大拉力。列出每组5个试件的数值，单位N/50mm，计算和说明接缝剪切性能的平均值，精确到N/50mm。计算和说明标准偏差。舍去试件距拉伸试验机夹具10mm范围内的破坏及从拉伸试验机夹具中滑移超过规定值的结果，用备用件重新试验。

(3)试验方法的精确度：试验方法的精确度没有规定。

七、高分子防水卷材厚度、单位面积质量

1.厚度测定

(1)原理。用机械装置测定厚度，若有表面结构或背衬影响，采用光学测量装置。

(2)测量装置。测量厚度精确到0.01mm，测量面平整，直径10mm，施加在卷材表面的压力为20kPa。

(3)光学装置。用于表面结构或背衬卷材，能测量厚度，精确到0.01mm。

(4)试件制备。试件为正方形或圆形，面积(10 000±100)mm²。从试样上沿卷材整个宽度方向裁取x个试件，最外边的试件距卷材边缘(100±10)mm(x至少为3个试件，x个试件在卷材宽度方向相互间隔不超过500mm)，如图12－34所示。

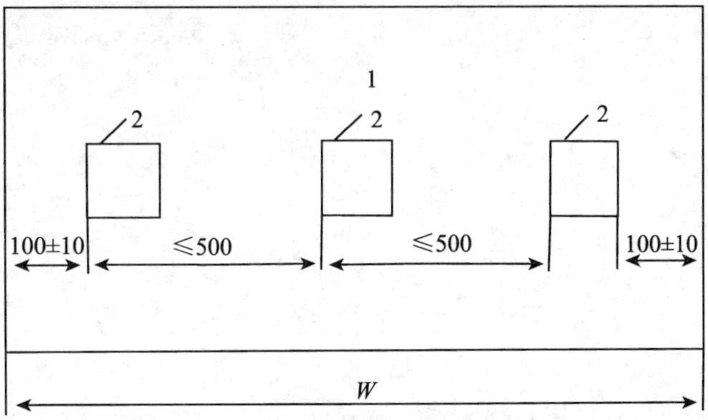

图12－34　试件裁样平面图(mm)

1－试样；2－试件；W－卷材宽度

(5)步骤。测量前试件在(23±2)℃和相对湿度(50±5)%条件下至少放2h，试验在(23±2)℃进行。试验卷材表面和测量装置的测量面洁净。记录每个试件的相关厚度，精确到0.01mm。计算所有试件测量结果的平均值和标准偏差。

(6)机械测量法。开始测量前检查测量装置的零点，在所有测量结束后再检查一次。在测定厚度时，测量装置下足应缓慢，避免材料变形。

(7)光学测量法。任何有表面结构或背衬的卷材用光学法测量厚度。

(8)结果表示。卷材的全厚度(e)取所有试件的平均值。卷材有效厚度(e_{eff})取所有试件去除表面结构或背衬后的厚度平均值。记录所有卷材厚度的结果和标准偏差，精确至0.01mm。

2.单位面积质量测定

(1)原理。称量已知面积的试件，进行单位面积质量测定(可用已用于测定厚度的同样试件)。

(2)仪器设备。天平,能称量试件,精确到 0.01g。

(3)试件。正方形或圆形试件,面积(10 000±100)mm^2,在卷材宽度方向上均匀裁取 x 个试件,最外端的试件距卷材边缘(100±10)mm(x 至少为 3 个试件,x 个试件在卷材宽度方向相互间隔不超过 500mm)。

(4)步骤。称量前试件在(23±2)℃和相对湿度(50±5)%条件下放 20h,试验在(23±2)℃进行。称量试件精确到 0.01g,计算单位面积质量,单位为 g/m^2。

(5)结果表示。单位面积质量取计算的平均值,单位 g/m^2,修约至 $5g/m^2$。

第十三章　石材、道砟及其试验要求

本章主要介绍了建筑用石材、铁路用道砟材料的基本性能指标及质量检验要求，以供试验参考使用。

第一节　石材试验

一、岩石的种类

岩石的分类方法较多，一般根据成因、强度、风化程度、结构类型、化学成分等进行分类。建筑工程中常用岩石按其成因分为岩浆岩、沉积岩和变质岩三大类。

岩浆岩
- 大块岩
  - 深成岩：花岗岩、正长岩、闪长岩、辉长岩
  - 喷出岩：斑岩、辉绿岩、玄武岩、安山岩、粗面岩

碎片岩
- 散粒岩：火山灰、浮石
- 胶结状：火山凝灰岩

沉积岩
- 化学沉积岩：石膏、白云岩、菱镁矿
- 沉积岩有机沉积岩：石灰岩、白垩、贝壳岩、硅藻土
- 机械沉积岩：
  - 散粒状：黏土、砂、砾石
  - 胶结状：砂岩、砾岩、角砾岩

变质岩
- 岩浆岩变质岩：片麻岩
- 沉积岩变质岩：石英岩、大理岩、页岩

二、建筑石材的技术指标

建筑石材的等级确定应符合表 13－1 的规定。

表 13－1　建筑石材等级技术指标

岩石类别	主要岩石名称	石料等级	饱和状态极限抗压强度(MPa)	磨耗率(%)(双筒式磨耗机)
岩浆岩类	花岗岩、玄武岩、安山岩、闪长岩、辉绿岩	1	＞120	＜4
		2	100～120	4～5
		3	80～100	5～7
		4	—	7～10
		5	—	＞10
碳酸盐岩类	石灰岩、白云岩、大理岩	1	＞100	＜5
		2	80～100	5～7
		3	60～80	7～12
		4	30～60	12～20
		5	＜30	＞20

续上表

岩石类别	主要岩石名称	石料等级	饱和状态极限抗压强度(MPa)	磨耗率(%)(双筒式磨耗机)
砂岩类	石英砂岩、砂岩	1	＞100	＜5
		2	80～100	5～7
		3	50～80	7～10
		4	30～50	10～15
		5	＜30	＞20
麻岩类	片麻岩、花岗片麻岩、硅质片岩、板岩	1	＞100	＜4
		2	80～100	4～5
		3	60～80	5～7
		4	30～60	7～12
		5	＜30	＞12

注:岩石密度小于 1800kg/m^3 时,应定为轻质岩石;密度大于 1800kg/m^3 时,应定为重质岩石。

三、岩石的试验项目

岩石的试验项目很多,对于不同的工程,岩石试验项目可参照表 13－2 确定。

表 13－2　岩石试验项目

试验项目		大中桥、重型水坝、重型挡墙、大型厂房、高层建筑等地基	隧道洞室、矿山巷道等工程	小厂房、小型建筑等地基	深路堑	石砌体等工程材料
含水率		(+)	(+)	(+)	(+)	
岩石密度		+	+	(+)	+	+
颗粒密度		+	+	(+)	+	+
吸水率及饱和吸水率		+	+		+	+
软化系数		+	+		+	+
耐冻系数		(+)			(+)	(+)
单轴抗压强度	干燥、饱和	+	+		(+)	+
	冻前、冻后	(+)			(+)	(+)
直剪	岩石	+	+			
	结构面	+				
	胶结面	+				
抗剪断强度		+	+			
抗拉强度		+	+			
变形参数		+	+			
抗冻性	冻融法	(+)	(+)	(+)		
	硫酸钠法	(+)	(+)	(+)		
耐崩解性		(+)	(+)	(+)		
膨胀性	自由膨胀率	(+)	(+)	(+)	(+)	
	膨胀率	(+)	(+)	(+)	(+)	
	膨胀压力	(+)	(+)	(+)		
三轴抗压强度						
点荷载		+	+	(+)	(+)	
岩石薄片鉴定		(+)	(+)		(+)	
岩石黏粒含量		(+)	(+)		(+)	
岩石黏土矿物		(+)	(+)		(+)	

注:表中"+"为应试验项目;"(+)"为根据岩石的性质、状态、环境及工程的需要而定的试验项目。

一般情况下,工程中进行的石材常规试验项目有:含水率、颗粒密度、岩石密度、吸水率及饱水率、抗冻性。

四、天然大理石板材试验要求

(1)检查委托单与试样是否相符,外观质量、花纹色调,同一品种、类别等级的板材为一批。

(2)选取足以代表石材种类或等级的平均品质,所采样品大小应可制作 4 个(50±0.5)mm的试样,样品必须有一面为镜面或细面。

(3)每组试件为 4 个,长度、宽度尺寸为(50±0.5)mm,厚度为 15～55mm,试样被磨损面的棱应磨圆至半径约为 0.8mm 弧度。

五、天然大理石板材吸水率试验

(1)仪器设备。烘箱,(105±2)℃;天平;毛巾。

(2)试验步骤。

1)将试样置于(105±2)℃的干燥箱内干燥至恒重。

2)放入干燥器中冷却至室温,称其质量(m_0),精确至 0.02g。

3)将试样放在(20±2)℃的蒸馏水中浸泡 48h 后取出,用拧干的湿毛巾擦出试样表面水分,立即称其质量(m_1),精确至 0.02g。

(3)吸水率 w_0(%)计算。

$$w_0=\frac{m_1-m_0}{m_0}\times 100\%$$

吸水率取两位有效数字。

六、天然大理石板材干燥状态压缩强度试验的仪器及操作步骤

(1)仪器设备。试验机;烘箱;游标卡尺。

(2)试验步骤。

1)将 5 块试样在(105±2)℃烘箱内烘 2h。

2)放入干燥器中冷却至室温。

3)用游标卡尺分别测量试样两受力面的边长,并计算其面积,以两个受力面面积的平均值作为受力面面积,边长测量精确到 0.5mm。

4)将试样放置于试验机下压板的中心部位,施加载荷至试样破坏并记录试样破坏时的载荷值,读数精确到 500N,加荷速率为(1 500±100)N/s。

(3)结果计算。

$$P=F/S$$

式中　P——压缩强度,MPa;

F——试样破坏载荷,N;

S——试样受力面面积,mm。

以每组试样压缩强度的算术平均值作为该条件下的压缩强度,其值修约到 1MPa。

(4)试验中如遇停水停电,将试件做好标记,重新做试验。

七、天然大理石板材干燥、水饱和弯曲试验的仪器及步骤

(1)仪器、设备:

烘箱,温度可控制在(105±2)℃范围内;称量精确到试样质量的 0.01%的天平、直尺,游标卡尺(读数值为 0.10mm);水槽、温度计、毛巾。

(2)试验步骤。

1)每种试验取5个为一组,不得有裂纹、缺棱和缺角。

2)在(105±2)℃的烘箱内将试样干燥24h后,放入干燥器中冷却至室温。3h后用5 000N的电子拉力机进行弯曲破坏强度试验。

3)调节好夹具距离,试样2个受力面应平行,光滑,相邻面夹角应为90°±0.50°。

4)接通电源,打开试验机,以(1.0±0.2)N/(mm²·s)的速率均匀地增加荷载,直至破坏,记录荷载。

(3)弯曲强度计算。

$$P_w=\frac{3FL}{4KH^2}$$

式中 P_w——弯曲强度,MPa;

F——试样破坏荷载,N;

L——支点间距,mm;

K——试样宽度,mm;

H——试样厚度,mm。

以每组试样弯曲强度的算术平均值作为弯曲强度,数值修约到0.1MPa。

第二节 道砟试验

一、铁路碎石道砟质量技术

(1)道砟由开山块石破碎、筛选而成,根据材质性能和参数指标按表13-3的规定分为一级道砟和二级道砟。

(2)特重型轨道、隧道内轨道及宽枕轨道应用一级道砟,重型轨道宜用一级道砟,其他轨道可用二级道砟。

(3)现有采石场产品不能按(2)的规定供应道砟的地区,在开辟合适的新采石场之前,经铁道部批准,具体确定使用道砟等级。

表13-3 道砟材质分级指标

<table>
<tr><th>性能</th><th>参数</th><th>一级道砟</th><th>二级道砟</th><th colspan="2">评级方法</th></tr>
<tr><td>抗磨耗、抗冲击性能</td><td>洛杉矶磨耗率 LAA(%)
标准集料冲击韧度 IP
石料耐磨硬度系数 $K_{干磨}$</td><td>LAA<27
IP>95
$K_{干磨}$>18</td><td>27≤LAA<32
10<IP≤95
17<$K_{干磨}$≤18</td><td>若三个参数的指标分属两个等级,则以两个指标听在的等级为准;若三个指标分属一级、二级和不合格则划为二级</td><td rowspan="3">道砟的最终等级以性能一级、二级、三级中的最低等级为准。</td></tr>
<tr><td>抗压碎性能</td><td>标准集料压碎率 CA(%)
道砟集料压碎率 CB(%)</td><td>CA<9
CB<18</td><td>9≤CA<14
18≤CB<22</td><td>若两个参数的指标不在同一等级,以低的等级为准</td></tr>
<tr><td>渗水性能</td><td>渗透系数 P_m(10^{-5}cm/s)
石粉试模件抗压强度 σ (MPa)
石粉液限 LL(%)
石粉塑限 PL(%)</td><td>P_m>4.5
σ<0.4
LL>20
PL>11</td><td>3<P_m≤4.5
0.4≤σ<0.55
20≥LL>16
11≥PL>9</td><td>在四个参数的指标中,以其中两个指标最高的等级为准省这两个指标最高的等级不在同一级别,则以其中较低的等级为准</td></tr>
</table>

续上表

性能	参数	一级道砟	二级道砟	评级方法	
抗大气腐蚀破坏	硫酸钠溶液浸泡损失率(%)	<10			
稳定性能	密度(g/cm^3)	>2.55			
	容重(g/cm^3)	>2.50			
软弱颗粒	饱水单轴抗压强度(MPa)	≤20		软弱颗粒含量少于10%(质量比)	

(4)道砟的级配应符合表13—4的规定。其级配曲线如图13—1所示。

表13—4　道砟级配

方孔筛孔边长(mm)	16	25	35.5	45	56	63
过筛质量百分数(%)	0～5	5～15	25～40	55～75	92～97	97～100

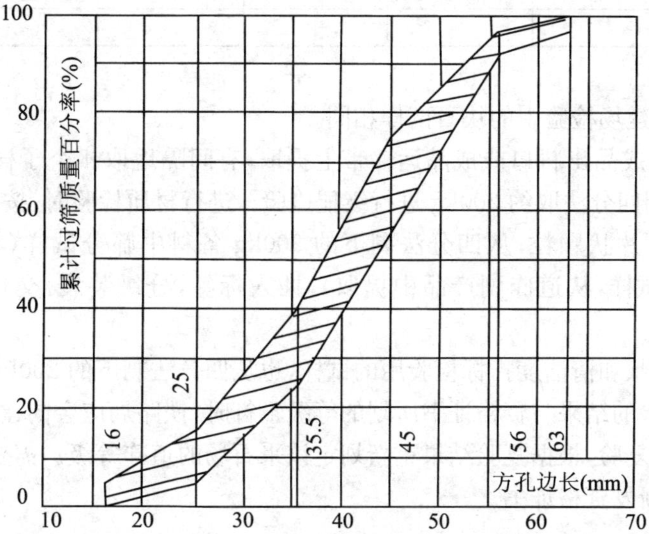

图13—1　道砟级配曲线

(5)道砟颗粒形状及清洁度指标：

1)针状指数不大于50%，片状指数不大于50%。

2)黏土团及其他杂质含量的质量百分率不大于0.5%。

3)粒径0.1mm以下的粉末含量的质量百分率不大于1%。

二、铁路用碎石道砟生产质量检验规则

(1)由铁路局按表13—5规定，每年安排一次定期检验，检验结果应抄报铁道部主管部门。

(2)道砟粒径级配、颗粒形状及清洁度指标，除定期每周检验一次外，每生产工班均应通过自测进行监视，发现问题应及时检验。监视及检验结果均应填入生产日记，作为填发产品合格证的依据。

表13—5　生产检验碎石试样

粒径(mm)(方孔筛)	试样质量(kg)					备料质量(kg)
	道砟集料压碎率	洛杉矶磨耗率	标准集料冲击韧度	硫酸钠溶液浸泡损失	标准集料压碎率	
70～63	15					≥15

续上表

粒径(mm)(方孔筛)	试样质量(kg)					备料质量(kg)
	道砟集料压碎率	洛杉矶磨耗率	标准集料冲击韧度	硫酸钠溶液浸泡损失	标准集料压碎率	
63～56	0.6					≥1
56～45	6					≥8
45～35.5	2.4					≥3
40～25		15		1		≥18
35.5～25	2.4					≥3
25～20		15	1	0.5		≥10
25～16	0.6					≥1
20～16			1			≥1.5
16～10			1		9≥11	
10～7.1			1			≥1.5

(3)采样：

1)块石试样与建场检验中的块石试样相同。

2)碎石试样从成品出料口或成品运输带上提取，有间隔地取 4 个子样，每个子样质量约 100kg 拌和均匀，用四分法取约 200kg 进行级配检验。进行材质检验时，按表 13－5 规定的粒径和质量，剔除针、片状颗粒，从四分法剩下的 200kg 备料中筛分试样(粒径 7.1～10mm、10～16mm的两级试样，从道砟副产品中提取)，插入标签，分级装袋，交道砟材质试验部门使用。

3)进行颗粒形状和清洁度指标检验用的试样，也从四分法剩下的 200kg 备料中选用。

(4)当生产检验的结果与资格证书所划的等级不符时，铁路局应会同建场检验时的材质检验单位对产品进行复验，根据复验结果重新划定该采石场的道砟等级。需要更改等级时，应报铁道部备案，并重新发资格证书。

三、铁路用碎石道砟出场检验

(1)采石场质量检查员在装车前应对产品进行出场检验。检验项目为道砟粒径级配、颗粒形状及清洁度指标。质量检查员对不符合标准的产品有权拒绝装车。

(2)道砟产品按批交付。一列车，装运同一等级、交付同一用户的道砟算一批。用汽车运输时，一昼夜内，装运同一等级、交付同一用户的道砟算一批。每批产品必须附有质量检查员签发的产品合格证。路外采购的道砟，也应附有符合标准的产品合格证，才可用于铁路。

(3)用砟单位在卸砟现场如发现装运数量不足，应在卸砟前通知采石场派人赴现场复验。如发现最大粒径、最小粒径、颗粒形状或清洁度指标与标准不符，应通知采石场会同铁路局赴现场复验。复验时的取样方法如下：卸砟前，如装砟车少于 2 辆，则队每辆车中取一个子样；如多于 3 辆，则从任意 3 辆中各取一个子样。每个子样约 130kg，并从车辆的四角及中央五处提取。卸砟后则由用砟单位任选 125m 长度的卸砟地段，每隔 25m 由砟肩到坡底均匀选一个子样(合计 5 个)，每个子样约 70kg。复验结果应申报铁路局。如复验结果为不合格，则应在现场采取相应补救措施，其所发生的费用应由采石场负担；如检验结果合格，所发生的费用由用砟单位负担。

采石场应向用礴单位提交资格证书副本。用砟单位有权对资格证书上的任意指标进行抽检,如发现问题可申报铁路局,通知采石场要求采取相应措施。

四、铁路用碎石道砟建场质量检验

(1)新建采石场及旧采石场转移开采工作面时,应按表 13－3 规定及石料单轴抗压强度、石料冲击韧度进行检验,划分道砟等级。经铁道部主管部门审批并颁发资格证书,方可生产。采购路外道砟或施工部门采用施工块石就地加工道砟时,也应具有相应的资格证书。

(2)采样:

由受委托的地矿单位划分岩层,并在每一岩层中取一组有代表性的试样送交检验。

一组试样中包括:

碎石试样——粒径(方孔筛)60～70mm,质量 200kg。

块石试样——200mm×160mm×140mm,4 块,如岩石层理分明,应补加取样方向平行于层理方向的试样 2 块。

五、铁路用碎石道床底砟材料质量技术要求

(1)底砟材料可取自天然砂砾材料,也可由开山块石成天然卵石、砾石经破碎、筛选而成。

(2)底砟材料的粒径级配应符合表 13－6 的规定,且 0.5mm 筛以下的细集料中通过 0.075mm筛的颗粒含量应小于等于 66%。

表 13－6　底砟粒径级配

方孔筛边长(mm)	0.075	0.1	0.5	1.7	7.1	16	25	45
过筛质量百分率(%)	0～7	0～11	7～32	19～46	41～75	67～91	82～100	100

(3)在粒径大于 16mm 的粗颗粒中,带有破碎面的颗粒所占的质量百分率不少于 30%。

(4)底砟材料的性能:粒径小于 1.7mm 的集料的洛杉机磨耗率不大于 50%。

粒径小于 1.7mm 的集料的硫酸钠溶液的浸泡损失率不大于 12%。

粒径小于 0.5mm 的细集料的液限不大于 25%,其塑性指数小于 6%。

黏土团及其他杂质含量的质量百分率小于等于 0.5%。

六、铁路用碎石道底砟材料质量检验

1. 因式检验

(1)建立底砟材料开采加工基地时,应按"底砟材料技术要求"中(1)～(4)项的要求,由铁道部指定单位对成品进行粒径级配及材料性能检验。经铁道部企管部门审批,并颁发底砟开采资格证书后方可生产。

(2)采样:由受委托的地矿单位划分开采资源带,由建设单位制订合适的开采、加工程序。每一给定的资源带,按制订的开采、加工程序加工有代表性的试样 400kg,交铁道部指定单位进行检验。

(3)当资源带发生明显的变化,底砟质量不能满足标准规定时,应重新进行型式检验。

2. 生产检验

(1)生生产单位按"底砟材料技术要求"中(2)～(4)项的要求,每生产底砟 4×10m 进行一次检验;年产量少于 4×10m 时,也应每年进行一次检验。

(2)采样:底砟材料样品从成品出料口或成品输送带上提取,有间隔地取 4 个子样,每个子样重约 100kg,合计 400kg,送检验部门检验。

(3)底砟材料粒径级配及黏土团含量指标，除每周检验一次外，每生产工班应通过目测进行监视，发现问题应及时检验和处理。监视和检验结果均应填入生产日记，作为填发产品合格证的依据。

(4)底砟材料产品的交付，以一昼夜装运同一产品、交付同一用户的底砟算一批，每批必须有生产场质量检验员签发的合格证。

七、铁路用碎石道砟的试验项目

(1)洛杉矶磨耗率。
(2)标准集料冲击韧度。
(3)石料耐磨硬度系数。
(4)标准集料压碎率。
(5)道砟集料压碎率。
(6)渗透系数。
(7)石粉试模件抗压强度。
(8)石粉液限。
(9)石粉塑限。
(10)硫酸钠溶液浸泡损失率。
(11)石料密度。
(12)石料容重。
(13)石料单轴抗压强度和饱水单轴抗压强度。
(14)石料冲击韧度。
(15)粒径级配。
(16)针状指数和片状指数。
(17)黏土团及其他杂质含量。
(18)粒径 0.1mm 以下粉末含量。

八、铁路碎石道床底砟的试验项目

(1)洛杉矶磨耗率。
(2)硫酸钠溶液浸泡损失率。
(3)液限及塑性指数。
(4)黏土团及其他杂质含量。
(5)粒径级配。
(6)材料中带有破碎面的粗颗粒所占百分率。

材料中带有破碎面的粗颗粒所占百分率试验方法如下：

按检验规则中型式检验的采样规定采样，将 400kg 试样拌和均匀，分成四份，取其中一份的 100kg，用 16mm、25mm 和 45mm 方孔筛进行筛分，舍去 16mm 以下和 45mm 以上的颗粒，分别称取留在 16mm 和 25mm 的方孔筛上颗料的质量 M_{16} 和 M_{25}，分检带破碎面的颗粒，并分别称取其质量 M_{B16} 和 M_{B25}。

用下式计算带破碎面的颗粒所占的质量百分率：

$$P=\frac{M_{B16}+M_{B25}}{M_{16}+M_{25}}\times 100\%$$

式中　P——带有破碎面的颗粒所占的质量百分率(%),准确至1%;

M_{B16}——留在16mm方孔筛上有破碎面颗粒的质量(kg),准确至0.1kg;

M_{B25}——留在25mm方孔筛上有破碎面颗粒的质量(kg),准确至0.1kg;

M_{16}——留在16mm方孔筛上试样的尽量(kg),准确至0.1kg;

M_{25}——留在25mm方孔筛上试样的质量(kg),准确至0.1kg。

第十四章　工程用其他材料及其试验要求

工程用其他材料有：石灰、石膏、水玻璃、瓷砖、涂料、硫磺胶结材料等，了解其性能及质量检测要求，对工程试验有很大帮助。

第一节　石　　灰

一、石灰的技术性质

(1)保水性、可塑性好。熟化生成的氢氧化钙颗粒极细小，比表面积很大，使氢氧化钙颗粒表面吸附有一层较厚的水膜，使石灰具有良好的保水性。由于颗粒间的水膜较厚，颗粒间的滑移较易进行，即可塑性好。

(2)凝结硬化慢、强度低。1∶3 的石灰砂浆，28d 的抗压强度仅为 0.2～0.5MPa。

(3)体积收缩大。石灰浆在硬化过程中，由于水分的大量蒸发，引起体积收缩而产生开裂。因此，石灰除粉刷外不宜单独使用，常掺入砂子、麻刀、纸筋等使用。

(4)耐水性差。潮湿环境中石灰浆体不会产生凝结硬化。硬化后的石灰浆体的主要成分是氢氧化钙，仅有少量的碳酸钙，由于氢氧化钙可微溶于水，所以石灰的耐水性很差，软化系数接近于零。

二、石灰的质量技术指标要求

按石灰中氧化镁的百分含量，将生石灰和生石灰粉划分为钙质石灰(MgO 含量≤5%)和镁质石灰(MgO 含量＞5%)；按消石灰中氧化镁的含量将消石灰粉划分为钙质消石灰粉(MgO 含量＜4%)、镁质消石灰粉(4%≤MgO 含量＜24%)和白云石消石灰粉(24%≤MgO 含量＜ 3%)。

建筑生石灰的技术要求包括有效氧化钙和有效氧化镁含量、未消化残渣含量(即欠火石灰)、过火石灰及杂质的含量、二氧化碳含量(欠火石灰含量)、产浆量(指 1kg 生石灰生成石灰膏的升数，并按其技术指标分为优等品、一等品、合格品三个等级，各等级的技术要求见表 14－1建筑生石灰生产方便，成本较低。

表 14－1　建筑生石灰技术指标

项目	钙质生石灰			镁质生石灰		
	优等品	一等品	合格品	优等品	一等品	合格品
(CaO＋MaO)含量(%)	≥90	≥85	≥80	≥85	≥80	≥75
CO_2 含量(%)	≤5	≤7	≤9	≤6	≤8	≤10
未消化残渣含量(5mm 圆孔筛的筛余)(%)	≤5	≤10	≤15	≤5	≤10	≤15
产浆量(L/kg)	≥2.8	≥2.3	≥2.0	≥2.8	≥2.3	≥2.0

建筑生石灰粉的技术要求包括有效氧化钙和氧化镁含量、二氧化碳含量及细度，并由此划分为优等品、一等品和合格品。各等级的技术要求见表14—2。建筑生石灰粉不易贮存，成本较高。

表14—2 建筑生石灰粉技术指标

项目		钙质生石灰粉			镁质生石灰粉		
		优等品	一等品	合格品	优等品	一等品	合格品
(CaO+MgO)含量(%)		≥85	≥80	≥75	≥80	≥75	≥70
CO_2 含量(%)		≤7	≤9	≤11	≤8	≤10	≤12
细度	0.90mm 筛筛余量(%)	≤0.2	≤0.5	≤1.5	≤0.2	≤0.5	≤1.5
	0.125mm 筛筛余量(%)	≤7.0	≤12.0	≤18.0	≤7.0	≤12.0	≤18.0

建筑消石灰粉的技术要求为有效氧化钙和氧化镁含量、游离水含量、体积安定性及细度，并由此划分为优等品、一等品和合格品。各等级的技术要求见表14—3。

表14—3 建筑消石灰粉技术指标

项目		钙质消石灰粉			镁质消石灰粉			白云石消石灰粉		
		优等品	一等品	合格品	优等品	一等品	合格品	优等品	一等品	合格品
(CaO+MaO)含量(%)		≥70	≥65	≥60	≥65	≥60	≥55	≥65	≥60	≥55
游离水(%)		0.4~2	0.4~2	0.4~2	0.4~2	0.4~2	0.4~2	0.4~2	0.4~2	0.4~2
体积安定性		合格	合格	—	合格	合格	—	合格	合格	—
细度	0.90mm 筛筛余量(%)	0	0	≤0.5	0	0	≤0.5	0	0	≤0.5
	0.125mm 筛筛余量(%)	≤3	≤10	≤15	≤3	≤10	≤15	≤3	≤10	≤15

三、石灰试验的取样

1.批量规定

生石灰、生石灰粉批量规定：

(1)日产量200t以上，每批量不大于200t；

(2)日产量不足200t，每批量不大于100t；

(3)日产量不足100t，每批量不大于日产量。

消石灰粉批量规定：按生产规模划分，每100t为一批量，不足100t仍作一批量。

2.取样规定

(1)生石灰。从整批物料的不同部位选取：取样点不少于25个，每个点的取样量不少于2kg，缩分至4kg装入密封容器。

(2)生石灰粉。

散装生石灰粉：随机取样或使用自动取样器取样。

袋装生石灰粉：从每批产品中随机抽取10袋，样品总量不少于3kg。

试样在采集过程中，应贮存于密封容器中，采样结束后立即用四分法将样品缩分至300g，装入磨口广口瓶中，密封后贴上标签，标明产品名称、批号、生产日期、班次、取群地点，并由采样人签名。

消石灰粉。从每批量产品中抽取10袋样品，从每袋的不同位置抽取100g样品，总数量不少于1kg，混合均匀，用四分法缩取，最后取250g作为试验用样品。

四、石灰试验项目

(1)细度(生石灰粉或消石灰粉)。

(2)生石灰产浆量、未消化残渣含量试验。

(3)消石灰粉游离水。

(4)氧化钙、氧化镁的测定。

第二节　石　　膏

一、石膏的基本性质

(1)凝结硬化快。建筑石膏加水拌和后,浆体在几分钟内便开始失去可塑性,30min 内完全失去可塑性而产生强度。因初凝时间较短,为满足施工的要求,一般均需加硼砂或柠檬酸、亚硫酸盐纸浆废料等缓凝剂,以延缓其初凝时间。掺缓凝剂后,石膏制品的强度将有所降低。

(2)体积微膨胀。石膏浆体在凝结硬化时会产生微膨胀,膨胀率为 0.5%～1%。这一性质使石膏制品表面细腻、光滑,尺寸精确,线条饱满,花纹美观,因而特别适合制作建筑装饰制品。

(3)保温性和吸声性好。建筑石膏制品的孔隙率大,所以热导率较小,而且大量的毛细孔隙对吸声有一定的作用。

(4)吸湿性强,耐水性差。建筑石膏硬化后具有很强的吸湿性,所以对室内的温度和湿度有一定调节作用。建筑石膏制品孔隙率大,且二水石膏可微溶于水,遇水后强度大大降低(软化系数仅为 0.2～0.2),是不耐水的材料。为了提高建筑石膏及其制品的耐水性,可在石膏中掺入适当的防水剂(如有机硅防水剂),或掺入适量的水泥、粉煤灰、磨细粒化高炉矿渣等。

(5)强度较低。建筑石膏的强度较低,但其强度发展较快,2h 的抗压强度可达 3～6MPa,7d 抗压强度为 8～12MPa。

(6)防火性好,耐火性差。二水石膏脱水后产生的水蒸气能阻碍火势的蔓延,起到防火作用。但二水石膏脱水后,强度下降,因而不耐火。

二、石膏的质量技术指标要求

建筑石膏根据其强度、细度和凝结时间分为优等品、一等品和合格品三个等级,各等级建筑石膏的技术要求见表 14－4。

表 14－4　建筑石膏的技术性质

等级	细度(0.2mm 方孔筛筛余)(%)	凝结时间(min)		2h 强度(MPa)	
		初凝	终凝	抗折	抗压
3.0	≤10	≥3	≤30	≥3.0	≥6.0
2.0				≥2.0	≥4.0
1.6				≥1.6	≥3.0

第三节　水　玻　璃

水玻璃(俗称泡花碱)是一种水溶性硅酸盐,也是一种气硬性胶凝材料和耐酸腐蚀的胶结材料。其化学式为 $R_2O \cdot nSiQ_2$,式中 R_2O 为碱金属氧化物,n 为二氧化硅与碱金属氧化物摩尔数的比值,称为水玻璃的模数。n 值越大,则水玻璃的黏度越大,黏结力与强度及耐酸、耐热性愈高,但也愈难溶于水,同时,不利于施工;反之 n 愈小,易溶于水,施工便利,但黏结力、强度较小。因此,应选择适当的模数。

建筑上常用的水玻璃是硅酸钠($Na_2O \cdot nSiO_2$)的水溶液,要求高时也使用硅酸钾($K_2O \cdot nSiO_2$)的水溶液,呈青灰或淡黄色黏稠液体,常用水玻璃模数为 2.6 ~ 3.0,密度为1.3 ~ 1.5g/cm^3。

水玻璃的性质如下:

(1)黏结力强,强度较高。水玻璃硬化后的主要成分为二氧化硅凝胶和氧化硅,因而有较高的黏结力和强度。

(2)耐酸性好。水玻璃硬化后的主要成分为二氧化硅,因此可以抵抗除氢氟酸、过热磷酸外的几乎所有的无机和有机酸。

(3)耐热性好。硬化后形成二氧化硅网状骨架,在高温下强度下降不大。

(4)耐碱性和耐水性差。水玻璃在加入氟硅酸钠后仍不能完全反应,硬化后的水玻璃中仍含有一定量的 $Na_2O \cdot nSiO_2$。由于 SiO_2 和 $Na_2O \cdot nSiO_2$ 均可溶于碱,且 $Na_2O \cdot nSiO_2$ 可溶于水,所以水玻璃硬化后不耐碱,不耐水。为提高耐水性,常采用中等浓度的酸对已硬化的水玻璃进行酸洗处理。

水玻璃的主要技术指标应符合表 14—5 规定。

施工用水玻璃的密度应符合下列要求:

用于胶泥 1.40 ~ 1.43g/cm^3;

用于砂浆 1.40 ~ 1.42g/cm^3;

用于混凝土 1.30 ~ 1.42g/cm^3。

表 14—5　水玻璃的主要技术指标

项目	指标
密度(20℃)(g/cm^3)	1.44～1.47
氧化钠(%)	≥10.2
二氧化硅(%)	≥25.7
模数	2.6～2.9

第四节　陶　瓷　砖

一、陶瓷砖吸水率的测定

(1)仪器设备。烘箱;沸煮箱;天平,能精确测量试样质量的 0.01%;蒸馏水。

(2)试验步骤:将试样放在(110±5)℃的烘箱中干燥至恒重,24h 后称量,将砖竖直放在盛有蒸馏水的沸煮箱中,水高出试件 5cm;将水加热煮沸 2h;切断电源,试样继续在沸煮箱中停留(4.00±0.25)h;用湿鹿皮将试件表面擦干,立即称量。

(3)结果评定。吸水率 E(%)按下式计算:

$$E=\frac{m_2-m_1}{m_1}\times 100\%$$

式中　m_1——干砖的质量,g;

m_2——湿砖的质量,g。

(4)试验结果处理。

试验中如遇停水停电,将试件做好标记,重新做试验。

二、干压陶瓷砖的断裂模数与破坏强度的测定

(1)仪器设备。直尺、游标卡尺、硬刷;烘箱;5 000N 电子拉力试验机。

(2)试验步骤。

选择 10 块试样,用硬刷刷去试样背面的松散黏结颗粒。将试样放入(110±5)℃的烘箱中干燥至恒重,试样放在密闭的烘箱中冷却至室温。

3h 后调整好 5000N 拉力试验机的抗折夹具的间距,放好试件,接通电源,打开试验机,以(1.0±0.2)N/(mm^2·s)的速率均匀地增加荷载,直至破坏,记录荷载,以有效结果计算试样的平均破坏强度和平均断裂模数。

破坏强度以 S(N)表示,按下式计算:

$$S=\frac{Fl}{b}$$

式中　F——破坏荷载,N;

l——支撑棒之间的跨距,mm;

b——试样的宽度,mm。

断裂模数以 R(N/mm^2)表示,按下式计算:

$$R=\frac{3Fl}{2bh}=\frac{1.5S}{1h^2}$$

式中　F——破坏荷载,N;

l——支撑棒之间的跨度,mm;

b——试样的宽度,mm;

h——试验后沿断裂处测得试样断裂面最小厚度,mm。

记录所有结果,以有效结果计算试样的平均破坏强度和平均断裂模数。

第五节　防水涂料

一、聚氨酯防水涂料试验试件的制备

(1)在试件制备前,所取样品及所有仪器在标准条件下放置 24h。

(2)模型在涂覆前用硅油作脱模剂进行表面处理。

(3)在标准条件下,将静置后的固化剂搅拌均匀,并按生产厂提供的配合比称取所需的甲、

乙组分，然后在烧杯中用刮刀在不混入气泡的情况下充分搅拌 5min，立即在不卷入气泡的要求下倒入规定的涂膜模具中涂覆。

(4)分两次涂覆。隔 8～24h 涂覆第二次，用刮板将表面刮平，在标准条件下养护 168h，涂膜厚度(2.0±0.2)mm。

(5)检查涂膜外观，表面无明显气泡，光滑平整。从养护的涂膜上按标准裁取试件，并注明编号。裁取的试件边缘与涂膜的边缘之间的距离不得小于 10mm。裁取的试件与另一试件的边缘之间距离不得小于 10mm。

二、聚氨酯防水涂料的拉伸试验

(1)将试件在标准条件下静置 24h 以上，然后在试样狭小平行部分用印色和精度为 0.5mm的直尺在试件上画好两条间距为 25mm 的平行标线。

(2)用厚度计测量试件标距内 3 点的厚度 d，一点在中心处，另两点在标线附近。3 个测量值的中值为试件的厚度值。

(3)将试件在标准条件下静置 1h。

(4)接通拉力机电源。

(5)将试件安装在拉伸试验机夹具之间，不得外扭。拉伸速度调整为 500mm/min。夹具间标距为 70mm。

(6)开动拉伸试验机拉伸到试件断裂。记录试件断裂时的最大荷载 P_b，并用精度为 1mm 的标尺量取试件破坏时标线间距离 L_0。

(7)最大拉伸强度按下式计算：

$$T_b = P_b / A$$
$$A = bd$$

式中　P_b——最大拉伸荷载，N；

A——试件断面面积，mm^2；

d——试件实测厚度，mm；

b——试件中间宽度，mm。

断裂延伸率按下式计算：

$$E = \frac{L-25}{25} \times 100\%$$

式中　L——断裂时标线间距，mm；

25——拉伸前标线间距，mm。

(8)结果评定。试验结果以 5 个试件的有效结果算术平均值表示，取 3 位有效数字。

三、聚氨酯防水涂料的不透水试验

1. 步骤

(1)在标准条件下放置试件 1h。

(2)将洁净的(20±2)℃的水注入不透水仪中至溢处。开启进水阀，使水与透水盘口齐平，关闭进水阀，开启总水阀，接着加水压使贮水罐的水流出，清除空气。

(3)将 3 块试件分别放置于不透水仪的 3 个圆盘上。

(4)在每块试件上各加一块相同尺寸，孔径为 0.2mm 的铜丝网布。

(5)启动压紧,开启进水阀,关闭总进水阀,施加压力至 0.3MPa,随时观察试件有无渗水现象,到规定的时间为止。

(6)结果评定。3 块试件均无水渗出为合格。

2.试验结果处理

(1)试验中如遇有停水停电,将试件做好标记,重做试验。

(2)裁剪试样时,各种试验均多裁一个备用。低温柔韧性试验

四、聚氨酯防水涂料的低温柔韧性试验

(1)无处理的柔韧性试验。将试件在标准条件下放置 24h 以上,用最小分度 0.01mm 的测厚计沿试件长度方向测量 3 点,取其算术平均值。同一试件厚度测量值的最大差值为 0.2mm,3 个试件算术平均值的最大差值为 0.2mm。

(2)将试件弯曲 180°,使 25mm 宽的边缘齐平,用订书机将边缘处固定,调整弯折机上乎板与下平板的距离为试件的 3 倍。然后将 3 个试件分别平放在弯折机上,试件重合的一边朝向弯折机轴,距转轴中心约 25mm。将试件的弯折机放入冰箱中,在规定的冷却温度下保持 2h 后,打开冰箱。在 1s 内将弯折机的上平板压下,达到所调距离的平行位置后,保持 1s 取出试件,并用 8 倍放大镜观察试件弯曲处的表面有无裂缝。

(3)结果评定。3 个试件均无裂纹为合格。

第六节 胶结材料

一、硫磺胶结材料的种类

(1)根据用途分为硫磺胶泥(又称硫磺水泥)、硫磺砂浆和硫磺混凝土三种。

(2)根据性质分为耐腐蚀硫磺胶结材料和一般硫磺胶结材料(即不耐腐蚀)两种。

(3)铁路上预应力混凝土轨枕所用的硫磺锚固属于一般硫磺胶结材料中的硫磺砂浆。

二、硫磺胶结材料的质量要求

硫磺是硫磺胶结材料中的胶结剂,要求纯度高、水分少、杂质少,硫含量不小于 98%,水分应小于 1%,一般块状硫磺才合乎此要求,粉状硫磺往往达不到含硫 98%以上的要求。

硫磺胶结材料填料要求有:

(1)粉料。硫磺胶泥常用的填料为水泥,耐腐蚀填料为石英粉、辉绿岩粉、瓷粉或石墨粉。在重要防腐工作中,应选用辉绿岩粉以提高耐腐蚀质量。对粉料的技术要求见表 14-6。

表 14-6 硫磺胶结材料粉料的技术指标

项 目		指标
耐酸粉料	耐酸率(%)	≥94
含水率(%)		≤1
细 度	1 600 孔/cm 筛余(%)	≤5
	4 900 孔/cm 筛余(%)	15~30

(2)细骨料。硫磺砂浆中的细集料,一般使用河砂,耐腐蚀的硫磺砂浆要求用石英岩和辉绿岩加工的机制砂。其技术要求见表 14-7。

表 14－7　硫磺胶结材料细集料的技术指标

项目		指标					
耐腐蚀细集料耐酸率(%)		≥94					
含水率(%)		≤1					
含泥量(%)		≤2					
颗粒级配	筛孔(mm)	5.0	2.5	1.2	0.6	0.3	0.15
	累计筛余(%)	0～15	0～35	20～60	35～75	50～90	60～100

(3)粗骨料。硫磺混凝土使用的粗集料，一般采用坚实无风化的碎石、卵石。如耐腐蚀的硫磺混凝土，应采用耐腐蚀碎石，如安山岩、石英角斑岩、玄武岩、石英岩、辉绿岩等。其技术要求见表 14－8。

表 14－8　硫磺脱材料粗集料的技术指标

项目		指标		
耐腐蚀硫磺混凝土	耐酸(%)	≥94		
	浸酸安定性	合格		
吸水率(%)		≤2		
含水率(%)		≤1		
含泥量(%)		≤1		
颗粒级配	筛孔(mm)	最大粒径	1/2 最大粒径	5
	累计筛余(%)	0～53	0～60	90～100

(4)增韧剂。硫磺胶结材料是热塑冷固性材料，当硫磺由液态变为固态时，物料脆化，体积收缩较大，加入填料后可降低收缩量。为了防止脆化，可加入增韧剂。

目前常用的增韧剂有石蜡、聚硫橡胶、聚氯乙烯、萘、硫氰化铵和聚乙烯等。

三、硫磺胶泥、硫磺砂浆、硫磺混凝土常用配合比要求

(1)硫磺胶泥质量配合比见表 14－9。

表 14－9　硫磺胶泥质量配合比

配方	硫磺	水泥	石墨粉	石英或辉绿岩粉	聚硫橡胶	聚氯乙烯	石蜡
1	58～60			38～40	1～2		
2	70～72		26～28		1～2		
3	60			35～37		3～5	
4	60～70	30～40					1～2

注：配方 1～3 为耐腐蚀硫磺胶泥。

(2)硫磺砂浆质量配合比见表 14－10。

表 14－10　硫磺砂浆质量配合比

配方	硫磺	石英或辉绿岩粉	石英砂	水泥	普通砂	聚硫橡胶	石棉绒	石蜡
1	50	17～18	30			2～3	1	
2	50	17～18	30			2～3		
3	1			0.3～0.6	1～1.5			0.02～0.03

注：配方 1～2 为耐腐蚀硫磺砂浆，配方 3 为铁路硫磺锚固用的配方。

(3)硫磺混凝土质量配合比见表 14－11。

表 14－11 硫磺混凝土质量配合比

名称	硫磺	石英或辉绿岩粉	石英砂	耐酸石子	聚硫橡胶
耐腐蚀硫磺混凝土	25～30	10～15	15～20	35～50	1～2

注：如为普通硫磺混凝土，可用水泥代替石英或辉绿岩粉，以普通砂代替石英砂，以普通卵石或碎石来代替耐酸石子，以石蜡代替聚硫橡胶。若仍用聚硫橡胶则更佳。

第七节 锚固材料

一、螺纹道钉锚固料成分质量要求

(1)硫磺：含硫量不小于95%，采用一般工业用硫磺。如受潮，应在配制前干燥。

(2)水泥：用普通硅酸盐水泥，等级不限；如有结块，配制前应过筛。

(3)砂子：粒径不得大于2mm，泥污含量不得大于5%，配制前应烘干。

(4)石蜡：一般工业用石蜡。

(5)各种材料内不得混有杂物。

二、螺纹道钉锚固料成分的配比

(1)根据气候和材料技术条件，按以下规定的质量配合比范围，由试验选定各种材料用量，硫磺：水泥：砂子：石蜡＝1：(0.3～0.6)：(1～1.5)：(0.01～0.03)配制成的溶液应较稠但不影响灌注时应具备的流动度。

(2)硫磺：水泥：砂子：石蜡＝1：0.5：1.5：0.020。

三、混凝土枕螺纹道钉硫磺锚固强度检测机具及检测项目

1. 检测机具

检测器主要由5t液压千斤顶、拉杆、立柱、横梁、测力梁、百分表和调整螺母构成。当千斤顶活塞升起时，测力梁受力产生弯曲变形，即可测出拉力，其计算公式为

$$F=K\cdot A$$

式中 F——道钉抗拔力，t；

A——百分表读数，以0.01mm计($A=\Delta h$)；

K——机具系数。

由于立柱在试验中是受压的，所以检测器也可做锚固试件抗压检验。

根据试件的尺寸和受力图通过百分表读数，利用下式可计算出抗压强度 P。

$$P=\frac{504A\cdot K}{S}$$

式中 P——试件抗压强度，MPa；

S——试件受压面积，cm，$S=2.5\times2.5=6.25\text{cm}^2$；

A——百分表读数，以0.01mm计；

K——标定系数。

2. 试验项目

(1)道钉抗拔检测。

(2)锚固剂抗压强度检测。

附录一　常用建筑试验报告格式

主要原材料及构配件出厂证明及复试报告目录

共　　页

工程名称：　　　　　　　　施工单位：　　　　　　　　第　　页

名称	品种	型号（规格）	代表数量	单位	使用部位	出厂证或出厂试验单编号	进场复试记录编号	见证记录编号	备注

有见证书试验总表

工程名称：　　　　　　　　施工单位：　　　　　　　　建设单位：

监理单位：　　　　　　　　见证人：　　　　　　　　实验室名称：

试验项目	应送试件总组数	不合格组数	备注	

制表人：　　　　　　　　年月日

注：此表由施工单位汇总填写。

见证记录

编号：________________工程名称：　　　　　　　　　　　　　　取样部位：
样品名称：　　　　　　　　　　　　　　　　　　　　　　　　　取样数量：
取样地点：　　　　　　　　　　　　　　　　　　　　　　　　　取样日期：

见证记录：

有见证取样和送检印章：
取样人签字：________________
见证人签字：________________
填制本记录日期：________________年　　月　　日

土壤压实度试验记录

工程名称：　　　　　　　　　　　施工单位：
代表部位：　　　　　　　　　　　击实种类：　　　　　　　　试验日期：

取样桩号				
取样深度				
取样位置				
土样种类				
湿密度	环刀法			
	环刀法＋土质量(g)			
	环刀质量(g)			
	土质量(g)			
	环刀容积(cm^3)			
	湿密度(g/cm^3)			
干密度	盒号			
	盒＋湿土质量(g)			
	盒＋干土质量(g)			
	水质量(g)			
	盒质量(g)			
	干土质量(%)			
	含水量(%)			
	平均含水量			
	干密度(g/cm^3)			
	最大干密度(g/cm^3)			
	压实度(%)			
备注	本试验经两次平行测定后，其平行并值不得大于规定。取其算术平均值			

审核：　　　　　　　　　　　　　　　　试验：

土壤压实数(管沟类)试验记录

工程名称：　　　　　　　　　　　　　　　　试验日期：

代表部位：　　　　　　　　　　　　　　　　管、沟断面尺寸：

施工单位：　　　　　　　　　　　　　　　　击实种类：

取样桩号				
取样桩号及井号				
取样位置				
土样种类				
湿密度	环刀法			
	环刀法＋土质量(g)			
	环刀质量(g)			
	土质量(g)			
	环刀容积(cm^3)			
	湿密度(g/cm^3)			
干密度	盒号			
	盒＋湿土质量(g)			
	盒＋干土质量(g)			
	水质量(g)			
	盒质量(g)			
	干土质量(%)			
	含水量(%)			
	平均含水量			
	干密度(g/cm^3)			
	最大干密度(g/cm^3)			
	压实度(%)			
备注	本试验经两次平行测定后，其平行并值不得大于规定。取其算术平均值			

审核：　　　　　　　　　　　　　　　　试验：

土壤最大干密度最佳含水量试验

工程名称：　　　　　　　　　　　　　　　　取样日期：

取土地点：　　　　　　　　　　　　　　　　试验日期：

土壤种类：　　　　　　　　　　　　　　　　施工单位：

模筒体积/cm^2													
试验次数		1		2		3		4		5		6	
模筒＋湿土质量(g)													
模筒质量(g)													
湿土质量(g)													
土壤湿密度(g/cm^2)													
含水量的测定	铝盒号码												
	盒＋湿土质量(g)												
	盒＋干土质量(g)												
	铝盒质量(g)												
	水分质量(g)												
	干土质量(g)												
	含水量(%)												
	平均含水量(%)												
土壤干密度(g/cm^3)													

最大干密度________g/cm^3 最佳含水量________%	
土壤	
干密度（g/cm^3）	含水量(%)

审核： 计算： 试验：

混凝土配合比申请单

施工单位： 工程名称： 委托部位：

设计强度等级：____________ 申请强度等级：____________ 要求坍落度：____________cm

其他技术要求：

搅拌方法： 浇捣方法： 养护方法：

水泥品种及等级：__________厂别及牌号：__________出厂日期：__________试验编号：__________

进场日期：____________

砂子产地及品种：__________细度模数：__________含泥量：__________% 试验编号：__________

石子产地及品种：__________最大粒径：__________含泥量：__________% 试验编号：__________

其他材料：

掺和料名称： 加剂名称：

申请日期： 使用日期：

申请负责人： 联系电话：

混凝土配合比通知单

强度等级	水灰比	砂率(%)	水泥(kg)	水(kg)	砂(kg)	石(kg)	掺和料(kg)	外加剂(kg)	配合比	试配编号
备注										

负责人： 审核： 计算： 试验：

报告日期： 年 月 日

混凝土抗压强度试验报告

试验编号：＿＿＿＿＿＿＿＿

委托单位：　　　　　　　　　　　　　　试验委托人：

工程名称：　　　　　　　　　　　　　　部位：

设计强度等级：＿＿＿＿＿拟配强度等级：＿＿＿＿＿要求坍落度：＿＿＿＿＿cm　实测坍落度：＿＿＿＿＿cm

水泥品种及等级：　　　　　厂别：　　　出厂日期：　　　　　　试验编号：

砂子产地及品种：　　　　细度模数：　　含泥量：　　　　　%　试验编号：

石子产地及品种：＿＿＿＿＿＿最大粒径：＿＿＿＿＿含泥量：＿＿＿＿＿＿%　试验编号：＿＿＿＿＿

掺和料名称：　　　　　　　　产地：　　　　　　　　占水泥用量的：　　　　%

外加剂名称：　　　　　　　　产地：　　　　　　　　占水泥用量的：　　　　%

施工配合比：　　　　　　　　水灰比：　　　　　　　砂率：　　　　　　　　%

配合比编号	用量材料名称	水泥	水	砂子	石子	掺和料	外加剂
	每立方米用量(kg)						
	每立方米用量(kg)						
	每立方米用量(kg)						
	每立方米用量(kg)						
	每立方米用量(kg)						
	每立方米用量(kg)						
	每立方米用量(kg)						
	每立方米用量(kg)						
	每立方米用量(kg)						
	每立方米用量(kg)						

制模日期：　　　　　　　　　　　　要求龄期：　　　　　　　　　　要求试验日期：

试块收到日期：　　　　　　　　　　试块养护条件：　　　　　　　　试块制作人：

试块编号	试验日期	实际龄期(d)	试块规格(mm)	受压面积(mm^2)	荷载(kN)		平均抗压强度(N/mm^2)	折合150mm立方体强度(N/mm^2)	达到设计强度(%)
					单块	平均			

备注负责人：　　　　　审核：　　　　　计算：　　　　　试验：

报告日期：　　　　　年　　月　　日

混凝土抗折强度试验报告

试验编号：____________________

委托单位： 试验委托人：

工程名称： 部位：

设计强度等级：____________ 拟配强度等级：______________ 坍落度：______________ cm

试块编号	试验日期	实际龄期(d)	试抉尺寸(m)			计算跨度(mm)	破坏荷重(kN)		平均极限抗折强度(N/mm²)	折合标准试件强度(N/mm²)	达到设计强度(%)
			长	宽	高		单块	平均			
结 论											

水泥品种及等级： 厂别： 出厂日期： 试验编号：

砂子产地及品种： 细度模数： 含泥量： % 试验编号：

石子产地及品种： 最大粒径： 含泥量： % 试验编号：

掺和料名称： 产地： 占水泥用量的： %

外加剂名称： 产地： 占水泥用量的： %

其他：

施工配合比： 水灰比： 砂率： %

配合比编号	用量 材料名称	水泥	水	砂子	石子	掺和料	外加剂
	每立方米用量(kg)						
	每立方米用量(kg)						
	每立方米用量(kg)						

制模日期： 要求龄期： 要求试验日期：

试块收到日期： 试块养护条件： 试块制作人：

负责人： 审核： 计算： 试验：

报告日期： 年 月 日

混凝土抗渗性能试验报告

试验委托人： 试块编号： 试验编号：

委托单位： 工程名称： 部位：

设计强度等级：__________ 设计抗渗强度：__________ 要求坍落度：__________ cm 实测坍落度：__________ cm

水泥品种及等级： 厂别： 出厂日期： 试验编号：

砂子产地及品种： 细度模数： 含泥量：% 试验编号：

石子产地及品种：________ 最大粒径：______________ 含泥量：________________% 试验编号：______________

外加剂名称：__________ 厂别：______________ 占水泥用量的：__________%

掺和料名称：__________ 厂别：______________ 占水泥用量的：__________%

施工配合比： 水灰比： 砂率： %

配合比编号	用量　材料名称	水泥	水	砂子	石子	外加剂	掺和料
	每立方米用量(kg)						
	每立方米用量(kg)						
	每立方米用量(kg)						

制模日期：　　要求龄期：　　要求试验日期：

试块收到日期：　　试块养护条件：　　试块制作人：

试块端面渗水部位：

试块解剖渗水高度/cm：

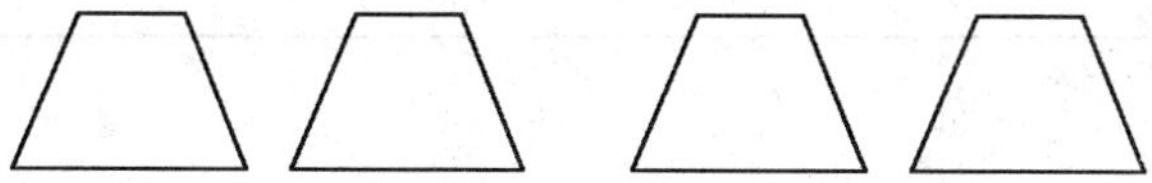

结论：

负责人：　　审核：　　计算：　　试验：

报告日期：　　年　月　日

混凝土强度(性能)试验汇总表

工程名称：　　施工单位：

工程部位及编号	设计要求强度等级(压、折、渗)	试验编号	养护条件	龄期(d)	抗压强度(N/mm^2)	抗折强度(N/mm^2)	抗渗等级	强度值偏差及处理情况

施工项目技术负责人：＿＿＿＿＿＿　填表人：＿＿＿＿＿＿　　年　月　日

水泥试验报告

试验编号：________

委托单位：　　　　　　　　　　　　　　工程名称：

水泥品种及强度等级：____厂别及编号：____出厂日期：________ 取样日期：________

出厂编号：　　　　　　代表数量：　　　　　　　　　　　　　　试验委托人：

(一)细度：0.08mm 筛筛余：　%

(二)标准稠度：________%

(三)凝结时间　初凝________h________min

终凝________h________min

(四)安定性：沸煮法　　　　　(五)胶砂流动度：________

(六)其他

(七)强度

龄期 / 类别	3d	28d	快测	备注
抗折强度/MPa				
抗压强度				

结论：

负责人：　　　　　审核：　　　　　计算：　　　　　试验：

试验日期：　　　年　　月　　日

报告日期：　　　年　　月　　日

砂浆配合比申请单

委托单位：　　　　　　　　试验委托人：

工程名称：　　　　　　　　部位：

砂浆种类：　　　　　　　　强度等级：

水泥品种：　　　　　　　　等级：　　　　　　厂别：

水泥进场日期：　　　　　　试验编号：

砂产地：　　　　　　　　　种类：　　　　　　试验编号：

掺和料种类：　　　　　　　外加剂种类：

申请日期：　　　　　　　　要求使用日期：

砂浆配合比通知单

强度等级：　　　　　　　试验日期：　　　　　　　配合比编号

材料名称	配合比					
	水泥	砂	水	掺和料	外加剂	
每立方米用量(kg)						
比例						

注：砂浆稠度为 70～100mm，白灰膏稠度为 120mm。

负责人：　　　　　审核：　　　　　计算：　　　　　试验：

报告日期：　　　年　　月　　日

砂浆抗压强度试验报告

试验编号：＿＿＿＿＿＿

委托单位：　　　　　　　　试验委托人：

工程名称：　　　　　　　　部位：

砂浆种类：　　　　　　　　强度等级：　　　　　　　　稠度：　　　　cm

水泥品种：　　　　　　　　等级：　　　　　　　　厂别：

砂产地及种类：　　　　　　掺和料种类：　　　　　　外加剂种类：

配比编号	项目	各种材料用量(kg)					
		水泥	砂	水	掺和料	外加剂	
	每平方米						
	每盘						

制模日期：　　　　　　要求龄期：　　　　　　要求试验日期：

试块收到日期：　　　　　　试块养护条件：　　　　　　试块制作人：

试块编号	试庄日期	实际龄期(d)	试块规格(mm)	受压面积(mm^2)	荷载(kN)		抗压强度(N/mm^2)	达到设计强度(%)
					单块	平均		

负责人：　　　　　　审核：　　　　　　计算：　　　　　　试验：

报告日期：　　　　年　　月　　日

石灰类无机混合料中石灰剂量检验报告

工程名称								
施工单位								
检验部位		设计剂量						
日期	取样地点桩号	检验次数	瓶号	瓶质量(g)	瓶加试样质量(g)	石灰土试样质量(g)	滴定试样消耗EDTA(mL)	石灰剂量(%)
平均值								
备注：								

负责人：　　　　　　审核：　　　　　　计算：　　　　　　试验：

报告日期：　　　　年　　月　　日

砂子试验报告

试验编号：________

委托单位：　　　　试验委托人：　　　　工程名称：

砂子产地：　　　　收样日期：　　　　试验日期：

一、筛分析　1. M_x；2. 颗粒级配			
二、表观密度	g/cm^3	三、紧密密度	g/cm^3
四、堆积密度	g/cm^3	五、含泥量	%
六、泥块含量	%	七、吸水率	%
八、含水率	%	九、轻物质含量	%
十、坚固性(质量损失)	%	十一、有机物含量	%
十二、云母含量	%	十三、碱活性	%
结论			

负责人：　　　　审核：　　　　计算：　　　　试验：

报告日期：　　　　年　　月　　日

石子试验报告

试验编号：________

委托单位：　　　　试验委托人：　　　　工程名称：

石子产地：　　　　收样日期：　　　　试验日期：

一、筛分析		二、表观密度	g/cm^3
三、堆积密度	g/cm^3	四、紧密密度	g/cm^3
五、含泥量	%	六、泥块含量	%
七、有机物含量	%	八、针片状含量	%
九、压碎指标值	%	十、坚固性(质量损失)	%
十一、含水率	%	十二、吸水率	%
十三、碱活性试验	%		
结论			

负责人：　　　　审核：　　　　计算：　　　　试验：

报告日期：　　　　年　　月　　日

钢筋原材料试验报告

试验编号：＿＿＿＿＿＿

委托单位：　　　　　　　　　　　　　　试验委托人：

工程名称：　　　　　　　　　　　　　　部位：

钢材种类：　　　　级别规格：　　　　　牌号：　　　　产地：

试件代表数量：　　来样日期：　　　　　试验日期：

一、力学试验结果

试件编号	规格	截面积	屈服点 (N/mm²)	极限强度 (N/mm²)	伸长率	冷弯试验		
						弯心直径(mm)	角度	评定

二、化学分析结果

试件编号	分析编号	化学成分分析					
		C(%)	S(%)	P(%)	Mn(%)	Si(%)	

注：用于结构时，根据规范设计要求计算 σ_b/σ_s 和 $\sigma_s\sigma_s$。

结论：

负责人：　　　　审核：　　　　计算：　　　　试验：

报告日期：　　　　年　　月　　日

钢筋焊接接头试验报告

试验编号：＿＿＿＿＿＿

委托单位：　　　　　　试验委托人：　　　　　　来样日期：

工程名称：　　　　　　部位：

钢材种类：　　　　　　级别及规格：　　　　　　牌号：

产地：　　　　　　　　焊接类型：

试件代表数量：　　　　原材试验编号：

焊条型号：　　　　　　操作人：　　　　　　　　试验日期：

试件编号	规格	横截面积 (mm²)	极限强度 (N/mm²)	断裂特征及位置(mm)	冷弯			备注
					弯心直径(mm)	角度	评定	

结论：

负责人：　　　　审核：　　　　计算：　　　　试验：

报告日期：　　　　年　　月　　日

砖试验报告

试验编号：____________

委托单位： 试验委托人：

工程名称： 部位：

种类： 强度等级： 厂别：

代表数量： 来样日期： 试验日期：

试件处理日期	试压日期	抗压强度(N/mm^2)					
		单块值				平均值	标准值
		1		6			
		2		7			
		3		8			
		4		9			
		5		10			

其他试验：

结论：

负责人： 审核： 计算： 试验：

报告日期： 年 月 日

钢筋机械接头试验报告

试验编号：____________

委托单位： 试验委托人： 来样日期：

工程名称： 部位：

钢材种类： 级别及规格： 牌号：

产地： 接头型式： 接头等级：

代表数量： 检验类别：

操作人： 试验日期：

试件编号	钢筋公称直径 D(mm)	实测钢筋横截面 A_B^0(mm^2)	钢筋母材屈服强度标准值 f_{yk}(N/mm^2)	钢筋母材抗拉强度标准值(N/mm^2)	钢筋母材抗拉强度实测值(N/mm^2)	接头试件抗拉强度实测值(N/mm^2)	接头破坏形态
备 注	1. A级接头：$f_{mst}^0 \geqslant f_{yk}$（工艺检验时，A级接头还应满足 $f_{mst}^0 \geqslant 0.9 f_{st}^0$）； B级接头：$f_{mst}^0 \geqslant 1.35 f_{yk}$。 2. 实测钢筋横截面面积 A°，用称量法确定						

结论：

负责人： 审核： 计算： 试验：

报告日期： 年 月 日

沥青试验报告

试验编号：________________

委托单位：　　　　　　试验委托人：　　　　　　收样日期：
工程名称：　　　　　　部位：
品种及标号：　　　　　产地：
代表数量：　　　　　　试样编号：　　　　　　试验日期：
试验结果：

1. 软化点(环球法)(℃) 2. 延度(cm)　　15℃　　　　25℃ 3. 25℃针入度(1/10mm) 4. 其他 结论：

负责人：　　　　审核：　　　　计算：　　　　试验：
报告日期：　　　年　　月　　日

沥青胶结材料试验报告

试验编号：________________

委托单位：　　　　　　试验委托人：
工程名称：　　　　　　部位：
沥青品种：　　　　　　胶结材料标号：　　　　　　掺和料：
试样编号：　　　　　　取样日期：　　　　年　　月　　日　　时
胶结材料配合比通知单编号：　　　　试验日期：
施工配合比：

材料名称：							
每次熬制用量(kg)							

试验结果：

黏结力	柔韧性	耐热度	备注
结论：			

负责人：　　　　审核：　　　　计算：　　　　试验：
报告日期：　　　年　　月　　日

附录二　常用铁路工程试验表格

表格名称	表号
钢板(型)材机械性能试验报告	铁建试报 26
钢板(型)材机械性能试验记录	铁建试录 37
沥青试验报告	铁建试报 41
沥青试验记录	铁建试录 56
混凝土抗折强度试验报告	铁建试报 15
混凝土抗折强度试验记录	铁建试录 22
预应力混凝土用钢绞线试验报告	铁建试报 30
预应力混凝土用钢绞线试验记录	铁建试录 40
金属硬度试验报告	铁建试报 32
金属硬度试验记录	铁建试录 42
钢丝试验报告	铁建试报 29
钢丝试验记录	铁建试录 39
硫磺锚固试验检测报告	铁建试报 19
混凝土(砂浆)抗渗性能试验报告	铁建试报 16
混凝土(砂浆)抗渗性能试验记录	铁建试录 23
混凝土掺和料______试验报告	铁建试报 8
混凝土掺和料______试验记录	铁建试录 16
混凝土用砂、碎(卵)石碱活性试验记录	铁建试录 8
混凝土收缩试验报告	铁建试报 14
混凝土收缩试验记录	铁建试录 21
混凝土静力受压弹性模量试验报告	铁建试报 18
混凝土静力受压弹性模量试验记录	铁建试录 25
混凝土(砂浆)抗冻性试验报告	铁建试报 17
混凝土(砂浆)抗冻性试验记录	铁建试录 24
混凝土凝结时间测定记录	铁建试录 14
轻粗(细)集料试验报告	铁建试报 5
轻粗(细)集料试验记录(一)	铁建试录 9
轻粗(细)集料试验记录(二)	铁建试录 10
轻粗(细)集料试验记录(三)	铁建试录 11
铁路混凝土强度检验评定报告(小样本方法)	铁建试报 13
铁路混凝土强度检验评定计算记录	铁建试录 20
防水卷材试验报告	铁建试报 43
防水卷材试验记录	铁建试录 58
混凝土外加剂匀质性试验报告	铁建试报 7
混凝土外加剂匀质性试验记录	铁建试录 15
混凝土外加剂试验报告	铁建试报 6
混凝土外加剂试验记录(一)	铁建试录 12
混凝土外加剂试验记录(二)	铁建试录 13
沥青胶结材料试验报告	铁建试报 42
沥青胶结材料试验记录	铁建试录 57
钢板(型)材焊接试验报告	铁建试报 27
混凝土(砂浆)配合比选定记录	铁建试录 17
天然大理石板材试验报告	铁建试报 59
天然大理石板材试验记录	铁建试录 104
碎石道砟试验报告(一)	铁建试报 36

续上表

表格名称	表号
碎石道砟试验报告(二)	铁建试报 37
硫磺砂浆试验检测记录	铁建试录 26
烧结普通砖试验记录(一)	铁建试录 106
烧结普通砖试验记录(二)	铁建试录 107
钢筋焊接试验报告	铁建试报 31
钢筋焊接试验记录	铁建试录 41
钢筋试验报告	铁建试报 28
钢筋试验记录	铁建试录 38
烧结普通砖试验报告	铁建试报 61
烧结普通砖试验记录(一)	铁建试录 106
烧结普通砖试验记录(二)	铁建试录 107
水泥试验报告	铁建试报 2
粗集料试验报告	铁建试报 4
粗集料试验记录(一)	铁建试录 6
粗集料试验记录(二)	铁建试录 7
混凝土、砂浆检查试件抗压强度试验报告	铁建试报 10
混凝土、砂浆抗压强度试验记录	铁建试录 19
混凝土、砂浆配合比选定报告	铁建试报 9
混凝土、砂浆配合比选定记录	铁建试录 17
超声回弹综合法评定混凝土强度检测报告	铁建试报 21
超声回弹综合法评定混凝土强度检测记录	铁建试录 29
回弹法评定混凝土强度检测报告	铁建试报 20
回弹法(综合法)检测混凝土强度计算表	铁建试录 28
预制混凝土构件质量检验报告	铁建试报 22
预制混凝土构件尺寸偏差检验记录	铁建试录 32
顶制混凝土构件结构性能检验记录	铁建试录 30
预应力混凝土梁静载试验报告	铁建试录 23
预应力混凝土梁静载弯曲抗裂试验记录	铁建试录 33
拉拔法检验混凝土强度试验记录	铁建试录 34
钻芯法检测混凝土强度试验报告	铁建试报 24
路基(地基)填土压实试验报告	铁建试报 47
压实密度试验记录(环刀法)	铁建试录 81
压实密度试验记录(核子湿度密度仪法)	铁建试录 80
击实试验记录	铁建试录 76
液塑限试验记录(一)	铁建试录 64
液塑限试验记录(二)	铁建试录 65
含水量、密度试验记录	铁建试录 61
无侧限试验记录	铁建试录 71
比重试验记录	铁建试录 60
土工试验报告(三)	铁建试报 46
土工试验报告(一)	铁建试报 44
静力触探试验报告	铁建试报 54
静力触探试验记录	铁建试录 97
动力触探试验记录	铁建试录 96
收缩试验记录	铁建试录 70
颗粒分析试验记录(密度计法)	铁建试录 63

参考文献

[1] 徐张建,刘南元.工程勘察试验员培训教程[M].北京:中国建筑工业出版社,2007.
[2] 田文玉.建筑材料试验指导书[M].北京:人民交通出版社,2005.
[3] 曹文达,曹栋.建筑工程材料[M].北京:金盾出版社,2000.
[4] 本书编委会.试验员岗位实务知识[M].北京:中国建筑工业出版社会,2007.
[5] 胡大琳.桥涵工程试验检测技术[M].北京:人民交通出版社,2000.
[6] 王天稳.土木工程结构试验[M].2版.武汉:武汉理工大学出版社,2006.
[7] 冯乃谦.实用混凝土大全[M].北京:科学技术出版社,2001.
[8] 曹文达.建筑工程试验员必读[M].北京:金盾出版社,2003.
[9] 中国建筑工业出版社编.建筑工程检测标准大全[M].北京:中国建筑工业出版社,2000.
[10] 王忠德,张彩霞,等.实用建筑材料试验手册[M].2版.北京:中国建筑工业出版社,2003。
[11] 李文华,彭尚银,徐兴华.建筑工程质量检验[M].北京:中国建筑工业出版社,2002.
[12] 本书编委会.建筑施工现场试验手册(ICD)[M].北京:中国建筑工业出版社,2006.
[13] 潘全祥.施工现场十大员技术管理手册——试验员[M].2版.北京:中国建筑工业出版社,2005.